Düsseldorf, den 12. Mai 1994

Prof. Dr. Manfred Kricke

als Andenken an meine Promotion
möchte ich Ihnen ein Exemplar
der Buchhandelsausgabe meiner
Dissertation überreichen.

Volg Trhut

HOLGER TSCHENTSCHER

Variable Parameterregressionsmodelle

Anpassungs- und Prognoseverhalten am Beispiel
der Entwicklung der Arbeitslosigkeit in der
Bundesrepublik Deutschland

CUVILLIER VERLAG GÖTTINGEN

Die Deutsche Bibliothek - CIP-Einheitsaufnahme

Tschentscher Holger:
Variable Parameterregressionsmodelle : Anpassungs- und
Prognoseverhalten am Beispiel der Entwicklung der
Arbeitslosigkeit in der Bundesrepublik Deutschland / vorgelegt
von Holger Tschentscher. - Göttingen: Cuvillier, 1994
  Zugl.: Göttingen, Univ., Diss., 1993
ISBN 3-930340-36-4

© CUVILLIER VERLAG, Göttingen 1994
  Nonnenstieg 8, 37075 Göttingen

Alle Rechte vorbehalten. Ohne ausdrückliche Genehmigung
des Verlages ist es nicht gestattet, das Buch oder Teile
daraus auf fotomechanischem Wege (Fotokopie, Mikrokopie)
zu vervielfältigen.
1. Auflage, 1994

ISBN 3-930340-36-4

# Inhaltsverzeichnis

I. Vorwort   1

II. Einleitung   3

III. Der thematische Problemgegenstand: Die Arbeitslosigkeit in der Bundesrepublik Deutschland   7

    1. Die Arbeitslosenstatistik   8

    2. Entwicklung der Arbeitslosigkeit in der Bundesrepublik Deutschland von 1960-1990   9

    3. Klassifizierung der Arbeitslosigkeit   11

       3.1. Allgemeines   11
       3.2. Konjunkturelle Arbeitslosigkeit   11
       3.3. Strukturelle Arbeitslosigkeit   11
       3.4. Friktionelle oder Fluktuationsarbeitslosigkeit   12
       3.5. Saisonale Arbeitslosigkeit   13
       3.6. Weitere Unterteilungen   13

    4. Probleme der Operationalisierbarkeit   15

IV. Überblick über Arbeitsmarkttheorien und makroökonometrische Arbeitsmarktmodelle   19

    1. Allgemeines   20

    2. Makroökonomische Arbeitsmarkttheorien   20

       2.1. Der klassisch-neoklassische Arbeitsmarkt   20
           2.1.1. Der Faktor Arbeit im Kontext der Gesamttheorie   20
           2.1.2. Arbeitslosigkeitsursachen   22
           2.1.3. Zentrale Handlungsvariablen   23

       2.2. Der keynesianische Arbeitsmarkt   24
           2.2.1. Der Faktor Arbeit im Kontext der Gesamttheorie   24
           2.2.2. Arbeitslosigkeitsursachen   25
           2.2.3. Zentrale Handlungsvariablen   26

       2.3. Der monetaristische Arbeitsmarkt   28
           2.3.1. Arbeitslosigkeitsursachen   28
           2.3.2. Zentrale Handlungsvariablen   30

2.4. Zusammenfassung der makroökonomischen Arbeitsmarkttheorien 30

3. Weitere Erklärungsansätze 32

   3.1. Außenwirtschaftliche Einflüsse 32
   3.2. Rationalisierungsinvestitionen und Arbeitsproduktivitätsentwicklung 33
   3.3. Sättigungsthese 34
   3.4. Demographische Entwicklung, Wanderungsbewegungen und Erwerbsneigung 34
   3.5. Segmentationstheorie 35
   3.6. Zusammenfassung 35

4. Einbeziehung der Arbeitslosigkeit in makroökonometrischen Modellen 36

   4.1. Allgemeines 36
   4.2. Die Arbeitslosigkeit in makroökonometrischen Globalmodellen 36
   4.3. Die Arbeitslosigkeit in Spezialarbeitsmarktmodellen 38
   4.4. Zusammenfassung 39

V. Die Variablen 41

1. Allgemeines 42
2. Datentransformation und Datenerzeugung 42
3. Saisonbereinigung 45
4. Abkürzungssystematik 48
5. Beschreibung der Variablen 49
6. Haupteinflußbereiche - Blockbildung 55
7. Auswahl der repräsentativen Variablen 56

VI. Theoretische Grundlagen der ökonometrischen Modellschätzung und Modellbeurteilung 59

1. Allgemeines 60

2. Schätzung eines linearen Regressionsmodells mit der Methode der kleinsten Quadrate 61

   2.1. Modellgleichung und Regressionsvoraussetzungen 61
   2.2. Schätzformeln und Schätzereigenschaften 62
   2.3. Schrittweise Regression (Stepwise-Regression) als Instrument zur Regressorenauswahl 63

2.4. Beurteilung der Qualität einer Regressionsschätzung	65
2.4.1. Multikollinearität	65
2.4.2. Autokorrelation	66
2.4.3. Homoskedastizität	69
2.4.4. Normalverteilung der Störvariablen	71
2.4.5. Signifikanztests und Konfidenzintervalle	72
2.4.6. Strukturbruch innerhalb der Schätzung	73
3. Beurteilungskriterien für die Anpassungs- und Prognosegüte	74
3.1. Bestimmtheitsmaß und korrigiertes Bestimmtheitsmaß	74
3.2. Mittlere Anpassungsabweichungen	75
3.3. Mittlere Prognoseabweichungen	76
3.4. Prognoseintervalle und Strukturbruch innerhalb der Prognosen	76
4. Statistische Maße zur Interpretationsunterstützung	77
4.1. Standardisierte Regressionskoeffizienten	77
4.2. Partielle Bestimmtheitsmaße	78
VII. Schätzung eines statischen Regressionsansatzes mit Referenzzeitraum 1960-1986 auf Basis von Jahresdaten (Referenzmodell)	**81**
1. Grundsätzliches zum Aufbau des Regressionsmodells	82
2. Die spezielle Modellkonstruktion und Modellschätzung	83
2.1. Informationsverteilung zwischen den Regressoren	83
2.2. Schätzung des statischen Regressionsmodells	84
2.3. Beurteilung des statischen Regressionsmodells	86
2.3.1. Anpassungsgüte	86
2.3.2. Erfüllung der Regressionsvoraussetzungen	87
2.3.2.1. Allgemeines	87
2.3.2.2. Autokorrelation	90
2.3.2.3. Multikollinearität	92
2.4. Die Haupteinflußfaktoren und deren Gewichtung	96
3. Gesamteinschätzung - Weiterverwendung des Referenzmodells	99

VIII. Das statische Referenzmodell mit Referenzzeitraum 1960-1986 und dessen Stabilität und Prognoseeigenschaften   **101**

1. Allgemeines   102

2. Das statische Jahresdatenreferenzmodell - Parameterstabilität und Prognoseeigenschaften bis 1990   102

3. Das statische Vierteljahresdatenreferenzmodell   105

    3.1. Modellschätzung und Modellbeurteilung   105
    3.2. Parameterstabilität und Prognoseeigenschaften bis 1990   110

4. Das statische Monatsdatenreferenzmodell   111

    4.1. Modellschätzung und Modellbeurteilung   111
    4.2. Parameterstabilität und Prognoseeigenschaften bis 1990   114

5. Der statistische Problemgegenstand: Feste Parameterwerte und feste Regressorenstruktur   115

IX. Modelle für variable Parameterstrukturen   **117**

1. Allgemeines   118

2. Ansätze variabler Parameterstrukturen unter Beibehaltung von konstanten Parametern in den Regressionsmodellen   118

    2.1. Moving-Window-Verfahren   118
    2.2. Fine-Tuning-Verfahren   119

3. Ansätze von Regressionsmodellen mit variablen Parametern   121

    3.1. Überblick   121
    3.2. Switching-Regressionsmodell   124
    3.3. Belsley-Modell   129
    3.4. Hildreth-Houck-Modell   135
    3.5. Cooley-Prescott-Modell   138

4. Schätzverfahren für Regressionsmodelle mit variablen Parametern   142

    4.1. Gewöhnliche und verallgemeinerte Methode der kleinsten Quadrate, Maximum-Likelihood-Methode   142
    4.2. Kalman-Filter-Algorithmus   143

5. Zusammenfassung und Einschätzung   149

X. Erweiterung der statischen Arbeitslosigkeits-Regressionsmodelle um variable Regressoren- und Parameterstrukturen — 151

1. Überblick über die im weiteren verfolgten Modellansätze — 152

2. Teilvariabler Ansatz (Referenzmodellansatz) — 155

3. Vollvariabler Ansatz (Stepwise-Pool-Ansatz) — 155

4. Systeme verschobener und erweiterter Teilschätzungen — 157

5. Festlegung der Beobachtungsanzahl pro Teilschätzung der verschobenen Teilregressionen — 159

6. Parameterfortschreibung in den Prognosezeitraum — 161

    6.1. Konstante Parameterfortschreibung — 161
    6.2. Parameterfortschreibung mittels eines Zeitreihenansatzes — 162
    6.3. Parameterfortschreibung mittels eines Regressionsansatzes — 166
    6.4. Parameterfortschreibung im Belsley-Modell-Ansatz — 168

XI. Teilvariabler Ansatz (Referenzmodellansatz): Regressionsmodelle mit fester Regressorenstruktur und variablen Parameterwerten — 169

1. System verschobener Teilschätzungen auf Vierteljahres- und Monatsdatenbasis (VTV, MTV) — 171

    1.1. Die teilvariablen VTV-Modelle — 171

        1.1.1. Schätzung und Beurteilung der VTV-Teilregressionen 1960-1986 bzw. 1960-1990 — 171

        1.1.2. Teilvariable VTV-Modelle auf Datenbasis 1960-1986 — 177

            1.1.2.1. Konstante Parameterfortschreibung: Anpassungsgüte und Prognoseverhalten des Modells bis 1990 — 177

            1.1.2.2. Belsley-Modell-Ansatz — 179

                (a) Spezifizierung der Parametergleichungen — 179
                (b) Schätzung des Belsley-Regressionsmodells und Prognose bis 1990 — 180

1.1.2.3. Parameterfortschreibung mittels eines Regressionsansatzes ... 183

    (a) Separate Fortschreibung der einzelnen Parameterreihen ohne Berücksichtigung der Abhängigkeiten zwischen den Parametern ... 183
    (b) Separate Fortschreibung der einzelnen Parameterreihen unter Berücksichtigung der Abhängigkeiten zwischen den Parametern (Gleichungspyramide der Parameter) ... 184
    (c) Das Parametergleichungssystem, die Parameterfortschreibung und das Prognoseverhalten des Modells bis 1990 ... 187

1.1.2.4. Parameterfortschreibung mittels eines Zeitreihenansatzes ... 191

    (a) Die Parameterfortschreibung ... 191
    (b) Prognoseverhalten des Modells bis 1990 ... 192

1.1.2.5. Zusammenfassender Vergleich der Modelle hinsichtlich Anpassungs- und Prognosegüte ... 193

1.1.3. Teilvariable VTV-Modelle auf Datenbasis 1960-1990 ... 194

1.2. Die teilvariablen MTV-Modelle ... 199

1.2.1. Schätzung und Beurteilung der MTV-Teilregressionen 1960-1986 bzw. 1960-1990 ... 199

1.2.2. Teilvariable MTV-Modelle auf Datenbasis 1960-1986 ... 202

1.2.2.1. Konstante Parameterfortschreibung ... 202
1.2.2.2. Belsley-Modell-Ansatz ... 204
1.2.2.3. Parameterfortschreibung mittels eines Regressionsansatzes ... 205
1.2.2.4. Parameterfortschreibung mittels eines Zeitreihenansatzes ... 207
1.2.2.5. Zusammenfassender Vergleich der Modelle hinsichtlich Anpassungs- und Prognosegüte ... 208

1.2.3. Teilvariable MTV-Modelle auf Datenbasis 1960-1990 ... 209

2. System erweiterter Teilschätzungen auf Vierteljahres- und Monatsdatenbasis (VTE, MTE)   211

  2.1. Die teilvariablen VTE-Modelle   211

    2.1.1. Schätzung und Beurteilung der VTE-Teilregressionen
1960-1986 bzw. 1960-1990   211

    2.1.2. Teilvariable VTE-Modelle auf Datenbasis 1960-1986   214

      2.1.2.1. Konstante Parameterfortschreibung   214
      2.1.2.2. Parameterfortschreibung mittels eines Regressionsansatzes   216
      2.1.2.3. Parameterfortschreibung mittels eines Zeitreihenansatzes   219
      2.1.2.4. Zusammenfassender Vergleich der Modelle hinsichtlich Anpassungs- und Prognosegüte   220

    2.1.3. Teilvariable VTE-Modelle auf Datenbasis 1960-1990   221

  2.2. Die teilvariablen MTE-Modelle   223

    2.2.1. Schätzung und Beurteilung der MTE-Teilregressionen
1960-1986 bzw. 1960-1990   223

    2.2.2. Teilvariable MTE-Modelle auf Datenbasis 1960-1986   223

      2.2.2.1. Konstante Parameterfortschreibung   223
      2.2.2.2. Parameterfortschreibung mittels eines Regressionsansatzes und mittels eines Zeitreihenansatzes   225
      2.2.2.3. Zusammenfassender Vergleich der Modelle hinsichtlich Anpassungs- und Prognosegüte   226

    2.2.3. Teilvariable MTE-Modelle auf Datenbasis 1960-1990   226

3. Gesamteinschätzung der teilvariablen Ansätze   228

XII. Vollvariabler Ansatz (Stepwise-Pool-Ansatz): Regressionsmodelle mit variabler Regressorenstruktur und variablen Parameterwerten — 231

1. System verschobener Teilschätzungen auf Vierteljahres- und Monatsdatenbasis (VTV, MTV) — 233

   1.1. Die vollvariablen VTV-Modelle — 233

      1.1.1. Regressorenstrukturauswahl mit Hilfe von Stepwise-Teilregressionen — 233

         1.1.1.1. Beurteilung der Teilregressionen der Auswahlstufe 1960-1986 bzw. 1960-1990 — 233
         1.1.1.2. Kriterien für die Regressorenauswahl — 233
         1.1.1.3. Die festgelegte Regressorenstruktur der VTV-Modelle — 238

      1.1.2. Schätzung und Beurteilung der festgelegten VTV-Teilregressionen 1960-1986 bzw. 1960-1990 — 240

      1.1.3. Vollvariable VTV-Modelle auf Datenbasis 1960-1986 — 243

         1.1.3.1. Konstante Parameterfortschreibung — 243
         1.1.3.2. Belsley-Modell-Ansatz — 245
         1.1.3.3. Parameterfortschreibung mittels eines Regressionsansatzes — 249
         1.1.3.4. Parameterfortschreibung mittels eines Zeitreihenansatzes — 254
         1.1.3.5. Zusammenfassender Vergleich der Modelle hinsichtlich Anpassungs- und Prognosegüte — 255

      1.1.4. Vollvariable VTV-Modelle auf Datenbasis 1960-1990 — 256

   1.2. Die vollvariablen MTV-Modelle — 260

      1.2.1. Beurteilung der Teilregressionen der Auswahlstufe 1960-1986 bzw. 1960-1990 — 260
      1.2.2. Probleme verschobener Teilschätzungen hinsichtlich der Regressorenauswahl durch häufige Veränderung der Regressorenstruktur in den Teilschätzungen — 260

2. System erweiterter Teilschätzungen auf Vierteljahres- und Monatsdatenbasis (VTE, MTE) — 263

   2.1. Die vollvariablen VTE-Modelle — 263

      2.1.1. Regressorenstrukturauswahl mit Hilfe von Stepwise-Teilregressionen — 263

2.1.1.1. Beurteilung der Teilregressionen der Auswahlstufe 1960-1986 bzw. 1960-1990 — 263
2.1.1.2. Probleme erweiterter Teilschätzungen hinsichtlich der Regressorenauswahl mit Stepwise-Algorithmen durch Multikollinearität und Autokorrelation — 265
2.1.1.3. Die festgelegte Regressorenstruktur der VTE-Modelle — 266

2.1.2. Schätzung und Beurteilung der festgelegten VTE-Teilregressionen 1960-1986 bzw. 1960-1990 — 268

2.1.3. Vollvariable VTE-Modelle auf Datenbasis 1960-1986 — 272

2.1.3.1. Konstante Parameterfortschreibung — 272
2.1.3.2. Parameterfortschreibung mittels eines Regressionsansatzes — 274
2.1.3.3. Parameterfortschreibung mittels eines Zeitreihenansatzes — 276
2.1.3.4. Zusammenfassender Vergleich der Modelle hinsichtlich Anpassungs- und Prognosegüte — 276

2.1.4. Vollvariable VTE-Modelle auf Datenbasis 1960-1990 — 277

2.2. Die vollvariablen MTE-Modelle — 279

2.2.1. Regressorenstrukturauswahl mit Hilfe von Stepwise-Teilregressionen 1960-1986 bzw. 1960-1990 — 279

2.2.2. Schätzung und Beurteilung der festgelegten MTE-Teilregressionen 1960-1986 bzw. 1960-1990 — 282

2.2.3. Vollvariable MTE-Modelle auf Datenbasis 1960-1986 — 285

2.2.3.1. Konstante Parameterfortschreibung — 285
2.2.3.2. Parameterfortschreibung mittels eines Regressionsansatzes — 286
2.2.3.3. Parameterfortschreibung mittels eines Zeitreihenansatzes — 287
2.2.3.4. Zusammenfassender Vergleich der Modelle hinsichtlich Anpassungs- und Prognosegüte — 289

2.2.4. Vollvariable MTE-Modelle auf Datenbasis 1960-1990 — 289

3. Gesamteinschätzung der vollvariablen Ansätze — 291

XIII. Chancen und Grenzen der untersuchten Ansätze zur Einbeziehung variabler Parameter- und Regressorenstrukturen in Regressionsmodelle 293

1. Allgemeines 294

2. Die Modellergebnisse im Überblick 294

3. Anpassungs- und Prognosepotentiale variabler Parameter- und Regressionsstrukturen 302

   3.1. Simultane versus separate Parameterfortschreibungsansätze und notwendige Voraussetzungen für hochwertige Prognoseergebnisse 302
   3.2. Erweiterte Teilschätzungen 303
   3.3. Verschobene Teilschätzungen 304
   3.4. Teilvariabler Ansatz (Referenzmodellansatz) 305
   3.5. Vollvariabler Ansatz (Stepwise-Pool-Ansatz) 305
   3.6. Regressionsfortschreibungsansatz 306
   3.7. Zeitreihenfortschreibungsansatz 308
   3.8. Änderungen der Parameterverlaufscharakteristik im Fortschreibungszeitraum 309

4. Problemfelder in der Phase der Modellkonstruktion 309

5. Gesamteinschätzung variabler Regressionsansätze 312

XIV. Interpretation der Ergebnisse der variablen Arbeitslosigkeits-Regressionsmodelle 315

1. Allgemeines 316
2. Die Haupteinflußfaktoren auf die Arbeitslosigkeitsentwicklung und deren Gewichtung 316
3. Die makroökonomischen Theorien im Lichte der ökonometrischen Analyseergebnisse 322
4. Arbeitslosigkeitssenkende Maßnahmen 324

XV. Zusammenfassende Schlußbetrachtung 329

XVI. Anhang 331

1. Verzeichnis der Abbildungen 332
2. Verzeichnis der Tabellen 337
3. Abkürzungsverzeichnis der Variablen 341

4. Verzeichnis der sonstigen Abkürzungen 343
5. Quellenangaben der Variablen und durchgeführte eigene Berechnungen 347
6. Daten und graphische Darstellungen der Variablen 353
7. Übersichtsdarstellungen der in den einzelnen Modellen verwendeten Regressoren 369

XVII. Literaturverzeichnis 371

1. Datenquellen 372
2. Sonstige Literatur 373

I. Vorwort

Eine lehrstuhlexterne und zur beruflichen Tätigkeit parallele Anfertigung einer Dissertation bringt immer ganz besondere Schwierigkeiten mit sich und bedarf eines großen Verständnisses durch die Menschen der persönlichen und beruflichen Umgebung. All denen, die in den letzten Jahren diverse Beeinträchtigungen durch diese Arbeit erfahren haben, möchte ich hiermit meinen Dank für ihr entgegengebrachtes Verständnis aussprechen.

Insbesondere gilt dies für Frau Susanne Timm, die von durcharbeiteten Wochenenden und Urlauben sowie durch häufig allzu starke geistige Bindung an die Arbeit zulasten der gemeinsamen Freizeit betroffen war. Besonderen Dank möchte ich auch Herrn Prof. Dr. M. Kricke aussprechen, der es mir ermöglichte, extern an seinem Lehrstuhl zu promovieren und auch außerhalb der gewöhnlichen Arbeitszeiten in den Institutsräumen zu arbeiten. Trotz der räumlichen Ferne waren die notwendigen Abstimmungen und Unterstützungen immer gewährleistet.

Großen Anteil daran, daß ich diese Arbeit bereits heute abschließen kann, haben die PreussenElektra AG, Hannover und die VEBA AG, Düsseldorf, die mich großzügig von meinen beruflichen Verpflichtungen zur Beendigung dieser Arbeit freistellten. Insbesondere möchte ich mich dafür bei Herrn H.-J. Heutling und Herrn W. Kurz bedanken.

II. Einleitung

Im Jahre 1988 entwickelte ich ein Arbeitslosigkeitsregressionsmodell für die Bundesrepublik Deutschland mit Referenzzeitraum 1960-1986. Einige Jahre später konfrontierte ich dieses Modell mit der weiteren Entwicklung auf dem Arbeitsmarkt und mußte feststellen, daß das Modell diese nur unzureichend hätte prognostizieren können. Diese Situation war der Anlaß für die Erstellung der vorliegenden Arbeit.

Mit Hilfe von Stabilitätsuntersuchungen ergab sich als Grund für die schlechte Prognosequalität, daß die Annahme konstanter Parameter für die Arbeitslosigkeitserklärung nicht aufrechterhalten werden kann. Deswegen muß vom statischen Regressionsmodell auf ein variables Regressionsmodell übergegangen werden.[1] Dabei werden als Ziele sowohl die Verbesserung der Anpassungseigenschaften als auch die Realisierung von Prognosevorteilen angestrebt. Gleichzeitig sollen die Analysen ein Arbeitslosigkeitsmodell hervorbringen, welches auf Basis aktueller Parameterwerte detaillierte Interpretationen hinsichtlich der wesentlichen auf den Problemgegenstand einwirkenden Einflußfaktoren erlaubt. Insbesondere sollen sich auch Hinweise auf erfolgversprechende Maßnahmen im Hinblick auf eine Arbeitslosigkeitsreduktion ergeben.

Festgehalten wird dabei am Eingleichungsmodell. Zwar weisen interdependente Mehrgleichungsmodelle vom Grundsatz her wegen der geringeren Anzahl exogener Variablen und der Berücksichtigung der Abhängigkeiten zwischen den Variablen höhere Prognosepotentiale auf, ihre Erstellung ist jedoch wesentlich zeit- und kostenaufwendiger. Gerade durch die letzten beiden Aspekte wird jedoch der Einsatz des ökonometrischen Instrumentariums in der Praxis behindert. Über die heutigen Verwendungsgebiete hinaus werden sich die ökonometrischen Modelle deswegen nur dann neue Einsatzfelder erschließen, wenn sich ihr Konstruktionsaufwand in vertretbaren Grenzen hält. Eingleichungsmodelle sind in dieser Hinsicht den interdependenten Mehrgleichungsmodellen vorzuziehen. Zudem interessiert als Regressionsgegenstand allein die Entwicklung der Arbeitslosigkeit, so daß auch aus diesem Aspekt heraus die Konstruktion eines Mehrgleichungsmodells nicht unbedingt erforderlich ist.

Die Einführung der Variabilität in das Regressionsmodell geschieht in zwei Schritten. Im ersten Schritt wird die Konstanz der Parameter aufgehoben, die Konstanz der Regressorenstruktur im Modell wird jedoch beibehalten (teilvariabler Ansatz). Die Regressorenstruktur wird dabei durch die erklärenden Variablen des oben angesprochenen 1988er-Modells

---

[1] Anm.: Das Begriffspaar "statisch" und "variabel" wird in dieser Arbeit zur Unterscheidung zwischen Regressionsmodellen mit festen Parametern und mit variierenden Parametern verwendet. Nicht verwechselt werden sollte es mit dem häufig in der Ökonometrie anzutreffenden Begriffspaar "statisch" und "dynamisch", welches Regressionsmodelle ohne bzw. mit zeitlichen Verzögerungen kennzeichnet.

gebildet (Referenzmodell für diese Arbeit). Um auch Veränderungen in den Einflußfaktoren selbst zu berücksichtigen, wird in einem zweiten Schritt zusätzlich die Regressorenstruktur variabel gehalten (vollvariabler Ansatz).

Die Modellableitung basiert dabei jeweils auf Systemen verschobener bzw. erweiterter Teilregressionen. Von den verschobenen Teilschätzungen werden aktuelle Parameterschätzer, von den erweiterten Teilschätzungen besonders stabile und damit gut für Prognosen geeignete Parameterschätzreihen erwartet. Zur Berechnung der Arbeitslosigkeitsprognosen werden die Parameterreihen der einzelnen Regressoren in den Prognosezeitraum fortgeschrieben. Dabei werden neben der simultanen Parameterfortschreibung in einem Belsley-Modell-Ansatz auch separate Fortschreibungsmethoden mittels eines Konstanten-, eines Regressions- und eines Zeitreihenansatzes verwendet.[2]

Für den Vergleich der diversen Modellvarianten wird das Anpassungsverhalten im Zeitraum von 1960-1986 und die Prognoseeigenschaften im Zeitraum von 1987-1990 zugrundegelegt. Im Hinblick auf die thematische Auseinandersetzung mit dem Arbeitslosigkeitsproblem werden ferner Modellvarianten auf der Datengrundlage von 1960-1990 geschätzt.

Alle Berechnungen und Analysen dieser Arbeit beziehen sich auf das Staatsgebiet der Bundesrepublik Deutschland vor der Wiedervereinigung mit der ehemaligen DDR. Die Wiedervereinigung am 3. Oktober 1990 beschränkt den Referenzzeitraum, da nach 1990 nicht nur Abgrenzungsschwierigkeiten der Daten zwischen dem alten und dem neuen Staatsgebiet auftreten, sondern auch umstellungsbedingte Qualitätsprobleme die Daten belasten.

Während das 1988er-Referenzmodell noch mit Jahresdaten geschätzt werden konnte, muß für die Schätzung der variablen Regressionsmodelle auf Vierteljahres- bzw. Monatsdaten übergegangen werden. Zur Ausschaltung des Problems der Saisonschwankungen werden die Daten in saisonbereinigter Form verwendet. Da nicht alle benötigten Variablen in vierteljährlicher oder monatlicher Abgrenzung erhoben werden, ergibt sich zudem die Notwendigkeit der Erzeugung nicht vorliegender Variablenwerte.

Der Gliederungsaufbau dieser Arbeit ist zweigeteilt. In den Kapiteln III bis VII werden im wesentlichen die theoretischen Vorarbeiten für die Ableitung des Referenzmodells im Hinblick auf das ökonometrische Instrumentarium und den Problemgegenstand der Arbeitslosigkeit geschildert. Die Kapitel VIII bis XIV beschäftigen sich anschließend mit der Weiterverarbeitung dieses Modells, mit den variablen Regressionsansätzen und mit der statisti-

---

[2] Anm.: Zur Vereinfachung wird im folgenden häufig auch dann von Parametern, Parameterreihen usw. gesprochen, wenn nicht die zu schätzenden Parameter des Regressionsmodells, sondern deren Schätzer gemeint sind.

schen und wirtschaftstheoretischen Ergebnisauswertung. Der Inhalt der Kapitel im einzelnen:

Kapitel III befaßt sich mit der Analyse des Problemgegenstandes der Arbeitslosigkeit bezüglich Abgrenzung, Entwicklung und Klassifizierung. In Kapitel IV werden verschiedene makroökonomische Arbeitsmarkttheorien vorgestellt und auf ihre mögliche Nutzbarkeit für die Modellentwicklung hin analysiert. Das gleiche Ziel verfolgt die Untersuchung bestehender makroökonometrischer Modelle hinsichtlich der Einbeziehung der Arbeitslosigkeit und der verwendeten erklärenden Variablen. Die Ergebnisse dieser theoretischen Vorarbeiten fließen in Form potentieller Regressionsvariablen in Kapitel V ein. Gleichzeitig kommt es hier zur Definition der Haupteinflußbereiche auf die Arbeitslosigkeit und zur Auswahl von Repräsentativvariablen für die einzelnen Bereiche.

Um die Vorgehensweise bei der Modellableitung und die verwendeten Beurteilungs- und Entscheidungskriterien in den später erfolgenden statistischen Analysen besser nachvollziehen zu können, gibt Kapitel VI einen Überblick über die wichtigsten in dieser Arbeit verwendeten ökonometrischen Instrumentarien.

Im darauffolgenden Kapitel VII wird das statische Arbeitslosigkeitsregressionsmodell zur Datenbasis 1960-1986 vorgestellt. Die Untersuchung der Stabilitäts- und Prognoseeigenschaften sowohl für dieses auf Jahresdaten basierende Modell als auch für die auf Vierteljahres- und Monatsdaten übertragenen statischen Gesamtschätzungsmodelle folgt in Kapitel VIII. Die Formulierung des statistischen Problemgegenstandes dieser Arbeit ist damit abgeschlossen.

Bevor es in Kapitel X zur Darstellung der unterschiedlichen variablen Modellansätze und Fortschreibungsmethoden kommt, wird in Kapitel IX ein Überblick über die in der Literatur vorgestellten Ansätze zur Einbeziehung variabler Parameter in ökonometrische Modelle gegeben. Insbesondere wird dabei auf den Aufbau der variablen Parametergleichungen und auf die Modellschätzung eingegangen. Ferner werden die einzelnen Ansätze einer kritischen Würdigung unterzogen.

Die regressionsanalytischen Untersuchungen zu den teilvariablen Modellen sind Gegenstand des Kapitels XI, die zu den vollvariablen Modellen sind Gegenstand des Kapitel XII. Kapitel XIII befaßt sich zum einen mit der statistischen Auswertung und dem Vergleich der variablen Parametermodelle sowohl untereinander als auch mit den statischen Regressionsmodellen. Zum anderen werden die Chancen und Grenzen sowie die Anpassungs- und Prognosepotentiale der einzelnen Modellansätze erörtert. Ferner wird auf spezielle Problemfelder in der Phase der Modellkonstruktion eingegangen.

Kapitel XIV befaßt sich mit der Interpretation der Modellergebnisse hinsichtlich des Problemgegenstandes der Arbeitslosigkeit in Richtung der Haupteinflußfaktorenidentifizierung, der Gegenüberstellung mit den makroökonomischen Theorien und der Ableitung geeigneter arbeitslosigkeitssenkender Maßnahmen. Eine zusammenfassende Schlußbetrachtung beschließt diese Arbeit.

Die ökonometrischen Rechnungen wurden auf einem VICTOR V 286 C - AT-Rechner mit einem 80287 - Coprozessor durchgeführt. Von wenigen Ausnahmen abgesehen war die damit zu erzielende Rechengeschwindigkeit ausreichend. Als Regressionssoftware wurde das Programm RATS (Regression Analysis of Time Series) verwendet, welches sich durch seine große Offenheit für eigene Auswertungsprogrammierungen auszeichnet. Statistische Tests sowie Konfidenz- und Prognoseintervalle wurden, soweit nichts Abweichendes im Text vermerkt ist, auf einem 5 %-igen Irrtumswahrscheinlichkeitsniveau durchgeführt.

III. Der thematische Problemgegenstand: Die Arbeitslosigkeit in der Bundesrepublik Deutschland

1. Die Arbeitslosenstatistik

2. Entwicklung der Arbeitslosigkeit in der Bundesrepublik Deutschland von 1960-1990

3. Klassifizierung der Arbeitslosigkeit

    3.1. Allgemeines

    3.2. Konjunkturelle Arbeitslosigkeit

    3.3. Strukturelle Arbeitslosigkeit

    3.4. Friktionelle oder Fluktuationsarbeitslosigkeit

    3.5. Saisonale Arbeitslosigkeit

    3.6. Weitere Unterteilungen

4. Probleme der Operationalisierbarkeit

III. Der thematische Problemgegenstand: Die Arbeitslosigkeit in der Bundesrepublik Deutschland

1. Die Arbeitslosenstatistik

Arbeitslose Personen werden durch die monatliche Statistik der Bundesanstalt für Arbeit erfaßt. Als arbeitslos gelten dabei nur die Personen, die sich beim Arbeitsamt als arbeitssuchend registrieren lassen und die die Voraussetzungen der §§ 101 ff. Arbeitsförderungsgesetz (AFG) erfüllen. "Arbeitslos im Sinne dieses Gesetzes ist ein Arbeitnehmer, der vorübergehend nicht in einem Beschäftigungsverhältnis steht oder nur eine kurzzeitige Beschäftigung ausübt" (§ 101 Abs.1 Satz 1 AFG). Nur kurzzeitig ist eine Beschäftigung, wenn sie sich auf weniger als 19 Stunden wöchentlich beläuft (§ 102 Abs.1 Satz 1 AFG). Zusätzlich werden noch einige Voraussetzungen des Anspruchs auf Arbeitslosengeld (§ 100 AFG) als Aufnahmekriterien verwendet. Nach § 103 AFG muß die Person der Arbeitsvermittlung zur Verfügung stehen, länger als nur kurzzeitig arbeiten wollen, eine zumutbare Beschäftigung annehmen und das Arbeitsamt täglich aufsuchen können.

Damit werden nur die Personen in der Arbeitslosenstatistik erfaßt, die obige Kriterien erfüllen. Erwerbslose, die zwar die Kriterien erfüllen würden, sich jedoch aus den verschiedensten Gründen nicht arbeitslos gemeldet haben, bleiben außerhalb der Statistik. Diese Nichtmeldequote dürfte jedoch stark von den Vermittlungschancen auf dem Arbeitsmarkt sowie von der Möglichkeit des Bezugs von Arbeitslosengeld bzw. -hilfe abhängen und ist demnach nicht immer gleich hoch. Andererseits gibt es jedoch auch Arbeitnehmer, die sich nur deshalb arbeitslos melden, weil sie auf diese Weise ihren Anspruch auf Arbeitslosengeld geltend machen können, obwohl sie bereit sind, aus dem Erwerbsleben auszuscheiden.[3]

Desweiteren wird die Arbeitslosenstatistik durch arbeitsmarktpolitische Maßnahmen im weitesten Sinne beeinflußt. So werden Arbeitslose in Maßnahmen der beruflichen Fortbildung, Umschulung oder betrieblichen Einarbeitung genausowenig in der Arbeitslosenstatistik geführt, wie "Arbeitslose", die 58 Jahre und älter sind, da sie der Arbeitsvermittlung nicht mehr zur Verfügung stehen müssen. Auch Umgestaltungen im bildungspolitischen Bereich (Schul- und Ausbildungszeiten) wirken sich auf die Arbeitslosenzahlen aus.[4] Aus den oben beschriebenen Regelungen folgt, daß der Begriff der Arbeitslosigkeit ein gesetz-

---

[3] Vgl. KÜLP, B. - Zuwenig Nachfrage oder zu hohe Reallöhne? Keynesianer und "Klassiker" in Auseinandersetzung über die Ursachen der Arbeitslosigkeit, in: WILLKE, G. u.a. - Arbeitslosigkeit, Stuttgart, Berlin u.a. 1984, S. 31

[4] Vgl. KRESS, U. - Literaturdokumentation zur Arbeitsmarkt- und Berufsforschung, Sonderheft 14: Arbeitslosigkeit, Nürnberg 1986, S. 6 f. (LitDokAB S 14) und FRIEDRICH, H./BRAUER, U. - Arbeitslosigkeit. Dimensionen, Ursachen, Bewältigungsstrategien, Opladen 1985, S. 13 f.

lich festgelegter ist. Gesetzliche Änderungen innerhalb des Arbeitsförderungsgesetzes wirken sich beeinflußend auf die Arbeitslosenzahlen aus.

Die Abgrenzungen des Arbeitslosenbegriffs greifen nicht bei der Definition der Erwerbslosigkeit. Letztere wird durch jährliche Mikrozensuserhebungen des Statistischen Bundesamtes geschätzt. Als erwerbslos werden dabei die Personen eingestuft, die sich als arbeitssuchend bezeichnen und nicht erwerbstätig sind.[5] Da jedoch auch die Mikrozensuserhebungen nicht unproblematisch sind und zudem die Datenbasis der Bundesanstalt für Arbeit erheblich größer ist, wird in dieser Arbeit trotz der beschriebenen Einschränkungen der Arbeitslosenbegriff in der Abgrenzung des Arbeitsförderungsgesetzes verwendet.

Für die Klassifizierung der einzelnen Arbeitslosigkeitskategorien ist ferner die Zahl der offenen Stellen hilfreich. Die Ungenauigkeiten der Statistik in diesem Bereich überwiegen die oben angesprochenen Ungenauigkeiten allerdings bei weitem[6], da für die Unternehmen kein besonderer Anreiz zur Meldung offener Stellen besteht.[7]

Die Regressionsmodelle in dieser Arbeit verwenden für die Arbeitslosigkeitserklärung ausschließlich Bestandsgrößen. Da bei Bestandsgrößen die Zugänge und Abgänge verrechnet werden, lassen sie keine Rückschlüsse auf die insgesamt von Arbeitslosigkeit betroffenen Personen zu. So kann sich z.B. eine Arbeitslosigkeit von 2 Millionen Personen aus 2 Millionen Arbeitslosen, die ein Jahr arbeitslos waren, oder aus 4 Millionen Arbeitslosen, die ein halbes Jahr arbeitslos waren, zusammensetzen. Hinsichtlich der Modellinterpretation und der Auseinandersetzung mit Lösungsstrategien müssen solche Informationen berücksichtigt werden.

2. Entwicklung der Arbeitslosigkeit in der Bundesrepublik Deutschland von 1960-1990

Aus einer Situation der Vollbeschäftigung von 1960 bis 1966 mit jahresdurchschnittlichen Arbeitslosenzahlen zwischen 155.000 und 186.000 ergab sich in der ersten Nachkriegskonjunkturabschwächung 1967/68 ein leichtes Arbeitslosigkeitsproblem. Die Arbeitslosenzahlen lagen zwischen 323.000 und 459.000. Bis 1973 herrschte danach jedoch wieder relative Stabilität auf dem Arbeitsmarkt. Von 149.000 Arbeitslosen 1970 als absolut niedrigster Arbeitslosigkeit im betrachteten Zeitraum ergaben sich nur leichte Steigerungen auf 273.000 in

---

[5] Vgl. KRESS, U. - LitDokAB S 14, a.a.O., S. 6
[6] Anm.: Es wird eine bis zu 50 %-ige Unterschätzung vermutet.
[7] Vgl. KÜLP, B., a.a.O., S. 31 f. und ZULEGER, T. - Hat die Arbeitsgesellschaft noch eine Chance?, Berlin 1985, S. 33 f.

1973. Bis auf das Jahr 1967 lag die Anzahl der offenen Stellen jeweils weit über der Anzahl der registrierten Arbeitslosen.

Ab 1974 änderte sich das Bild gravierend. Mit Ausnahme einer leichten Erholung zwischen 1976 und 1980 entwickelten sich die Arbeitslosenzahlen sprunghaft nach oben. 1974 wurde die Grenze von einer halben Million Arbeitslosen mit 582.000 und 1975 die von einer Million mit 1.074.000 überschritten. Die daraufhin einsetzende leichte Erholung konnte das Niveau nur wenig unter die Millionengrenze auf 889.000 Arbeitslose in 1980 drücken. Danach setzte sich die sprunghafte Entwicklung nach oben fort. 1981 waren 1.272.000 Personen arbeitslos, 1982 1.833.000 und 1983 wurde die 2-Millionengrenze mit 2.258.000 Arbeitslosen überschritten. Auf diesem hohen Niveau stabilisierte sich die Arbeitslosigkeit bis 1988. Der Spitzenwert von 2.304.000 arbeitslosen Personen lag in 1985. Ab 1989 zeichnet sich eine Trendwende auf dem Arbeitsmarkt ab, so daß die Arbeitslosenzahlen in 1990 mit 1.883.000 wieder unterhalb der 2-Millionengrenze lagen.

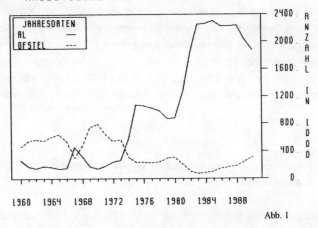

Abb. 1

Die Zahl der offenen Stellen erreichte 1983 ihren Tiefpunkt mit nur 76.000 offiziell gemeldeten unbesetzten Arbeitsplätzen. Die hohen Zahlen von teils weit über einer halben Million offener Stellen in den 60er und Anfang der 70er Jahre wurden nicht wieder erreicht. Seit 1974 liegt ihre Zahl ständig weit unterhalb der Arbeitslosenzahlen. Auch wenn sich die Situation nach dem Tiefstand 1983 kontinuierlich verbessert hat und 1990 314.000 offene Stellen gemeldet waren, so zeigen die Diskrepanzen zu den Arbeitslosenzahlen doch an, welche Stabilisierung und Verhärtung das Arbeitslosigkeitsproblem erfahren hat (vgl. dazu die Abb.1).[8]

3. Klassifizierung der Arbeitslosigkeit

3.1. Allgemeines

Die Diskussion um eine Klassifizierung und Typisierung von Arbeitslosigkeit verläuft an der Schnittstelle der Frage nach den Ursachen für und den Gegenmaßnahmen zur Beseitigung von Arbeitslosigkeit. Am gebräuchlichsten ist eine Aufteilung der Gesamtarbeitslosigkeit in eine konjunkturell, eine strukturell, eine friktionell und eine saisonal bedingte Komponente. Neben der Darstellung dieser vier Kategorien soll jedoch auch untersucht werden, ob die Arbeitslosigkeit in der Bundesrepublik mit dieser Klassifizierung vollständig abgedeckt wird oder ob sie noch weiterer Unterteilungen bedarf. Parallel dazu wird versucht, aus der Klassifizierung bereits erste Anhaltspunkte für die Ableitung arbeitslosigkeitserklärender Variablen zu bekommen.

3.2. Konjunkturelle Arbeitslosigkeit

Die konjunkturelle Arbeitslosigkeit ist eine durch zyklische Schwankungen der wirtschaftlichen Aktivität und mangelnde volkswirtschaftliche Konsumgüter- und Investitionsgüternachfrage in der Rezessionsphase hervorgerufene Arbeitslosigkeit. Der Nachfragemangel führt zu Überkapazitäten, deren Abbau konjunkturelle Arbeitslosigkeit erzeugt. In Abhängigkeit von der Stärke des darauffolgenden Wirtschaftsaufschwungs wird diese Arbeitslosigkeit ganz oder teilweise wieder abgebaut.[9]

3.3. Strukturelle Arbeitslosigkeit

Beim Vorliegen struktureller Arbeitslosigkeit gibt es keinen allgemeinen Nachfragemangel nach Arbeitskräften. Vielmehr bestehen Divergenzen zwischen der Arbeitsnachfrage- und der Arbeitsangebotsstruktur. In dieser Situation gibt es auf bestimmten Teilarbeitsmärkten

---

[8] Vgl. dazu auch WILLKE, G. - Arbeitslosigkeit. Diagnosen und Therapien (Hrsg.: Niedersächsische Landeszentrale für politische Bildung), Hannover 1990, S. 27 ff.
[9] Vgl. GNOSS, R. - Das Problem der Arbeitslosigkeit in der Bundesrepublik Deutschland. Eine quantitative und qualitative Globalanalyse auf der Basis aggregierter Daten, Frankfurt/a.M. 1983, S. 15

Angebotsüberschüsse, während gleichzeitig auf anderen Teilarbeitsmärkten, d.h. in anderen Berufen, anderen Branchen, anderen Qualifikationen oder anderen Regionen, eine entsprechend große Anzahl unbesetzter Arbeitsplätze zur Verfügung steht.

Hervorgerufen wird die strukturelle Arbeitslosigkeit durch den wirtschaftlichen Strukturwandel, durch den Verschiebungen in der Güternachfrage und in den Produktionsverfahren eintreten.[10] Dadurch kommt es zu Arbeitsplatzverlusten in bestimmten Branchen oder Regionen, bestimmte Berufe und Qualifikationen erfahren eine Mindernachfrage und werden verstärkt von Arbeitslosigkeit betroffen. Berufliche Fehl- oder Nichtqualifizierung sowie Hemmnisse in der Arbeitsmobilität sind zusätzliche Faktoren auf der Arbeitsangebotsseite, die die negativen Auswirkungen des Strukturwandels unterstützen.

Der Begriff der technologischen Arbeitslosigkeit durch die Verwendung neuer Techniken kann unter den Begriff der strukturellen Arbeitslosigkeit subsummiert werden, weil der technische Fortschritt eine Haupttriebkraft des Strukturwandels darstellt.[11]

3.4. Friktionelle oder Fluktuationsarbeitslosigkeit

Die friktionelle Arbeitslosigkeit ergibt sich aus der Zeitspanne, welche zur Arbeitssuche zwischen dem Verlust bzw. der Aufgabe der bisherigen Arbeitsstelle und der Aufnahme eines neuen Beschäftigungsverhältnisses benötigt wird. Sie ist damit nur kurzfristiger Natur und durch eine effizientere und schnellere Arbeitsvermittlung reduzierbar.[12] Da nur ein kleiner Teil der Arbeitslosen von dieser Art der Arbeitslosigkeit betroffen und ihre Dauer nur kurz ist sowie keine besondere Problemlage darstellt, weil ein Arbeitsplatz vorhanden ist und von der Struktur her auch besetzt werden kann, wird die Fluktuationsarbeitslosigkeit in der weiteren Analyse nicht mehr berücksichtigt.

---

[10] Vgl. MÜLLER-HEINE, K. - Strukturelle Arbeitslosigkeit. Abgrenzung und Faktoren, in: Konjunkturpolitik, Zeitschrift für angewandte Wirtschaftsforschung, 25. Jg. Heft 1 (1979), S. 23 f. und PRIEWE, J. - Zur Kritik konkurrierender Arbeitsmarkt- und Beschäftigungstheorien und ihre politischen Implikationen, Frankfurt/a.M., Bern u.a. 1984, S. 299
[11] Vgl. RIESE, M. - Die Messung der Arbeitslosigkeit, Berlin 1986, S. 110
[12] Vgl. MÜLLER-HEINE, K., a.a.O., S. 22 und RIESE, M., a.a.O., S. 102. Zur weiteren Auseinandersetzung vergleiche die Job-Search-and-Labor-Turnover-Theorien sowie die Dual-Labor-Market-Theorien in FREIBURGHAUS, D. - Zentrale Kontroverse der neuen Arbeitsmarkttheorie, in: BOLLE, M. - Arbeitsmarkttheorie und Arbeitsmarktpolitik, Opladen 1976, S. 71 ff.

3.5. Saisonale Arbeitslosigkeit

Die saisonale Arbeitslosigkeit resultiert aus Beschäftigungsschwankungen durch mehr oder weniger regelmäßig wiederkehrende Unstetigkeiten im Produktionsablauf einiger Produktionssektoren. Diese Unstetigkeiten können klimatisch (Landwirtschaft, Bauwirtschaft) oder traditionell-institutionell (Weihnachtsgeschäft, Fremdenverkehr) bedingt sein.[13] Da in dieser Arbeit entweder mit Jahresdaten oder mit saisonbereinigten Daten gearbeitet wird, ist die saisonale Arbeitslosigkeitskomponente aus den Daten herausgefiltert worden. Diese Vorgehensweise ist durch die vielfältigen, später beschriebenen Vorteile der Verwendung saisonbereinigter Daten sowie durch eine außerhalb des eigentlichen Problemfeldes der Arbeitslosigkeit gelagerte Erklärungs- und Gegenmaßnahmenstruktur für die saisonale Arbeitslosigkeit gerechtfertigt. Maßnahmen gegen saisonale Arbeitslosigkeit können i.d.r. nicht gesamtwirtschaftlich, sondern nur regional erfolgen (z.b. Schaffung saisonal entgegengesetzter Beschäftigungsmöglichkeiten). Vielfach ist die saisonale Arbeitslosigkeit auch kein besonderes Problem, da entweder tarifvertragliche Ausgleichsmaßnahmen geschaffen wurden (z.b. in der Bauwirtschaft) oder nur eine besondere Verteilung der jährlichen Arbeitszeit vorliegt (z.b. Fremdenverkehr).

3.6. Weitere Unterteilungen

Bis Mitte der 70er Jahre ist obige Klassifizierung gut auf die Situation in der Bundesrepublik Deutschland übertragbar, da sie die auftretende Arbeitslosigkeit vollständig abdeckt. Seitdem lassen sich jedoch nur noch Teile der Arbeitslosigkeit auf die vier Kategorien aufteilen. Es besteht eine stabilisierte und lang anhaltende Arbeitslosigkeit, welche in ihrer Gesamtheit weder durch Konjunkturschwankungen noch strukturell oder friktionell erklärbar ist. Vielmehr zeichnet sie sich durch eine dauerhaft zu geringe Nachfrage nach Arbeitskräften aus. Durch Produktivitätssteigerungen und Rationalisierungen freigesetzte Arbeitskräfte können an anderer Stelle in der Wirtschaft nicht beschäftigt werden, weil das allgemeine Produktionswachstum nicht nur nicht ausreichend ist, sondern auch nicht ausreichend sein kann. Es bestehen Schranken in der Expansion durch Umweltverschmutzung, Ressourcenverbrauch und Sättigungstendenzen. Damit ist diese Art stabilisierter Arbeitslosigkeit vornehmlich auf das Auseinandergehen der Produktions-Produktivitätsschere zurückzuführen.[14]

---

[13] Vgl. KRESS, U. - LitDokAB S 14, a.a.O., S. 16 und RIESE, M., a.a.O., S. 102
[14] Vgl. MÜLLER-HEINE, K., a.a.O., S. 25 f.

Begleitet wird diese Entwicklung durch Lohnkosten, insbesondere auf minderqualifizierten Arbeitsplätzen, die durch die Produktivität nicht gedeckt sind. Die Abschaffung von Niedriglohngruppen bzw. die Festsetzung von Mindestlöhnen machte diese Arbeitsplätze unrentabel und führte zu deren Wegfall bzw. mengenmäßiger Einschränkung durch Technisierung.[15] Ein weiteres Moment der Verdrängung Minderqualifizierter ist die Konkurrenz durch qualifiziertere Arbeitnehmer, welche durch Rationalisierungen in ihrem eigenen Bereich arbeitslos wurden bzw. zu werden drohen. Zudem steigt die Durchschnittsqualifikation der Arbeitnehmer an, weil einerseits durch den technischen Fortschritt und modernere Arbeitsorganisation höhere Qualifikationen nachgefragt werden und andererseits durch entsprechend angepaßte Ausbildungen auch höhere Qualifikationen angeboten werden. Minderqualifizierte stehen damit am unteren Ende der Arbeitskräfteskala und haben kaum noch Chancen auf Beschäftigung. Selbst eine produktivitätsorientierte Entlohnung für diese Arbeitskräfte dürfte mittlerweile nur noch ein begrenzter Ausweg sein, da die daraus abgeleiteten Löhne zum einen häufig auf Sozialhilfeniveau liegen dürften und zum anderen in vielen Fällen selbst dann noch der Einsatz von technischen Lösungen kostengünstiger wäre.

Ein Großteil der stabilisierten Arbeitslosigkeit läßt sich mit dieser Arbeitsmarktbarriere für minderqualifizierte Arbeitnehmer erklären. Andererseits ist fraglich, ob selbst bei besserer Qualifizierung und damit der Möglichkeit der Übernahme von rentablen Beschäftigungen, die Arbeitslosigkeit gravierend fallen würde. Schließlich zeigt die Zahl der offenen Stellen, daß nur ein Bruchteil der Arbeitslosen neue Beschäftigungsverhältnisse finden würde. Weitere Arbeitsplätze könnten danach nur durch eine arbeitsintensivere Produktionsweise geschaffen werden.

Rein im Bereich personenbezogener Arbeitslosigkeitsursachen liegt die sogenannte Restarbeitslosigkeit oder Bodensatzarbeitslosigkeit begründet. In diese Kategorie fallen Arbeitslose mit schweren gesundheitlichen Beeinträchtigungen, kurz vor der Altersgrenze stehende Arbeitslose und Arbeitsunwillige.[16]

Eine weitere "Arbeitslosen"-kategorie stellt die versteckte Arbeitslosigkeit dar. Hierzu gehören diejenigen Personen, die zwar bereit und fähig sind, eine entgeltliche Beschäftigung auszuüben, die jedoch aus verschiedenen Gründen (z.B. Abbruch der Arbeitssuche wegen Erfolgslosigkeit) nicht als Arbeitslose registriert sind und in der momentanen Situation auch keinen Arbeitsplatz suchen.[17] Für den Modellaufbau in dieser Arbeit spielt diese Personengruppe zwar keine Rolle. Sie muß jedoch berücksichtigt werden, wenn Maßnahmen zum

---

[15] Vgl. ebenda, S. 24 f.
[16] Vgl. ebenda, S. 24
[17] Vgl. ebenda, S. 21

Abbau der Arbeitslosigkeit diskutiert werden, weil die Wirksamkeit dieser Maßnahmen vermindert wird, wenn obige Personengruppe wieder als Arbeitsanbieter auftritt.

Aus obiger Darstellung wird deutlich, daß direkt aus der Klassifizierung bereits einige Anhaltspunkte für die Ableitung von arbeitslosigkeitserklärenden Variablen resultieren. Insbesondere trifft dies für die strukturelle und stabilisierte Arbeitslosigkeit zu, da in diesen Fällen die Darstellung bereits die Ursachen für die Arbeitslosigkeit und auch Anhaltspunkte für entgegenwirkende Maßnahmen enthält. Für die konjunkturelle Arbeitslosigkeit bedarf es jedoch noch einer tieferen theoretischen Analyse der hinter ihr stehenden Einflußfaktoren.[18]

Als nächster Schritt soll die Möglichkeit einer Operationalisierung der oben vorgenommenen Klassifizierungen untersucht werden. Ziel ist die Aufteilung der Gesamtarbeitslosigkeit auf die verschiedenen Kategorien und damit auch die Abschätzung des Gewichts der einzelnen Arbeitslosigkeitsursachen.

4. Probleme der Operationalisierbarkeit

Die Operationalisierung bzw. die empirische Aufteilung der Arbeitslosigkeit gestaltet sich sehr schwierig. Der von RIESE[19] vorgeschlagene Ansatz geht von folgenden Annahmen aus. Die strukturelle Arbeitslosigkeit bewegt sich unterhalb der Kurve der offenen Stellen. Dabei wird noch ein bestimmter Teil für die Fluktuationsarbeitslosigkeit abgezogen. Dieser Teil bestimmt sich als die niedrigste Arbeitslosigkeit während der betrachteten (genügend langen) Zeitperiode. Die konjunkturelle Komponente der Arbeitslosigkeit ergibt sich als Differenz zwischen der Zahl der Arbeitslosen und der Zahl der offenen Stellen, wenn die Zahl der Arbeitslosen größer ist als die Zahl der offenen Stellen. Sie enthält jedoch nicht nur die rein konjunkturell bedingte Arbeitslosigkeit, sondern auch die stabilisierte und die auf das Auseinandergehen der Produktions-Produktivitätsschere zurückzuführende Arbeitslosigkeit.

Die Umsetzung des obigen Konzeptes in eine Graphik (vgl. Abb. 2) macht einige Schwächen dieses Operationalisierungsansatzes deutlich. Mitte der 80er Jahre gibt es so gut wie keine strukturelle Arbeitslosigkeit, obwohl der Strukturwandel durch die Umstellung auf eine neue Technikgeneration (Computerisierung) relativ stark ist und einige Krisenbranchen existieren. Die Aufteilung der Arbeitslosigkeitskategorien hängt zudem stark von der Zahl der offenen Stellen ab. Die Güte des statistischen Datenmaterials der offenen Stellen läßt jedoch zu wünschen übrig. Dieser Nachteil trifft zwar weniger das Operationalisierungskon-

---

[18] Anm.: Diese Analyse erfolgt im nachfolgenden Kapitel IV.
[19] Vgl. RIESE, M., a.a.O., S. 143

zept an sich als vielmehr die zugrunde liegenden empirischen Daten. Fehleinschätzungen bei den offenen Stellen verändern allerdings die Graphik entscheidend, wodurch die Aussagekraft des Operationalisierungsansatzes leidet..

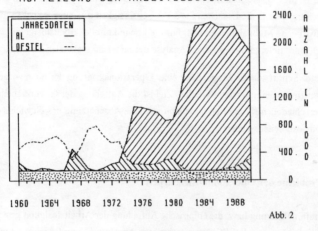

Abb. 2

Legende: //// : Konjunkturelle Arbeitslosigkeit
\\\\ : Strukturelle Arbeitslosigkeit
::::: : Friktionelle Arbeitslosigkeit

Die graphische Darstellung bestätigt, daß die Kategorisierung bis Mitte der 70er Jahre gut angewendet werden kann. Danach ergibt sich jedoch eine unrealistisch hohe und langandauernde konjunkturelle Arbeitslosigkeit. Grund dafür ist die enge Kopplung der strukturellen Arbeitslosigkeit an die offenen Stellen. Gibt es beispielsweise keine offenen Stellen, so gibt es auch keine strukturelle Arbeitslosigkeit. Sinkt die Zahl der offenen Stellen, so sinkt auch die Zahl der strukturell Arbeitslosen, obwohl sich an diesen nichts geändert zu haben braucht. In Rezessionszeiten mit hoher Arbeitslosigkeit ist die Anzahl der offenen Stellen und damit auch die strukturelle Arbeitslosigkeit relativ klein. Dies widerspricht der Einschätzung, daß in Rezessionszeiten das Problem struktureller Arbeitslosigkeit größer ist als in Hochkonjunkturzeiten, weil bei unvermindertem Strukturwandel eine Kompensationswirkung für freigesetzte Arbeitskräfte durch das wirtschaftliche Wachstum anderer Branchen fehlt.

Auch wenn die Aufteilung der einzelnen Arbeitslosigkeitskategorien durch dieses Operationalisierungsschema nicht genau vorgenommen werden kann, so ist doch festzustellen, daß zumindest seit Mitte der 70er Jahre die konjunkturelle Arbeitslosigkeit eindeutig über die strukturelle dominiert. Auch KÖNIG kommt aufgrund der Ergebnisse einer Untersuchung, welche sich mit Divergenzen im Qualifikationsprofil von Anbietern und Nachfragern auf dem Arbeitsmarkt sowie Divergenzen im regionalen Bereich beschäftigte, zu der Einschätzung, daß die Relevanz struktureller Arbeitslosigkeit gemeinhin überschätzt wird.[20] Unterstützt wird dieses Ergebnis auch durch eine Probit-Schätzung zu den Determinanten der Beschäftigungspolitik für mehr als 4000 Unternehmen im Rahmen des IFO-Konjunkturtests.[21] Die Zusammenstellung möglicher Regressoren wird sich deshalb auch hauptsächlich auf Einflußfaktoren im Bereich konjunktureller sowie produktivitätsinduzierter Arbeitslosigkeit stützen.

---

[20] Vgl. KÖNIG, H. - Arbeitslosigkeit. Fakten, Artefakte, Theorien, Mannheim 1985, S. 9 und FRANZ, W./ KÖNIG, H. - Nature and Causes of Unemployment in the FRG since the Seventies. An Empirical Investigation, Mannheim 1985 (unveröffentlichtes Manuskript)
[21] Vgl. KÖNIG, H., a.a.O., S. 10 und KÖNIG, H./ZIMMERMANN, K. F. - Determinants of Employment-Policy of German Manufacturing Firms. A Survey-Based-Evaluation, Mannheim 1985 (unveröffentlichtes Manuskript)

IV. Überblick über Arbeitsmarkttheorien und makroökonometrische Arbeitsmarktmodelle

1. Allgemeines

2. Makroökonomische Arbeitsmarkttheorien

   2.1. Der klassisch-neoklassische Arbeitsmarkt

       2.1.1. Der Faktor Arbeit im Kontext der Gesamttheorie
       2.1.2. Arbeitslosigkeitsursachen
       2.1.3. Zentrale Handlungsvariablen

   2.2. Der keynesianische Arbeitsmarkt

       2.2.1. Der Faktor Arbeit im Kontext der Gesamttheorie
       2.2.2. Arbeitslosigkeitsursachen
       2.2.3. Zentrale Handlungsvariablen

   2.3. Der monetaristische Arbeitsmarkt

       2.3.1. Arbeitslosigkeitsursachen
       2.3.2. Zentrale Handlungsvariablen

   2.4. Zusammenfassung der makroökonomischen Arbeitsmarkttheorien

3. Weitere Erklärungsansätze

   3.1. Außenwirtschaftliche Einflüsse
   3.2. Rationalisierungsinvestitionen und Arbeitsproduktivitätsentwicklung
   3.3. Sättigungsthese
   3.4. Demographische Entwicklung, Wanderungsbewegungen und Erwerbsneigung
   3.5. Segmentationstheorie
   3.6. Zusammenfassung

4. Einbeziehung der Arbeitslosigkeit in makroökonometrischen Modellen

   4.1. Allgemeines
   4.2. Die Arbeitslosigkeit in makroökonometrischen Globalmodellen
   4.3. Die Arbeitslosigkeit in Spezialarbeitsmarktmodellen
   4.4. Zusammenfassung

IV. Überblick über Arbeitsmarkttheorien und makroökonometrische Arbeitsmarktmodelle

1. Allgemeines

Ein Ergebnis des vorhergehenden Kapitels war, daß die Hauptursachen der Arbeitslosigkeit im konjunkturellen Bereich zu suchen sind. Gleichzeitig wurde darauf verwiesen, daß zur genaueren Herausarbeitung der die konjunkturelle Aktivität beeinflussenden bzw. repräsentierenden Variablen noch tiefere theoretische Analysen notwendig sind. Solche Analysen bewegen sich hauptsächlich im Bereich der makroökonomischen Theorien. In diesem Kapitel werden die drei Hauptströmungen der Makroökonomik, die Klassik/Neoklassik, der Keynesianismus und der Monetarismus bezüglich ihrer Arbeitsmarkttheorien dargestellt und die zentralen Handlungsvariablen abgeleitet.[22] Ebenfalls ausführlicher wird auf den Außenwirtschaftsbereich, den Komplex Rationalisierung und Arbeitsproduktivität sowie einige soziodemographische Aspekte eingegangen.

Den Abschluß des Kapitels bildet ein Überblick über die Behandlung der Arbeitslosigkeit in bereits bestehenden ökonometrischen Modellen, um weitere Hinweise für die eigene Modellentwicklung zu bekommen.

2. Makroökonomische Arbeitsmarkttheorien

2.1. Der klassisch-neoklassische Arbeitsmarkt

2.1.1. Der Faktor Arbeit im Kontext der Gesamttheorie

Die Arbeitsnachfrage basiert auf der Wertgrenzproduktivitätstheorie. Dabei werden die Erträge und die Kosten einer Arbeitskraft gegenübergestellt. Der Einsatz von Arbeitskräften wird solange ausgedehnt, bis die Grenzproduktivität der eingesetzten Arbeitskräfte dem Reallohn entspricht. Denn: Ist die Grenzproduktivität größer als der Reallohn, so bewirkt

---

[22] Anm.: Die Darstellungen orientieren sich in ihrem Rahmen an folgender Literatur:
Klassische/Neoklassische Theorie: JARCHOW, H.-J. - Theorie und Politik des Geldes. I. Geldtheorie, 8. Aufl. Göttingen 1990, S. 192-208, 230-238 und FELDERER, B./HOMBURG, S. - Makroökonomik und Neue Makroökonomik, 5. Aufl. Berlin u.a. 1991, S. 51-96, 163-166, 182-183
Keynesianische Theorie: JARCHOW, H.-J., a.a.O., S. 209-230, 238-247 und FELDERER, B./HOMBURG, S., a.a.O., S. 97-155, 166-182, 184-185
Monetaristische Theorie: JARCHOW, H.-J., a.a.O., S. 259-276 und FELDERER, B./HOMBURG, S., a.a.O., S. 235-256 und FISCHER, C./HEIER, D. - Entwicklungen der Arbeitsmarkttheorie, Frankfurt/a.M. 1983, S. 94-114

eine weitere Arbeitskraft eine stärkere Zunahme der Erträge als der Kosten. Die Beschäftigung wird ausgedehnt. Dadurch fällt jedoch die Grenzproduktivität, weil die Grenzerträge weiterer Arbeitskräfte immer geringer werden. Ist die Grenzproduktivität hingegen kleiner als der Reallohn, so sind die Grenzkosten der Arbeitskraft größer als deren Grenzerträge, und das Unternehmen wird die Beschäftigung von Arbeitskräften einschränken. Als volkswirtschaftliche Gleichgewichtsbedingung ergibt sich also:

$$w = p \cdot \frac{dY^r}{dN} \Leftrightarrow \frac{w}{p} = \frac{dY^r}{dN} \quad \text{mit} \quad \frac{dY^r}{dN} > 0 \quad \text{und} \quad \frac{d^2 Y^r}{dN^2} < 0$$

w : Nominallohnsatz
p : Preisniveau des Sozialprodukts
Y^r : Reales Sozialprodukt
N : Beschäftigung des Faktors Arbeit
$\frac{dY^r}{dN}$: Grenzproduktivität der Arbeit
$p \cdot \frac{dY^r}{dN}$: Wertgrenzproduktivität der Arbeit

Damit hängt die Arbeitsnachfrage negativ vom Reallohnsatz ab:

$$N^n = N^n \left(\frac{w}{p}\right) \quad \text{mit} \quad \frac{dN^n}{d(w/p)} < 0$$

Für das Arbeitsangebot wird die Gültigkeit der Grenznutzentheorie unterstellt. Dabei wird der Nutzen einer zusätzlichen Einheit Freizeit und der einer zusätzlichen Einheit Arbeit gegenübergestellt. Der Nutzen der Arbeit ist der durch die Einkommenserzielung und die dadurch ermöglichte Güter- und Dienstleistungskonsumtion hervorgerufene Nutzen. Eine nutzenmaximale Aufteilung des Zeitbudgets ist dann erreicht, wenn der Nutzen der durch die Arbeit erwerbbaren Waren und Dienstleistungen in der Grenzbetrachtung dem entgangenen Nutzen der für die zusätzliche Arbeit geopferten Freizeit entspricht. Demnach ist es für eine Person vorteilhaft, bei höherem Reallohn mehr Arbeit anzubieten. Dabei wird eine abnehmende Grenzrate der Substitution zwischen Freizeit und Arbeitszeit unterstellt.[23] Das Arbeitsangebot hängt also positiv vom Reallohnsatz ab:

$$N^a = N^a \left(\frac{w}{p}\right) \quad \text{mit} \quad \frac{dN^a}{d(w/p)} > 0$$

---

[23] Vgl. FISCHER, C./HEIER, D., a.a.O., S. 43 ff.

Die Klassiker und Neoklassiker unterstellen völlige Flexibilität von Geldlohnsätzen und Preisen sowohl nach oben als auch nach unten. Über eine Produktionsfunktion mit abnehmenden Grenzerträgen wird der Arbeitsmarkt mit der gesamtwirtschaftlichen Güterangebots- und Güternachfragefunktion verkoppelt. Dadurch ergeben sich Aussagen über Preisniveau, Sozialprodukt und Zinsniveau (güterwirtschaftlicher Bereich und Hicksches Diagramm).

Bei gesamtwirtschaftlichen Störungen vertrauen die Klassiker und Neoklassiker auf die Marktkräfte. Dem liegt der Glaube an die Richtigkeit des Sayschen Theorems bzw. Sayschen Gesetzes zugrunde, welches dadurch Vollbeschäftigung impliziert, daß sich jedes Angebot seine eigene Nachfrage schafft. Dies geschieht über die Marktmechanismen, indem jedes Angebot Einkommen in gleicher Höhe schafft und dieses Einkommen wiederum Nachfrage in gleicher Höhe. Die durch die Ersparnis verursachte Nachfragelücke wird in jedem Fall durch die Investitionen geschlossen.

Die Implikationen der klassischen und neoklassischen Theorie gelten jedoch nur dann, wenn der Marktmechanismus funktionsfähig gehalten wird bzw. keine externen Maßnahmen seine Funktionsfähigkeit behindern. Gesamtwirtschaftliche Störungen wie z.B. eine durch schlechte zukünftige Ertragsaussichten zurückgegangene Investitionstätigkeit führen dann nur zu einem zeitweiligen Rückgang von Sozialprodukt und Beschäftigung. Letztlich wird das Ausgangsniveau des Sozialprodukts und der Beschäftigung aber wieder erreicht, da ein Angebotspotentialüberschuß zu sinkenden Preisen und einer entsprechend höheren realen Geldmenge führt. Dies läßt das Zinsniveau fallen und erhöht damit die zinsabhängigen Investitionen (Neoklassische Synthese). Die Nominallohnsätze fallen ebenfalls, durch die Preissenkungen bleiben die Reallöhne aber unverändert.

Letztlich zeigt bereits dieses eine Szenario, daß in der klassischen und neoklassischen Theorie längerfristige Arbeitslosigkeit nicht möglich ist. Höhere Reallohnsätze sind zudem nur durch eine produktivere Produktion oder durch einen Rückgang des Arbeitsangebots zu erreichen.

2.1.2. Arbeitslosigkeitsursachen

Wenn in der Realität längerfristige Arbeitslosigkeit trotzdem auftritt, so kann dies einerseits an bestimmten Konstellationen liegen, die die theoriegemäßen Folgerungen außer Kraft setzen, oder andererseits an Eingriffen in den Marktmechanismus. Solche Konstellationen liegen dann vor, wenn die Investitionen sehr zinsunelastisch sind, d.h. fallende Zinssätze kaum zusätzliche Investitionen bewirken, oder wenn die Geldnachfrage sehr zinselastisch ist, d.h.

fallende Preise und eine damit höhere reale Geldmenge die Zinsen nicht fallen läßt. In beiden Fällen entsteht dann ein instabiler Zustand mit permanenten Preis- und Geldlohnsatzsenkungen (Deflation), fallendem Sozialprodukt und ansteigender, dauerhafter Arbeitslosigkeit. Dieser Zustand lag in der Weltwirtschaftskrise 1929/32 vor. Für die Erklärung der heutigen Arbeitslosigkeit ist die Unterstellung solch einer Situation dagegen kaum geeignet.

Entscheidender für die heutige Arbeitslosigkeit ist nach Meinung der Neoklassiker die mangelnde Flexibilität von Preisen und Lohnsätzen in ihrer Reaktion auf Ungleichgewichtszustände. Primär wird dies jedoch auf die Lohnsätze bezogen. Bei zu hohen Lohnsätzen wird die Produktion selbst dann nicht angehoben, wenn potentielle Absatzmöglichkeiten bestehen, weil die von den Unternehmen erzielbare Rendite zur Übernahme des Investitionsrisikos nicht ausreicht. Die Ursachen der Arbeitslosigkeit liegen demnach auf der Arbeitsangebotsseite. Vollbeschäftigung wird allein als Gleichgewichtssituation angesehen, in der zu einem bestimmten Lohnsatz ein Ausgleich zwischen Arbeitsangebot und Arbeitsnachfrage stattfindet.[24]

2.1.3. Zentrale Handlungsvariablen

Als Strategien zur Arbeitslosigkeitsüberwindung wird im extremsten Fall eine Reallohnsenkung durch Nominallohnsenkungen vorgeschlagen.[25] Nicht ganz so extrem, jedoch in die gleiche Richtung zielt die Forderung einer unterproportionalen Lohnentwicklung im Verhältnis zur nominalen Produktivitätsentwicklung. Die resultierende Einkommensumverteilung zugunsten der Unternehmen soll die Investitionen durch Renditeverbesserungen erhöhen und das Güter- und Dienstleistungsangebot verbilligen. Dadurch soll die Nachfrage und die Produktion gesteigert werden.[26] Weitere Maßnahmen sind der Abbau von Investitionshemmnissen durch steuerliche Entlastungen, Abschreibungserleichterungen und Einschränkungen der staatlichen Aktivitäten.[27]

Staatliche fiskalpolitische Maßnahmen in Form einer Beschäftigungspolitik werden abgelehnt, weil davon einerseits eine Verdrängung privater Investitionen durch Zinserhöhungen (crowding-out-Effekt) und andererseits Fehlsteuerungen erwartet werden. Vielmehr soll

---

[24] Vgl. KÜLP, B., a.a.O., S. 34 f. und FRIEDRICH, H. - Strategien gegen Arbeitslosigkeit, in: Gegenwartskunde, Zeitschrift für Gesellschaft, Wirtschaft, Politik und Bildung, 28. Jg. (1979), S. 245 ff.
[25] Vgl. KÜLP, B., a.a.O., S. 35
[26] Vgl. FRIEDRICH, H., a.a.O., S. 250 ff. und FRIEDRICH, H./BRAUER, U., a.a.O., S 42 ff.
[27] Vgl. ebenda, S. 76 f.

sich der Staat auf die Schaffung günstiger privatwirtschaftlicher Rahmenbedingungen beschränken.[28]

Da Geld nur als Schleier angesehen wird, welcher die realen Größen verdeckt, ohne sie dabei zu beeinflussen, bewirkt eine Geldmengenerhöhung nach Ansicht der Klassiker und Neoklassiker nur eine proportionale Preiserhöhung. Geldpolitische Konjunkturmaßnahmen werden deswegen als nicht wirkungsvoll angesehen. Vielmehr soll die Zentralbank die Geldmenge stabilisieren.

Als Hauptkritikpunkt an diesen Strategien wird die mangelnde Berücksichtigung der gesamtwirtschaftlichen Nachfrage im Konsumbereich angeführt, da Reallohnsenkungen bzw. unterproportionale Entwicklungen des Lohnsatzes zu Konsumausfällen führen.[29] Die Gewinne und damit auch die Investitionstätigkeit der Unternehmen hängen nämlich nicht nur von der Kosten-, sondern auch von der Ertragsseite ab. Desweiteren müssen Investitionen nicht unbedingt die Beschäftigung erhöhen. Als Rationalisierungsinvestitionen können sie sogar das Gegenteil bewirken.

2.2. Der keynesianische Arbeitsmarkt

2.2.1. Der Faktor Arbeit im Kontext der Gesamttheorie

Auch bei den keynesianischen Ansätzen wird das Arbeitsangebot über die Grenznutzentheorie und die Arbeitsnachfrage über die Wertgrenzproduktivitätstheorie abgeleitet. Unterschiede bestehen jedoch bezüglich der Geldlohnsatzflexibilität. So unterstellen die Keynesianer ein asymmetrisches Verhalten gegenüber dem Marktdruck zur Änderung des Geldlohnsatzes. Lohnsatzsteigerungen werden akzeptiert und es gelten die Zusammenhänge des neoklassischen Arbeitsmarktes. Gegen Senkungen des Nominallohnsatzes gibt es jedoch Widerstände, so daß auch bei einem Überschußangebot auf dem Arbeitsmarkt, d.h. in Situationen der Arbeitslosigkeit, der Ausgangslohnsatz bestehen bleibt (ratchet-Effekt). Keynes begründet dieses Verhalten durch den gewerkschaftlichen Gegendruck auf Nominallohnsenkungen.

Ebenso wie bei den Neoklassikern wird auch bei den Keynesianern die Verbindung zwischen Arbeitsmarkt und güterwirtschaftlichem Bereich über eine Produktionsfunktion mit fallenden Grenzerträgen hergestellt.

---

[28] Vgl. ebenda, S. 68
[29] Vgl. FASSING, W. - Nachfrage- oder Angebotspolitik? Kritische Anmerkungen zu einigen Argumenten der Angebotstheoretiker, in: Konjunkturpolitik, Zeitschrift für angewandte Wirtschaftsforschung, 28. Jg. Heft 6 (1982), S. 349 ff.

2.2.2. Arbeitslosigkeitsursachen

Die Keynesianer gestehen dem Marktmechanismus durchaus gleichgewichtsfördernde Tendenzen zu. Allerdings sehen sie die dazu nötigen Voraussetzungen im praktischen Wirtschaftsablauf nur relativ selten als erfüllt an. Nicht nur, daß es Situationen geben kann, in denen die Marktkräfte Instabilitäten und Störungen verstärken, sondern auch die Tatsache, daß es Gleichgewichtssituationen bei Unterbeschäftigung geben kann. Diese modelltheoretischen Ergebnisse resultieren aufgrund einer anderen Interpretation des Sayschen Theorems. Dagegen, daß jedes Angebot Einkommen in gleicher Höhe schafft, haben auch die Keynesianer keinerlei Einwendungen. Die Richtigkeit des zweiten Schritts, daß jedes Einkommen in gleicher Höhe Nachfrage schafft, wird jedoch bezweifelt. Dies würde nämlich bedeuten, daß die Nachfragelücke durch die Ersparnis immer automatisch durch Investitionen geschlossen wird. Keynes sieht dagegen die Möglichkeit des Versickerns von Nachfrage mit der sich daraus ergebenden gesamtwirtschaftlichen Kontraktion.

Dementsprechend drehen die Keynesianer das Saysche Theorem quasi um. Sie behaupten eine Dominanz der Nachfrage in der Form, daß jede Nachfrage das zukünftige Angebot schafft und ungenügende effektive Nachfrage Arbeitslosigkeit erzeugt. Der Arbeitsmarkt verliert damit seine Fähigkeit zur Selbststeuerung, da er zur abhängigen Variable des Gütermarktes wird.[30]

Eine Versickerung von Nachfrage ist durch verschiedene Störungen möglich. So kann es Störungen auf der Investitionsseite geben, indem die Investitionen relativ zinsunelastisch sind. Dies hat zur Folge, daß der Zinssatz, der für ein Vollbeschäftigungsinvestitionsniveau nötig wäre, auf einen Wert sinken müßte, der praktisch nicht zu realisieren ist. Zinsunelastische Investitionen sind u.a. Ausdruck einer ungünstig eingeschätzten zukünftigen Absatzlage mit dem Fehlen rentabler Sachanlageinvestitionsmöglichkeiten. Störungen sind jedoch auch von der Sparseite her möglich, indem die gebildeten Ersparnisse nicht auf den Finanzmärkten angelegt, sondern in Form von liquiden Mitteln gehalten werden.[31] Dabei ist die Produktionseinbuße bei Nachfrageausfällen durch die spekulative Liquiditätspräferenz größer als der Betrag der zurückgehaltenen liquiden Mittel, da es einen negativen Multiplikatoreffekt mit sich iterativ wiederholenden Produktionseinschränkungen gibt. Dieser Prozeß konvergiert schließlich gegen einen stabilen Unterbeschäftigungszustand.[32]

Die nach unten inflexiblen Geldlohnsätze sind einerseits bei Stagflationstendenzen dafür verantwortlich, daß der Prozeß sinkender Geldlohnsätze und Preise sowie eines fallenden

---
[30] Vgl. FISCHER, C./HEIER, D., a.a.O., S. 73 und FRIEDRICH, H./BRAUER, U., a.a.O., S. 46
[31] Anm.: Zum Beispiel zur Vermeidung von Kursverlusten bei niedrigen Zinssätzen (spekulative Liquiditätspräferenz) und vgl. FISCHER, C./HEIER, D., a.a.O., S. 77 ff.
[32] Vgl. ebenda, S. 81

Sozialprodukts überhaupt gegen einen Gleichgewichtswert konvergiert, andererseits verhindern sie in anderen Fällen eine Arbeitslosigkeitsbeseitigung durch den Marktmechanismus, weil die Preissenkungen auf dem Gütermarkt wegen fehlender Kostenentlastung der Unternehmen durch fallende Lohnsätze nicht weit genug gehen können. Die nach unten inflexiblen Geldlohnsätze sind damit die eigentliche Voraussetzung für stabile Unterbeschäftigungsgleichgewichte.

Somit wird deutlich, daß der durch die Neoklassik vorausgesetzte Zustand des totalen Systemgleichgewichts nur einen Grenzpunkt möglicher Gleichgewichtslagen darstellt, und daß Gleichgewichte auf den Gütermärkten mit dauerhaften Ungleichgewichten am Arbeitsmarkt durchaus kompatibel sind.[33]

2.2.3. Zentrale Handlungsvariablen

In oben beschriebener Unterbeschäftigungssituation ist Vollbeschäftigung bzw. ein Arbeitslosenabbau nur durch nachfrageexpansive Maßnahmen seitens einer von privatwirtschaftlichen Kosten- und Gewinnüberlegungen unabhängigen Institution möglich. Dabei lassen sich zwei Maßnahmenbereiche abgrenzen. Einerseits fiskalpolitische Eingriffe des Staates, andererseits geldpolitische Steuerungen der Zentralbank (Globalsteuerung).

Bei fiskalpolitischen Maßnahmen sind durch Staatsausgabenerhöhungen in Form zusätzlicher Staatsinvestitionen oder zusätzlichen Staatsverbrauchs einerseits direkte Wirkungen auf die zugehörige Sozialproduktskomponente zu erzielen, andererseits in Form von Steuersenkungen, Subventionen und Erhöhungen der Transferleistungen indirekte Wirkungen auf private Investitionen und privaten Konsum. Jede dieser Maßnahmen dient jedoch letztlich der Kompensation des eingetretenen Nachfrageausfalls. In nachfragestarken Situationen muß diese Politik deswegen schon aus finanzwirtschaftlichen Gesichtspunkten heraus in entgegengesetzter Richtung angewendet werden (antizyklische Wirtschaftspolitik).[34]

In der Regel werden die zusätzlichen Ausgaben durch eine Kreditaufnahme am Kapitalmarkt erfolgen (deficit-spending), was über dadurch ausgelöste Zinssteigerungen zu Verdrängungseffekten auf die privaten Investitionen führen kann (crowding-out-Effekte). Die Fiskalpolitik steht damit in einem gewissen Spannungsverhältnis zu privaten Investitionen. Dieses wird besonders bei einer Überdosierung der fiskalpolitischen Maßnahmen deutlich,

---

[33] Vgl. ebenda, S. 89
[34] Vgl. ADAM, H. - Instrumente der Arbeitsmarktpolitik, in: Aus Politik und Zeitgeschichte, Beilage zur Wochenzeitung "Das Parlament" Nr. 2/1981, S. 7 ff. und FRIEDRICH, H./BRAUER, U., a.a.O., S. 69 f. sowie HÜBL, L./SCHEPERS, W. - Arbeitslosigkeit, Hannover 1981, S. 39, 42

da der dadurch verursachte Nachfrageüberschuß allein Preissteigerungen bewirkt und über Zinserhöhungen in gleicher Höhe private Investitionen verdrängt.

Preissteigerungen ergeben sich aber auch bei einem in Bezug auf die vorliegende Störung adäquaten Einsatz des Instruments. Sie sind notwendig, damit das Reallohnniveau auf eine vollbeschäftigungskonforme Höhe sinkt.[35]

Zur Wirksamkeit der Fiskalpolitik: Die Fiskalpolitik ist besonders wirksam, wenn ein zinselastisches Spekulationsverhalten und ein zinsunelastisches Investitionsverhalten vorliegt, weil in diesem Fall die Verdrängungseffekte auf die privaten Investitionen nur gering sind. Diese Elastizitätsverhältnisse sind jedoch in Rezessionszeiten häufig gegeben, wodurch die Wirksamkeit der Fiskalpolitik in nachfrageschwachen Situationen unterstützt wird. Ein zinsunelastisches Investitionsverhalten liegt in Rezessionszeiten vor, weil die Unternehmen Produktionsreserven durch unausgelastete Produktionsstätten haben.[36] Und auch ein zinselastisches Spekulationsverhalten zeichnet Rezessionen aus, da es für anlagebereites Kapital in größerem Umfang kaum alternative Anlagemöglichkeiten gibt. Die Kreditaufnahme des öffentlichen Sektors schafft in diesen Situationen solche Anlagemöglichkeiten. Die Basis für Crowding-Out-Effekte ist damit relativ ungünstig, zumal der wichtigste Bestimmungsgrund im Investitionsentscheidungskalkül der Unternehmen nicht die Zinshöhe, sondern die zukünftigen Nachfrageerwartungen sind. Diese sind in Rezessionszeiten jedoch schlecht.[37]

Die Geldpolitik stellt einen zweiten Weg zur Erhöhung der gesamtwirtschaftlichen Nachfrage dar. Dabei wirken Maßnahmen zur Erhöhung der nominalen Geldmenge wie Diskontsatz- und Lombardsatzsenkungen, Mindestreservesatzverminderungen oder eine Offenmarktpolitik der Zentralbank immer indirekt über die Zinssätze. Die Annahme der Keynesianer, daß die Geldmenge Einfluß auf reale volkswirtschaftliche Größen haben kann, widerspricht der Aussage der klassischen Quantitätstheorie, für die Geld ein neutraler Einflußfaktor ist, welcher bei einer das Sozialproduktswachstum übersteigenden Geldmengenerhöhung lediglich Preisniveauänderungen bewirkt. Derartige Folgen hat die Geldpolitik in der keynesianischen Theorie nur bei einer Überdosierung des Instruments.

Preiserhöhungen finden aber wie bei der Fiskalpolitik auch hier statt, da Reallohnsenkungen durch Preiserhöhungen eine notwendige Voraussetzung für Beschäftigungseffekte sind. Im Gegensatz zur Fiskalpolitik sinken jedoch die Zinssätze. Das internationale Zinsniveau setzt der Geldpolitik aber Schranken, da eine zu große Zinsdifferenz im Vergleich zu ausländi-

---

[35] Vgl. MÜCKL, W. J. - Alternativen der Beschäftigungspolitik. Konzepte und ihre Erfolgschancen, in: WILLKE, G. u.a., a.a.O., S. 151
[36] Vgl. KÜLP, B., a.a.O., S. 33 f.
[37] Vgl. FASSING, W., a.a.O., S. 353 ff. . Zur Begründung der nachgeordneten Rolle des Zinses führt FASSING ökonometrische Investitionsuntersuchungen und Analysen des IFO-Instituts über die Bestimmungsgründe des Investitionsverhaltens an.

schen Kapitalmärkten Geldabflüsse ins Ausland zur Folge hätte. Auf diese Weise würde es wieder zu Zinssteigerungen kommen.[38]

Zur Wirksamkeit der Geldpolitik: Die Geldpolitik ist besonders wirksam, wenn ein zinsunelastisches Spekulationsverhalten bzw. eine zinsunempfindliche Geldnachfrage und ein zinselastisches Investitionsverhalten vorliegen, da in diesem Fall sowohl die Zinssätze als auch die Investitionen wirkungsvoll beeinflußt werden können. Damit stehen die Voraussetzungen einer wirksamen Geldpolitik entgegengesetzt zu denen einer wirksamen Fiskalpolitik. Das keynesianische Instrumentarium besitzt also flexible Handlungsalternativen bei verschiedenen äußeren Rahmenbedingungen. In den meisten Fällen praktischer Wirtschaftspolitik werden zudem mehrere wirtschaftspolitische Maßnahmen zur Zielerreichung notwendig sein (Policy-Mix).

Als Hauptkritikpunkte gegen eine keynesianische Wirtschaftspolitik werden die Möglichkeiten von Crowding-Out-Effekten, die Wirkungslosigkeit der Geldpolitik sowie die durch bürokratische Verzögerungen verursachte zeitliche Fehlsteuerung mit prozyklischen Wirkungen und Überdosierungen genannt. Desweiteren geht die Globalsteuerung von einer einheitlichen Entwicklung der gesamten Wirtschaft aus, obwohl die Konjunkturzyklen verschiedene Branchen und Regionen bezüglich Intensität und zeitlichem Verlauf unterschiedlich stark betreffen. Somit kann eine Globalsteuerung im einen Fall antizyklisch wirken, während sie gleichzeitig in anderen Bereichen prozyklisch wirkt. Letzterer Kritikpunkt steht dabei jedoch nicht so sehr für eine Ablehnung keynesianischer Maßnahmen, sondern mehr für ihre Verbesserung in Richtung auf eine regional und sektoral differenzierte und Strukturverzerrungen vermeidende Stabilisierungspolitik.[39]

2.3. Der monetaristische Arbeitsmarkt

2.3.1. Arbeitslosigkeitsursachen

Der Monetarismus stellt ein Wiederaufleben der klassischen Theorie in den 60er Jahren dieses Jahrhunderts aufgrund von Stagflationsphänomenen (Inflation bei gleichzeitiger Stagnation) dar. Stagflation ist durch die keynesianische Theorie nicht zu erklären, da das mit einer Stagnation verbundene Überschußangebot zu Preissenkungen führen müßte. Die Moneta-

---

[38] Vgl. FRIEDRICH, H./BRAUER, U., a.a.O., S. 74
[39] Vgl. ebenda, S. 82 ff. und MÜCKL, W. J., a.a.O., S. 152 f.

risten kommen über die Einführung von Inflationserwartungen zu einer schlüssigen Erklärung dieses Phänomens.[40]

Als Basis für den Monetarismus fungiert die klassische Quantitätstheorie. Das Vorhandensein von Arbeitslosigkeit wird mit den Kosten der Informationsgewinnung und den Kosten der Anpassung an veränderte wirtschaftliche Bedingungen erklärt. Dabei wird sowohl von fallenden Grenzerträgen als auch von steigenden Grenzkosten einer zusätzlichen Informationseinheit ausgegangen. Zudem steigen die Kosten mit der Geschwindigkeit, mit der ein bestimmter Informationsstand erreicht und eine Anpassung durchgeführt werden soll.

Dieses Konzept liefert eine Erklärung dafür, daß Mengenreaktionen (Beschäftigungsrückgang) häufig Preisreaktionen (Senkungen des Nominallohnsatzes) vorangehen und damit Arbeitslosigkeit entsteht. So ist es Resultat eines individuellen Optimierungskalküls, daß ein Arbeitsloser erst einmal eine gewisse kostenoptimale Zeit sein Arbeitsangebot zurückhält, um einen mit seinem früheren Arbeitsplatz vergleichbaren neuen Arbeitsplatz zu suchen. Stellt der Arbeitslose fest, daß diese Bestrebungen nicht zu realisieren sind, so wird er seinen Angebotspreis senken. Dies geschieht jedoch erst mit einer durch die Informationsbeschaffung bedingten zeitlichen Verzögerung. Findet der Arbeitslose auch jetzt noch keine Beschäftigung, so liegt eine ständig zurückgehende gesamtwirtschaftliche Nachfrage nach Gütern und Arbeitskräften vor. Die Arbeitslosen passen ihr Erwartungsniveau bezüglich der zu realisierenden Lohnsätze langsamer an als die tatsächlich realisierbaren Lohnsätze fallen. Das Fortbestehen von Arbeitslosigkeit resultiert deswegen aus Lohnstarrheiten und einer zu langsamen Informationsbeschaffung.[41]

Als Ursache für Schwankungen der gesamtwirtschaftlichen Nachfrage werden Eingriffsmaßnahmen des öffentlichen Sektors in den Wirtschaftsablauf angesehen. Dem privaten Sektor wird dagegen eine stabilisierende Wirkung zugesprochen. Schwankungsauslösend sind dabei weniger fiskalpolitische Maßnahmen, weil deren Wirkung als relativ schwach angesehen wird, sondern hauptsächlich geldpolitische Maßnahmen. Zwar haben geldpolitische Eingriffe nach der monetaristischen Theorie auch nur einen unwesentlichen und kurzfristigen Einfluß auf die Beschäftigung und das Sozialprodukt, sie sind jedoch dominierend für die Inflationsrate. Durch die Berücksichtigung von Preiserwartungs- und Inflationserwartungseffekten folgen damit aus Geldmengenerhöhungen kurzfristige Zinssteigerungen und langfristige proportionale Preissteigerungen.

---

[40] Vgl. JARCHOW, H.-J., a.a.O., S. 276 ff.
[41] Vgl. ebenda, S. 265 ff.

2.3.2. Zentrale Handlungsvariablen

Zur Ausschaltung gesamtwirtschaftlicher Unstetigkeiten wird einer Preisniveaustabilisierung der absolute Vorrang eingeräumt. Erreicht werden soll dies mit einer Schwankungen vermeidende und an der Wachstumsrate des Sozialprodukts orientierten Geldmengenpolitik. Flankierend sind Maßnahmen zur Beseitigung von Lohnstarrheiten und zur Verbesserung der Arbeitsvermittlung zu ergreifen. Abgelehnt werden wirtschaftspolitische Eingriffe keynesianischer Prägung.

2.4. Zusammenfassung der makroökonomischen Arbeitsmarkttheorien

Im folgenden sollen die vorgestellten Theorien kurz in einer Übersicht (Tab. 1) hinsichtlich ihrer hauptsächlichen Aussagen zusammengefaßt werden. Folgende Abkürzungen werden dabei verwendet:

ALK	: Arbeitslosigkeit
M	: nominale Geldmenge
G^r	: Reale Staatsausgaben
Y^r	: Reales Sozialprodukt
N	: Beschäftigung des Faktors Arbeit
i	: Zinssatz
p	: Preisniveau des Sozialprodukts
w	: Nominallohnsatz, Geldlohnsatz
(w/p)	: Reallohnsatz
C^r	: Realer privater Konsum
I^r	: Reale private Investitionen
$\uparrow$	: Zunahme der davorstehenden Größe
$\downarrow$	: Abnahme der davorstehenden Größe
$\approx$	: Keine Veränderung der davorstehenden Größe

Tab. 1: Übersicht über makroökonomische Theorien und ihre Implikationen

	Klassiker	Neoklassiker	Monetaristen	Keynesianer
Auftreten von Arbeitslosigkeit	Nicht möglich; ansonsten freiwillige Arbeitslosigkeit	In der Regel nur vorübergehend möglich, aber Ausnahmesituationen	Informations- und Anpassungskosten sowie Lohnstarrheiten können langfristige ALK verursachen	Stabile Unterbeschäftigungsgleichgewichte möglich
Geldpolitik $M\uparrow$	Nicht notwendig! Folgen von $M\uparrow$: $Y^r \approx N \approx i \approx p\uparrow$ $C^r \approx I^r \approx (w/p) \approx$	Nicht notwendig! Folgen von $M\uparrow$: $Y^r \approx N \approx i \approx p\uparrow$ $C^r \approx I^r \approx (w/p) \approx$	Preisniveaustabilisierende Geldpolitik, ansonsten schädlich $Y^r \approx N \approx i \approx p\uparrow$ $C^r \approx I^r \approx (w/p) \approx$	Notwendig! Folgen von $M\uparrow$: $Y^r\uparrow \; N\uparrow \; i\downarrow \; p\uparrow$ $C^r\uparrow \; I^r\uparrow \; (w/p)\downarrow$
Fiskalpolitik $G^r\uparrow$	Nicht notwendig! Folgen von $G^r\uparrow$: Immer vollständiger Crowding-Out-Effekt $Y^r \approx N \approx i\uparrow \; p \approx$ $C^r\downarrow \; I^r\downarrow \; (w/p) \approx$	Nicht notwendig! Folgen von $G^r\uparrow$: Crowding-Out-Effekte $Y^r \approx N \approx i\uparrow \; p\uparrow$ $C^r \approx I^r\downarrow \; (w/p) \approx$	Abgelehnt, da nur geringe Wirksamkeit Folgen von $G^r\uparrow$: $Y^r\uparrow \; N\uparrow \; i\uparrow \; p\uparrow$ $C^r\uparrow \; I^r\downarrow \; (w/p)\downarrow$	Notwendig! Teilweise Crowding-Out-Effekte möglich $Y^r\uparrow \; N\uparrow \; i\uparrow \; p\uparrow$ $C^r\uparrow \; I^r\downarrow \; (w/p)\downarrow$

3. Weitere Erklärungsansätze

3.1. Außenwirtschaftliche Einflüsse[42]

Für die Bundesrepublik Deutschland ist der außenwirtschaftliche Bereich von zentraler Bedeutung, da ein Großteil des Sozialprodukts exportiert wird und der Außenbeitrag Teil der gesamtwirtschaftlichen Nachfrage ist. Entsprechend sollen auch einige potentielle Regressoren aus diesem Bereich herausgearbeitet werden. Dafür ist es notwendig, die Bestimmungsgründe des Außenbeitrags näher zu betrachten. Der Außenbeitrag als Saldo der Handels- und Dienstleistungsbilanz ergibt sich formal als:

$$A = p^i \cdot X^r - we \cdot p^a \cdot J^r$$

mit A : Außenbeitrag
      p^i : Preisniveau des Exports (in DM)
      X^r : Reale Exportmenge
      we : Wechselkurs
      p^a : Preisniveau des Imports (in Devisen)
      $\Rightarrow$ $we \cdot p^a$: Preise der Auslandsgüter in DM
      J^r : Reale Importmenge aus dem Ausland

Die reale Exportmenge hängt ab vom Inlandspreisniveau[43] $(p\uparrow \Rightarrow X^r \downarrow)$, vom Auslandspreisniveau $(p^a\uparrow \Rightarrow X^r \uparrow)$, vom Wechselkurs $(we \uparrow$ (Abwertung der DM) $\Rightarrow X^r \uparrow)$ und vom Sozialprodukt des Auslands $(Y^{ra}\uparrow \Rightarrow X^r \uparrow)$. Die reale Importmenge hängt ab vom Inlandspreisniveau $(p\uparrow \Rightarrow J^r \uparrow)$, vom Auslandspreisniveau $(p^a\uparrow \Rightarrow J^r \downarrow)$, vom Wechselkurs $(we \uparrow \Rightarrow J^r \downarrow)$ und vom Inlandssozialprodukt $(Y^r\uparrow \Rightarrow J^r \uparrow)$. Eine Inlandspreisniveausteigerung führt damit zu einer Verschlechterung des Außenbeitrags. Aus einer Abwertung der Inlandswährung folgt dagegen eine Verbesserung des Außenbeitrags. Bei Wechselkursveränderungen ist die Wirkung jedoch immer verzögert, da die Import-Export-Struktur nicht sofort umgestellt und damit die Mengenkomponente erst später angepaßt werden kann, die Bewertungskomponente $(we \cdot p^a)$ hingegen sofort wirksam wird (J-Kurven-Effekt). Erhöhungen des Auslandspreisniveaus führen i.d.R. zu Verbesserungen des Außenbeitrags. Für nicht oder nur langsam zu substituierende Güter wie z.B. Erdöl gilt jedoch eine umgekehrte

---

[42] Anm.: Die folgenden Ausführungen orientieren sich hauptsächlich an JARCHOW, H.-J./RÜHMANN, P. - Monetäre Außenwirtschaft, Bd. 1: Monetäre Außenwirtschaftstheorie, 3. Aufl. Göttingen 1991, S. 43-118, 181 f.
[43] Anm.: Im folgenden wird statt des Preisniveaus des Exports zur Vereinfachung mit dem Inlandspreisniveau und statt des Preisniveaus des Imports mit dem Auslandspreisniveau argumentiert.

Entwicklung, da die Importmenge nicht oder nur unwesentlich zurückgeht, der Bewertungseffekt aber auch hier sofort seine volle Wirksamkeit entfaltet. Zusätzlich steigt noch das Inlandspreisniveau durch höhere Produktionskosten.

Betreibt ein Land eine expansive Fiskalpolitik zur Stärkung der gesamtwirtschaftlichen Nachfrage, so werden sich häufig Verschlechterungen beim Außenbeitrag einstellen, da die Expansion im Inland mit hoher Wahrscheinlichkeit die Importe erhöht, ohne daß dem gleichzeitig auch höhere Exporte gegenüberstehen. Eine Politik der Exportförderung (z.B. durch Abwertung der Inlandswährung oder durch Exportsubventionen) erhöht hingegen sowohl den Außenbeitrag als auch das inländische Sozialprodukt, während sie im Ausland die entgegengesetzten Effekte auslöst (Beggar-My-Neighbour-Politik).

3.2. Rationalisierungsinvestitionen und Arbeitsproduktivitätsentwicklung

Rationalisierungsinvestitionen liegen vor, wenn eine Investition die Arbeitsproduktivität eines Arbeitsplatzes bzw. die Produktivität einer Produktionsanlage erhöht. Steigerungen der Produktivität können zwar auch auf eine gesteigerte Leistungsfähigkeit der Arbeitnehmer zurückgeführt werden, hauptsächlich sind dafür jedoch technische Innovationen verantwortlich.

Eine Zunahme der Arbeitsproduktivität erzeugt aber nicht zwingend Arbeitslosigkeit. Solange das Produktionswachstum nicht unter dem Produktivitätswachstum liegt, wird die Beschäftigung gehalten bzw. sogar ausgedehnt. Zudem ist das Produktivitätswachstum Voraussetzung für höhere Reallöhne, geringere Arbeitszeiten und höhere Konsumniveaus. Problematisch wird die Situation erst, wenn das Produktivitätswachstum höher liegt als das Produktionswachstum. In solchen Fällen wird Arbeitslosigkeit auftreten, wenn nicht z.B. durch Verminderungen des Arbeitsvolumens gegengesteuert wird.[44] Eine solche Produktions-Produktivitäts-Konstellation stellte sich von Mitte der 70er bis Mitte der 80er Jahre ein. Die Rationalisierungsinvestitionen erhöhten ihren Anteil zulasten der Erweiterungsinvestitionen.[45] Produktivitätshemmende Maßnahmen sind jedoch im Hinblick auf die internationale Wettbewerbsfähigkeit und angesichts damit bewirkter unnötig hoher Faktoreinsätze nicht vertretbar.

---

[44] Vgl. KNAPPE, E. - Arbeitslosigkeit als Folge zu hoher Rationalisierungsinvestitionen ?, in: WILLKE, G. u.a., a.a.O., S. 93 ff.
[45] Vgl. FRIEDRICH, H./BRAUER, U., a.a.O., S. 52 ff.

3.3. Sättigungsthese

Als Erklärung für die langanhaltende Nachfrageschwäche und das Zurückbleiben der Sozialproduktsteigerungen wird die These der Sättigung verschiedener Märkte angeführt. Diese These wird in grober Unterscheidung in zwei Formen vorgetragen, woraus entsprechende Überwindungsstrategien resultieren. Als erste Form wird eine generelle Sättigung behauptet, welche mit einer Verminderung des angebotenen Arbeitsvolumens als Arbeitslosigkeitsüberwindungsstrategie verknüpft wird. Die zweite Form konstatiert nur eine Sättigung im Hinblick auf die gegenwärtige Güter- und Dienstleistungsstruktur und fordert entsprechend eine Umstrukturierung des Sozialprodukts in qualitativer Hinsicht und in Richtung auf ungesättigte Bedürfnisse.[46]

3.4. Demographische Entwicklung, Wanderungsbewegungen und Erwerbsneigung

Demographische Entwicklungen wirken sich sowohl auf das Arbeitsangebot als auch auf die gesamtwirtschaftliche Nachfrage aus. Besonders negativ für die Beschäftigungsentwicklung ist dabei eine Situation, welche für die Bundesrepublik Deutschland von Mitte der 70er bis Ende der 80er Jahre vorherrschte und durch eine Zunahme der Erwerbspersonen bei sinkender bzw. gleichbleibender Bevölkerung gekennzeichnet war. In solch einer Situation steigt der Bedarf an Arbeitsplätzen, ohne daß damit eine entsprechende Nachfragesteigerung auf den Gütermärkten einhergeht.

Für die Entwicklung des Arbeitsangebotes stellt die alleinige Betrachtung der Bevölkerungsentwicklung jedoch nur eine erste Annäherung dar. Weitere Differenzierungen und darüberhinausgehende sozio-demographische Einflüsse müssen berücksichtigt werden. So ist für die Bevölkerungsentwicklung nicht nur die natürliche Entwicklung der Geburten und Sterbefälle, sondern auch der Wanderungssaldo zwischen Inland und Ausland ausschlaggebend. Davon ausgehend bedarf es für die Abschätzung des Arbeitsangebotes einer Analyse des Altersaufbaus der Bevölkerung (Anteil erwerbsfähiger Personen), der Erwerbsneigung der erwerbsfähigen Personen sowie der angebotenen Arbeitszeiten.[47]

Arbeitslosigkeitsbekämpfungsmaßnahmen, die sich an demographischen Aspekten orientieren, setzten bisher weniger direkt an der Bevölkerungsentwicklung an (z.B. über Einwande-

---

[46] Vgl. CZAYKA, L. - Konsumbelebung oder Arbeitszeitverkürzung, in: Mitteilungen aus der Arbeitsmarkt- und Berufsforschung, 11. Jg. Heft 3 (1978) (MittAB 3/78), S. 278 f.
[47] Vgl. ROPPEL, U. - Arbeitslosigkeit als Folge demographischer Entwicklungen? Welche Folgen hat der Anstieg der Erwerbspersonen bei gleichzeitigem Rückgang der Gesamtbevölkerung?, in: WILLKE, G. u.a., a.a.O., S. 54 f.

rungserschwernisse), sondern mehr an der Einschränkung der erwerbsfähigen Personen (durch Verlängerung der Ausbildungszeiten, Herabsetzung des Renteneintrittsalters) und der Verminderung der Arbeitszeiten (Arbeitszeitverkürzungen bezüglich verschiedener Grundzeitperioden, Urlaubsverlängerung, Teilzeitarbeitsmodelle, Berufsunterbrechungen).[48]

3.5. Segmentationstheorie

Die Theorie der Segmentierung von Arbeitsmärkten[49] geht davon aus, daß der Arbeitsmarkt in der Bundesrepublik ein stark zergliedertes Gebilde von mehr oder weniger voneinander abgeschotteten Teilarbeitsmärkten ist, die durch Gesetze, Verordnungen, Tarifverträge, Betriebsvereinbarungen usw. verfestigt und getrennt sind. Zum einen bestehen berufs- und branchenspezifische Barrieren, zum anderen betriebliche Barrieren in Form von Stammbelegschaften und flexibel disponierbaren Randbelegschaften mit geringeren Qualifikationen. Eine derartige Segmentierung behindert die Einsatzmöglichkeiten von Arbeitskräften und das Anpassungsvermögen des Arbeitsmarktes auf Strukturveränderungen. Damit verstärkt sich die Immobilität des Faktors Arbeit.[50]

3.6. Zusammenfassung

Werden die verschiedenen Ursachen und Lösungsvorschläge gemeinsam betrachtet, so verführt die Darstellung leicht in die Kategorisierung einer angebotsorientierten und einer nachfrageorientierten Wirtschaftspolitik. Die reale Sachlage ist jedoch viel zu komplex, als daß eine ausschließlich angebots- oder ausschließlich nachfrageseitige Steuerung der Ursachenvielfalt der gegenwärtigen Beschäftigungsprobleme gerecht werden dürfte. Erfolgversprechende Strategien werden nicht nur beide Seiten berücksichtigen müssen, sondern auch den speziellen Typus von Arbeitslosigkeit, gegen den Maßnahmen ergriffen werden sollen. Damit verlagert sich die Auseinandersetzung von der Ebene der Falsifikation der einen und Verifikation der anderen Lösungsstrategie zur Ebene der Analyse einer geeigneten gemeinsamen Verbindung in einem Lösungspaket. Da in diesem Kapitel bereits eine Vielzahl von Einflußbereichen auf die Arbeitslosigkeit herausgearbeitet wurden, die verschiedene Ursachen und diverse Lösungsansätze repräsentieren, kann die ökonometrische Analyse auch Anhaltspunkte für die Gewichtung der einzelnen Lösungsstrategien in einem solchen Lösungspaket liefern.

---

[48] Vgl. ADAM, H., a.a.O., S. 11 ff.
[49] Anm.: Auch als Arbeitsmarktstrukturtheorie bezeichnet; vgl. FISCHER, C./HEIER, D., a.a.O., S. 181 ff.
[50] Vgl. FRIEDRICH, H./BRAUER, U., a.a.O., S. 60 f.

4. Einbeziehung der Arbeitslosigkeit in makroökonometrischen Modellen

4.1. Allgemeines

In diesem Abschnitt soll ein Überblick über die Behandlung der Arbeitslosigkeit in makroökonometrischen Modellen gegeben werden.[51] Die Darstellung erfolgt getrennt nach gesamtwirtschaftlichen Modellen, sogenannten Globalmodellen, die den Arbeitsmarkt nur als ein Teilmodell beinhalten, und nach speziellen Arbeitsmarktmodellen, bei denen der Arbeitsmarkt als Hauptmodell auftritt. Bei der Auswahl der Modelle wurde neben der Verschiedenartigkeit der Ansätze insbesondere die Anpassungsgüte des Modells als Auswahlkriterium verwendet. Abgewandelte Folgemodelle, andere Modellversionen oder Erweiterungen von bereits bestehenden Modellen wurden nur berücksichtigt, wenn sie für den Arbeitsmarkt und dort speziell im Bereich des Arbeitslosigkeitsproblems neue Aspekte einführten. Ansonsten wurde nur das Grundmodell bzw. die in ausführlichster Form zugängliche Version verarbeitet.

Gleichzeitig stellt dieser Abschnitt den Übergang von den bisher behandelten ökonomischen Theorien zu den ökonometrischen Modellen dar. Die weitgehend verbale Formulierung der ökonomischen Modelle wird in eine der Schätzung zugängliche mathematische Modellform überführt, durch deren Festlegung nicht nur qualitative, sondern auch quantitative Aussagen möglich werden.[52]

Zwar werden ökonometrische Gleichungen auch ohne Grundlage einer ökonomischen Theorie aufgestellt und geschätzt; dieser deduktive Erkenntnisweg birgt jedoch die Gefahr in sich, daß Pseudozusammenhänge und Artefakte entstehen. In dieser Arbeit wird dagegen dem oben beschriebenen induktiven Weg gefolgt.

4.2. Die Arbeitslosigkeit in makroökonometrischen Globalmodellen

Globalmodelle haben die gesamtwirtschaftliche Entwicklung eines Landes oder Wirtschaftsgebietes zum Gegenstand. Entsprechend ist die Berücksichtigung des Arbeitsmarktes weniger ausgebaut als in Spezialmodellen, die den Arbeitsmarkt als alleinigen Untersuchungsgegenstand haben. In einigen Fällen ist der Arbeitsmarkt nicht einmal im Modell enthalten. Bei

---

[51] Anm.: Detailliertere Informationen über die verarbeiteten Modelle können den im Literaturverzeichnis dazu angegebenen Literaturtiteln (Kennzeichnung: "*") entnommen werden.
[52] Vgl. HEILEMANN, U. - Zur Prognoseleistung ökonometrischer Konjunkturmodelle für die Bundesrepublik Deutschland, Berlin 1981, S. 64
Anm.:Das ökonomische Modell geht durch die stochastische Komponente in ein ökonometrisches Modell über.

Berücksichtigung des Arbeitsmarktes sind Schätzansätze für die Erklärung des Arbeitsangebots, der Arbeitsnachfrage, der Lohnbestimmung sowie der Arbeitslosigkeit und der offenen Stellen auffindbar. Gerade bei älteren Modellansätzen sind jedoch die beiden letzten Aspekte der Erklärung der Arbeitslosigkeit und der offenen Stellen wegen der damals geringen Bedeutsamkeit entweder ganz oder teilweise vernachlässigt worden.

In der überwiegenden Zahl der Fälle wird die Arbeitslosigkeit in den Modellen nicht direkt erklärt, sondern in Form einer Definitionsgleichung indirekt als Differenz zwischen Arbeitsangebot und Arbeitsnachfrage bestimmt. Enthält ein Modell die Arbeitslosigkeit direkt als Regressand, so muß wegen des definitorischen Zusammenhangs zwischen Arbeitsangebot, Arbeitsnachfrage und Arbeitslosigkeit auf eine stochastische Gleichung verzichtet werden, da ansonsten das Teilsystem Arbeitsmarkt überbestimmt wäre. Meist wird in diesen Fällen auf die stochastische Erklärung des Arbeitsangebots verzichtet.[53] Im folgenden wird eine Übersicht über die in den Modellen verwendeten Regressanden und Regressoren bezüglich der Bereiche Arbeitsangebot, Arbeitsnachfrage und Arbeitslosigkeit gegeben.

Wird das Arbeitsangebot durch eine stochastische Gleichung erfaßt, so werden meist die Zahl der Erwerbspersonen, die Erwerbsquote oder die entsprechenden Veränderungsgrößen als Regressanden verwendet. Als erklärende Variablen treten Zeitgrößen (Trend aus mittel- oder langfristigen Veränderungen der Erwerbsbeteiligung), Einkommens- und Vermögensgrößen (reales oder nominales Pro-Kopf-Einkommen, Arbeitslosenunterstützung, Sach- und Geldvermögen der Haushalte) und Beschäftigungsgrößen (Zahl der Arbeitslosen, Arbeitslosenquoten, Zahl der Erwerbstätigen, Bevölkerungsentwicklung) auf. Um nicht meßbare Erwartungsgrößen einzubeziehen, wird oft auch das Arbeitsangebot von Vorperioden als Regressor benutzt.[54]

Wird die Arbeitsnachfrage durch eine stochastische Gleichung ausgedrückt und nicht nur indirekt aus einer Produktionsfunktion abgeleitet oder als externe Größe berücksichtigt, so werden als zu erklärende Variablen die Zahl der Erwerbstätigen, die in einer Periode geleisteten Erwerbstätigenstunden oder die im Durchschnitt pro Erwerbstätigem geleisteten Arbeitsstunden verwendet. Als erklärende Variablen treten Lohngrößen, Produktionsgrößen (Bruttoinlandsprodukt, Bruttosozialprodukt), Auslastungsgrade, der Kapitalstock, Produktivitätsgrößen, der Zeittrend und Preisindizes auf. Auch hier werden Erwartungsgrößen durch die Arbeitsnachfrage der Vorperioden als Regressoren einbezogen.[55]

---

[53] Vgl. CRAMER, U. - Die Behandlung des Arbeitsmarktes in ökonometrischen Modellen, Teil 1: Globalmodelle, in: Mitteilungen aus der Arbeitsmarkt- und Berufsforschung, 9. Jg. Heft 3 (1976), S. 368
[54] Vgl. ebenda, S. 364 f.
[55] Vgl. ebenda, S. 365 f.

Wird die Arbeitslosigkeit direkt geschätzt, so werden die Zahl der registrierten Arbeitslosen, die Arbeitslosenquote, die entsprechenden Veränderungsgrößen oder die Differenz zwischen offenen Stellen und Arbeitslosen als zu erklärende Variablen verwendet. Als Regressoren treten Zeittrends, Kapitalkostengrößen, Arbeitskostengrößen, Arbeitslosenzahlen der Vorperioden, Veränderungen der Erwerbspersonen, Dummy-Variablen für die Ölkrisen sowie weitere Einflußgrößen auf, die auch schon für die Erklärung des Arbeitsangebots und der Arbeitsnachfrage relevant waren.[56]

4.3. Die Arbeitslosigkeit in Spezialarbeitsmarktmodellen

Unter die Spezialarbeitsmarktmodelle fallen sowohl die Modelle, die sich mit dem Arbeitsmarkt in seiner Gesamtheit beschäftigen, als auch die speziellen Arbeitslosigkeitsmodelle, die ausschließlich die Arbeitslosigkeit zum Analysegegenstand haben. Letztere Modelle sind dabei natürlich von besonderem Interesse. Im Gegensatz zu den Globalmodellen sind die Spezialmodelle naturgemäß differenzierter und detaillierter. So wird die Gesamtarbeitslosigkeit häufig nach Deutschen und nach Ausländern sowie nach anderen Gruppenbildungen unterteilt (z.B. nach Alter und nach dem Geschlecht der Arbeitslosen). Auch eine getrennte Schätzung der konjunkturellen und strukturellen Arbeitslosigkeit wird versucht. Auffällig ist die starke Orientierung der Modellkonstruktion an den makroökonomischen Theorien, die im ersten Teil dieses Kapitels vorgestellt wurden.[57]

Als Schätzansätze sind sowohl die direkte als auch die indirekte Schätzung der Arbeitslosigkeit über die Arbeitsnachfrage und das Arbeitsangebot vertreten. Für die direkten Schätzungen werden als Regressanden überwiegend die Arbeitslosenanzahl oder die Arbeitslosenquote, für das Arbeitsangebot die Erwerbstätigen oder die geleisteten Arbeitsstunden bzw. potentiell möglichen Arbeitsstunden und für die Arbeitsnachfrage die Erwerbspersonen oder die Erwerbspersonenstunden verwendet. Ein Ansatz benutzt für die indirekte Schätzung die Arbeitslosenzu- und -abgänge und deren stochastische Erklärung.

Als Regressoren treten die Arbeitsangebotsseite repräsentierende Variablen wie die Bevölkerungsanzahl, die Erwerbstätigen sowie die Erwerbsquote auf; besonderen Stellenwert hat die gesamtwirtschaftliche Nachfrage (Bruttoinlandsprodukt, Bruttosozialprodukt, Wachstum des Bruttosozialprodukts usw.) und das Produktionspotential (Kapazitätsauslastung, Auslastung des Produktionspotentials). Ebenso sind Einkommens- und Konsumgrößen (z.B. Haushaltseinkommen, verfügbares Einkommen, Nettoeinkommensentwicklung) sowie Preisgrößen (Preisniveau-, Lohnsatzentwicklung) vertreten. Für den technischen Fortschritt

---
[56] Vgl. ebenda, S. 368
[57] Anm.: Einige Modellansätze wurden zudem stark durch die Phillipskurvendiskussion beeinflußt.

steht die Arbeitsproduktivität; die Attraktivität der Arbeitslosigkeit wird durch die Höhe der Arbeitslosenunterstützung, die strukturelle Arbeitslosigkeit durch das Verhältnis von Industrie- und Handels-/Dienstleistungsproduktion ausgedrückt. Häufig werden auch zeitverzögerte Regressanden, zeitverzögerte Regressoren sowie der Zeittrend als erklärende Variablen eingesetzt.

4.4. Zusammenfassung

Die vorhergehende Darstellung zeigt, daß die Modelle hinsichtlich der verschiedenen angesprochenen Aspekte starke Unterschiede aufweisen. So sind die wirtschaftstheoretischen Grundlagen teils im Bereich der Neoklassik, oft sogar rein mikroökonomisch geprägt, und dann wiederum im Bereich des Keynesianismus angesiedelt. Die Phillipskurvendiskussion hat ebenfalls erstaunliche Rückwirkungen auf die Modellentwicklungen mit sich gebracht. Stärker als die Unterschiede in der wirtschaftstheoretischen Basis sind jedoch die Unterschiede im Modellentwicklungsansatz. So wird die Arbeitslosigkeit durch die verschiedensten Regressanden erfaßt, und diese wiederum auf direkte oder indirekte Weise geschätzt. Die indirekten Schätzansätze differieren zusätzlich noch hinsichtlich der einfließenden Teilkomponenten.

Die oben beschriebenen Differenzen sowie die verschiedenen Referenzzeiträume und Grundgesamtheiten erschweren eine Vergleichbarkeit der Modelle. Dieses Problem berührt die Hauptzielsetzung dieses Abschnitts jedoch nur wenig, da genügend Anregungen im Hinblick auf mögliche Regressionsansätze und Regressoren gegeben wurden. Zwar resultieren aus der geringen Vergleichbarkeit der Modelle kaum Hinweise auf besonders erfolgversprechende und damit besonders geeignete Schätzansätze. Andererseits kann das breite Spektrum von Ansätzen für die eigene Modellentwicklung jedoch auch von Vorteil sein.

V. Die Variablen

1. Allgemeines

2. Datentransformation und Datenerzeugung

3. Saisonbereinigung

4. Abkürzungssystematik

5. Beschreibung der Variablen

6. Haupteinflußbereiche - Blockbildung

7. Auswahl der repräsentativen Variablen

V. Die Variablen

1. Allgemeines

In diesem Kapitel werden die aus den vorhergehenden Abschnitten abgeleiteten möglichen Regressanden und Regressoren näher vorgestellt. Dabei werden die Variablen grob gerasterten Einflußbereichen auf die Arbeitslosigkeit zugeordnet. Diese Einflußbereiche, die sich ebenfalls aus der theoretischen Voranalyse ergeben, sollen später die Basis für die Modellkonstruktion bilden. Eine solche Blockbildung der Variablen hat den Vorteil, daß die Haupteinflußbereiche bereits durch eine detaillierte theoretische Voranalyse festgelegt werden müssen, und die Regressionsergebnisse damit weniger der Gefahr von Pseudozusammenhängen ausgesetzt sind. Gleichzeitig können vermeidbare Multikollinearitäten ausgeschlossen werden, da innerhalb eines Blocks hohe Korrelationen und zwischen den Blöcken niedrigere Korrelationen zu erwarten sind. Durch die Beschränkung auf wenige, die einzelnen Blöcke repräsentierende Variablen für die Konstruktion des Regressionsmodells, fallen ein Großteil der Korrelationsbeziehungen zwischen den Variablen weg, ohne daß die Informationen, die in allen Variablen enthalten sind, in zu starkem Maße vermindert werden.

Da in dieser Arbeit neben Jahres- auch Vierteljahres- und Monatsdaten verwendet werden, jedoch nicht alle Variablen in diesen Zeitabständen erhoben wurden, bedarf es in gewissem Umfang der Datenerzeugung. Die Darstellung der hierfür notwendigen Annahmen, die Vorgehensweise und deren Rechtfertigung und Plausibilität sind ebenso Gegenstand dieses Kapitels wie die eingesetzten Saisonbereinigungsverfahren.

2. Datentransformation und Datenerzeugung

Die Regressorenvorauswahl soll nicht durch die Erhebungshäufigkeit der Variablen gesteuert werden. Damit scheidet das Weglassen von in zu geringen zeitlichen Abständen erhobenen Variablen aus. Sollen jedoch die Zusatzinformationen von Vierteljahres- bzw. Monatsdaten gegenüber Jahresdaten genutzt werden, ohne daß man auf die Zeitdimension der am wenigsten häufig erhobenen Variablen angewiesen ist, so bleibt nur die Möglichkeit der Erzeugung der fehlenden Datenwerte. Zwar enthalten Variablen, für die Erzeugungen notwendig werden, nicht mehr Informationen als vorher; durch die jetzt mögliche Verwendung aller Beobachtungen von häufiger erhobenen Variablen steigt jedoch die Informationsbasis des Gesamtsystems.

Prinzipiell bestehen bei dieser Vorgehensweise große Manipulationsmöglichkeiten, so daß es eng gesteckter Rahmenbedingungen und Voraussetzungen für die Datenerzeugung bedarf. Sie ist nur zulässig bzw. sinnvoll, wenn eine genügende Anzahl der Variablen in der angestrebten Wiederholungshäufigkeit erhoben wurde. Ferner sollte das Verhältnis zwischen tatsächlich erhobenen und erzeugten Werten einer Variablen einigermaßen ausgewogen sein. Die Erzeugung von Vierteljahresdaten aus Halbjahresdaten bzw. die Erzeugung von Monatsdaten aus Vierteljahresdaten scheint vertretbar und wurde auch in dieser Arbeit durchgeführt. Die Erzeugung auf der Basis von Jahresdaten bzw. die Erzeugung von Monatsdaten aus Halbjahresdaten wird dagegen als sehr problematisch angesehen. Sollte dies für einen Teilzeitraum dennoch erforderlich sein, so ist die Zulässigkeit von der Wichtigkeit dieses Zeitraums für den Untersuchungsgegenstand abhängig zu machen.

Von besonderer Wichtigkeit sind die getroffenen Annahmen für die Vorgehensweise bei der Datenerzeugung. Sie sollten sich daran orientieren, wie plausibel der resultierende Datenverlauf einen tatsächlich erhobenen Datenverlauf annähern würde. In dieser Arbeit wurde jeweils eine kontinuierliche lineare Entwicklung für die Zwischenwerte zwischen zwei tatsächlichen Beobachtungswerten unterstellt. Eine solche Annahme ist jedoch nur dann plausibel, wenn mit saisonbereinigten Werten gearbeitet wird. Die Datenerzeugung nicht saisonbereinigter Werte sollte dagegen vermieden werden, da die Schwankungen von Monatsdaten i.d.R. höher sind als die von Vierteljahresdaten und diese wiederum höher sind als die von Halbjahresdaten. Die lineare Interpolation von zu erzeugenden Werten würde mithin die Schwankungen in den Variablenreihen unterschätzen. Um dies auszuschließen, wären weitere Annahmen über die Stärke der einzelnen Saisonschwankungen notwendig. Der Trendverlauf allein wird hingegen angemessen abgebildet, sofern nicht zu viele Zwischenwerte erzeugt werden müssen. Da für diese Arbeit saisonbereinigte Daten besser geeignet sind als nicht saisonbereinigte[58], reicht somit die Annahme einer linearen Entwicklung für die Datenerzeugung aus. Um die Übereinstimmung der auf Jahresniveaugrößen hochgerechneten erzeugten Datenreihe und der auf Jahresniveaugrößen hochgerechneten Ausgangsdatenreihe sicherzustellen, werden die erzeugten Daten ferner einer Transformation derart unterzogen, daß beide Datenreihen den gleichen Jahresdurchschnitt aufweisen.

Damit die Regressionsergebnisse aus den Jahres-, Vierteljahres- und Monatsdatenregressionen direkt vergleichbar sind, werden für die Vierteljahres- und Monatsdaten nicht die jeweiligen unterjährigen Teilzeitraumgrößen verwendet, sondern die aufs Jahr hochgerechneten Niveaugrößen (Datentransformation). D.h. die Vierteljahresgrößen werden mit 4 und die Monatsgrößen mit 12 multipliziert. Auf diese Weise wird unterstellt, daß die Situation des betreffenden Vierteljahres oder Monats das ganze Jahr über angehalten hätte.

---

[58] Anm.: Zu den Gründen für die bessere Eignung saisonbereinigter Datenwerte vergleiche auch den Abschnitt 3 dieses Kapitels.

Bezogen auf vorliegende Arbeit wurden relativ viele Variablen in Monatsabgrenzung und fast alle Variablen in Vierteljahresabgrenzung erhoben. Hauptsächlich waren die Erzeugungen deswegen auf der Ebene von den vierteljährlichen zu den monatlichen Daten vorzunehmen (vgl. Abb. 4). Für die Anfangsjahre des Referenzzeitraums ergab sich jedoch vereinzelt auch die Notwendigkeit des Übergangs von der halbjährlichen auf die vierteljährliche Ebene (vgl. Abb. 3). Die darauffolgende Erzeugung auf die Monatsebene war dann zwar nicht zu vermeiden, stellte jedoch nur ein kleines Problem dar, weil es sich einerseits um die für den Untersuchungsgegenstand weniger wichtigen Anfangsjahre von 1960-1967 handelte und andererseits die Verwendung saisonbereinigter Werte auch in dieser Hinsicht zur Problementschärfung beitrug.

Abb. 3: Datenerzeugung von der halbjährlichen auf die vierteljährliche Ebene:

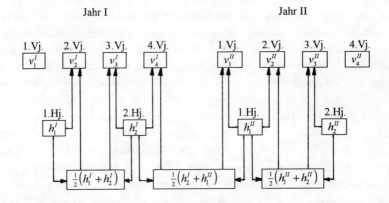

mit v_i^J : Vierteljahreswerte (Vierteljahr i des Jahres J)
h_j^J : Halbjahreswerte (Halbjahr j des Jahres J)

$$v_1^I = \tfrac{1}{2}\left(h_1^I - \left(2v_2^I - h_1^I\right)\right) = h_1^I - v_2^I = \tfrac{5}{8}h_1^I - \tfrac{1}{8}h_2^I$$

$$v_2^I = \tfrac{1}{2}\left(\tfrac{1}{2}\left(h_1^I + \tfrac{1}{2}\left(h_1^I + h_2^I\right)\right)\right) = \tfrac{1}{2}\left(\tfrac{3}{4}h_1^I + \tfrac{1}{4}h_2^I\right) = \tfrac{3}{8}h_1^I + \tfrac{1}{8}h_2^I$$

$$v_3^I = \tfrac{1}{2}\left(\tfrac{1}{2}\left(h_2^I + \tfrac{1}{2}\left(h_1^I + h_2^I\right)\right)\right) = \tfrac{1}{2}\left(\tfrac{1}{4}h_1^I + \tfrac{3}{4}h_2^I\right) = \tfrac{1}{8}h_1^I + \tfrac{3}{8}h_2^I$$

$$v_4^I = \tfrac{1}{2}\left(\tfrac{1}{2}\left(h_2^I + \tfrac{1}{2}\left(h_2^I + h_1^{II}\right)\right)\right) = \tfrac{1}{2}\left(\tfrac{3}{4}h_2^I + \tfrac{1}{4}h_1^{II}\right) = \tfrac{3}{8}h_2^I + \tfrac{1}{8}h_1^{II}$$

$$v_1^{II} = \tfrac{1}{2}\left(\tfrac{1}{2}\left(h_1^{II} + \tfrac{1}{2}\left(h_2^I + h_1^{II}\right)\right)\right) = \tfrac{1}{2}\left(\tfrac{1}{4}h_2^I + \tfrac{3}{4}h_1^{II}\right) = \tfrac{1}{8}h_2^I + \tfrac{3}{8}h_1^{II} \quad usw.$$

Abb. 4: Datenerzeugung von der vierteljährlichen auf die monatliche Ebene:

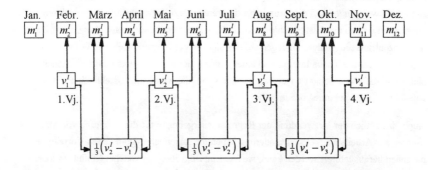

mit m_l^J : Monatswerte (Monat l des Jahres J)
v_i^J : Vierteljahreswerte (Vierteljahr i des Jahres J)

$$m_1^I = \tfrac{1}{3}\left(v_1^I - \tfrac{1}{3}\left(v_2^I - v_1^I\right)\right) = \tfrac{1}{3}\left(\tfrac{4}{3}v_1^I - \tfrac{1}{3}v_2^I\right) = \tfrac{4}{9}v_1^I - \tfrac{1}{9}v_2^I$$
$$m_2^I = \tfrac{1}{3}v_1^I$$
$$m_3^I = \tfrac{1}{3}\left(v_1^I + \tfrac{1}{3}\left(v_2^I - v_1^I\right)\right) = \tfrac{1}{3}\left(\tfrac{2}{3}v_1^I + \tfrac{1}{3}v_2^I\right) = \tfrac{2}{9}v_1^I + \tfrac{1}{9}v_2^I$$
$$m_4^I = \tfrac{1}{3}\left(v_2^I - \tfrac{1}{3}\left(v_2^I - v_1^I\right)\right) = \tfrac{1}{3}\left(\tfrac{1}{3}v_1^I + \tfrac{2}{3}v_2^I\right) = \tfrac{1}{9}v_1^I + \tfrac{2}{9}v_2^I$$
$$m_5^I = \tfrac{1}{3}v_2^I$$
$$m_6^I = \tfrac{1}{3}\left(v_2^I + \tfrac{1}{3}\left(v_3^I - v_2^I\right)\right) = \tfrac{1}{3}\left(\tfrac{2}{3}v_2^I + \tfrac{1}{3}v_3^I\right) = \tfrac{2}{9}v_2^I + \tfrac{1}{9}v_3^I$$
$$m_7^I = \tfrac{1}{3}\left(v_3^I - \tfrac{1}{3}\left(v_3^I - v_2^I\right)\right) = \tfrac{1}{3}\left(\tfrac{1}{3}v_2^I + \tfrac{2}{3}v_3^I\right) = \tfrac{1}{9}v_2^I + \tfrac{2}{9}v_3^I$$
$$m_8^I = \tfrac{1}{3}v_3^I \quad usw.$$

3. Saisonbereinigung

Wie schon kurz angesprochen, werden die folgenden Regressionsanalysen mit saisonbereinigten Daten durchgeführt. Für diese Vorgehensweise gibt es mehrere Gründe. Würde mit nicht-saisonbereinigten Daten gearbeitet, so ergäbe sich die Notwendigkeit, die Saisonschwankungen innerhalb des Regressionsmodells zu erklären. Dafür müßten zusätzliche Regressoren bzw. Saisondummies ins Modell aufgenommen werden, was die Komplexität erhöhen und die Übersichtlichkeit vermindern würde. Desweiteren besteht das Erkenntnisinteresse in der Erklärung des Grundphänomens der Arbeitslosigkeit und weniger hinsichtlich der Erklärung der saisonalen Schwankungen der Arbeitslosenzahlen. Ein Modell unter Verwendung nicht-saisonbereinigter Daten würde die Gründe für die saisonalen Arbeitslosigkeitsschwankungen und die Gründe für die trendmäßige Arbeitslosigkeitsentwicklung vermischen und so die Analyseschärfe vermindern. Die Verwendung saisonbereinigter Daten konzentriert die Analyse hingegen auf das hier im Vordergrund stehende Grundphänomen. Sollte darüberhinaus Interesse an einer Analyse der Saisonschwankungen bestehen, so bietet sich dafür eine separate Regressionsanalyse an, die wiederum ausschließlich die saisonalen Abweichungen untersuchen sollte.

Auch hinsichtlich der Verwendung der Regressionsergebnisse für die Ableitung von Maßnahmen zur Arbeitslosigkeitsverminderung haben die saisonbereinigten Daten Vorteile, weil mit ihnen herausgefiltert werden kann, welche Einflußgrößen mit welcher Einflußstärke auf das Grundphänomen einwirken. Ähnliches gilt für das Gebiet der Prognose. Auch hier besteht primär Interesse an der Trendentwicklung der Arbeitslosigkeit. Wendepunkte im Verlauf der zu erklärenden Variablen werden zudem nur durch saisonbereinigte Werte adäquat deutlich.[59]

Nicht zu vergessen ist die Unterstützung der im vorhergehenden Abschnitt angesprochenen Datenerzeugung durch die Saisonbereinigung. Es zeigte sich, daß die Erzeugung der Saisonkomponenten nicht adäquat durchgeführt werden kann, so daß sich für nicht-saisonbereinigte Daten problematische Verfälschungen einstellen würden. An der Variablen Bruttolohn- und -gehaltssumme (BLGS85) soll dies verdeutlicht werden. Für sie ergab sich als Ausgangssituation, daß von 1960-1967 Halbjahres- und von 1968-1990 Vierteljahresdaten erhoben wurden. Damit wurde die Erzeugung von Vierteljahresdaten im zuerst genannten Zeitraum notwendig. Wird diese Erzeugung auf Basis der nicht-saisonbereinigten Halbjahreswerte durchgeführt, so zeigt sich in Abb. 5 der durch die geringeren Schwankungen im Erzeugungszeitraum verfälschte Kurvenverlauf. Durch eine auf diese Kurve angewendete Saisonbereinigung ergeben sich dagegen Trendwerte, bei denen die unterschiedlichen Schwankungsstärken der Saisonkomponenten herausgefiltert werden (Abb. 6).

Bei der Saisonbereinigung werden zwei Wege beschritten. Für eine Reihe volkswirtschaftlicher Größen veröffentlicht die Deutsche Bundesbank saisonbereinigte Zahlen. Sofern die benötigten Daten in diesen Veröffentlichungen vorlagen, wurden sie verwendet. Sofern sie nicht für den gesamten Zeitraum bzw. überhaupt nicht vorlagen, wurde für die Daten eine

---

[59] Vgl. DEUTSCHE BUNDESBANK (Hrsg.) - Die Saisonbereinigung als Hilfsmittel der Wirtschaftsbeobachtung, in: Monatsberichte der Deutschen Bundesbank, 39. Jg. Nr. 10/1987, S. 31

eigene Saisonbereinigung durchgeführt.[60] Als Saisonbereinigungsverfahren wurde in diesen Fällen die Klassische Zeitreihenanalyse unter Verwendung eines additiven Modells mit zentrierten Filtern zur Berechnung der gleitenden Durchschnitte verwendet.[61]

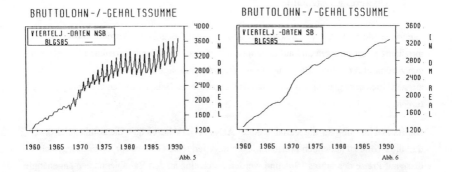

Abb. 5   Abb. 6

Die Deutsche Bundesbank benutzt hingegen für die Saisonbereinigung eine eigens modifizierte Fassung des Census-Verfahrens II, Version X-11.[62] Die Trendkomponente wird dabei mit gewichteten gleitenden Durchschnitten berechnet, wobei für die Glättung wie bei der Klassischen Zeitreihenanalyse auch zentrierte Filter Anwendung finden. Die sich als Differenzen zwischen Ursprungsdatenreihe und Trendwertreihe ergebenden Abweichungen werden nach den entsprechenden Perioden getrennt, als Zeitreihen definiert und dann ebenfalls mit gewichteten gleitenden Durchschnitten geglättet. Diese geglätteten Reihen repräsentieren dann die Entwicklung der einzelnen Saisonkomponenten.[63] Allmähliche Änderungen im saisonalen Verhalten einer Zeitreihe sind auf diese Weise flexibel einzubeziehen. Die Restkomponente (Differenz zwischen Ursprungsreihe und Trendreihe sowie Saisonkomponentenreihen) wird anschließend um Kalenderunregelmäßigkeiten (z.B. unterschiedliche Anzahl von Arbeitstagen pro Monat) gefiltert und die Ursprungswerte der Variablen damit bereinigt. Danach wird das oben geschilderte Trend- und Saisonberechnungsverfahren wieder-

---

[60] Anm.: Für welche Variablen eine eigene Saisonbereinigung vorgenommen wurde, ist den Ausführungen im Anhang zu entnehmen.
[61] Anm.: Für die Rechnungen wurde das Programm KLASZEIT aus dem statistischen Programmpaket GSTAT2 angewendet;
vgl. BÖKER, F. - Mehr Statistik lernen am PC. Programmbeschreibungen, Übungen und Lernziele zum Statistikprogrammpaket GSTAT2, Göttingen 1991 und LINHART, H./ZUCCHINI, W. - Statistik Zwei, Basel, Boston, Stuttgart 1982, S. 69 ff.
[62] Vgl. US-Department of Commerce, Bureau of the Census (Hrsg.) - The X-11 Variant of the Census Method II, seasonal adjustment Programm, Technical-Paper No. 15, US-Government Printing Office, Washington DC, 1967
[63] Vgl. DEUTSCHE BUNDESBANK (Hrsg.) - Saisonbereinigung mit dem Census-Verfahren, in: Monatsberichte der Deutschen Bundesbank, 22. Jg. Nr. 3/1970, S. 40 f.

holt.[64] Da das Saisonbereinigungsverfahren für jede Variable individuell vorgenommen wird, kann obige Beschreibung nur eine Rahmendarstellung für die Vorgehensweise liefern.

4. Abkürzungssystematik

Die verwendeten Variablenabkürzungen sind mit dem Ziel gebildet worden, daß sie sich möglichst selbst erklären und auf allgemeingültige und variablenübergreifende Bezeichnungen zurückführen lassen. Dabei mußte auf die achtsymbolige EDV-Restriktion für Benennungen Rücksicht genommen werden. Als illustrierendes Beispiel dienen die Anlageinvestitionen.

Die Basisabkürzung für die Variable lautet AINV. AINV bezeichnet die nominale Größe, d.h. die Größe zu laufenden Preisen. Liegen dagegen reale Größen vor, so beziehen sich diese auf Preise des Jahres 1985 und werden durch eine an den Variablennamen angehängte "85" bezeichnet, also AINV85. Bei Preisvariablen und bei von Natur aus realen Größen wie z.B. den Erwerbspersonen erübrigt sich die Erweiterung des Variablennamens.

Die bisherige Abkürzungssystematik erfaßt nur die Niveaugrößen der Variablen. Werden Veränderungsgrößen betrachtet, so werden absolute Veränderungen der Niveaugrößen (1. Differenzen) durch ein an den Variablennamen an letzter Stelle angehängtes "D" ausgedrückt, also AINV85D. Sollte die achtstellige Symbolik nicht für alle Bezeichnungskomponenten ausreichen, so wird primär die "85" entweder zur "8" oder ganz weggelassen. Erst danach wird der Basisvariablenname verkürzt.

Eine Unterscheidung der Variablenbezeichnung in eine Jahres-, Vierteljahres- oder Monatsdatenversion wird genausowenig vorgenommen wie die Kennzeichnung, ob es sich um eine saisonbereinigte oder nicht-saisonbereinigte Größe handelt. Diese Informationen gehen dann aus dem jeweiligen Verwendungszusammenhang der Variablen hervor.

---

[64] Vgl. ebenda, S. 41f. und DEUTSCHE BUNDESBANK (Hrsg.) - Die Saisonbereinigung als Hilfsmittel der Wirtschaftsbeobachtung, a.a.O., S. 33 ff., 39 und DEUTSCHE BUNDESBANK (Hrsg.) - Saison- und kalenderbereinigte Angaben für die Verwendungskomponenten des Sozialprodukts, in: Monatsberichte der Deutschen Bundesbank, 43. Jg. Nr. 4/1991, S. 37 ff.

5. Beschreibung der Variablen

Im folgenden werden die aus der theoretischen Voranalyse abgeleiteten Variablen näher vorgestellt. Es ergibt sich so ein Ausgangspool von Variablen, welcher dann in die Variablenblöcke für die Einflußbereiche zerlegt wird. Aus diesen heraus findet später die Modellkonstruktion statt. Die Darstellung erfolgt in alphabetischer Reihenfolge der Kurzschreibweisen der Variablen. Die Erklärung der einzelnen Variablen orientiert sich an den Größen auf Jahresdatenbasis, da für die Vierteljahres- und Monatsdaten ebenfalls auf Jahresniveaugrößen umgerechnete Werte verwendet werden.

ABGQ   Abgabenquote
(in v.H.)
Die Abgabenquote bezeichnet den Anteil der Steuern und Sozialbeiträge in v.H. des Bruttosozialprodukts zu laufenden Preisen. Sie soll ein Maß für die Entwicklung der staatlichen Aktivität im Vergleich zur privaten Aktivität sein.

ABSCHR85   Abschreibungen
(in Mrd. DM in Preisen von 1985)
Die Abschreibungen stehen für den Verbrauch bzw. die Abnutzung des Produktionsapparates, der Gebäude etc. und entsprechen damit dem Teil der Bruttoinvestitionen, der nicht nettowirksam wird.

AINV85   Bruttoanlageinvestitionen
(in Mrd. DM in Preisen von 1985)
Die gesamten Bruttoinvestitionen setzen sich aus den Bruttoanlageinvestitionen und den Vorratsveränderungen zusammen. Die Bruttoanlageinvestitionen wiederum lassen sich in die Ausrüstungsinvestitionen (Maschinen, Fahrzeuge etc.) und die Bauinvestitionen (Wohn-, Verwaltungs-, Gewerbegebäude, Straßen etc.) unterteilen. Die Anlageinvestitionen stehen als Maß für die Kapazitätsausweitung und Rationalisierung des Produktionsapparates, so daß sie in gewisser Weise sowohl den technischen Fortschritt als auch die Kapazitätsentwicklung repräsentieren. Zudem sind sie Bestandteil der gesamtwirtschaftlichen Nachfrage und bilden damit einen Teil des Sozialprodukts.

AL   Registrierte Arbeitslose
(Anzahl in 1000)
Die registrierten Arbeitslosen stellen einen möglichen Regressanden dar. Erhoben werden

sie durch die Bundesanstalt für Arbeit in Abgrenzung des Arbeitsförderungsgesetzes, d.h. arbeitssuchende Personen, die, von einer geringfügigen Beschäftigung abgesehen, nicht in einem Arbeitsverhältnis stehen, aber als Arbeitnehmer tätig sein wollen und beim Arbeitsamt als Arbeitslose gemeldet sind.[65]

ALQ   Arbeitslosenquote
            (in v.H.)

Auch die Arbeitslosenquote ist ein möglicher Regressand. Sie bezeichnet den Anteil der Arbeitslosen an den abhängigen Erwerbspersonen (beschäftigte Arbeitnehmer + Arbeitslose). Die beschäftigten Arbeitnehmer sind nicht mit den Erwerbstätigen gleichzusetzen. Der Zusammenhang stellt sich vielmehr wie folgt dar:

	Erwerbstätige
./.	Soldaten
./.	Selbständige
./.	mithelf. Familienangehörige
=	abhängige Erwerbstätige
./.	Beamte
=	beschäftigte Arbeitnehmer
	(Arbeiter, Angestellte, Auszubildende)

APROD85   Arbeitsproduktivität
              (in DM in Preisen von 1985)

Die Arbeitsproduktivität für die Gesamtwirtschaft ergibt sich nach dem Inlandskonzept aus dem Bruttoinlandsprodukt in Preisen von 1985 je Erwerbstätigem. Sie stellt ein Maß für die Leistungsfähigkeit und Ertragskraft eines Erwerbstätigen dar und beeinflußt damit die Arbeitsnachfrage und die Entlohnungsmöglichkeiten. Gleichzeitig repräsentiert sie den technischen Fortschritt.

AUBEI85   Außenbeitrag
              (in Mio. DM in Preisen von 1985)

Der Außenbeitrag ergibt sich als Differenz zwischen Aus- und Einfuhr von Waren, Dienstleistungen, Erwerbs- und Vermögenseinkommen, wobei die Einfuhr in DM-Werte umgerechnet wird.[66] Er stellt einen Teil der gesamtwirtschaftlichen Nachfrage dar und repräsen-

---

[65] Anm.: Siehe dazu auch die weitergehenden Ausführungen im Abschnitt III.1.
[66] Anm.: DM-Werte = Auslandspreise * Wechselkurse

tiert damit sowohl die Produktionskomponente der Volkswirtschaft als auch außenwirtschaftliche Einflüsse.

BEUV85 Bruttoeinkommen aus Unternehmertätigkeit und Vermögen
(in Mrd. DM in Preisen von 1985)

Das Bruttoeinkommen aus Unternehmertätigkeit und Vermögen setzt sich aus dem Einkommen aus Unternehmertätigkeit, aus Zinsen, Dividenden, Nettopachten und aus dem Einkommen aus immateriellen Werten (Patent-/Lizenzgebühren) zusammen. Damit steht diese Größe in weitgehendem Zusammenhang zu den Unternehmensgewinnen und kann folglich als ein Maß für die Unternehmenserträge angesehen werden.

BIP85 Bruttoinlandsprodukt
(in Mrd. DM in Preisen von 1985)

Werden von der unbereinigten Bruttowertschöpfung die unterstellten Entgelte für Bankdienstleistungen abgezogen und die nicht abzugsfähige Umsatzsteuer sowie die Einfuhrabgaben hinzugezählt, so ergibt sich das Bruttoinlandsprodukt. Es stellt eine Produktionsgröße für die Produktion im Inland dar.

BLGS85 Bruttolohn- und -gehaltssumme
(in DM in Preisen von 1985)

Die Bruttolohn- und -gehaltssumme pro durchschnittlich beschäftigtem Arbeitnehmer ist ein Maß für die Entlohnung des Faktors Arbeit. Gleichzeitig ist sie eine Basisgröße für das Einkommensniveau und damit auch für das mögliche Konsumpotential der Bevölkerung. Auf diese Weise beeinflußt sie sowohl die Nachfrage- und Angebotsseite des Arbeitsmarktes als auch die entsprechenden Seiten des Gütermarktes.

BSPM85 Bruttosozialprodukt zu Marktpreisen
(in Mrd. DM in Preisen von 1985)

Werden vom Bruttoinlandsprodukt die Erwerbs- und Vermögenseinkommen von Ausländern abgezogen und die von Inländern aus dem Ausland hinzugezählt, so ergibt sich das Bruttosozialprodukt zu Marktpreisen. Es stellt eine Produktionsgröße für die Produktion von Inländern dar und wird als gesamtwirtschaftliche Nachfrage bezeichnet.

BWS85 Bruttowertschöpfung
(in Mrd. DM in Preisen von 1985)

Zur Ermittlung der unbereinigten Bruttowertschöpfung werden vom Produktionswert (Wert der Verkäufe von Waren und Dienstleistungen aus eigener Produktion sowie von Handelsware an andere Wirtschaftseinheiten) die Vorleistungen abgezogen. Die Bruttowertschöpfung ist damit ein Repräsentant für das Produktionsvolumen und ein angenähertes Maß für die gesamtwirtschaftliche Nachfrage.

EP   Erwerbspersonen
       (Anzahl in 1000)

Die Erwerbspersonen werden hier nach der Abgrenzung der Bundesanstalt für Arbeit verwendet und nicht nach der des Statistischen Bundesamtes.[67] Sie sollen das Arbeitsangebot repräsentieren und stehen sowohl für einen Teil der demographischen Komponente als auch für die Erwerbsquote.

ET   Erwerbstätige
       (Anzahl in 1000)

Die Erwerbstätigen werden in der Abgrenzung der volkswirtschaftlichen Gesamtrechnung erfaßt, d.h. nach dem Inländerkonzept (ständiger Wohnsitz im Inland). Zu den Erwerbstätigen gehören Arbeiter, Angestellte, Auszubildende, Beamte, Soldaten, mithelfende Familienangehörige und Selbständige. Die Erwerbstätigen stehen für die Arbeitsnachfrage, die tatsächlich realisiert wurde.

GELDV   Geldvolumen
       (in Mrd. DM)

Als Geldvolumensgröße wird mit der Geldmenge M 3 die umfassendste Definition verwendet. Sie setzt sich aus dem Bargeldumlauf, den Sichteinlagen inländischer Nichtbanken (Girokontenbestände), den Termingeldern inländischer Nichtbanken und den Spareinlagen mit gesetzlicher Kündigungsfrist zusammen. Das Geldvolumen wird als eine wichtige volkswirtschaftliche Größe zur Bestimmung des Preisniveaus und als Politikinstrument zur konjunkturellen Steuerung betrachtet.

GERLR   Gewinn-Erlös-Relation
       (Anteil der Gewinne in v.H. der Erlöse)

Die Gewinne werden den Erlösen in Form des Bruttoinlandsprodukts gegenübergestellt. Die Gewinn-Erlös-Relation soll die Ertragslage der Unternehmen, vergleichbar einer Umsatzrentabilität, widerspiegeln.

---

[67] Def. Bundesanstalt für Arbeit: Erwerbspersonen = Erwerbstätige + Arbeitslose
    Def. Statistisches Bundesamt: Erwerbspersonen = Erwerbstätige + Erwerbslose

KERLR Kosten-Erlös-Relation
(Anteil der Kosten in v.H. der Erlöse)
Die Kosten-Erlös-Relation stellt das Komplement zur Gewinn-Erlös-Relation dar und ist dementsprechend ebenfalls ein Maß für die Ertragslage der Unternehmen.

KINT85 Kapitalintensität
(in 1000 DM in Preisen von 1985)
Die Kapitalintensität bezeichnet den Kapitalstock je Erwerbstätigem. Sie soll die Entwicklung der Kapitalausstattung der Arbeitsplätze widerspiegeln und steht damit eng mit der Produktivität eines Arbeitsplatzes im Zusammenhang, da sie als ein Maß für den technischen Fortschritt interpretierbar ist.

KONSUM85 Privater Verbrauch
(in Mrd. DM in Preisen von 1985)
Der private Verbrauch umfaßt die Waren- und Dienstleistungskäufe der inländischen privaten Haushalte für Konsumzwecke, den Eigenverbrauch der Unternehmer und privater Organisationen ohne Erwerbszweck, den Wert der Nutzung von Eigentümerwohnungen und -häusern sowie Deputate an Arbeitnehmer. Er stellt den weitaus größten Teil der gesamtwirtschaftlichen Nachfrage dar und repräsentiert die Nachfragekomponente des Lohns.

KST85 Kapitalstock
(in Mrd. DM in Preisen von 1985)
Der Kapitalstock einer Volkswirtschaft steht für das Bruttoanlagevermögen aller Wirtschaftsbereiche und bezeichnet somit den in einer Volkswirtschaft vorhandenen Bestand an Maschinen und zu Produktionszwecken genutzten Gebäuden und Grundstücken. Er soll die Entwicklung der Kapitalausstattung der Volkswirtschaft widerspiegeln und ist damit indirekt auch als ein Maß für den technischen Fortschritt zu verstehen.

LOHNQB Bereinigte Lohnquote
(in v.H.)
Die bereinigte Lohnquote gibt den Anteil des Lohneinkommens in v.H. am Gesamteinkommen aus unselbständiger Arbeit und aus Unternehmertätigkeit und Vermögen wieder, wobei der Anteil der Arbeitnehmer an den Erwerbstätigen aus dem Jahre 1960 konstant gehalten wird. Die Lohnquote zeigt die Aufteilung des Einkommens auf Arbeitnehmertätigkeit und Unternehmertätigkeit sowie Vermögen an und drückt dadurch in gewisser Weise die Machtverhältnisse der Arbeitsmarktparteien aus.

NSPM85   Nettosozialprodukt zu Marktpreisen
               (in Mrd. DM in Preisen von 1985)

Das Nettosozialprodukt ergibt sich aus der Differenz zwischen dem Bruttosozialprodukt und den Abschreibungen. Es ist eine Inländerproduktionsgröße, welche den Kapitalverzehr der Produktion berücksichtigt.

STAUSG85   Staatsausgaben
               (in Mrd. DM in Preisen von 1985)

Die Staatsausgaben umfassen die der Allgemeinheit zur Verfügung gestellten Verwaltungsleistungen der Gebietskörperschaften und der Sozialversicherung. Der Staatsverbrauch oder die Staatsausgaben sind Teil der gesamtwirtschaftlichen Nachfrage und stellen in der keynesianischen Wirtschaftspolitik ein Instrument zur Arbeitslosigkeitsbekämpfung dar (Fiskalpolitik).

STQ   Staatsquote
               (Ausgaben des Staates in v.H. des Produktionspotentials[68])

Die Staatsquote soll die Entwicklung des Verhältnisses zwischen staatlicher und privater Inanspruchnahme des volkswirtschaftlichen Produktionsapparates widerspiegeln. Gleichzeitig wird an ihr auch die sich ändernde Zusammensetzung der gesamtwirtschaftlichen Nachfrage deutlich.

TOFT85   Terms of Trade
               (Index 1985 = 100)

Die Terms of Trade berechnen sich aus dem Verhältnis des Ausfuhrpreisindex und des Einfuhrpreisindex und repräsentieren damit die Austauschverhältnisse auf dem Weltmarkt. Der Ausfuhrpreisindex wird dabei hauptsächlich durch die Preisentwicklung für Industriegüter beeinflußt, da die Ausfuhr der Bundesrepublik Deutschland hiervon dominiert wird. Die Entwicklung der Ausfuhrpreise ist ein wesentliches Steuerungsinstrument der Exportmöglichkeiten. Der Einfuhrpreisindex wird zwar ebenfalls durch die Preisentwicklung für ausländische Industriegüter beeinflußt, für die Bundesrepublik als rohstoffarmes und mithin nur zu geringer Substitution befähigtes Land ist die Entwicklung des Rohstoffpreisindexes, insbesondere des Ölpreisindexes, jedoch entscheidender. Ein Großteil der Indexschwankungen ist somit auf Öl- und sonstige Rohstoffpreisschwankungen zurückzuführen.

---

[68] Anm.: Zur Berechnung des Produktionspotentials siehe DEUTSCHER BUNDESTAG (Hrsg.) - Jahresgutachten des Sachverständigenrats zur Begutachtung der gesamtwirtschaftlichen Entwicklung 1987/88, 11. Wahlperiode, Drucksache 11/1317, Bonn 1987, S. 208

WECHKURS Wechselkurs
(Index 1972 = 100)
Als ein Maß für die Wechselkurse bzw. die Kaufkraft der DM nach außen wurde der Außenwert der DM gegenüber den Währungen von 18 anderen Industrieländern verwendet. Der Wechselkurs beeinflußt entscheidend den Außenbeitrag und ist damit ein Element der außenwirtschaftlichen Einflüsse.

ZINS Zinssatz
(Nominalzinssatz in Prozent)
Als Zinssatz wurde die jahresdurchschnittliche Umlaufrendite inländischer Inhaberschuldverschreibungen verwendet. Das Zinsniveau ist ein Einflußfaktor für die Kapitalverwendung (Investition in Anlagegüter oder in Wertpapiere) und damit auch für einen Teil der gesamtwirtwirtschaftlichen Nachfrage verantwortlich.

6. Haupteinflußbereiche - Blockbildung

Die oben vorgestellten Variablen werden nun auf die aus der theoretischen Voranalyse abgeleiteten Haupteinflußbereiche aufgeteilt. Dabei ergab sich folgende Aufteilung:

Produktionsblock	BIP85, BSPM85, BWS85, NSPM85
Unternehmensertragsblock	GERLR, KERLR, BEUV85
Arbeitskostenblock	APROD85, LOHNQB
Kapitalblock	ABSCHR85, AINV85, KINT85, KST85
Außenwirtschaftsblock	AUBEI85, WECHKURS, TOFT85
Staatsaktivitätsblock	ABGQ, STAUSG85, STQ
Monetärer Block	GELDV, ZINS
Arbeitskräfteblock	EP, ET
Block des Konsumbereichs	KONSUM85, BLGS85
Regressandenblock	AL, ALQ

Inwieweit diese Aufteilung der Variablen auf die verschiedenen Einflußbereiche etwaige gegenseitige Abhängigkeiten und daraus folgende Multikollinearitäten abbauen kann, soll durch Korrelationsanalysen innerhalb und zwischen den Blöcken verdeutlicht werden. Die Korrelationen zwischen den Variablen zeigen dabei ein für Zeitreihenanalysen oft auftretendes Bild. Fast alle Variablen weisen untereinander hohe Korrelationen im 0,9er Bereich auf. Diese hohen Korrelationen sind jedoch überwiegend nicht auf kausale Zusammenhänge zwischen den Variablen zurückzuführen, sondern auf eine Parallelentwicklung bzw. Kopplung der meisten Variablen an den Zeittrend. Es wird aber auch deutlich, daß die Korrelationen innerhalb der Blöcke überdurchschnittlich hoch und zwischen den Blöcken überdurchschnittlich niedrig sind. Damit kann davon ausgegangen werden, daß die Multikollinearitäten bei einer Modellkonstruktion mit repräsentativen Variablen aus den Blöcken niedriger ausfallen als ohne eine vorherige Blockbildung. Allerdings sind die Korrelationen zwischen den Blöcken so groß, daß die Multikollinearitäten und deren Auswirkungen bei den späteren Modellschätzungen weiter aufmerksam beobachtet werden müssen. Auch die oben beschriebenen Zeittrendkorrelationen werden bei der Verwendung von Niveaugrößen nicht zu beseitigen sein, da die Arbeitslosigkeit selbst eine annähernd 90 %ige Korrelation mit dem Zeittrend aufweist.

7. Auswahl der repräsentativen Variablen

Die hohen Korrelationsbeziehungen können im regressionsanalytischen Sinne auch als Informationsüberschneidungen zwischen den Variablen interpretiert werden. Sollten sich diese Informationsüberschneidungen so verteilen, daß bestimmte Variablen und deren Informationen vollständig durch andere Variablen abgedeckt werden, so können einige Variablen aus dem Auswahlpool entfernt werden, ohne daß die Gesamtinformation des Systems entscheidend sinkt. Das Multikollinearitätsproblem könnte auf diese Weise bei geeigneter Auswahl der die einzelnen Blöcke repräsentierenden Variablen wieder ein wenig vermindert werden.

Jeder Block stellt einen zwar zu den anderen Blöcken nicht unabhängigen, aber doch weitgehend selbständigen Einflußbereich auf die Arbeitslosigkeit dar und soll entsprechend in der Modellkonstruktionsphase vertreten sein. Damit geht es bei der angestrebten Variablenreduktion primär darum, die Variablen aus den Blöcken herauszunehmen, die in ihrer Information bereits durch andere Variablen innerhalb des betreffenden Blocks abgedeckt werden. Dies geschieht durch eine Analyse der Korrelationsbeziehungen innerhalb der Blöcke. Als für den Block repräsentative Variable wird diejenige ausgewählt, die einerseits mit der Arbeitslosigkeit hoch korreliert und mit anderen Variablen außerhalb des Blocks möglichst wenig korreliert und andererseits eine relativ hohe Bedeutung in den volkswirtschaftlichen Theorien besitzt. Durch die hohen Korrelationen innerhalb der Blöcke stehen die repräsentativ ausgewählten Variablen dann quasi nicht nur für sich selbst, sondern stellvertretend für den gesamten Einflußbereich. Durch die Informationsüberschneidungen auch zwischen den Blöcken ergibt sich eine zu großen Teilen überlappende Informationsverteilung, was die

V. Die Variablen

Variablenreduktion aufgrund von Informationsredundanzen in mehreren anderen Blöcken erleichtert. Hauptsächlich fallen die Variablen jedoch aufgrund von Innerblockinformationsüberschneidungen heraus. Auf diese Weise ergibt sich folgendes reduziertes System:

Produktionsblock	BSPM85
Unternehmensertragsblock	BEUV85
Arbeitskostenblock	APROD85
Kapitalblock	ABSCHR85, AINV85
Außenwirtschaftsblock	AUBEI85, WECHKURS, TOFT85
Staatsaktivitätsblock	STAUSG85
Monetärer Block	GELDV, ZINS
Arbeitskräfteblock	EP
Block des Konsumbereichs	BLGS85
Regressandenblock	AL

VI. Theoretische Grundlagen der ökonometrischen Modellschätzung und Modellbeurteilung

1. Allgemeines

2. Schätzung eines linearen Regressionsmodells mit der Methode der kleinsten Quadrate

   2.1. Modellgleichung und Regressionsvoraussetzungen
   2.2. Schätzformeln und Schätzereigenschaften
   2.3. Schrittweise Regression (Stepwise-Regression) als Instrument zur Regressorenauswahl
   2.4. Beurteilung der Qualität einer Regressionsschätzung

       2.4.1. Multikollinearität
       2.4.2. Autokorrelation
       2.4.3. Homoskedastizität
       2.4.4. Normalverteilung der Störvariablen
       2.4.5. Signifikanztests und Konfidenzintervalle
       2.4.6. Strukturbruch innerhalb der Schätzung

3. Beurteilungskriterien für die Anpassungs- und Prognosegüte

   3.1. Bestimmtheitsmaß und korrigiertes Bestimmtheitsmaß
   3.2. Mittlere Anpassungsabweichungen
   3.3. Mittlere Prognoseabweichungen
   3.4. Prognoseintervalle und Strukturbruch innerhalb der Prognosen

4. Statistische Maße zur Interpretationsunterstützung

   4.1. Standardisierte Regressionskoeffizienten
   4.2. Partielle Bestimmtheitsmaße

VI. Theoretische Grundlagen der ökonometrischen Modellschätzung und Modellbeurteilung[69]

1. Allgemeines

Im folgenden sollen die theoretischen Grundlagen des verwendeten ökonometrischen Instrumentariums kurz dargestellt werden. Dies geschieht, um einerseits die Vorgehensweise bei der Modellkonstruktion und Modellschätzung besser nachvollziehen zu können, und um andererseits die auftretenden Beurteilungskriterien bezüglich Modellqualität und Anpassungs- und Prognosegüte aufzuzeigen. Beides wird zum besseren Verständnis der späteren Ausführungen beitragen und erleichtert die Übertragung der Ergebnisse auf andere Regressionsuntersuchungen.

Über die Darstellung der ökonometrischen Modellgleichung, der Regressionsvoraussetzungen und der Schätzformeln wird gleichzeitig in die statistische Abkürzungssystematik dieser Arbeit eingeführt. Anschließend wird die Stepwise-Regression als ein Instrument zur Regressorenauswahl vorgestellt. Maße zur Beurteilung der Voraussetzungserfüllung und damit auch zur Beurteilung der Schätzerqualität werden sowohl in ihrer Anwendung als auch in ihren theoretischen Folgen im Falle der Nichterfüllung der Voraussetzungen aufgezeigt. Gleichzeitig werden die Strategien erläutert, die bei Voraussetzungsverletzungen eine Überprüfung dahingehend gestatten, inwieweit sich die negativen Folgen auf die Schätzungen tatsächlich ausgewirkt haben.

Im dritten Teil des Kapitels werden die Beurteilungskriterien für das Anpassungs- und Prognoseverhalten der Modelle erklärt. Weitere statistische Maße, die zur Interpretationsunterstützung berechnet werden, sind am Kapitelschluß aufgeführt.

---

[69] Anm.: Die Ausführungen in diesem Kapitel orientieren sich an nachfolgend angegebener Literatur, so daß explizite Fußnotenverweise nur in den Fällen stattfinden, in denen speziellere Sachverhalte angesprochen werden.
KRICKE, M. - Statistische Methoden der Ökonometrie, Vorlesungsskript an der Universität Göttingen zum Wintersemester 1987/88, Göttingen 1987 und SCHNEEWEISS, H. - Ökonometrie, 4. Aufl. Heidelberg 1990

2. Schätzung eines linearen Regressionsmodells mit der Methode der kleinsten Quadrate

2.1. Modellgleichung und Regressionsvoraussetzungen

Die Modellgleichung des allgemeinen linearen Regressionsmodells lautet:

$$y_t = \beta_0 + \beta_1 x_{1t} + \beta_2 x_{2t} + \ldots + \beta_K x_{Kt} + u_t$$

mit y : abhängige Variable (Regressand)
 x_k : unabhängige Variablen (Regressoren), $k = 1,\ldots,K$
 t : Zeitindex, $t = 1,\ldots,T$
 β_k : zu schätzende Parameter, $k = 0,\ldots,K$
 u : Störvariable

In der verkürzten Matrixschreibweise läßt sich obige Gleichung auch wie folgt formulieren:

$$\underline{y} = \beta_0 + \beta_1 \underline{x}_1 + \beta_2 \underline{x}_2 + \ldots + \beta_K \underline{x}_K + \underline{u}$$

$$\Leftrightarrow \quad \underline{y} = \underline{X} \cdot \underline{\beta} + \underline{u}$$

mit $\underline{y} = \begin{pmatrix} y_1 \\ \vdots \\ y_T \end{pmatrix} \quad \underline{x}_k = \begin{pmatrix} x_{k1} \\ \vdots \\ x_{kT} \end{pmatrix} \quad \underline{u} = \begin{pmatrix} u_1 \\ \vdots \\ u_T \end{pmatrix}$

$\underline{X} = \begin{pmatrix} 1 & x_{11} & x_{21} & \cdots & x_{K1} \\ \vdots & \vdots & \vdots & \vdots & \vdots \\ 1 & x_{1T} & x_{2T} & \cdots & x_{KT} \end{pmatrix} \quad \underline{\beta} = \begin{pmatrix} \beta_0 \\ \vdots \\ \beta_K \end{pmatrix}$

("_" = Vektor- bzw. Matrixkennzeichnung)

Um aussagekräftige, d.h. qualitativ hochwertige Schätzungen der Regressionskoeffizienten mit der Methode der kleinsten Quadrate zu erhalten, muß das Regressionsmodell folgende Voraussetzungen erfüllen:

(a) $E\underline{u} = \underline{0}$ Erwartung der Störvariablen ist zu jedem Zeitpunkt Null.

(b) $E\underline{uu}' = \sigma^2 \cdot \underline{I}_T$ mit σ^2 = Störvariablenvarianz, $\sigma^2 > 0$

                                                $\underline{I}_T$ = Einheitsmatrix vom Rang T

      mit $Eu_t u_s = 0$ für $t \neq s, \quad t,s = 1,\ldots,T$

                   $\Leftrightarrow$

             Fehlende Autokorrelation, d.h. die Störvariablen müssen für alle Zeitpunkte paarweise unkorreliert sein.

      mit $Eu_t u_s = \sigma^2$ für $t = s, \quad t,s = 1,\ldots,T$

                   $\Leftrightarrow$

             Homoskedastizitätsannahme, d.h. konstante Störvariablenvarianz für alle Zeitpunkte (Homoskedastizitätsannahme innerhalb einer Schätzung).

             Für variable Regressionskoeffizienten, die sich aufgrund mehrerer hintereinander ausgeführter Schätzungen ergeben, welche später in ein Modell integriert werden, wird zudem noch eine konstante Störvariablenvarianz zwischen den Schätzungen gefordert (Homoskedastizitätsannahme zwischen den Schätzungen).

(c)   Unabhängige, exogen determinierte und nicht-stochastische Regressoren, d.h. z.B. keine verzögerten endogenen Variablen als Regressoren.

(d)   Keine Linearkombinationen zwischen den Regressoren, d.h. die Regressorenmatrix muß vollen Rang haben (fehlende Multikollinearität).

(e) $\underline{u} \sim N(\underline{0}, \sigma^2 \cdot \underline{I}_T)$ Normalverteilungsannahme für die Störvariablen, um Tests, Konfidenzintervalle usw. konstruieren zu können.

2.2. Schätzformeln und Schätzereigenschaften

Als Schätzer nach der Methode der kleinsten Quadrate ergibt sich für die Parameter des Regressionsmodells:

$$\underline{\hat{\beta}} = (X'X)^{-1} X'\underline{y}$$

Unter Gültigkeit oben beschriebener Voraussetzungen sind diese Schätzer linear und unverzerrt sowie unter allen linearen und unverzerrten Schätzern mit minimaler Varianz ausgestattet. Die zugehörige Varianz-Kovarianz-Matrix der Parameterschätzer lautet:

$$\Sigma_{\hat{\beta}\hat{\beta}} = \sigma^2 (X'X)^{-1}$$

Sie wird geschätzt durch:

$$\hat{\Sigma}_{\hat{\beta}\hat{\beta}} = \hat{\sigma}^2 (X'X)^{-1} \quad \text{mit} \quad \hat{\sigma}^2 = \tfrac{1}{T-K-1} \cdot \hat{u}'\hat{u} = \tfrac{1}{T-K-1} \cdot \sum_{t=1}^{T} \hat{u}_t^2$$

2.3. Schrittweise Regression (Stepwise-Regression) als Instrument zur Regressorenauswahl

Die Stepwise-Regressionen wählen aus einem Pool möglicher Regressoren diejenigen aus, die sich durch die höchsten Signifikanzwerte (t-Werte) auszeichnen. Die Auswahl ist beendet, wenn es keine Regressoren mehr gibt, deren t-Werte einen vorher festzulegenden Grenzsignifikanzwert (Grenz-t-Wert) überschreiten. Drei prinzipielle Vorgehensweisen sind dabei möglich:

Forward-Verfahren:

Mit jedem möglichen Regressor wird eine eigene Regression durchgeführt. Der Regressor mit dem höchsten t-Wert wird ins Modell aufgenommen. Jetzt werden Regressionen mit jeweils zwei Regressoren durchgeführt, wobei der eine Regressor der bereits ins Modell aufgenommene, der andere jeweils ein noch nicht aufgenommener ist. Auch hier wird der Regressor zusätzlich ins Modell eingefügt, der den größten t-Wert besitzt. Dieses Verfahren wird solange wiederholt, bis die t-Werte der noch nicht berücksichtigten Variablen den Schwellenwert nicht mehr überschreiten.

Das Problem des Forward-Ansatzes liegt darin, daß einmal in das Modell eingegangene Regressoren nicht mehr entfernt werden können, und zwar auch dann nicht, wenn ihre Signifikanz durch die Aufnahme weiterer Regressoren und die daraus zustande gekommenen Informationsüberschneidungen unterhalb des Schwellenwertes gesunken ist. Im Endmodell sind damit u.U. nicht-signifikante Regressoren enthalten.

Backward-Verfahren:

Im Ausgangsmodell sind alle Regressoren enthalten. Es wird mit diesem Modell eine Regression durchgeführt und der Regressor eliminiert, dessen Parameter den kleinsten Signifikanzwert besitzt (sofern dieser Signifikanzwert kleiner als der Schwellenwert ist). Mit den verbleibenden Regressoren wird erneut eine Regression durchgeführt, in welcher dieses Eliminationsverfahren wiederholt wird. Das endgültige Modell ist erreicht, wenn keine nicht-signifikanten Regressoren mehr im Modell enthalten sind.

Ein Nachteil des Backward-Ansatzes ist, daß ein einmal entfernter Regressor keine Chance mehr hat, bei weiteren Durchläufen des Verfahrens wieder in das Modell aufgenommen zu werden. Unvorteilhafte Informationsüberschneidungen zu Beginn des Verfahrens, welche zu einer Elimination eines an sich wichtigen Regressors geführt haben, sind damit nicht wieder rückgängig zu machen. Im Endmodell sind zwar nur signifikante Regressoren enthalten, u.U. jedoch nicht immer die geeignetsten.

Kombiniertes Stepwise-Verfahren:

Um die Nachteile der beiden oben angesprochenen Ansätze zu vermeiden, existiert mit dem kombinierten Stepwise-Verfahren ein dritter Ansatz, der das Forward- und Backward-Verfahren vereint. Dabei wird das Forward-Verfahren angewendet, jedoch nach jedem Hinzufügen eines Regressors der Backward-Ansatz durchlaufen. Dadurch soll überprüft werden, ob die bisher ins Modell gelangten Regressoren immer noch signifikant sind, oder ob durch die zusätzliche Informationsaufnahme Regressoren überflüssig geworden sind. Durch das Backward-Verfahren eliminierte Regressoren haben jedoch jederzeit wieder die Möglichkeit, ins Modell zu gelangen, da sie in dem darauffolgenden Forward-Teil wieder berücksichtigt werden. Aufgrund der Vorteile des kombinierten Stepwise-Verfahrens wird dieses in der vorliegenden Arbeit an den entsprechenden Stellen zur Regressorenauswahl eingesetzt.

Da im Endmodell nur Regressoren enthalten sein sollen, die mit einer 5 %igen Irrtumswahrscheinlichkeit gesichert sind, wird die Eingangs-Irrtumswahrscheinlichkeit für den Forward-Teil des Verfahrens auf 5 % festgelegt. Um nicht zu extreme Grenzsignifikanzen für die bereits im Modell beinhalteten Regressoren zu definieren, wird die Ausgangs-Irrtumswahrscheinlichkeit für den Backward-Teil des Verfahrens auf 10 % festgelegt. Damit findet gleichzeitig eine leichte Stabilisierung der Grundstruktur in Form der zuerst ins Modell gekommenen Regressoren zulasten der noch nicht enthaltenen Regressoren statt.

Voraussetzung für die Anwendung der Stepwise-Ansätze ist jedoch die Erfüllung der Regressionsvoraussetzungen. Da die Verletzung einiger Regressionsvoraussetzungen zu nicht- bzw. nur eingeschränkt aussagefähigen t-Werten führt[70], die Stepwise-Ansätze aber allein aufgrund der t-Werte ihre Auswahl treffen, sind sie im Extremfall nicht anwendbar bzw. können zu fehlausgewählten Regressorenstrukturen führen.

2.4. Beurteilung der Qualität einer Regressionsschätzung

2.4.1. Multikollinearität

Das Problem der Multikollinearität tritt immer dann auf, wenn zwischen den Regressoren lineare Abhängigkeiten bestehen. Perfekte Multikollinearität liegt vor, wenn sich zwischen den Regressoren Definitionsgleichungen ergeben. Dieses Problem ist jedoch vernachlässigbar, weil Definitionsgleichungen zwischen den Regressoren leicht herausgefunden werden können und durch die Elimination einer Variablen zu beseitigen sind. Problematischer ist damit die angenäherte Multikollinearität. Sie ist um so größer, je höher die Korrelationen zwischen den Regressoren sind. Entsprechend kann ein paarweiser Korrelationenvergleich zur Beurteilung der Multikollinearitätssituation herangezogen werden. Damit sind zwar noch keine angenäherten Linearkombinationen zwischen mehreren Regressoren berücksichtigt, ein Großteil möglicher Multikollinearitätsquellen wird jedoch erfaßt. Auf diese Weise kann eine erste Einschätzung des Problemfeldes erfolgen. Zusätzlich werden noch die Korrelationen der Parameterschätzer nach Durchführung der Modellschätzung auf hohe Werte hin untersucht und deren Stabilität beim Hinzufügen bzw. Wegnehmen von Regressoren beobachtet. Ebenso wird auf ungewöhnlich große Schätzervarianzen und deren Stabilitätsverhalten geachtet.

Während die bisher beschriebenen Verfahren weitgehend auf die Einschätzung der Multikollinearitätshöhe abstellen, zielt eine geeignete Vorauswahl der Regressoren auf die Verminderung von Multikollinearitäten ab. Wie im vorhergehenden Kapitel näher ausgeführt, werden die potentiellen Regressoren anhand von festgelegten Einflußbereichen auf die Arbeitslosigkeit in Variablenblöcke aufgeteilt. Durch die Verwendung von Repräsentativvariablen aus diesen Blöcken für die Aufstellung des Regressionsmodells ergibt sich im Vergleich zur Ausgangssituation eine merkliche Reduktion der zu erwartenden Multikollinearität.

---

[70] Anm.: Siehe dazu die Ausführungen in den Folgeabschnitten dieses Kapitels.

Die Folgen perfekter Multikollinearität bestehen darin, daß das Modell aufgrund der Singularität der Regressorenmatrix und der daraus folgenden Nichtberechenbarkeit der Inversen nicht geschätzt werden kann. Da solch eine Situation leicht ausgeschlossen werden kann, interessieren mehr die Folgen angenäherter Multikollinearität. In diesen Fällen werden zwar weiterhin beste lineare Schätzer berechnet, die Schätzervarianzen tendieren jedoch bei hohem Multikollinearitätsgrad zu sehr großen Werten, so daß die Signifikanzprüfgrößen dementsprechend kleine Werte annehmen. Dies hat zur Folge, daß eine Tendenz zur Elimination von Regressoren aus dem Modell besteht. Insbesondere für den Stepwise-Ansatz der Variablenauswahl stellt damit die Multikollinearität ein Problem dar. Zugleich sind die Parameterschätzer durch die Informationsüberschneidungen zwischen den Regressoren und damit i.d.R. auch zwischen den geschätzten Parametern der Regressoren sowohl hinsichtlich ihrer Vorzeichen als auch in Bezug auf ihre absolute Größe relativ unsicher. Veränderungen der Regressorenstruktur im Modell führen zudem zu Instabilitäten in den Parameterschätzwerten.

Zur Überprüfung, ob bei vorliegender Multikollinearität die beschriebenen negativen Auswirkungen tatsächlich eingetreten sind, werden die ersten Differenzen der Regressoren berechnet und damit das Regressionsmodell ohne den konstanten Term geschätzt. Auf diese Weise ergibt sich im Hinblick auf die Parameter die gleiche Regression wie im Niveaugrößenmodell.[71] Durch die Verwendung von Differenzgrößen ist das Multikollinearitätsproblem i.d.R. jedoch beseitigt, da die Differenzgrößen keine bzw. eine deutlich geringere Zeittrendkoppelung aufweisen. Der Vergleich der Schätzwerte des Niveaugrößen- und des Differenzgrößenmodells zeigt, inwieweit sich die Multikollinearität ausgewirkt hat. Voraussetzung für diese Überprüfung ist natürlich, daß für das Differenzenmodell auch die sonstigen Regressionsvoraussetzungen erfüllt sind.

2.4.2. Autokorrelation

Autokorrelation tritt dann auf, wenn zwischen den Störvariablen Abhängigkeiten bestehen, d.h. wenn von der Größe und dem Vorzeichen der Störvariablen zum Zeitpunkt t auf die

---

[71] Anm.: Das Differenzmodell schätzt die gleichen Parameter wie das Niveaugrößenmodell, denn es gilt:
(N = Niveaugröße, D = Differenzgröße):

$$y_t^N = \beta_0 + \beta_1 x_{1t}^N + \beta_2 x_{2t}^N + \ldots + \beta_K x_{Kt}^N + u_t^N$$
$$y_{t-1}^N = \beta_0 + \beta_1 x_{1,t-1}^N + \beta_2 x_{2,t-1}^N + \ldots + \beta_K x_{K,t-1}^N + u_{t-1}^N$$

$\Rightarrow \quad y_t^N - y_{t-1}^N = \beta_1 \cdot \left(x_{1t}^N - x_{1,t-1}^N\right) + \beta_2 \cdot \left(x_{2t}^N - x_{2,t-1}^N\right) + \ldots + \beta_K \cdot \left(x_{Kt}^N - x_{K,t-1}^N\right) + \left(u_t^N - u_{t-1}^N\right)$

$\Leftrightarrow \quad y_t^D = \beta_1 x_{1t}^D + \beta_2 x_{2t}^D + \ldots + \beta_K x_{Kt}^D + u_t^D$

Größe und die Vorzeichen der Störvariablen der Zeitpunkte (t+1), (t+2) usw. geschlossen werden kann. Findet dabei ein systematischer Vorzeichenwechsel statt, so liegt negative Autokorrelation vor. Bleibt das Vorzeichen in systematischer Weise unverändert, so liegen positiv korrelierte Störvariablen vor. Liegt keine Autokorrelation vor, so bedeutet dies, daß weder die Größe noch das Vorzeichen aufeinanderfolgender Störvariablen vorausgesagt werden können. Beides ergibt sich zufällig.

Um das Vorhandensein von Autokorrelation zu überprüfen, wird zuerst der Residuenplot der Schätzung auf systematische Residuenabfolgen untersucht. Desweiteren wird die Durbin-Watson-Prüfgröße (DW) als Testgröße für Autokorrelation ersten Grades berechnet. Sie lautet:

$$DW = \frac{\sum_{t=2}^{T}(\hat{u}_t - \hat{u}_{t-1})^2}{\sum_{t=1}^{T}\hat{u}_t^2}$$

Voraussetzung für die Anwendung dieses Tests ist die Linearität des Modells, das Vorhandensein einer Konstanten und die Erfüllung der Normalverteilungsvoraussetzungen für die Störvariablen. Zudem darf das Modell keine stochastischen Regressoren und keine verzögerten endogenen Variablen enthalten.

Im Bereich $DW \to 2$ kann auf fehlende Autokorrelation, im Bereich $DW \to 0$ auf positive Autokorrelation und im Bereich $DW \to 4$ auf negative Autokorrelation geschlossen werden. Die genauen Grenzen für diese Bereiche werden bei den späteren Tests jeweils angegeben. Um auch Anhaltspunkte für Autokorrelationen höherer Art zu bekommen, werden die Autokorrelationswerte ersten bis fünften Grades berechnet.[72]

Schätzungen mit autokorrelierten Residuen sind zwar weiterhin erwartungstreu, die Standardfehler der Schätzer sind jedoch verzerrt. Damit werden Signifikanzaussagen ungenau. Deswegen stellt die Autokorrelation insbesondere für den Stepwise-Ansatz ein Problem dar; zudem tritt sie häufig gepaart mit Multikollinearität auf.

Ursache der Autokorrelation kann eine Fehlspezifikation des Modells sein. Entweder stehen die Einflußgrößen in einem nichtlinearen Funktionszusammenhang bei Unterstellung eines linearen Zusammenhangs oder wichtige Einflußgrößen fehlen auf der Regressorenseite und

---

[72] Anm.: Die Berechnung geschieht mit Hilfe der ARIMA-Modellfamilie (Korrelationsfunktion einer autoregressiven Reihe). Vgl. dazu DOAN, T.A./LITTERMAN, R.B. - User's Manual RATS, Version 2.10, Evanston 1987, S. 10/1 ff. mit dem Verweis auf BOX, G.E.P./JENKINS, G.M. - Time Series Analysis, Forecasting and Control, San Francisco 1970. Vgl. auch LINHART, H. - Zeitreihenanalyse, Vorlesungsskript an der Universität Göttingen zum Sommersemester 1989, Göttingen 1989, S. 102 ff.

wirken dadurch im Bereich der Störvariablen. In diesen Fällen gilt es, den richtigen Funktionszusammenhang zu ermitteln bzw. die fehlenden Einflußgrößen zu lokalisieren und ins Modell einzubeziehen. Da durch weitere Regressoren i.d.R. die Multikollinearität ansteigt, ist das Hinzufügen von Regressoren natürlich Beschränkungen unterworfen. Durch die theorieorientierte Voranalyse, die das Problemfeld der Arbeitslosigkeit auf seine verursachenden Faktoren hin untersuchte, ist die Möglichkeit fehlender Einflußfaktoren in der vorliegenden Arbeit jedoch stark verringert. Sollten trotzdem Autokorrelationsprobleme auftreten, so werden sie in die Schätzung mittels der verallgemeinerten Methode der kleinsten Quadrate einbezogen.

Dabei kann mit dem Regressionsprogramm RATS zur Durchführung der verallgemeinerten Methode der kleinsten Quadrate nach dem Verfahren von Cochrane und Orcutt, nach dem von Hildreth und Lu, nach der Methode von Beach und Mac-Kinnon oder nach einem Maximum-Likelihood-Suchansatz vorgegangen werden.[73] Die entsprechende verallgemeinerte

---

[73] Anm.: Das Cochrane-Orcutt-Verfahren transformiert das Ausgangsmodell mit dem geschätzten Autokorrelationswert. Über daran anschließende Neuschätzungen und wiederholte Transformierungen ergibt sich ein iterativer Prozeß, der im Falle der Konvergenz der geschätzten Autokorrelationswerte bei Unterschreitung eines bestimmten Konvergenzintervalls endet. Für die Schätzung wird dabei folgender Ausdruck minimiert:

$$\sum_{t=2}^{T}\left(y_{t}-\rho\cdot y_{t-1}-\left(\underline{x}_{t}-\rho\cdot \underline{x}_{t-1}\right)\cdot \underline{\beta}\right)^{2} \to Min!$$

Vgl. DOAN, T. A./LITTERMAN, R. B., a.a.O., S. 6/14 f.
Die vorstehende Minimierungsvorschrift verwendet auch das Verfahren von Hildreth-Lu. Statt eines iterativen und aufeinander aufbauenden Ablaufs wählt es jedoch ein Suchverfahren zur Bestimmung des Autokorrelationskoeffizienten. Dieses endet, wenn sich die einzelnen Schätzungen für den Autokorrelationswert um weniger als eine vorher festgelegte Distanz unterscheiden.
Vgl. ebenda, S. 6/15
Das Beach-Mac-Kinnon-Verfahren verwendet einen Maximum-Likelihood-Ansatz zur Schätzung des Autokorrelationskoeffizienten. Dabei wird folgende logarithmierte Likelihood-Funktion iterativ maximiert:

$$L = -\tfrac{T}{2}\log \sigma^{2} + \tfrac{1}{2}\log\left(1-\rho^{2}\right) - \tfrac{1}{2}\sigma^{2}\left(1-\rho^{2}\right)\left(y_{1}-\underline{x}_{1}\cdot \underline{\beta}\right)^{2} - \tfrac{1}{2}\sigma^{2}\cdot \left\{f(t)\right\} \to Max!$$

$$\text{mit} \quad f(t) = \sum_{t=2}^{T}\left(y_{t}-\rho\cdot y_{t-1}-\left(\underline{x}_{t}-\rho\cdot \underline{x}_{t-1}\right)\cdot \underline{\beta}\right)^{2}$$

$$\text{mit} \quad \underline{y}_{t} = \underline{x}_{t}\cdot \underline{\beta} + \underline{u}_{t} \quad \text{und} \quad \underline{u}_{t} = \rho\cdot \underline{u}_{t-1} + \underline{\varepsilon}_{t}$$

Vgl. ebenda und BEACH, C.M./MAC KINNON, J.G. - A Maximum-Likelihood-Procedure for Regression with Autocorrelated Errors, in: Econometrica, Vol. 46 (1978), S. 51 f.
Im Gegensatz dazu kommt beim Maximum-Likelihood-Suchansatz wie beim Verfahren von Hildreth-Lu ein Suchalgorithmus zum Einsatz. Die Abbruchkriterien entsprechen den bereits geschilderten.
Vgl. DOAN, T. A./LITTERMAN, R. B., a.a.O., S. 6/15
In vorliegender Arbeit wurden die verallgemeinerten Schätzungen ausschließlich mit den iterativ vorgehenden Verfahren durchgeführt. Sie stellten sich im Gegensatz zu auf Suchalgorithmen basierenden Verfahren als in erheblich höherem Maße geeignet heraus, den Autokorrelationswert anzunähern. Primär wurde dabei auf das Cochrane-Orcutt-Verfahren zurückgegriffen.

Schätzung (AR-Schätzung) wird zur Überprüfung der Ausgangsschätzung unter Autokorrelation herangezogen. Aus dem Vergleich der AR-Schätzwerte mit den Ausgangsschätzwerten ist zu ersehen, inwieweit sich die Autokorrelation verzerrend ausgewirkt hat. Sollten die Abweichungen gering sein, so wird das Ausgangsmodell, bei stärkeren Abweichungen hingegen das verallgemeinerte Modell verwendet, sofern andere Qualitätskennziffern nicht dagegen sprechen.

Auch wenn autokorrelierte Störvariablen Schätzprobleme aufwerfen, so haben sie doch gewisse Vorteile im Hinblick auf die Verbesserung von Modellprognosen, da durch den geschätzten Autokorrelationskoeffizienten eine zusätzliche, über den Modellreferenzzeitraum hinausgehende Information vorliegt. In diesem Fall wird für die Prognose nicht nur der Schätzwert des Regressanden eingesetzt, sondern zusätzlich das fortgeschriebene Prognoseresiduum.[74]

2.4.3. Homoskedastizität

Die Homoskedastizitätsvoraussetzung, d.h. gleiche Störvariablenvarianz über den Schätzzeitraum, läßt sich als erste Annäherung über eine Analyse des Residuenplots abschätzen. Als objektiveres Maß steht der Goldfeld-Quandt-Test zur Verfügung, über dessen Prüfgröße auch Hinweise auf die Höhe etwaig vorliegender Heteroskedastizität zu entnehmen sind.[75] Getestet wird die Nullhypothese

$$H_0: \operatorname{var} u_t = \sigma^2 \quad \left(bzw. \; E u_t^2 = \sigma^2 \right).$$

Voraussetzung für die Testdurchführung ist das Vorliegen einer Normalverteilung für die Störvariablen.[76] Die Prüfgröße des Tests lautet

---

[74] Anm.: Schließlich weisen benachbarte Residuen eine Systematik auf, die dem Autokorrelationskoeffizienten folgt.
Statt mit $\hat{y}_{T+1} = \underline{x}'_{T+1} \cdot \hat{\beta}$ ohne Autokorrelation wird
jetzt mit $\hat{y}_{T+1} = \underline{x}'_{T+1} \cdot \hat{\beta} + \hat{\rho} \cdot \hat{u}_T$ bzw.
$\hat{y}_{T+2} = \underline{x}'_{T+2} \cdot \hat{\beta} + \hat{\rho} \cdot \hat{u}_{T+1}$ (mit $\hat{u}_{T+1} = y_{T+1} - \hat{y}_{T+1}$, wenn y_{T+1} bekannt ist) prognostiziert.
Vgl. SCHNEEWEISS, H., a.a.O., S. 190
[75] Anm.: Die Goldfeld-Quandt-Prüfgröße wird dabei als Maß für die Heteroskedastizität innerhalb einer Schätzung verwendet.
[76] Vgl. FROHN, J. - Grundausbildung in Ökonometrie, Berlin, New York 1980, S. 127 f. und KRICKE, M., a.a.O., S. 126 f.

$$F = \frac{\sum_{t=1}^{\frac{T-r}{2}} \hat{u}_{1t}^2}{\sum_{t=T-\frac{T-r}{2}}^{T} \hat{u}_{2t}^2} \qquad \textit{für} \quad \text{var } u_{1t} > \text{var } u_{2t}$$

$$(\textit{mit} \quad r = 0,25 \cdot T)$$

bzw. $\qquad F = \dfrac{\sum_{t=T-\frac{T-r}{2}}^{T} \hat{u}_{2t}^2}{\sum_{t=1}^{\frac{T-r}{2}} \hat{u}_{1t}^2} \qquad \textit{für} \quad \text{var } u_{1t} < \text{var } u_{2t}$

und folgt einer F-Verteilung mit $[T-r-2(K+1)]/2$ und $[T-r-2(K+1)]/2$ Freiheitsgraden.

Die $\hat{u}_{1t}$ und $\hat{u}_{2t}$ ergeben sich aus zwei Regressionen, wobei die $\hat{u}_{1t}$ aus einer Regression mit $\left(\frac{T-r}{2}\right)$ Beobachtungen zu Anfang des Referenzzeitraumes und die $\hat{u}_{2t}$ aus einer Regression mit $\left(\frac{T-r}{2}\right)$ Beobachtungen am Ende des Referenzzeitraumes berechnet werden. Die mittleren r - Beobachtungen bleiben unberücksichtigt. Da die größere der Summen der Quadrate der Residuale in der Prüfgröße jeweils im Zähler steht, kann F nicht kleiner als Eins werden. $F = 1$ stellt damit die größte Unterstützung für die Nullhypothese, d.h. für vorliegende Homoskedastizität dar. Um so größer F wird, desto größer sind die Unterschiede der Residuen zwischen den beiden Regressionen und desto größer ist auch die Heteroskedastizität.

Für variable Koeffizienten, die sich aus mehreren hintereinander ausgeführten Regressionen ergeben, wird zusätzlich gefordert, daß auch die Störvariablenvarianz zwischen den Schätzungen gleich sein muß. Zur Überprüfung dieser Homoskedastizität wird die geschätzte Residualstandardabweichung für die einzelnen Regressionen verwendet.

Heteroskedastizität führt zwar zu unverzerrten Schätzern, aber auch zugleich zu ineffizienten. Zudem ist die Varianz-Kovarianz-Matrix der Parameter verzerrt, so daß t-Tests und F-Tests unzuverlässig bzw. nicht anwendbar sind.[77]

Sollte Heteroskedastizität vorliegen, so wird zur Beurteilung der Auswirkungen eine Differenzenschätzung durchgeführt, deren Homoskedastizitätsverhalten überprüft und die Übereinstimmung der geschätzten Parameter des Differenzmodells mit denen der Niveaugrößenschätzung verglichen.

---

[77] Vgl. HANSEN, G./WESTPHAL, U. - Konzeption des SYSIFO-Modells, in: HANSEN, G./WESTPHAL, U. (Hrsg.) - SYSIFO, ein ökonometrisches Konjunkturmodell für die Bundesrepublik Deutschland, Frankfurt/a.M. 1983, S. 69

2.4.4. Normalverteilung der Störvariablen

Auch die Normalverteilungsannahme für die Störvariablen wird zuerst anhand der Residuenverteilung im Residuenplot untersucht. Zusätzlich erfolgen für die einzelnen Komponenten der Normalverteilungsannahme Tests.[78] Die Forderung des Nullerwartungswertes könnte mittels eines t-Tests mit der Prüfgröße[79]

$$PG_{Eu=0} = \sqrt{\frac{T \cdot \bar{\hat{u}}}{\sqrt{\text{vâr}\,\hat{u}}}} \sim t_{T-1} \text{ - Verteilung}$$

$$\text{mit} \quad \text{vâr}\,\hat{u} = \tfrac{1}{T-1}\sum_{t=1}^{T}\left(\hat{u}_t - \bar{\hat{u}}_t\right)^2 \quad \text{und} \quad \bar{\hat{u}}_t = \tfrac{1}{T}\sum_{t=1}^{T}\hat{u}_t$$

getestet werden. Da definitionsgemäß das arithmetische Mittel der Residuen Null ist, beruhen Abweichungen des berechneten Residuenmittelwertes von Null allein auf Rundungsungenauigkeiten in der Rechnung. Damit erübrigt sich jedoch die Durchführung des angegebenen Tests.

Die Normalverteilung wird über Schiefen- (Skewness)- und Steilheits- (Kurtosis)-Tests überprüft. Die entsprechenden Prüfgrößen und deren Verteilungen lauten:[80]

$$Skewness - PG = \frac{T^2}{(T-1)(T-2)\sqrt{(\text{vâr}\,\hat{u})^3}} \cdot \tfrac{1}{T}\sum_{t=1}^{T}\left(\hat{u}_t - \bar{\hat{u}}\right)^3$$

$$\text{mit} \quad PG \cdot \sqrt{\frac{(T-1)(T-2)}{6T}} \sim NV(0;1)$$

$$Kurtosis - PG = \frac{T^2}{(T-1)(T-2)(T-3)} \cdot \frac{(T+1)\cdot\tfrac{1}{T}\sum_{t=1}^{T}\left(\hat{u}_t - \bar{\hat{u}}\right)^4 - 3(T-1)\cdot\left(\tfrac{1}{T}\sum_{t=1}^{T}\left(\hat{u}_t - \bar{\hat{u}}\right)^2\right)^2}{(\text{vâr}\,\hat{u})^2}$$

$$\text{mit} \quad PG \cdot \sqrt{\frac{(T-1)(T-2)(T-3)}{24T(T+1)}} \sim NV(0;1)$$

---

[78] Vgl. DOAN, T.A./LITTERMAN, R.B., a.a.O., S. 5/3
[79] Vgl. ebenda, S. 5/16
[80] Vgl. ebenda mit dem Verweis auf KENDALL, M.G./STUART, A. - The Advanced Theory of Statistics, Vol. 2: Inference and Relationship, London 1958

Die Nullhypothesen lauten:

H_0: $E u_t = 0$
H_0: $NV - Schiefe\ erfüllt$
H_0: $NV - Steilheit\ erfüllt$

Wie schon in der vorhergehenden Prüfgröße ist der Residuenmittelwert auch in den Schiefen- und Steilheitsprüfgrößen enthalten. Abweichungen von Null beruhen natürlich auch hier lediglich auf Rundungsungenauigkeiten in der Rechnung. Eine Nullsetzung des Residuenmittelwertes in den Prüfgrößen und eine dadurch bewirkte Prüfgrößenvereinfachung sollte allerdings nicht vorgenommen werden, da ansonsten die Rundungsungenauigkeiten nicht in die Prüfgrößen einfließen würden und die Testergebnisse verfälscht würden.

Wie bereits an den entsprechenden Stellen ausgeführt, stellt die Normalverteilungsannahme der Störvariablen eine wichtige Voraussetzung für die Signifikanztests, den Durbin-Watson-Autokorrelationstest, den Goldfeld-Quandt-Test und die Stepwise-Regressorenauswahlmethode dar.

2.4.5. Signifikanztests und Konfidenzintervalle

Signifikanztests (t-Tests) für die Schätzparameter sind notwendig, um die Sicherheit eines Schätzers beurteilen zu können. Als besonders geeignetes Instrument hierfür gelten auch Konfidenzintervalle, die im Vergleich zur gewöhnlichen Punktschätzung eine Intervallschätzung darstellen, welche die Einordnung der Schärfe und Genauigkeit der Schätzung erlaubt. Die in dieser Arbeit verwendeten formalen Zusammenhänge lauten:[81]

- Einzelsignifikanzprüfung für β_k: H_0: $\beta_k = 0$ $k = 0, 1, \ldots, K$

$$PG_{t-Test} = \frac{\hat{\beta}_k}{\sqrt{v\hat{a}r\,\hat{\beta}_k}} \sim t_{T-K-1}$$

- Konfidenzintervall für β_k:

$$KI_{\beta_k} = \left[\hat{\beta}_k \pm t_{T-K-1;\alpha/2} \cdot \sqrt{v\hat{a}r\,\hat{\beta}_k}\right]$$

---
[81] Vgl. KRICKE, M., a.a.O., S. 48 ff.

2.4.6. Strukturbruch innerhalb der Schätzung

Um Aussagen über die Parameterkonstanz und damit die Stabilität des Regressionsmodells über den Betrachtungszeitraum machen zu können, werden Strukturbruchtests innerhalb des Referenzzeitraums eingesetzt. Ist bei einem statischen Regressionsansatz, d.h. bei einer Modellgleichung mit festen Parameterwerten, die Parameterstrukturkonstanz nicht gegeben, so ist dies ein Hinweis auf sich verändernde Parameterwerte oder sogar auf sich verändernde Einflußfaktoren. In vorliegender Arbeit wird der sogenannte Chow-Test als Strukturbruchtest verwendet.[82]

Bezogen auf ein Regressionsmodell mit K Regressoren und einer Konstanten,

$$y_t = \underline{x}_t \cdot \underline{\beta} + u_t \qquad t = 1, \ldots, T,$$

bedarf es dazu der Unterteilung des Referenzzeitraums in zwei Teilzeiträume und eigenständiger Regressionen für beide Zeiträume:

$$y_{t(1)} = \underline{x}_{t(1)} \cdot \underline{\beta}_{(1)} + u_{t(1)} \qquad t = 1, \ldots, R$$
$$y_{t(2)} = \underline{x}_{t(2)} \cdot \underline{\beta}_{(2)} + u_{t(2)} \qquad t = R+1, \ldots, T$$

Jetzt wird überprüft, ob sich die Parametervektoren der Teilschätzungen entsprechen und zudem mit dem Parametervektor der Gesamtbeobachtungsschätzung übereinstimmen. Die Nullhypothese

$$H_0: \underline{\beta}_{(1)} = \underline{\beta}_{(2)} = \underline{\beta}$$
$$\left(H_1: \underline{\beta}_{(1)} \neq \underline{\beta}_{(2)} \text{ oder } \underline{\beta}_{(1)} \neq \underline{\beta} \text{ oder } \underline{\beta}_{(2)} \neq \underline{\beta}\right)$$

wird mit der Prüfgröße

$$F_{Chow} = \frac{\left(\hat{u}'\hat{u} - \hat{u}'_{(1)}\hat{u}_{(1)} - \hat{u}'_{(2)}\hat{u}_{(2)}\right)/(K+1)}{\left(\hat{u}'_{(1)}\hat{u}_{(1)} + \hat{u}'_{(2)}\hat{u}_{(2)}\right)/(T-2K-2)}$$

getestet.

---

[82] Vgl. CHOW, G. C. - Tests of Equality Between Sets of Coefficients in Two Linear Regressions, in: Econometrica, Vol. 28 (1960), S. 595 ff. und KRÄMER, W./SONNBERGER, H. - The Linear Regression Model Under Test, Heidelberg, Wien 1986, S. 44. Vgl. dazu auch KRÄMER, W. - Modellspezifikationstests in der Ökonometrie, in: RWI-Mitteilungen, Jg. 42 (1991), S. 292 und HACKL, P. - Testing the Constancy of Regression Models Over Time, Göttingen 1980, S. 18 ff. und FROHN, J. - Grundausbildung, a.a.O., S. 106 ff. und SCHNEEWEISS, H., a.a.O., S. 118 ff.

Der Ablehnungsbereich lautet:

$$A = \left[F^{K+1}_{T-2K-2;\alpha}; \infty \right)$$

Voraussetzung für die Durchführung des Tests sind folgende Beziehungen zwischen den Prüfgrößenkomponenten:

$$R \geq (K+1); \quad (T-R) \geq (K+1); \quad T > 2(K+1)$$

Darüberhinaus wird gefordert, daß keine vollständige bzw. annähernd vollständige Multikollinearität[83] und gleiche Störvariablenvarianzen in den beiden Teilzeiträumen vorliegen. Letztere Voraussetzung wird mit folgendem Test überprüft:[84]

Nullhypothese:
$$H_0: \sigma^2_{(1)} = \sigma^2_{(2)}$$

Prüfgröße:
$$F_{\sigma^2} = \frac{\hat{\sigma}^2_{(1)}}{\hat{\sigma}^2_{(2)}} = \frac{\frac{1}{R-K-1} \cdot \hat{u}'_{(1)} \hat{u}_{(1)}}{\frac{1}{(T-R)-K-1} \cdot \hat{u}'_{(2)} \hat{u}_{(2)}} \quad \text{für} \quad \sigma^2_{(1)} \geq \sigma^2_{(2)}$$

bzw.
$$F_{\sigma^2} = \frac{\hat{\sigma}^2_{(2)}}{\hat{\sigma}^2_{(1)}} = \frac{\frac{1}{(T-R)-K-1} \cdot \hat{u}'_{(2)} \hat{u}_{(2)}}{\frac{1}{R-K-1} \cdot \hat{u}'_{(1)} \hat{u}_{(1)}} \quad \text{für} \quad \sigma^2_{(1)} < \sigma^2_{(2)}$$

Ablehungsbereich:
$$A = \left[F^{R-K-1}_{T-R-K-1;\alpha}; \infty \right)$$

3. Beurteilungskriterien für die Anpassungs- und Prognosegüte

3.1. Bestimmtheitsmaß und korrigiertes Bestimmtheitsmaß

Als generelle Kennziffer für die Anpassungsgüte eines Regressionsmodells wird das Bestimmtheitsmaß R^2 verwendet. Es läßt sich als Kennzahl für die mittlere Übereinstimmung zwischen dem tatsächlichen und dem geschätzten Wert des Regressanden interpretieren, da es den Anteil an der Gesamtvariation des Regressanden repräsentiert, welcher durch die Re-

---
[83] Vgl. KRÄMER, W./SONNBERGER, H., a.a.O., S. 44
[84] Vgl. SCHNEEWEISS, H., a.a.O., S. 121

gressoren erklärt wird. Zusätzlich zum Bestimmtheitsmaß R^2 wird das korrigierte Bestimmtheitsmaß $\overline{R}^2$ angegeben. Dieses ist um die Freiheitsgrade des Modells bereinigt und liefert somit Hinweise darauf, ob ein zusätzlicher Regressor das Regressionsergebnis im Saldo verbessert, oder ob es durch die Verringerung der Freiheitsgrade verschlechtert wird. Für die jeweiligen Formeln gilt:

$$R^2 = \frac{\sum_{t=1}^{T}(\hat{y}_t - \overline{y})^2}{\sum_{t=1}^{T}(y_t - \overline{y})^2} \quad \text{und} \quad \overline{R}^2 = 1 - \left(\tfrac{T-1}{T-K-1}\right)\cdot\left(1 - R^2\right)$$

Die partiellen Bestimmtheitsmaße und deren Interpretationsmöglichkeiten werden in einem späteren Abschnitt dieses Kapitels behandelt.

3.2. Mittlere Anpassungsabweichungen

Sehr einfache Maße für die Anpassungsbeurteilung sind die "Summe der Quadrate der Residuale"[85] und die "geschätzte Residualstandardabweichung"[86]. Die zuerst genannte Kennziffer ist jedoch beobachtungsabhängig und kann damit nur bei Beobachtungskonstanz Verwendung finden. Die "geschätzte Residualstandardabweichung" ist prinzipiell für die Beurteilung der Anpassungsgüte geeignet und wird auch jeweils bei den Modellschätzungen mit ausgegeben. Für den Vergleich der Anpassungsgüte verschiedener Modelle soll in vorliegender Arbeit primär jedoch die Mittlere Anpassungsabweichung (MAA) verwendet werden. Sie berechnet sich als das arithmetische Mittel der Beträge der Residuen. Da die Kennziffer die gleiche Dimension besitzt wie der Regressand, ist eine gute Interpretation gewährleistet. Ebenso verhält es sich mit der mittleren Streuung der Anpassungsabweichung (MAA_{STA}), welche eine Beurteilung der Bandbreite auftretender Abweichungen zuläßt. Die formalen Zusammenhänge lauten:

$$MAA = \tfrac{1}{T} \cdot \sum_{t=1}^{T}|\hat{u}_t| \qquad MAA_{STA} = \sqrt{\tfrac{1}{T-1} \cdot \sum_{t=1}^{T}\left(|\hat{u}_t| - MAA\right)^2}$$

---

[85] Anm.: Summe der Quadrate der Residuale = Sum of squared Residuals (SSR) = $\sum_{t=1}^{T}\hat{u}_t^2$

[86] Anm.: Geschätzte Residualstandardabw. = Standard Error of Estimate (SEE) = $\hat{\sigma} = \sqrt{\tfrac{1}{T-K-1} \cdot \sum_{t=1}^{T}\hat{u}_t^2}$

3.3. Mittlere Prognoseabweichungen

Während sich die oben beschriebenen Anpassungsmaße auf die Schätzungen innerhalb des Referenzzeitraumes beziehen, sollen die Prognosemaße zur Beurteilung der Prognosequalität verschiedener Modelle im Anschluß an den Referenzzeitraum dienen. Hauptkennziffer wird die aus der Mittleren Anpassungsabweichung abgeleitete Mittlere Prognoseabweichung (MPA) sein. Sie berechnet sich als das arithmetische Mittel der Beträge der Prognoseresiduen und hat die gleichen Vorteile, die bereits die Mittlere Anpassungsabweichung auszeichneten. Als Maß für die Bandbreite der auftretenden Differenzen zwischen den tatsächlichen und den prognostizierten Regressandenwerten wird die mittlere Streuung der Prognoseabweichung (MPA_{STA}) verwendet.

$$MPA = \frac{1}{P} \cdot \sum_{t=T+1}^{T+P} \left| \hat{u}_t^{\text{Prog}} \right| \qquad MPA_{STA} = \sqrt{\frac{1}{P-1} \cdot \sum_{t=T+1}^{T+P} \left(\left| \hat{u}_t^{\text{Prog}} \right| - MPA \right)^2}$$

mit $\quad \hat{u}_t^{\text{Prog}} = y_t - \hat{y}_t^{\text{Prog}}$
$\hat{u}_t^{\text{Prog}}$: Prognoseresiduum
y_t^{Prog} : Prognostiziertes y_t
p : Prognosezeitindex, $p = 1, ..., P$

3.4. Prognoseintervalle und Strukturbruch innerhalb der Prognosen

Mit den mittleren Prognoseabweichungen kann eine Abschätzung der Prognosegüte verschiedener Modelle hinsichtlich der Frage, welches Modell besser ist, stattfinden. Offen bleibt die Frage, ob das vorliegende Modell in seiner Prognosequalität gut genug ist. Zur Beantwortung dieser Frage werden zunächst Prognoseintervalle berechnet. Anschließend wird kontrolliert, ob die tatsächlichen Arbeitslosenwerte in diese Intervalle fallen. Sollte dies nicht der Fall sein, so sind die prognostizierten Werte signifikant verschieden von den tatsächlichen Werten und die Prognosegüte ist nicht ausreichend. Gleichzeitig kann auf einen Strukturbruch innerhalb des Prognosezeitraums geschlossen werden, da die beschriebene Vorgehensweise äquivalent zu einem Strukturbruchtest innerhalb des Referenzzeitraums ist.

Da das in dieser Arbeit verwendete Referenzmodell auf Basis des Zeitraums 1960-1986 erstellt wird, werden Prognosen für die Jahre 1987-1990 berechnet. Die zugrundeliegenden Formeln der Prognoseintervalle lauten:[87]

---

[87] Vgl. KRICKE, M., a.a.O., S. 76 ff. und SCHNEEWEISS, H., a.a.O., S. 82 ff.

Prognoseintervall für die Erwartung des Regressanden:

$$PI_{Ey^{Prog}} = \left[\hat{y}^{Prog} \pm t_{T-K-1;\%} \cdot \hat{\sigma} \cdot \sqrt{\underline{x}^{Prog'}(X'X)^{-1}\underline{x}^{Prog}} \right]$$

Prognoseintervall für den tatsächlichen Wert des Regressanden:

$$PI_{y^{Prog}} = \left[\hat{y}^{Prog} \pm t_{T-K-1;\%} \cdot \hat{\sigma} \cdot \sqrt{1 + \underline{x}^{Prog'}(X'X)^{-1}\underline{x}^{Prog}} \right]$$

4. Statistische Maße zur Interpretationsunterstützung

4.1. Standardisierte Regressionskoeffizienten

Die Regressoren haben häufig unterschiedliche Meßskalen, so daß die Parameterschätzer in ihrer Größe nicht vergleichbar sind. Die unmittelbare Einflußstärke jedes Regressors ist entsprechend nicht direkt aus den Parameterschätzwerten feststellbar. Aus diesem Grunde werden standardisierte Parameterschätzer berechnet. Diese haben die Eigenschaft, daß die unterschiedlichen Meßskalen der Regressoren vereinheitlicht werden. Dadurch lassen sich die Wirkungsstärken der Regressoren direkt vergleichen. Zwei Vorgehensweisen zur Berechnung standardisierter Parameterschätzer lassen sich dabei unterscheiden:

1. Es wird für jeden Regressor bei Unterstellung einer gleich hohen prozentualen Änderung berechnet, wie stark die Wirkungen auf den Regressanden sind. Die Formel für diese Art der Standardisierung lautet:

$$\hat{\beta}_k^{std} = \hat{\beta}_k \cdot \frac{\sqrt{\text{var } X_k}}{\sqrt{\text{var } Y}} \qquad \text{für den k-ten Parameterschätzer}[88]$$

---

[88] Vgl. SCHUCHARD-FICHER, CHR./BACKHAUS, K./HUMME, U./LOHRBERG, W./PLINKE, W./ SCHREINER, W. - Multivariate Analysemethoden. Eine anwendungsorientierte Einführung, 3. Aufl., Berlin, Heidelberg u.a., S. 74 f.
Anm.: Die Vereinheitlichung der Meßskalen soll an einem Beispiel verdeutlicht werden:

Regressand y $(in\ \text{kg})$
Regressor x_1 $(in\ \text{cm})$ Regressor x_2 $(in\ \text{DM})$

Standardisierung: $\hat{\beta}_k^{std} = \hat{\beta}_k \cdot \dfrac{STA\ x_k}{STA\ y}$

$\Leftrightarrow \quad \hat{\beta}_k = \hat{\beta}_k^{std} \cdot \dfrac{STA\ y}{STA\ x_k} \qquad , k = 1,2$

Der Regressor mit dem größten standardisierten Parameterschätzer hat jetzt auch die größte Einflußstärke. Die Annahme gleicher prozentualer Veränderungen für alle Regressoren ist jedoch nicht unproblematisch, da sich die Regressoren über die Zeit verschieden stark verändern werden. Von Vorteil ist hingegen die relativ einfache programmtechnische Handhabung dieser Art Berechnung standardisierter Parameterschätzer.

2. Die zweite Vorgehensweise zur Berechnung standardisierter Parameterschätzer analysiert die absolute Veränderung der Regressoren in der Zeitperiode, für die die standardisierten Parameter gelten sollen. Diese absolute Veränderung bzw. der Mittelwert der einzelnen Veränderungen wird mit dem jeweiligen unstandardisierten Schätzer multipliziert. Daraus folgt die Größe der Veränderung des Regressanden durch die durchschnittliche Niveauveränderung des betreffenden Regressors. Wird so für alle Regressoren verfahren, lassen sich die Veränderungswerte des Regressanden direkt vergleichen. Basis für die Abschätzung der Einflußstärken der Regressoren ist hier im Gegensatz zum unter Punkt 1 beschriebenen Verfahren eine realistische Veränderungskonstellation der erklärenden Variablen.[89]

4.2. Partielle Bestimmtheitsmaße

Die partiellen Bestimmtheitsmaße sind Kennziffern für die Erklärungskraft jeweils nur eines Regressors bezüglich des Anteils der Variation des Regressanden, der noch nicht durch die restlichen Regressoren erklärt wird. Sie stellen also die zusätzliche Erklärungskraft eines Regressors dar und sind somit auch als Maß für die Wichtigkeit eines Regressors interpretierbar. Insoweit unterscheiden sie sich auch von den Signifikanzwerten. Ein Regressor kann hoch signifikant sein, weil er eindeutig einen Teil der Reststreuung des Regressanden er-

Schätzgleichung: $\hat{y}_t = \hat{\beta}_1 x_{1t} + \hat{\beta}_2 x_{2t}$

Meßskalen: $[kg] = \left[\frac{kg}{cm}\right] \cdot [cm] + \left[\frac{kg}{DM}\right] \cdot [DM]$

Schätzgleichung mit Standardisierung: $\hat{y}_t = \hat{\beta}_1^{std} \cdot \dfrac{STA\ y}{STA\ x_1} \cdot x_{1t} + \hat{\beta}_2^{std} \cdot \dfrac{STA\ y}{STA\ x_2} \cdot x_{2t}$

Meßskalen: $[kg] = [-] \cdot \left[\frac{kg}{cm}\right] \cdot [cm] + [-] \cdot \left[\frac{kg}{DM}\right] \cdot [DM]$

Während ohne Standardisierung die Regressoren x_1 und x_2 die Meßskalen "*cm*" bzw. "*DM*" haben, ergibt sich nach der Standardisierung die einheitliche Meßskala "*kg*" für beide Regressoren. Die standardisierten Parameterschätzer sind dementsprechend direkt vergleichbar.

[89] Vgl. TSCHENTSCHER, H. - Eine ökonometrische Analyse der Entwicklung der Arbeitslosigkeit in der Bundesrepublik Deutschland, Göttingen 1988 (unveröffentlichte Diplomarbeit), S. 118 f.

klärt. Sein partielles Bestimmtheitsmaß kann jedoch trotzdem sehr niedrig sein, weil der zusätzlich erklärte Anteil nur gering ist. Aufgrund des hohen t-Wertes würde der Regressor im Modell belassen, aufgrund des geringen partiellen Bestimmtheitsmaßes würde er hingegen u.U. entfernt werden, da die durch ihn bewirkte zusätzliche Erklärung unbedeutend ist und durch die negativen Einflüsse in Form verminderter Freiheitsgrade überkompensiert wird.[90]

Während die standardisierten Parameterschätzer die Wirkung von Regressorveränderungen messen, kann das partielle Bestimmtheitsmaß auch als Kennziffer für die Wirkung bzw. Wichtigkeit des Regressors durch seine Niveaugröße aufgefaßt werden. Besteht die Konstellation eines hohen partiellen Bestimmtheitsmaßes und eines niedrigen standardisierten Parameterschätzers, so wirken sich Veränderungen des Regressors nur wenig auf den Regressanden aus (aufgrund des niedrigen standardisierten Schätzers). Der Regressor hat jedoch über seine Niveaugröße gewichtigen Einfluß (aufgrund des hohen partiellen Bestimmtheitsmaßes). Liegt hingegen ein hohes partielles Bestimmtheitsmaß und ein hoher standardisierter Parameterschätzer vor, so wirkt der Regressor sowohl über seine Niveaugröße als auch über Veränderungen derselben. Sind beide Werte klein, so wird der zugehörige Regressor aus dem Modell entfernt. Ein kleines partielles Bestimmtheitsmaß und ein großer standardisierter Parameterschätzer bedeutet eine Regressorenwirkung allein durch die Veränderung des Regressors. Ein solcher Fall ist dann wahrscheinlich, wenn der Regressor entweder gar keine Niveaugröße aufweisen kann (Regressorenwerte schwanken um Null herum) oder ein Regressor besonders gut die Schwankungen des Regressanden erklärt, für die Niveauentwicklung jedoch keine Erklärungskraft besitzt.

Aus diesen Ausführungen wird deutlich, welch großen Nutzen die partiellen Bestimmtheitsmaße und standardisierten Schätzer für die Interpretation von Regressionsmodellen haben. Die formalen Zusammenhänge zur Berechnung des partiellen Bestimmtheitsmaßes für den Regressor X_k einer Regression mit $k = 1,\ldots,K$ Regressoren lauten:[91]

1. Möglichkeit:

(a) Partieller Korrelationskoeffizient von X_k :

$$r_{y\,x_k \cdot x_1 x_2 \ldots x_{k-1} x_{k+1} \ldots x_K} = \frac{t_k}{\sqrt{t_k^2 + T - K - 1}}$$

---

[90] Anm.: Vor der endgültigen Entfernung des Regressors aus dem Modell sollte jedoch noch die Größe des zugehörigen standardisierten Schätzers betrachtet werden.
[91] Vgl. KRICKE, M., a.a.O., S. 57 ff.

(b) Partielles Bestimmtheitsmaß von X_k :

$$r^2_{y\,x_k \cdot x_1 x_2 \ldots x_{k-1} x_{k+1} \ldots x_K} = \frac{t_k^2}{t_k^2 + T - K - 1}$$

2. Möglichkeit:

$$r^2_{y\,x_k \cdot x_1 x_2 \ldots x_{k-1} x_{k+1} \ldots x_K} = \frac{R^2_{y \cdot x_1 x_2 \ldots x_K} - R^2_{y \cdot x_1 \ldots x_{k-1} x_{k+1} \ldots x_K}}{1 - R^2_{y \cdot x_1 \ldots x_{k-1} x_{k+1} \ldots x_K}}$$

mit $R^2_{y \cdot x_1 x_2 \ldots x_K}$: R^2 einer Regression <u>mit</u> X_k

$R^2_{y \cdot x_1 \ldots x_{k-1} x_{k+1} \ldots x_K}$: R^2 einer Regression <u>ohne</u> X_k

VII. Schätzung eines statischen Regressionsansatzes mit Referenzzeitraum 1960-1986 auf Basis von Jahresdaten (Referenzmodell)

1. Grundsätzliches zum Aufbau des Regressionsmodells

2. Die spezielle Modellkonstruktion und Modellschätzung

   2.1. Informationsverteilung zwischen den Regressoren

   2.2. Schätzung des statischen Regressionsmodells

   2.3. Beurteilung des statischen Regressionsmodells

       2.3.1. Anpassungsgüte

       2.3.2. Erfüllung der Regressionsvoraussetzungen

           2.3.2.1. Allgemeines

           2.3.2.2. Autokorrelation

           2.3.2.3. Multikollinearität

   2.4. Die Haupteinflußfaktoren und deren Gewichtung

3. Gesamteinschätzung - Weiterverwendung des Referenzmodells

VII. Schätzung eines statischen Regressionsansatzes mit Referenzzeitraum 1960-1986 auf Basis von Jahresdaten (Referenzmodell)

1. Grundsätzliches zum Aufbau des Regressionsmodells

In diesem Kapitel wird die Konstruktion und Schätzung des Referenzmodells auf der Basis von Jahresdaten vorgestellt. Beispielhaft und ausführlicher als bei den später folgenden Modellen wird hier die Modellbeurteilung und Voraussetzungsüberprüfung dargestellt. Gegenüber dem im Jahre 1988 geschätzten Arbeitslosigkeitsmodell[92] wurden einige Aktualisierungen vorgenommen. So wurden die Variablen EP und APROD85 hinsichtlich der Werte von 1971 bis 1986 nachträglich vom Statistischen Bundesamt geändert und das Basisjahr der Preisindices für die Deflationierung von 1980 auf 1985 angepaßt.

Statt eines Eingleichungsmodells und damit einer direkten Schätzung der Arbeitslosigkeit, hätte es auch die Möglichkeit einer indirekten Schätzung mittels einer differenzbildenden Definitionsgleichung gegeben. Angeboten hätte sich in diesem Fall die getrennte Schätzung von Arbeitsangebot und Arbeitsnachfrage. Ein Vorteil der indirekten Schätzung ist, daß bei gleicher Beobachtungsanzahl mehr Regressoren ins Gesamtsystem einbezogen werden können als bei der direkten Schätzung. Dieser Vorteil wird jedoch dadurch relativiert, daß gewisse Regressoren sowohl das Arbeitsangebot als auch die Arbeitsnachfrage beeinflussen und durch die Kumulation der Fehler der Einzelgleichungen u.U. eine schlechtere Anpassungsgüte resultiert. In der Abwägung zwischen der Möglichkeit besserer Teilschätzungen durch potentiell mehr im Modell verwendbare Regressoren und einer evtl. schlechteren Anpassungsgüte wurde die direkte Schätzung der Arbeitslosigkeit vorgezogen. Als weiterer Aspekt für die Verwendung der direkten Schätzung ergab sich eine bessere Beurteilungsmöglichkeit der Wirkungsstärke der einzelnen Einflußbereiche auf die Arbeitslosigkeit.

Zeitverzögerte Regressanden (AL_{t-1}, AL_{t-2}, ...) werden nicht eingesetzt. Ihre Verwendung in Regressionsmodellen beruht auf bestimmten Annahmen über das Anpassungsverhalten und die Erwartungen von Wirtschaftssubjekten, welche realisierte Vorperiodenwerte unverändert oder systematisch modifiziert in die Zukunft übertragen.[93] Für die Arbeitslosenentwicklung fehlt ein solcher Zusammenhang, so daß sich die Arbeitslosigkeit quasi durch sich selbst erklären würde, wenn zeitverzögerte Regressanden einbezogen würden. Zudem soll das hier zu entwickelnde Modell nicht nur gute Prognoseeigenschaften aufweisen, sondern auch zur Erklärung der Arbeitslosigkeit und zur Bestimmung der Arbeitslosigkeitsursachen dienen. Dabei wird eine etwaige Verminderung der Anpassungsgüte des Regressionsmodells durch den Verzicht auf zeitverzögerte Regressanden bewußt in Kauf genommen.

---

[92] Vgl. TSCHENTSCHER, H., a.a.O., S. 88 ff.

Zeitverzögerte Regressoren finden ihre Begründung in zeitlich verschobenen Anpassungsreaktionen, so daß die erklärenden Variablen erst mit einem gewissen zeitlichen Abstand auf die zu erklärende Variable einwirken.[94] Für ein Arbeitslosigkeitsmodell auf Basis von Jahresdaten sind nur zeitliche Verzögerungen von maximal einer Periode plausibel. Über eine Analyse der graphischen Darstellungen zwischen der Arbeitslosigkeitsentwicklung und den verschiedenen Regressoren wurden allerdings keine zeitlichen Wirkungsverzögerungen aufgedeckt. Damit wird das Referenzmodell nur Variablen einer Zeitdimension enthalten.

Für Vierteljahres- und Monatsdatenmodelle kann diese Feststellung nicht ohne weiteres übertragen werden, da hier auch unterjährige Verzögerungen möglich sind. Von der Verwendung zeitverzögerter Regressoren soll jedoch auch in diesen Fällen abgesehen werden, damit eine uneingeschränkte Vergleichbarkeit zwischen allen in dieser Arbeit abgeleiteten Modellen möglich ist.

Die Einbeziehung des Zeittrends als Regressor in Regressionsmodelle soll den Einfluß verschiedener Faktoren repräsentieren, die sich kontinuierlich mit der Zeit entwickeln, jedoch nicht explizit als Regressor ins Modell aufgenommen werden. Da die vorliegende Untersuchung von vornherein theorieorientiert angelegt wurde und alle als relevant betrachteten Einflußfelder durch Regressoren abgedeckt werden, dürfte ein Großteil der im Zeittrend enthaltenen Informationen berücksichtigt sein. Auf die Einbeziehung des Zeittrends kann deswegen verzichtet werden. Durch die hohen Korrelationen zwischen dem Zeittrend und einer Vielzahl potentieller Regressoren würde darüberhinaus die Multikollinearitätsproblematik verschärft werden.

2. Die spezielle Modellkonstruktion und Modellschätzung

2.1. Informationsverteilung zwischen den Regressoren

Für die Ableitung und Konstruktion eines Regressionsmodells ist es hilfreich, sich näher mit der Informationsverteilung zwischen den möglichen Regressoren zu beschäftigen. Zur Offenlegung dieser Verteilung wird wie folgt vorgegangen: Da die Multikollinearität auch im Sinne von Informationsüberschneidungen zwischen den Regressoren interpretiert werden kann, wird zuerst ein Modell konstruiert, welches minimale Multikollinearität und damit auch minimale Informationsüberschneidungen aufweist. Dazu werden die Repräsentativ-

---

[93] Vgl GNOSS, R., a.a.O., S. 103
[94] Vgl. BLAZEJCZAK, J. - Simulation gesamtwirtschaftlicher Perspektiven mit einem ökonometrischen Modell für die Bundesrepublik Deutschland, in: Deutsches Institut für Wirtschaftsforschung, Beiträge zur Strukturforschung, Heft 100, Berlin 1987, S. 30 f. und GNOSS, R., a.a.O., S. 104

Variablen aus den Einflußblöcken ausgewählt, die untereinander nur wenig korrelieren. Als Ergebnis zeigt sich jedoch, daß die im Modell enthaltene Informationsmenge für eine adäquate Erklärung der Arbeitslosenentwicklung nicht ausreichend ist. Daraus folgt, daß ein Großteil der für die Erklärung notwendigen Informationen überlappend über die Variablen verteilt ist. Ein multikollinearitätsfreies Modell läßt sich damit bei gleichzeitig befriedigender Anpassungsgüte nicht konstruieren.

Wird hingegen versucht, mit möglichst wenigen Variablen ein Modell aufzubauen, welches eine relativ hohe Anpassungsgüte aufweist, so zeigen sich zum einen recht hohe Multikollinearitäten und zum anderen eine durch die Aufnahme weiterer Regressoren noch zu verbessernde Anpassungsgüte. Eine Regressorenreduktion zur Verminderung der Multikollinearität ist zudem nicht möglich, da sie einen erheblichen Informationsverlust mit stark verschlechterter Anpassungsgüte mit sich bringen würde.

Damit steht die Modellkonstruktion vor dem Problem, daß die Informationen einerseits überlappend über die Variablen verteilt sind, woraus Multikollinearitäten resultieren, daß sie andererseits jedoch auch recht selektiv verteilt sind, da kein Regressor in dem von der Anpassungsgüte her ausreichenden Modell weggelassen werden kann. Zusätzlich wird diese selektive Informationsverteilung auch daran deutlich, daß durch das Hinzufügen weiterer Regressoren die Anpassungsgüte noch merklich gesteigert werden kann. Die folgende Ableitung des Regressionsmodells orientiert sich deswegen primär an der Optimierung der Anpassungsgüte. Die unvermeidlich auftretende Multikollinearität muß dabei jedoch ständig hinsichtlich ihrer Auswirkungen kontrolliert werden.

2.2. Schätzung des statischen Regressionsmodells

Aus der obigen Zielformulierung hinsichtlich einer hohen Anpassungsgüte sowie der Struktur der Informationsverteilung folgt, daß in das Modell relativ viele Regressoren aufgenommen werden sollten. Dieser Tendenz entgegen wirkt die Multikollinearitätsentwicklung, das Ziel hoher Signifikanzwerte der Parameterschätzungen und die durch die Beobachtungsanzahl (T=27) gesetzte Regressorenanzahlrestriktion auf rund sieben Regressoren einschließlich der Konstanten.[95]

Unter Verwendung einer schrittweisen Regression nach dem kombinierten Stepwise-Algorithmus[96] ergibt sich folgendes Optimalmodell:

---

[95] Anm.: Bei einer höheren Anzahl von Regressoren würde die Durbin-Watson-Testprüfgröße keinen Nichtautokorrelationsbereich mehr aufweisen.
[96] Anm.: Der Backward-Algorithmus führt zum gleichen Ergebnis.

$$AL_t = \beta_0 + \beta_1 \cdot EP_t + \beta_2 \cdot GELDV_t + \beta_3 \cdot BSPM85_t + \beta_4 \cdot APROD85_t + u_t$$

Von den neun Variablenblöcken haben sich vier Einflußbereiche durchgesetzt. Der Arbeitskräfteblock (EP), der Monetäre Block $(GELDV)$, der Produktionsblock $(BSPM85)$ und der Arbeitskostenblock $(APROD85)$.

OLS-Niveaugrößenmodell:

Regressand	Daten	1. Beob.	T. Beob.	Anzahl Beob.	Freiheitsgrade
AL	jährlich	1960	1986	27	22

Regressor	Einheiten	Parameterschätzer	Standardabweichung	t-Wert
CONSTANT		- 18.565,33	1.876,68	- 9,8926
EP	in 1000	0,7171765	0,066493	10,7854
GELDV	in Mrd. DM	1,634724	0,325222	5,0264
BSPM85	in Mrd. DM	- 15,33422	0,829420	- 18,4879
APROD85	in DM	0,3872910	0,024595	15,7466

Tab. 2

$R^2 = 0,99518$ $SSR = 72.139,87$ $DW = 1,059$ $t^{krit.}_{(22;\,0,025)} = 2,074$

$\overline{R}^2 = 0,99430$ $SEE = 57,263$ $DW_{unbestimmt} = (1,084;\ 1,753)$

Konfidenz-Intervalle (0,05)	untere Grenze	Parameterschätzer	obere Grenze
CONSTANT	- 22.457,57	- 18.565,33	- 14.673,09
EP	0,5792707	0,7171765	0,8550822
GELDV	0,9602140	1,634724	2,309234
BSPM85	- 17,05443	- 15,33422	- 13,61400
APROD85	0,3362804	0,3872910	0,4383015

Tab. 3

Es zeigt sich, daß alle Parameter hochsignifikant geschätzt wurden und dementsprechend kleine Konfidenzintervalle aufweisen. Bis auf das Vorzeichen der Variable GELDV entsprechen alle Wirkungsrichtungen der Regressoren den Erwartungen aus den makroökonomischen Theorien. Das Vorzeichen des GELDV widerspricht zwar den volkswirtschaftlichen

Theorien, es spiegelt jedoch die Einflußrichtung der empirischen Korrelationsbeziehung zwischen AL und dem GELDV (0,929er Korrelation) wider.

2.3. Beurteilung des statischen Regressionsmodells

2.3.1. Anpassungsgüte

Die Schätzung erreicht mit 0,9952 ein hohes Bestimmtheitsmaß. Der Standardfehler der Schätzung (SEE) drückt die mittlere Abweichung zwischen dem tatsächlichen Arbeitslosenwert und dem sich aus dem Modell ergebenden Arbeitslosenwert aus und nimmt mit 57.263 Arbeitslosen ein relativ niedriges Niveau an. Daß die Anpassung für die meisten Beobachtungszeitpunkte sogar noch bedeutend genauer ist, zeigt das detaillierte Anpassungsdiagramm (Abb. 7 und Tab. 4)[97]. Die stärksten Abweichungen treten 1960 mit einer Unterschätzung um rd. 100.000 Arbeitslose und 1977 mit einer Überschätzung um rd. 130.000 Arbeitslose auf. An den übrigen Beobachtungszeitpunkten liegen die Abweichungen hingegen größtenteils unterhalb der 30.000er Grenze. Differenzen in der zuletzt genannten Größenordnung sind für die Anfangsjahre des Beobachtungszeitraums sicherlich zu groß. Ab Mitte der 70er Jahre relativieren sie sich jedoch durch den starken Anstieg der Arbeitslosigkeit, so daß von einer hohen Anpassungsgüte des Regressionsmodells ausgegangen werden kann.

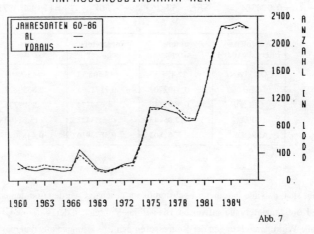

Abb. 7

---

[97] Anm.: ALK : Arbeitslosigkeit
VORAUS : Geschätzte Werte für AL

Anpassungstabelle: (in 1000)

	AL	VORAUS	RESIDUAL
1960,1	271	170,792	100,208
1961,1	181	209,877	- 28,8768
1962,1	155	207,520	- 52,5196
1963,1	186	240,613	- 54,6130
1964,1	169	211,151	- 42,1506
1965,1	147	206,467	- 59,4674
1966,1	161	198,366	- 37,3665
1967,1	459	376,768	82,2320
1968,1	323	263,222	59,7781
1969,1	179	146,330	32,6699
1970,1	149	128,110	20,8900
1971,1	185	173,845	11,1549
1972,1	246	221,905	24,0951
1973,1	273	220,116	52,8840
1974,1	582	567,682	14,3179
1975,1	1.074	1.043,78	30,2158
1976,1	1.060	1.042,98	17,0205
1977,1	1.030	1.160,60	- 130,595
1978,1	993	1.063,52	- 70,5197
1979,1	876	918,417	- 42,4174
1980,1	889	898,420	- 9,41999
1981,1	1.272	1.255,25	16,7525
1982,1	1.833	1.882,60	- 49,5992
1983,1	2.258	2.253,19	4,81126
1984,1	2.266	2.210,40	55,5957
1985,1	2.304	2.256,71	47,2900
1986,1	2.228	2.220,37	7,62985

Tab. 4

2.3.2. Erfüllung der Regressionsvoraussetzungen

2.3.2.1. Allgemeines

Im folgenden soll untersucht werden, von welchen Qualitätseigenschaften bei den Parameterschätzungen des statischen Regressionsmodells ausgegangen werden kann.

Die Durbin-Watson-Prüfgröße liegt mit einem Wert von 1,059 im Bereich positiver Autokorrelation, was eine gesonderte Analyse des Autokorrelationsproblems mit Hilfe einer Schätzung nach der verallgemeinerten Methode der kleinsten Quadrate notwendig macht. Inwieweit die Autokorrelation dann tatsächlich negative Rückwirkungen auf die Schätzergebnisse hatte, kann erst danach beurteilt werden. Aus der Autokorrelationsstatistik ist zu entnehmen, daß sich dieses Problem auf die Autokorrelation 1. Grades beschränkt, da die weiteren Autokorrelationsschätzwerte 2. bis 5. Grades sehr niedrige Korrelationswerte liefern.

Autokorrelationsstatistik:

1. Grades: 0,400444 2. Grades: 0,035976
3. Grades: -0,072936 4. Grades: -0,187257
5. Grades: -0,181437

Auch die Analyse des Residuenplots (Tab. 5) unterstützt obige Einschätzung der Autokorrelationssituation. Gleichzeitig ergeben sich Anhaltspunkte für eine Erfüllung der Homoskedastizitätsannahme. Bestätigt wird diese Vermutung durch einen Goldfeld-Quandt-Test mit jeweils 11 Beobachtungen zu Beginn und am Ende des Referenzzeitraums. Die zugehörige F-Prüfgröße nimmt den Wert 1,6589 an und liegt damit bei einem kritischen Wert von 4,28 weit im Nichtablehnungsbereich der Nullhypothese.

Residuenplot:

	← -130,595	0 →	+100,208 →
1960,1			R
1961,1		R	
1962,1		R	
1963,1		R	
1964,1		R	
1965,1		R	
1966,1		R	
1967,1			R
1968,1			R
1969,1			R
1970,1			R
1971,1		R	
1972,1			R
1973,1			R
1974,1		R	
1975,1			R
1976,1			R
1977,1	R		
1978,1		R	
1979,1		R	
1980,1		R	
1981,1		R	
1982,1		R	
1983,1		R	
1984,1			R
1985,1			R
1986,1		R	

Tab. 5

Residuenstatistik:[98]

$\text{vâr } \hat{u} = 2.774{,}61$ $\qquad \sqrt{\text{vâr } \hat{u}} = 52{,}6746$

$Skew.-PG = -0{,}32539$ $\qquad (P > Skew.-PG) = 0{,}5145$
$Kurt.-PG = 0{,}04540$ $\qquad (P > Kurt.-PG) = 0{,}9664$

Aus dem Residuenplot und insbesondere der Residuenstatistik zeigt sich die weitgehende Erfüllung der Normalverteilungsvoraussetzungen für die Störvariablen; die Grenzsignifikanzwerte für die Tests auf eine der Normalverteilung entsprechende Steilheit und Schiefe liegen jeweils weit oberhalb des 5 %-Niveaus.

Korrelationsmatrix der Regressoren:

	EP	GELDV	BSPM85	APROD85
EP	1,00000	0,91265	0,81284	0,79267
GELDV	0,91265	1,00000	0,95962	0,95679
BSPM85	0,81284	0,95962	1.00000	0,99803
APROD85	0,79267	0,95679	0,99803	1,00000

Tab. 6

Wie bereits aus den Vorarbeiten zur Informationsverteilung zwischen den Regressoren zu erwarten war, ist das Modell durch ein recht hohes Multikollinearitätsniveau gekennzeichnet. Die Korrelationsmatrix der Regressoren (Tab. 6) besteht, von einer 0,79er- und einer 0,81er-Korrelation abgesehen, ausschließlich aus über 0,90er-Korrelationen. Zwar sind die Parameterschätzerkorrelationen (Tab. 7) bedeutend niedriger, so daß sich Fehlschätzungen eines Parameters nicht in gleichem Umfang auf die Schätzung anderer Parameter auswirken,

---

[98] Anm.: Es gelten folgende formale Zusammenhänge (vgl. auch die Ausführungen zum Residuenmittelwert in Kapitel VI, Abschnitt 2.4.4.):

arithm. Mittel: $\bar{\hat{u}} = \frac{1}{T} \cdot \sum_{t=1}^{T} \hat{u}_t$ $\qquad$ Varianz: $\text{vâr } \hat{u} = \frac{1}{T-1} \cdot \sum_{t=1}^{T} (\hat{u}_t - \bar{\hat{u}})^2$

Standardabw.: $\sqrt{\text{vâr } \hat{u}} = \sqrt{\frac{1}{T-1} \cdot \sum_{t=1}^{T} (\hat{u}_t - \bar{\hat{u}})^2}$

Anm.: Folgende Kurzschreibweisen werden für die Darstellung der Grenzsignifikanzwerte verwendet: (Grenzsignifikanzwert: Wahrscheinlichkeit dafür, daß die Prüfgröße PG einen Wert annimmt, der größer ist als der berechnete Prüfgrößenwert $PG_{aktuell}$.)

$$P(Skew.-PG > Skew.-PG_{aktuell}) = (P > Skew.-PG_{aktuell}) = (P > Skew.-PG)$$
$$P(Kurt.-PG > Kurt.-PG_{aktuell}) = (P > Kurt.-PG_{aktuell}) = (P > Kurt.-PG)$$

trotzdem bedarf es, wie schon im Fall der Autokorrelation, auch hier einer ergänzenden Untersuchung der Auswirkungen der Multikollinearität.

Varianz-Kovarianz-Korrelationsmatrix der Parameterschätzer:

	CONSTANT	EP	GELDV	BSPM85	APROD85
CONSTANT	3.521.900	-0,998120	0,93079	0,71383	-0,79450
EP	-124,55	0,004421	-0,90983	-0,72126	0,79340
GELDV	568,10	-0,019675	0,10577	0,58198	-0,70844
BSPM85	1.111,1	-0,039778	0,15699	0,68794	-0,98398
APROD85	-36,672	0,001298	-0,005667	-0,02007	0,0006049

Tab. 7

Korrelationen: Oberhalb der Hauptdiagonale
Kovarianzen: Unterhalb der Hauptdiagonale
Varianzen: Hauptdiagonale

2.3.2.2. Autokorrelation

Aufgrund der theorieorientierten Vorgehensweise bei der Auswahl möglicher Regressoren und aufgrund des hohen Bestimmtheitsmaßes kann davon ausgegangen werden, daß die auftretende Autokorrelation nicht im Sinne einer Fehlspezifikation des Modells hinsichtlich des Fehlens wichtiger für die Arbeitslosigkeitserklärung notwendiger Informationen aufzufassen ist. Verschiedene Schätzansätze mit logarithmierten und doppelt-logarithmierten Daten führen ebenfalls zu autokorrelierten Schätzungen bei erheblich schlechter erfüllten sonstigen Gütekriterien. Damit ergeben sich auch keine Hinweise auf das Vorliegen einer Fehlspezifizierung der Funktionsform in Richtung eines nichtlinearen Modellzusammenhangs.

Aus diesem Grunde wird eine AR-Überprüfungsschätzung des Modells unter Einbeziehung der Autokorrelation nach dem Cochrane-Orcutt-Verfahren durchgeführt. Die Ergebnisse zeigen eine weitgehende Übereinstimmung zwischen den Schätzwerten des OLS- und des AR-Modells (Tab. 8). Alle Regressoren sind hochsignifikant. Die Schätzer weisen ähnlich geringe Standardfehler auf wie bei der OLS-Schätzung. Die Multikollinearitätssituation ist unverändert, da die gleichen Niveaugrößenwerte wie im OLS-Modell verwendet werden und auch die Korrelationen der Parameterschätzer (Tab. 9) nur unwesentlich niedrigere Werte aufweisen. Die Homoskedastizitätsannahme kann als erfüllt angesehen werden, da die Goldfeld-Quandt-Prüfgröße mit 2,6324 bei einem kritischen Wert von 6,39 im Nichtablehnungsbereich liegt. Aus der Residuenstatistik folgt, daß die Normalverteilungsannahme für die Störvariablen infolge der Ablehnung der Steilheits-Nullhypothese nicht gegeben ist.

VII. Schätzung eines statischen Regressionsmodells 91

Deutlich verbessert hat sich die Autokorrelationssituation. Zwar liegt der Durbin-Watson-Koeffizient mit 1,5619 im Unbestimmtheitsbereich, vom oberen kritischen Wert des Bereichs positiver Autokorrelation (1,062) ist die Prüfgröße jedoch weit entfernt. Aufgrund dieser merklichen Verbesserung im Autokorrelationsverhalten bei gleichzeitig kaum veränderten Schätzwerten der Parameter kann darauf geschlossen werden, daß die Autokorrelation keine größeren negativen Auswirkungen auf die OLS-Schätzungen hatte.

AR-Niveaugrößenmodell:

Regressand	Daten	1. Beob.	T. Beob.	Anzahl Beob.	Freiheitsgrade
AL	jährlich	1961	1986	26	20

Regressor	AR-Parameterschätzer	Zum Vergleich: OLS-Parameterschätzer	Standardabweichung	t-Wert
CONSTANT	-18.774,38	-18.565,33	2.184,61	-8,5939
EP	0,7180905	0,7171765	0,076896	9,3384
GELDV	1,500347	1,634724	0,392654	3,8210
BSPM85	-15,34622	-15,33422	0,886957	-17,3021
APROD85	0,3921134	0,3872910	0,026805	14,6286

Tab. 8

$$\hat{\rho} = 0,41193 \qquad \sqrt{\hat{var}\,\hat{\rho}} = 0,18292 \qquad t_{\hat{\rho}} = 2,2520$$
$$DW = 1,5619 \qquad DW_{unbestimmt} = (1,062;\ 1,759) \qquad t^{krit.}_{(20;\,0,025)} = 2,086$$

Varianz-Kovarianz-Korrelationsmatrix der Parameterschätzer (AR):

	CONSTANT	EP	GELDV	BSPM85	APROD85
CONSTANT	4.772.500	-0,99638	0,91220	0,72274	-0,81458
EP	-167,38	0,005913	-0,87966	-0,73541	0,81077
GELDV	782,48	-0,026560	0,15418	0,56162	-0,72237
BSPM85	1.400,4	-0,050157	0,19559	0,78669	-0,97327
APROD85	-47,700	0,001671	-0,00760	-0,02314	0,00072

Tab. 9

Residuenstatistik:

$\text{vâr } \hat{u} = 2.456,48$ $\sqrt{\text{vâr } \hat{u}} = 49,5629$

$Skew.-PG = -0,90153$ $(P > Skew.-PG) = 0,0771$
$Kurt.-PG = 2,36842$ $(P > Kurt.-PG) = 0,0321$

2.3.2.3. Multikollinearität

Zur Überprüfung, inwieweit die Multikollinearität negative Auswirkungen auf die Schätzer ausübt, wird eine Regression mit Differenzgrößen (D) durchgeführt. Da eine solche Überprüfung nur dann aussagekräftige Ergebnisse liefert, wenn die Differenzgrößenschätzung ohne Multikollinearitäten stattfindet, bedarf es vorab einer Analyse der Korrelationsbeziehungen zwischen den Differenzgrößenregressoren.

Korrelationsmatrix der Regressoren (D):

	EPD	GELDVD	BSPM85D	APROD85D
EPD	1,00000	0,26808	0,21689	-0,31602
GELDVD	0,26808	1,00000	-0,09793	-0,26383
BSPM85D	0,21689	-0,09793	1,00000	0,79143
APROD85D	-0,31602	-0,26383	0,79143	1,00000

Tab. 10

Es zeigt sich, daß die Differenzdaten nur wenig miteinander korrelieren. 0,9er- und 0,8er-Korrelationen existieren überhaupt nicht, die Korrelation zwischen BSPM85D und APROD85D ist mit einem Wert von 0,79143 die mit Abstand größte. In allen anderen Fällen kann sogar von annähernd unkorrelierten Datenbeziehungen gesprochen werden. Die Trendbehaftetheit der Regressorenwerte ist durch die Differenzenbildung weitestgehend beseitigt worden. Mit großer Sicherheit kann daher davon ausgegangen werden, daß die Differenzdatenschätzung ohne größere Multikollinearitätseinflüsse stattfindet.

OLS-Differenzgrößenmodell:

Regressand	Daten	1. Beob.	T. Beob.	Anzahl Beob.	Freiheitsgrade
ALD	jährlich	1961	1986	26	22

Regressor	D-Parameter-schätzer	Zum Vergleich: OLS-Parameter-schätzer	Standard-abweichung	t-Wert
EP	0,6109717	0,7171765	0,084299	7,2476
GELDV	1,836141	1,634724	0,485496	3,7820
BSPM85	-14,73691	-15,33422	0,970823	-15,1798
APROD85	0,3693754	0,3872910	0,029774	12,4059

Tab. 11

$R^2 = 0,93026$ $SSR = 69.833,61$ $DW = 1,812$ $t^{krit.}_{(22;\,0,025)} = 2,074$

$\overline{R}^2 = 0,92074$ $SEE = 56,341$ $DW_{unbestimmt} = (1,062;\ 1,759)$

Durch die Differenzenbildung reduziert sich die Beobachtungsanzahl gegenüber dem Ausgangsniveaugrößenmodell um eine Beobachtung. Da bei der Überprüfungsschätzung jedoch die Konstante nicht mitgeschätzt wird, bleibt die Anzahl der Freiheitsgrade unverändert. Damit sind auch die nicht korrigierten Bestimmtheitsmaße direkt vergleichbar. Gegenüber dem Niveaugrößenmodell sinkt R^2 von 0,9952 auf 0,9303.

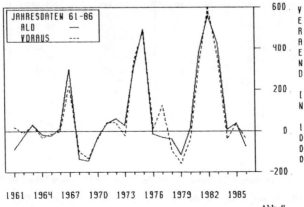

Abb. 8

VII. Schätzung eines statischen Regressionsmodells

Dies ist nicht verwunderlich, fehlt doch im Differenzenmodell die Konstante. Zwar ist der Zeittrend als Regressor im Niveaugrößenmodell nicht enthalten (was mit einer Konstanten im Differenzenmodell gleichzusetzen wäre), über die starke Trendbehaftetheit vieler Regressoren werden Informationen des Zeittrends im Niveaugrößenmodell aber doch berücksichtigt.

Der Standardfehler der Schätzung scheint mit 56.341 Arbeitslosen gesunken zu sein. Allerdings sollte bei dieser Beurteilung berücksichtigt werden, daß es sich bei Differenzgrößen um vom Niveau her kleinere Werte handelt. Eine gleich große Abweichung wie beim OLS-Niveaugrößenmodell repräsentiert daher eine bedeutend schlechtere Anpassung. Das Anpassungsdiagramm in Abb. 8 und die Vergleichstabelle zwischen den tatsächlichen Differenzwerten und den modellermittelten Differenzwerten (Tab. 12) machen dies deutlich.

Anpassungstabelle: (in 1000)

	ALD	VORAUS	RESIDUAL
1961,1	- 90	19,0044	- 109,004
1962,1	- 26	- 8,63769	- 17,3623
1963,1	31	26,1770	4,82304
1964,1	- 17	- 30,7058	13,7058
1965,1	- 22	- 13,9193	- 8,08075
1966,1	14	- 1,79074	15,7907
1967,1	298	217,319	80,6808
1968,1	- 136	- 99,6814	- 36,3186
1969,1	- 144	- 132,796	- 11,2042
1970,1	- 30	- 38,3251	8,32507
1971,1	36	39,7404	- 3,74038
1972,1	61	40,4424	20,5576
1973,1	27	- 21,5884	48,5884
1974,1	309	342,840	- 33,8400
1975,1	492	483,495	8,50528
1976,1	- 14	12,4202	- 26,4202
1977,1	- 30	123,919	- 153,919
1978,1	- 37	- 93,4187	56,4187
1979,1	- 117	- 157,947	40,9466
1980,1	13	- 39,7820	52,7820
1981,1	383	324,176	58,8235
1982,1	561	597,243	- 36,2429
1983,1	425	358,575	66,4253
1984,1	8	- 39,2843	47,2843
1985,1	38	35,7192	2,28080
1986,1	- 76	- 35,6963	- 40,3037

Tab. 12

In 1961 wird statt einer Arbeitslosenverminderung von 90.000 eine Steigerung um rd. 19.000 Personen laut Modell ausgewiesen. In 1977 tritt die stärkste Abweichung mit einer

Überschätzung der Entwicklung um rd. 154.000 Arbeitslose auf. Für ein Anpassungsmodell wären diese Abweichungen inakzeptabel; da das Differenzenmodell jedoch nur zur Überprüfung des Niveaugrößenmodells dienen soll, sollten die Ansprüche an die Anpassungsgüte nicht zu hoch angesetzt werden. Entscheidender ist die Erfüllung der Regressionsvoraussetzungen.

Varianz-Kovarianz-Korr.-matrix der Parameterschätzer (D):

	EPD	GELDVD	BSPM85D	APROD85D
EPD	0,007106	- 0,57750	- 0,74924	0,75005
GELDVD	- 0,023635	0,23571	0,37139	- 0,57326
BSPM85D	- 0,061318	0,17505	0,94250	- 0,94139
APROD85D	0,001883	- 0,00829	- 0,02721	0,00089

Tab. 13

Die Varianz-Kovarianz-Korrelationsmatrix der Parameterschätzer (Tab. 13) bestätigt die bisherigen Hinweise auf einen niedrigen Multikollinearitätsgrad. Alle Korrelationen sind relativ niedrig. Die Durbin-Watson-Prüfgröße liegt mit einem Wert von 1,8120 im Bereich fehlender Autokorrelation. Unterstützt wird dieses Testergebnis durch das Bild der Residuen im Residuenplot (Tab. 14) sowie durch die Autokorrelationsstatistik ersten bis fünften Grades.

Residuenplot (D):

	← - 153,919	0 →	+ 80,681 →
1961,1	R		
1962,1	R		
1963,1			R
1964,1			R
1965,1		R	
1966,1			R
1967,1			R
1968,1	R		
1969,1	R		
1970,1		R	
1971,1		R	
1972,1			R
1973,1			R
1974,1	R		
1975,1		R	
1976,1		R	
1977,1	R		
1978,1			R
1979,1			R
1980,1			R
1981,1			R
1982,1		R	
1983,1			R
1984,1		R	
1985,1		R	
1986,1		R	

Tab. 14

Autokorrelationsstatistik (D):

1. Grades: 0,003187   2. Grades: -0,114408
3. Grades: 0,021081   4. Grades: -0,238342
5. Grades: 0,038797

Residuenstatistik (D):

$\hat{\text{var}}\,\hat{u} = 2.789,57$ $\sqrt{\hat{\text{var}}\,\hat{u}} = 52,8164$

$Skew.-PG = -1,15045$ $(P > Skew.-PG) = 0,0241$
$Kurt.-PG = 2,12127$ $(P > Kurt.-PG) = 0,0549$

Der Goldfeld-Quandt-Test führt zu einer F-Prüfgröße von 2,241, was bei einem kritischen Wert von 4,28 auf das Vorliegen homoskedastischer Residuen schließen läßt. Die Annahme normalverteilter Störvariablen ist nicht erfüllt.

Insgesamt betrachtet sind die Regressionsvoraussetzungen jedoch insoweit erfüllt, daß von einem aussagekräftigen Modell gesprochen werden kann, welches sich zur Überprüfung der Multikollinearitätsauswirkungen im Niveaugrößenmodell eignet. Alle Schätzer sind hochsignifikant und weisen kleine Standardfehler auf. Werden sie mit den Schätzern des Niveaugrößenmodells verglichen, so zeigt sich eine weitgehende Übereinstimmung sowohl hinsichtlich des Absolutwertes als auch im Hinblick auf die Signifikanzhöhe (Tab. 11). Die Schätzer des Differenzenmodells liegen zudem weit innerhalb der entsprechenden Parameterkonfidenzintervalle des Niveaugrößenmodells. Daraus folgt, daß sich die Multikollinearitäten im Niveaugrößenmodell weder auf die Schätzungen selbst noch auf die Signifikanzstärke der einzelnen Regressoren wesentlich ausgewirkt haben.

2.4. Die Haupteinflußfaktoren und deren Gewichtung

Im folgenden wird auf die geschätzten Modellparameter eingegangen und dabei insbesondere die durch sie repräsentierte Einflußstärke und Erklärungskraft näher beleuchtet. Auf diese Weise wird die Modellstruktur und das hinter den einzelnen Regressoren stehende Gewicht transparenter. Inwieweit die späteren Analysen die in diesem Abschnitt getroffenen Aussagen revidieren werden, wird sich am Ende dieser Arbeit zeigen.

Kennziffern der Modellstruktur des Referenzmodells:

	Parameter-schätzer	standardisierte Parameter-schätzer (feste pozentuale Veränderungen)	standardisierte Parameter-schätzer (tatsächl. abs. Veränderungen)	partielle Bestimmtheits-maße
CONSTANT	-18.565,33	—	—	0,81646
EP	0,717177	0,76692	170,1	0,84096
GELDV	1,634724	0,63826	82,8	0,53455
BSPM85	-15,33422	-6,52073	-347,2	0,93953
APROD85	0,387291	6,11415	280,3	0,91850

Tab. 15

Aus der Kennzifferntabelle 15 ist abzulesen, daß die Regressoren BSPM85 und APROD85 den stärksten Einfluß auf die Arbeitslosigkeit ausüben. Ihre standardisierten Schätzwerte bei der Unterstellung prozentual gleicher Veränderung aller Regressoren liegen mit -6,521 und 6,114 weit über den Werten der Regressoren EP (0,767) und GELDV (0,638). Werden die durchschnittlichen absoluten Veränderungen der Regressoren zwischen 1980 und 1986 zugrundegelegt und darüber die Einflußstärke der Regressoren bei Niveauveränderungen bestimmt, so bestätigt sich das Ergebnis der Standardisierung auf Basis fester relativer Veränderungen. Die durchschnittliche Veränderung des BSPM85 in diesem Zeitraum bewirkte eine Arbeitslosenverminderung um rd. 347.200 Personen; APROD85 erreichte den ebenfalls hohen Wert von rd. 280.300 und EP von rd. 170.100 Personen. Beide Regressoren wirkten sich dabei in Richtung steigender Arbeitslosenzahlen aus. Am geringsten war die durchschnittliche Wirkung des GELDV mit einem Wert von rd. 82.800 zusätzlichen Arbeitslosen.

Insbesondere bei der Variablen EP wird deutlich, welche Vorteile es für die Abschätzung der Wirkungsstärke von Einflußfaktoren hat, wenn von den tatsächlichen Veränderungen der Regressoren für die Berechnung standardisierter Koeffizienten ausgegangen wird. Ansonsten kann es bei Regressoren mit einem unterschiedlich hohen Basisniveau bei Vergleichen der Wirkungsstärke zu Verzerrungen kommen, da gleich große prozentuale Veränderungen unterschiedlich große absolute Veränderungen bewirken und diese in der Regel nicht den tatsächlichen absoluten Veränderungen der Regressoren entsprechen. So könnte aufgrund des Kennziffernvergleichs -6,521 (BSPM85) gegenüber 0,767 (EP) angenommen werden, daß die Variable BSPM85 durch Veränderungen ihrer Niveaugröße etwa achtmal stärker auf die Arbeitslosigkeit einwirkt als die Variable EP. Dies gilt jedoch nur bei prozentual gleichen Veränderungen. Tatsächlich wirkt das BSPM85 nur etwa doppelt so stark auf die Arbeitslosigkeit ein (-347,2 gegenüber 170,1).

Parallel zur Wirkungsstärke ist auch die Erklärungskraft der Regressoren verteilt. Das BSPM85 erklärt 93,95 % der noch nicht durch die anderen Regressoren erklärten Reststreuung der Arbeitslosigkeit. APROD85 weist einen Prozentsatz von 91,85 und EP einen von 84,10 auf. Würde die Konstante nicht im Modell enthalten sein, so könnten von der dann noch verbleibenden Reststreuung 81,65 % durch ihre Einbeziehung erklärt werden. Auch bei der Erklärungskraft der Regressoren rangiert das GELDV am Ende und erreicht einen Prozentsatz von 53,46 %. Einflußstärke und Erklärungskraft der Regressoren verhalten sich damit wie die Signifikanzen der Regressoren.

Die Konstante stellt mit einem Wert von -18.565 eine Modellbasis dar, die wegen des negativen Vorzeichens als eine Art Grundbeschäftigung von rd. 18,5 Millionen Menschen aufgefaßt werden kann. Damit wird die Arbeitslosigkeit in diesem Modell nicht unmittelbar erklärt, sondern über den Bedarf an Beschäftigung und das Angebot an Arbeitskräften. Der Bedarf wird dabei durch den Grundbedarf, repräsentiert durch die Konstante, und durch den zusätzlichen Bedarf, repräsentiert durch das BSPM85, ausgedrückt. Bedarfsmindernd wirkt sich insbesondere eine Steigerung der Arbeitsproduktivität (technischer Fortschritt) und eine Ausweitung der Geldmenge (kapitalintensivere Produktion durch Rationalisierungsinvestitionen) aus. Das Angebot an Arbeitskräften wird durch die Erwerbspersonen bestimmt. Die Arbeitslosigkeit ergibt sich als Saldo aus beiden Komponenten.

Aufgrund der Operationalisierung der Arbeitslosigkeit, die in Kapitel III vorgenommen wurde, wäre eine unmittelbare Erklärung der Arbeitslosigkeit zu erwarten gewesen. In diesem Fall hätte die Konstante jedoch einen positiven Wert aufweisen und die Grundarbeitslosigkeit in Form der friktionellen Arbeitslosigkeit ausdrücken müssen.

Entsprechend den obigen Ausführungen kommen die Haupteinflüsse auf die Arbeitslosigkeit aus dem Produktionsblock, dem Arbeitskostenblock (technischer Fortschritt) und dem Arbeitskräfteblock. Weniger einflußreich ist der Monetäre Block. Nicht explizit im Modell berücksichtigt ist der Unternehmensertragsblock, der Kapitalblock, der Außenwirtschaftsblock, der Staatsaktivitätsblock und der Block des Konsumbereichs. Letztere sind jedoch als Komponente im BSPM85 enthalten und gehen dadurch indirekt ins Modell ein. Gleichzeitig wird aber auch deutlich, daß keine Komponente des Sozialprodukts so gewichtig ist, daß sie allein ins Modell gelangen konnte.

Von besonderem Interesse ist das Verhältnis zwischen den Regressoren BSPM85 und APROD85, da in ihnen das Für und Wider arbeitsproduktivitätssteigernder Investitionen zum Ausdruck kommt. Erhöhungen der Arbeitsproduktivität durch eine kapitalintensivere, organisatorisch effizientere oder technisch fortgeschrittenere Produktion stellen einerseits eine Basis für Bruttosozialproduktsteigerungen dar, andererseits vermindern sie aber auch die benötigte Anzahl von Arbeitskräften. Im Saldo kann jedoch davon ausgegangen werden, daß durch diese Konstellation im Betrachtungszeitraum eine Arbeitsmarktentlastung stattgefunden hat, da das Produktionswachstum über dem Produktivitätswachstum lag.

3. Gesamteinschätzung - Weiterverwendung des Referenzmodells

Zusammenfassend ist festzustellen, daß das konstruierte Niveaugrößenmodell von recht hoher Güte ist und zuverlässige Schätzer geliefert hat. Dies war angesichts der problematischen Anfangsvoraussetzungen hinsichtlich hoher Multikollinearität und ungünstiger Informationsverteilungen über die Regressoren nicht unbedingt zu erwarten gewesen. Das statische Referenzmodell stellt damit sowohl für aussagekräftige Interpretationen als auch für die weitere Vorgehensweise in dieser Arbeit eine hervorragende Grundlage dar.

Im Hinblick auf die statistisch-ökonometrischen Analysen ist der Endpunkt der 1988er-Untersuchung erreicht. Im folgenden soll in Erweiterung der damaligen Untersuchung auf die Stabilitäts- und Prognoseeigenschaften dieses Referenzmodells eingegangen werden.

VIII. Das statische Referenzmodell mit Referenzzeitraum 1960-1986 und dessen Stabilität und Prognoseeigenschaften

1. Allgemeines

2. Das statische Jahresdatenreferenzmodell - Parameterstabilität und Prognoseeigenschaften bis 1990

3. Das statische Vierteljahresdatenreferenzmodell

    3.1. Modellschätzung und Modellbeurteilung

    3.2. Parameterstabilität und Prognoseeigenschaften bis 1990

4. Das statische Monatsdatenreferenzmodell

    4.1. Modellschätzung und Modellbeurteilung

    4.2. Parameterstabilität und Prognoseeigenschaften bis 1990

5. Der statistische Problemgegenstand: Feste Parameterwerte und feste Regressorenstruktur

VIII. Das statische Referenzmodell mit Referenzzeitraum 1960-1986 und dessen Stabilität und Prognoseeigenschaften

1. Allgemeines

In diesem Kapitel wird das oben abgeleitete Jahresdaten-Referenzmodell auf seine Stabilitäts- und Prognoseeigenschaften hin untersucht. Dabei wird zum einen ein Strukturbruchtest innerhalb des Beobachtungszeitraums von 1960-1986 (Chow-Test) durchgeführt. Zum anderen wird die Stabilitätsfragestellung auch auf den Prognosezeitraum übertragen. Diese Fragestellung ist identisch mit der Überprüfung, ob der empirische Arbeitslosenwert innerhalb des berechneten Prognoseintervalls liegt oder nicht.

Neben den Stabilitätsuntersuchungen kommt es in diesem Kapitel zur Übertragung des Referenzmodells auf saisonbereinigte Vierteljahres- und Monatsdaten. Damit wird eine Vergleichsgrundlage für die in späteren Kapiteln entwickelten variablen Regressionsmodelle auf Vierteljahres- bzw. Monatsdatenbasis geschaffen.

2. Das statische Jahresdatenreferenzmodell - Parameterstabilität und Prognoseeigenschaften bis 1990

Ein Chow-Test auf Parameterstabilität, bestehend aus einer Regression mit den 14 Anfangsbeobachtungen und einer Regression mit den 13 Endbeobachtungen des Beobachtungszeitraums, ergibt einen F-Prüfgrößenwert von 6,303. Bei einem kritischen F-Wert von 2,81 ($\alpha = 0,05$) fällt die Prüfgröße damit in den Ablehungsbereich der Nullhypothese. Da der F-Test auf konstante Störvariablenvarianz zwischen den beiden Chow-Test-Regressionen eine Prüfgröße von 1,862 bei einem kritischen F-Wert von 3,39 liefert, kann von der Erfüllung der Voraussetzungen für den Chow-Test ausgegangen werden. Entsprechend liegen für die Parameterschätzer der beiden Regressionen signifikant unterschiedliche Werte vor. Damit tritt innerhalb des Referenzmodells ein Strukturbruch auf.

Ob sich dieser Strukturbruch an einer bestimmten Stelle aufgrund plötzlicher wirtschaftsstruktureller Veränderungen eingestellt hat, oder ob sich kleine Veränderungen, die einzeln keinen eigenen Strukturbruch haben auslösen können, kumulierten und so über die Zeit einen Bruch auslösten[99], ist aufgrund des Chow-Tests nicht zu sagen. Genauso bleibt unbekannt, ab welcher Beobachtung sich der Strukturbruch im Modell manifestiert, und ob es sich nicht vielleicht sogar um mehrere Strukturbrüche handelt. All diese Fragen werden sich

---

[99] Vgl. SCHNEEWEISS, H., a.a.O., S. 86

am Ende der vorliegenden Arbeit besser beantworten lassen. Entscheidend ist an dieser Stelle jedoch, daß nicht von einheitlichen Parametergrößen über den gesamten Beobachtungszeitraum ausgegangen werden kann.

Parameterschätzwerte:

	1. Chow-Regression 1960-1972	Gesamtregression 1960-1986	2. Chow-Regression 1973-1986
CONSTANT	- 10.858,12	- 18.565,33	- 24.580,03
EP	0,439728	0,717177	0,915003
GELDV	2,933517	1,634724	0,527988
BSPM85	- 13,65177	- 15,33422	- 15,73677
APROD85	0,329713	0,387291	0,418250

Tab. 16

Werden die Parameterschätzwerte zwischen der Gesamtregression und den Teilregressionen verglichen (Tab. 16), so wird deutlich, daß sich die Parameter der Konstanten und des BSPM85 zu immer höheren negativen Werten entwickeln, während die Parameter von EP und APROD85 zu immer höheren positiven Werten tendieren. Der Parameter des GELDV zeigt ebenfalls eine eindeutige Entwicklungsrichtung hin zu immer niedrigeren positiven Werten. Als einziger Parameter verringert er dabei seine betragsmäßige Größe. Die Gesamtregression von 1960-1986 repräsentiert damit nur einen Durchschnitt der Parameterwerte über den Gesamtzeitraum. Aus diesem Grund liefert das Modell für den wichtigen Zeitraum am Ende des Beobachtungsspektums keine aktuellen Koeffizientenwerte.

Die Prognoseeigenschaften des statischen Jahresdatenmodells sind dementsprechend unzureichend. Aus Abbildung 9 ist zu ersehen, wie sich die tatsächliche Entwicklung der Arbeitslosenzahlen zwischen 1987 und 1990 aus dem Prognoseintervallbereich des Modells herausentwickelt. Das Modell unterschätzt mit seinen Prognosen von Jahr zu Jahr stärker die tatsächlichen Werte (vgl. Tab. 17). Damit wird auch durch die Prognoseergebnisse die Instabilität der Modellparameter bestätigt. Eine adäquate Modellstruktur wird deswegen von der Annahme fester Parameterwerte abgehen müssen.

Die Analyseergebnisse in diesem und dem vorhergehenden Kapitel sind ein gutes Beispiel dafür, daß eine ökonometrische Untersuchung nicht bereits dann beendet ist, wenn eine ausreichende Anpassungsgüte erreicht und die Erfüllung der Regressionsvoraussetzungen überprüft wurde. Vielmehr bedarf es zusätzlich noch einer Stabilitätsüberprüfung der Parameter.[100] Erst danach kann davon ausgegangen werden, daß die Parameterschätzer tatsächlich auch für den gesamten Zeitraum gültige Regressorengewichte repräsentieren und aussagekräftige Interpretationen und Prognosen erlauben.

Prognosetabelle:

	AL	Modell-prognose	Prognoseintervall für AL ($\alpha=0{,}05$)	
			untere Grenze	obere Grenze
1987	2.229	2.222	2.070	2.374
1988	2.242	2.213	2.044	2.383
1989	2.038	1.806	1.588	2.024
1990	1.883	1.441	1.170	1.712

Tab. 17

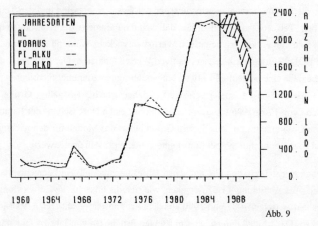

Abb. 9

---

[100] Anm.: Wie an dem vorgestellten statischen Arbeitslosigkeitsmodell zu sehen, ist es nicht zulässig, von einer guten Anpassung des Modells an die Datenreihe über den gesamten Beobachtungszeitraum auf die Stabilität der Parameter zu schließen. Eine gute Anpassung kann höchstens als ein Indiz für Parameterstabilität betrachtet werden.

3. Das statische Vierteljahresdatenreferenzmodell

3.1. Modellschätzung und Modellbeurteilung

Wird das Referenzmodell auf Basis von Vierteljahresdaten geschätzt, so ergibt sich folgendes Ergebnis:

OLS-Niveaugrößenmodell:

Regressand	Daten	1. Beob.	T. Beob.	Anzahl Beob.	Freiheitsgrade
AL	vierteljährlich	1960,1	1986,4	108	103

Regressor	Einheiten	Parameter-schätzer	Standard-abweichung	t-Wert
CONSTANT		- 15.587,46	1.494,42	- 10,4305
EP	in 1000	0,6282645	0,053921	11,6517
GELDV	in Mrd. DM	2,336765	0,260188	8,9811
BSPM85	in Mrd. DM	- 14,65197	0,663170	- 22,0938
APROD85	in DM	0,3549595	0,018994	18,6883

Tab. 18

$R^2 = 0,98604$ $SSR = 842.389,65$ $DW = 0,542$ $t^{krit.}_{(103, 0,025)} = 1,9833$

$\overline{R}^2 = 0,98549$ $SEE = 90,435$ $DW_{unbestimmt} = (1,606; 1,763)$

Alle Regressoren haben hohe Signifikanzwerte. Im Vergleich zum Jahresdatenmodell haben sie sich allerdings nur leicht erhöht, obwohl die Beobachtungsanzahl um den Faktor vier gestiegen ist. Der Grund liegt darin, daß sich die geschätzten Standardabweichungen der Schätzer trotz des starken Anstiegs der Beobachtungen kaum vermindert haben. Da die Schätzung unter hoher Multikollinearität durchgeführt wurde, ist zu vermuten, daß sich diese in stärkerem Maße ausgewirkt hat als im Jahresdatenmodell. Auf die Parameterschätzer selbst scheint sie jedoch nur wenig Einfluß genommen zu haben. Der Vergleich zwischen den Parameterschätzwerten beider Modelle zeigt weitgehende Übereinstimmungen (Tab. 19). Lediglich die Koeffizienten der Konstante und des GELDV weisen etwas größere Abweichungen auf.

Vergleich der Parameterschätzer:

	Parameterschätzer	
	Jahresmodell	Viertelj.-modell
CONSTANT	- 18.565,33	- 15.587,46
EP	0,7171765	0,6282645
GELDV	1,634724	2,336765
BSPM85	- 15,33422	- 14,65197
APROD85	0,387291	0,354960

Tab. 19

Das Anpassungsverhalten des Vierteljahresmodells (vgl. Abb. 10) läßt in den Anfangsjahren des Beobachtungszeitraums zu wünschen übrig; ab 1968 sind die auftretenden Differenzen dann jedoch relativ gering. Bedingt durch die schlechte Anpassung in den ersten Jahren liegt das Bestimmtheitsmaß mit einem Wert von 0,9860 und der mittlere Standardfehler der Schätzung mit 90.435 Arbeitslosen ungünstiger als im Jahresdatenmodell.

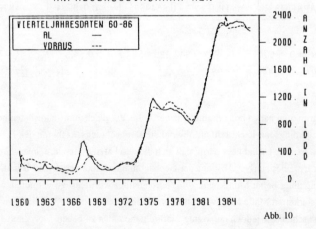

Abb. 10

Werden die Regressionsvoraussetzungen und deren Erfüllung durch das Vierteljahresdatenmodell betrachtet (vgl. Tab. 20), so überrascht die gute Anpassung und die weitgehende Schätzerübereinstimmung mit dem Jahresdatenmodell. Neben hoher Multikollinearität tritt extreme Autokorrelation (Durbin-Watson-Prüfgrößenwert von 0,5421) und zudem noch Heteroskedastizität (Goldfeld-Quandt-Prüfgrößenwert von 1,8731 bei einem kritischen F-

Wert von 1,7430) auf. Die Normalverteilungsvoraussetzung der Störvariablen ist ebenfalls nicht erfüllt. Eine Bestätigung der nur geringen Auswirkungen der Voraussetzungsverletzungen auf die Parameterschätzer durch die OLS-Differenzgrößen- und AR-Überprüfungsschätzungen ist nicht möglich, da auch die Überprüfungsregressionen eine weitgehende Nichterfüllung der Regressionsvoraussetzungen aufweisen. Die Annahme qualitativ hochwertiger Parameterschätzer im Vierteljahresreferenzmodell kann deswegen nur auf Basis des Parametervergleichs mit dem Jahresdatenmodell und im Hinblick auf die hohe Anpassungsgüte getroffen werden. Aufgrund der qualitativ guten Ergebnisse des Jahresdatenmodells kann dieser Vergleich ohne Einschränkungen vorgenommen werden.

Modellbeurteilungstabelle:

Kriterien	OLS-Niveaugrößen Modell	OLS-Differenzgrößen Modell	AR-Niveaugrößen Modell
Schätzer (t-Werte)			
CONSTANT	- 15.587,46 (-10,43)	— (—)	5.078,15 (1,65)
EP	0,628265 (11,65)	- 0,122042 (-1,10)	- 0,1116243 (-0,96)
GELDV	2,336765 (8,98)	5,096693 (6,59)	5,310360 (7,37)
BSPM85	- 14,65197 (-22,09)	- 6,261790 (-5,27)	- 6,481676 (-5,20)
APROD85	0,354960 (18,69)	0,0891563 (2,68)	0,1044020 (3,09)
Multikollinearität	hoch	niedrig	hoch
Autokorrelation Durbin-Watson-PG (Unbestimmtheitsb.)	0,5421 (1,606; 1,762)	1,1546 (1,604; 1,762)	1,165 (1,604; 1,762)
Homoskedastizität Goldfeld-Quandt-PG $(F_{Krit.})$	1,8731 (1,7430)	1,1360 (1,7430)	1,0510 (1,7721)
Normalverteilung $P > Skew.-PG$ $P > Kurt.-PG$	0,0000 0,0000	0,0146 0,0000	0,0831 0,1020
R^2	0,9860	0,395	—
$SEE = \hat{\sigma}$	90,435	50,724	—

Tab. 20

Auffällig ist die hohe Übereinstimmung zwischen den Parameterschätzern des Differenzgrößen- und des AR-Niveaugrößenmodells. Dies kann jedoch nur dahingehend interpretiert werden, daß in beiden Modellen die gleichen Verzerrungen aufgetreten sind. Eine Interpretation in die Richtung, das AR-Modell als Vierteljahresreferenzmodell zu verwenden, scheidet aufgrund der fehlenden Übereinstimmung mit den Ergebnissen des Jahresdatenmodells und der schlechten Erfüllung der Regressionsvoraussetzungen aus. Sowohl in den Vorzeichen als auch in der Größe der Parameterschätzer ergeben sich gravierende Abweichungen. Die jeweiligen Anpassungsdiagramme der Überprüfungsregressionen bestätigen diese Einschätzung durch eine unzureichende Anpassungsgüte (vgl. dazu beispielhaft das Anpassungsdiagramm der Differenzdatenregression in Abb. 11).

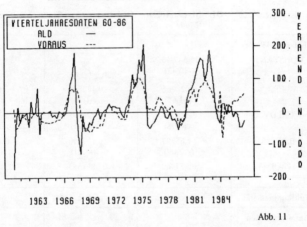

Abb. 11

Einer besonderen Bemerkung bedarf es im Hinblick auf das Auftreten von Autokorrelation in allen drei Vierteljahresdatenmodellen. Es stellt sich die Frage, ob es nicht modellübergreifende Gründe für die autokorrelierten Störvariablen gibt. Da dieses Problem im Jahresdatenmodell nur unwesentlich aufgetreten ist, liegt die Vermutung nahe, daß die Gründe in der bei Vierteljahresdaten verlängerten Beobachtungsreihe zu suchen sind. In langen Datenreihen ergibt sich eine hohe Wahrscheinlichkeit dafür, daß bei Fehlschätzungen in bestimmten Zeitregionen nicht nur ein oder zwei Beobachtungswerte unter- bzw. überschätzt werden, sondern gleich mehrere systematisch hintereinander.[101] Diese Tendenz folgt daraus, daß Beobachtungsreihen mit kürzeren Zeiträumen zwischen je zwei Beobachtungen i.d.R. aufgrund der geringeren Veränderung der Niveaugröße weniger stark schwanken und mithin kontinu-

---

[101] Vgl. dazu das Anpassungsdiagramm des Vierteljahresdaten-OLS-Niveaugrößenmodells in Abb. 10.

ierlicher verlaufen. Kommen Zeitbereiche mit größeren Fehlschätzungen häufiger in der Schätzdatenreihe vor, so werden die Residuen nicht mehr zufällig um Null herum schwanken, sondern diverse Systematiken aufweisen. Hohe Autokorrelation wird die Folge sein. Zusätzlich kann dadurch auch die Normalverteilungsvoraussetzung der Störvariablen beeinträchtigt werden. Deswegen werden Gesamtschätzungsmodelle[102] mit vielen Beobachtungen und relativ kurzen Zeiträumen zwischen je zwei Beobachtungen häufig Probleme mit der Erfüllung der Regressionsvoraussetzungen haben. Auch wenn im vorliegenden Fall eine aussagekräftige Schätzung des Vierteljahresdatenreferenzmodells möglich war, so wird dies doch nicht die Regel sein. Die Überprüfungsregressionen sind ein gutes Beispiel dafür, welche verzerrenden Wirkungen oben beschriebene Voraussetzungsverletzungen haben können.

Besondere Schwierigkeiten macht die quasi systemimmanente Autokorrelation langer kontinuierlicher Datenreihen auch der schrittweisen Regression, insbesondere, wenn sie sich noch mit hoher Multikollinearität paart. Die Signifikanzwerte können durch die verzerrten und großen Standardfehler der Schätzer so ungenau werden, daß sie als Auswahlgrundlage für die Regressoren ungeeignet sind.

Die Verwendung der verallgemeinerten Methode der kleinsten Quadrate unter Transformierung des Modells mit dem Autokorrelationskoeffizienten ist prinzipiell in der Lage, die Autokorrelation der Störvariablen zu vermindern bzw. zu beseitigen. Im vorliegenden Vierteljahresdatenmodell tritt diese Autokorrelationsverminderung jedoch nur in unzureichendem Ausmaß ein. Es ist zu vermuten, daß für die Störvariablen verschiedener Zeitabschnitte des Beobachtungszeitraums unterschiedlich hohe Autokorrelationswerte vorliegen. Ein Hinweis dafür liefert der Goldfeld-Quandt-Test im AR-Modell. Die erste Regression mit den 40 Beobachtungen am Anfang der Datenreihe arbeitete mit einem Autokorrelationskoeffizienten von 0,743, während die zweite Regression mit den 41 Beobachtungen am Ende der Datenreihe einen Wert von 0,192 verwendete. Bei Transformation des Modells mit nur einem Autokorrelationswert repräsentiert dieser einen Durchschnittswert, der mehr oder weniger stark von den Autokorrelationskoeffizienten der einzelnen Zeitabschnitte abweicht. Das AR-Modell kann in diesem Fall die Autokorrelation nicht abfangen.

---

[102] Anm.: Von einem Gesamtschätzungsmodell wird gesprochen, wenn eine Regression alle zur Verfügung stehenden Beobachtungen in die Schätzung einbezieht. Wird dagegen nur eine Teilmenge der vorliegenden Beobachtungen für die Schätzung verwendet, so werden die entsprechenden Modelle als Teilschätzungsmodelle bezeichnet.

3.2. Parameterstabilität und Prognoseeigenschaften bis 1990

Der Chow-Test, durchgeführt mit den ersten und den letzten 54 Beobachtungen der Datenreihe, kommt zu einem F-Prüfgrößenwert von 48,41 bei einem kritischen F-Wert von 2,3072. Von der Voraussetzung gleicher Störvariablenvarianzen in beiden Regressionen kann bei einem F-Prüfgrößenwert von 1,024 und einem kritischen Wert von 1,6073 ausgegangen werden. Damit liegt mit großer Sicherheit ein Strukturbruch innerhalb des Referenzzeitraums vor. Die Tendenz zur Aufgabe der Prämisse über den Gesamtzeitraum vorliegender fester Parameter im Regressionsmodell wird auch bei der Vierteljahresdatenschätzung durch das Prognoseverhalten des Modells unterstützt (vgl. Tab. 21 und Abb. 12). Zwar vollzieht das Modell die Kehrtwende auf dem Arbeitsmarkt mit sich vermindernden Arbeitslosenzahlen ab 1985 nach, ab 1988/89 wird diese Entwicklung jedoch überzeichnet, so daß die tatsächlichen Arbeitslosenzahlen ab dem ersten Quartal 1990 nicht mehr durch die Prognoseintervalle überdeckt werden.

Prognosetabelle:

	AL	Modell-prognose	Prognoseintervall für AL ($\alpha=0,05$)	
			untere Grenze	obere Grenze
1987,1	2.210	2.240	2.049	2.431
1987,2	2.228	2.259	2.067	2.452
1987,3	2.237	2.273	2.080	2.467
1987,4	2.232	2.274	2.079	2.469
1988,1	2.259	2.266	2.070	2.463
1988,2	2.271	2.259	2.060	2.458
1988,3	2.244	2.199	1.996	2.403
1988,4	2.182	2.098	1.889	2.308
1989,1	2.084	2.009	1.793	2.225
1989,2	2.047	1.924	1.701	2.146
1989,3	2.012	1.847	1.619	2.075
1989,4	2.000	1.779	1.547	2.012
1990,1	1.948	1.688	1.449	1.926
1990,2	1.919	1.562	1.315	1.809
1990,3	1.884	1.458	1.202	1.713
1990,4	1.770	1.354	1.090	1.619

Tab. 21

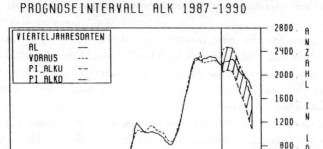

Abb. 12

4. Das statische Monatsdatenreferenzmodell

4.1. Modellschätzung und Modellbeurteilung

Wird der Jahresdatenmodellansatz auf Monatsdaten übertragen, ergeben sich folgende Schätzergebnisse:

OLS-Niveaugrößenmodell:

Regressand	Daten	1. Beob.	T. Beob.	Anzahl Beob.	Freiheitsgrade
AL	monatlich	1960,1	1986,12	324	319

Regressor	Einheiten	Parameter-schätzer	Standard-abweichung	t-Wert
CONSTANT		- 17.446,88	832,073	- 20,9680
EP	in 1000	0,6927703	0,029991	23,0996
GELDV	in Mrd. DM	2,000889	0,145125	13,7874
BSPM85	in Mrd. DM	- 15,09348	0,368630	- 40,9448
APROD85	in DM	0,3713141	0,010610	34,9963

Tab. 22

$R^2 = 0,9869$ $SSR = 2.390.438,2$ $DW = 0,088$ $t^{krit.}_{(319;0,025)} = 1,9674$

$\overline{R}^2 = 0,9867$ $SEE = 86,565$ $DW_{unbestimmt} = (1,728;\ 1,810)$

Gegenüber dem Jahresdatenmodell hat sich die Beobachtungsanzahl verzwölffacht. Im Gegensatz zum Vierteljahresmodell, bei dem keine wesentlichen Steigerungen in den Signifikanzwerten zu verzeichnen waren, kommt es hier zu einer Verdoppelung der t-Werte. Auch für das Monatsdatenmodell besteht eine Ausgangssituation mit hoher Multikollinearität. Angesichts der kleinen Standardabweichungen der Schätzerverteilungen und der hohen Signifikanzwerte sowie der weitgehenden Übereinstimmung der Parameterschätzer mit denen des Jahresdatenmodells kann aber wiederum davon ausgegangen werden, daß sich die Multikollinearität nicht allzu stark ausgewirkt hat. Die Differenzen zwischen den Parameterschätzern des Jahres- und des Monatsdatenmodells sind sogar geringer als beim entsprechenden Vergleich mit dem Vierteljahresdatenmodell (Tab. 23).

Vergleich der Parameterschätzer:

	Parameterschätzer		
	Jahresmodell	**Viertelj.-modell**	**Monatsmodell**
CONSTANT	- 18.565,33	- 15.587,46	- 17.446,88
EP	0,7171765	0,6282645	0,6927703
GELDV	1,634724	2,336765	2,000889
BSPM85	- 15,33422	- 14,65197	- 15,09348
APROD85	0,387291	0,354960	0,371314

Tab. 23

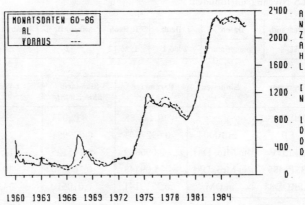

Abb. 13

Wie schon beim Vierteljahresdatenmodell läßt das Anpassungsverhalten im Zeitraum von 1960-1967 zu wünschen übrig. Danach sind die Differenzen zur tatsächlichen Arbeitslosenentwicklung jedoch relativ gering (vgl. Abb. 13). Das Bestimmtheitsmaß nimmt den Wert 0,9869 an; der Standardfehler der Schätzung erreicht den Wert 86,565.

Modellbeurteilungstabelle:

Kriterien	OLS-Niveaugrößen Modell	OLS-Differenzgrößen Modell	AR-Niveaugrößen Modell
Schätzer (t-Werte)			
CONSTANT	-17.446,88 (-20,97)	— (—)	-9.059,99 (-4,76)
EP	0,6927703 (23,10)	0,2634645 (3,51)	0,3632379 (5,12)
GELDV	2,000889 (13,79)	1,838952 (4,68)	2,453554 (6,44)
BSPM85	-15,09348 (-40,94)	-9,772374 (-9,90)	-10,64323 (-9,76)
APROD85	0,3713141 (34,99)	0,2118381 (7,86)	0,2605021 (9,36)
Multikollinearität	hoch	niedrig	hoch
Autokorrelation Durbin-Watson-PG (Unbestimmtheitsb.)	0,088 (1,728; 1,810)	1,142 (1,728; 1,810)	1,059 (1,728; 1,810)
Homoskedastizität Goldfeld-Quandt-PG $(F_{Krit.})$	2,013 (1,357)	2,817 (1,357)	2,662 (1,359)
Normalverteilung $P > Skew.-PG$ $P > Kurt.-PG$	0,0000 0,0000	0,0000 0,0000	0,0011 0,0692
R^2	0,9869	0,2566	—
$SEE = \hat{\sigma}$	86,565	23,635	—

Tab. 24

Ebenfalls eine Parallele zum Vierteljahresmodell ergibt sich bei Betrachtung der Regressionsvoraussetzungen (vgl. Tab. 24). Neben hoher Multikollinearität ist weder die Homoskedastizitäts- noch die Autokorrelationsannahme[103] erfüllt. Auch die Normalverteilungsvoraussetzung der Störvariablen wird nicht erreicht. Wiederum ist es daher nicht möglich, anhand der Überprüfungsschätzungen eine Qualitätsbeurteilung des OLS-Niveaugrößenmodells vorzunehmen. Die eingetretenen Schätzerverzerrungen in den Überprüfungsregressionen aufgrund weitgehender Verletzung der Regressionsvoraussetzungen verhindern dies.

Sowohl die OLS-Niveaugrößenschätzungen auf Vierteljahresbasis als auch die auf Monatsdatenbasis weisen anscheinend eine innere Struktur auf, die sie vor allzu starken Verzerrungen durch die Nichterfüllung der Regressionsvoraussetzungen bewahrt. Aus dieser für den Gesamtzeitraum vorliegenden Situation kann jedoch nicht auch auf die Gültigkeit für Teilzeiträume geschlossen werden. Es ist nämlich nicht bekannt, ob diese Konstellation aufgrund nicht vorliegender Verzerrungen oder aufgrund gegenseitiger Kompensation von Verzerrungen eingetreten ist.

4.2. Parameterstabilität und Prognoseeigenschaften bis 1990

Ein Chow-Test auf Parameterstabilität innerhalb des Beoachtungszeitraums unter Verwendung der ersten und letzten 162 Beobachtungen führt zu einem Prüfgrößenwert von 185,61, was bei einem kritischen Wert von 2,2427 und dem Vorliegen einer konstanten Störvariablenvarianz zwischen beiden Regressionen (F-Prüfgrößenwert von 1,222 bei einem kritischen F-Wert von 1,3013) auf einen Strukturbruch schließen läßt. Gleiches gilt im Prognosezeitraum (vgl. Abb. 14). Während das Modell die Trendwende der Arbeitslosigkeit ab 1985 wiederum gut nachvollzieht, überzeichnet es die darauffolgende Verminderung. So kommt es ab April 1989 dazu, daß die tatsächlichen Arbeitslosenzahlen außerhalb des Prognoseintervallbereichs liegen.

---

[103] Anm.: Die im vorhergehenden Abschnitt gemachten Ausführungen zur Autokorrelationstendenz in langen Datenreihen treffen bei Monatsdaten natürlich in besonderem Maße zu.

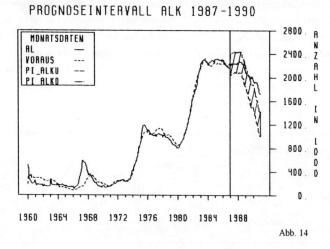

Abb. 14

5. Der statistische Problemgegenstand: Feste Parameterwerte und feste Regressorenstruktur

Die vorhergehenden Ausführungen machen deutlich, daß die Arbeitslosenentwicklung durch Einflußfaktoren gesteuert wird, die zumindest in ihrer Einflußstärke nicht konstant über den Beobachtungszeitraum sind. Es gibt innerhalb des Referenzzeitraums oder/und des Prognosezeitraums Strukturbrüche. Damit kann die Prämisse fester Parameterwerte nicht mehr aufrechterhalten werden. Es bedarf einer Modellerweiterung hinsichtlich der Option sich über die Zeit verändernder Einflußstärken.

Zusätzlich stellt sich jedoch die Frage, inwieweit der Übergang zu variablen Parameterwerten schon ausreichend ist. Schließlich besteht die Möglichkeit, daß es Einflußfaktoren gibt, die während eines bestimmten Zeitraumes stark auf den Regressanden einwirken, danach in ihrer Wirkung jedoch schwächer werden und schließlich ganz wegfallen bzw. an ihre Stelle ein anderer Einflußfaktor tritt. Variable Parameterwerte allein berücksichtigen diese Möglichkeit nicht. Vielmehr bedarf es auch noch einer variablen Regressorenstruktur im Regressionsmodell. Auf diese Weise können dann sowohl die Einflußfaktoren als auch ihre Einflußstärken variieren.

In vorliegender Arbeit wird die Variabilität schrittweise eingeführt. In einem ersten Schritt werden die festen Parameterwerte aufgehoben. Als feste Regressorenstruktur wird diejenige der oben abgeleiteten Referenzmodelle verwendet (teilvariabler Ansatz bzw. Referenzmodellansatz). In einem zweiten Schritt wird danach zusätzlich die feste Regressorenstruktur aufgehoben und ein vollständig variables Modell geschätzt (vollvariabler Ansatz bzw. Stepwise-Pool-Ansatz). Als Prämisse hinsichtlich der Modellstruktur bleibt nur die Linearitätsunterstellung des Modells erhalten, da die bisherigen Analysen keinerlei Anhaltspunkte dafür lieferten, daß die Arbeitslosenentwicklung einem nicht-linearen Zusammenhang folgt. Als potentielle Einflußfaktoren werden die aus der theoretischen Voranalyse abgeleiteten und danach den Einflußblöcken zugeordneten Variablen verwendet.

Zuvor soll jedoch ein Überblick über die in der Literatur bereits abgeleiteten variablen Parametermodelle gegeben werden.

IX. Modelle für variable Parameterstrukturen

1. Allgemeines

2. Ansätze variabler Parameterstrukturen unter Beibehaltung von konstanten Parametern in den Regressionsmodellen

    2.1. Moving-Window-Verfahren

    2.2. Fine-Tuning-Verfahren

3. Ansätze von Regressionsmodellen mit variablen Parametern

    3.1. Überblick

    3.2. Switching-Regressionsmodell

    3.3. Belsley-Modell

    3.4. Hildreth-Houck-Modell

    3.5. Cooley-Prescott-Modell

4. Schätzverfahren für Regressionsmodelle mit variablen Parametern

    4.1. Gewöhnliche und verallgemeinerte Methode der kleinsten Quadrate, Maximum-Likelihood-Methode

    4.2. Kalman-Filter-Algorithmus

5. Zusammenfassung und Einschätzung

IX. Modelle für variable Parameterstrukturen

1. Allgemeines

Um zu verdeutlichen, in welchem Umfeld der Modellentwicklung und -schätzung variabler Parametermodelle die in dieser Arbeit verfolgten Ansätze stehen, wird im folgenden ein Überblick über die in der Literatur angesprochenen Modelle gegeben. Zunächst werden zwei Möglichkeiten vorgestellt, variable Strukturen in statische Regressionsmodelle einzubeziehen, ohne die Parameterkonstanzannahme in den Regressionen aufzugeben. Anschließend werden vier Hauptentwicklungsrichtungen variabler Parametermodelle behandelt. Die Darstellung orientiert sich dabei an der Unterteilung der Parametervariation in systematische und in stochastische Parameterveränderungen.

Das Switching-Regressionsmodell steht dabei für die systematisch-diskrete, das Belsley-Modell für die systematisch-kontinuierliche, das Hildreth-Houck-Modell für die stochastisch-stationäre und das Cooley-Prescott-Modell für die stochastisch-nicht-stationäre Parameterentwicklung. Auf relevante Abwandlungen dieser Modellgrundtypen wird innerhalb der jeweiligen Unterabschnitte kurz eingegangen.

Die Modelldarstellung behandelt insbesondere den Aufbau der variablen Parametergleichungen und die Schätzung des mit diesen Gleichungen spezifizierten Regressionsmodells. Eine vergleichende Analyse des Stellenwertes verschiedener Schätzverfahren, die zur Lösung variabler Parametermodelle Verwendung finden[104], beschließt dieses Kapitel.

2. Ansätze variabler Parameterstrukturen unter Beibehaltung von konstanten Parametern in den Regressionsmodellen

2.1. Moving-Window-Verfahren

Eine erste Möglichkeit, vom Ansatz her variable Koeffizienten einzubeziehen, ist die ständige Neuschätzung des Regressionsmodells bei neu hinzukommenden Beobachtungszeitpunkten. Dabei wird der Referenzzeitraum um den neuen Beobachtungszeitpunkt erweitert und um den zeitlich am entferntesten liegenden Beobachtungszeitpunkt eingeschränkt, so daß die Beobachtungsanzahl jeder Schätzung gleich groß bleibt (Moving-Window-Verfahren).

---

[104] Anm.: Ausführlich wird dabei auf die Vorgehensweise des Kalman-Filter-Algorithmus eingegangen.

Das RWI-Konjunkturmodell auf Basis von Quartalsdaten verwendet dieses Verfahren und bezieht jeweils die letzten 40 verfügbaren Quartale in die Schätzung ein.[105]

Genaugenommen handelt es sich jedoch beim Moving-Window-Verfahren nicht um die Einbeziehung variabler Koeffizienten, da innerhalb jeder einzelnen Schätzung von konstanten Parametern ausgegangen wird und keine Verbindung der Schätzergebnisse untereinander stattfindet. Es wird jeweils nur die letzte Regression verwendet. Zudem wird vorausgesetzt, daß innerhalb des gewählten Regressionszeitraums keine Strukturbrüche auftreten und damit die Annahme konstanter Koeffizienten gerechtfertigt ist. Mit einer solchen Voraussetzung kann jedoch nur dann gearbeitet werden, wenn der jeweilige Referenzzeitraum klein gehalten wird. Da Strukturbrüche häufig nicht punktuell und zeitlich scharf umrissen zugeordnet werden können, soll das Moving-Window-Verfahren diese quasi Stück für Stück erfassen und durch die sich von Regression zu Regression verändernden Parameterschätzer abbilden. Auf diese Weise resultieren aktuelle Koeffizientengewichte, und bei entsprechender Vorgehensweise (Neuformulierung der Schätzgleichungen) können auch Variabilitäten bezüglich der Einflußfaktoren selbst berücksichtigt werden.

Für lange Referenzzeiträume ist das Verfahren hingegen nicht geeignet. Prognosen verwenden zwar die aktuellen Parameterschätzer; daß diese sich im Prognosezeitraum jedoch u.U. weiter verändern, wird nicht berücksichtigt, da die Parameterentwicklung nicht fortgeschrieben wird.

2.2. Fine-Tuning-Verfahren

Die Fine-Tuning-Verfahren werden auf bereits geschätzte statische-Parameter-Regressionsmodelle angewendet, um die mangelnde Flexibilität dieser Modelle bei Prognosen auszugleichen. Fehlprognosen aufgrund struktureller Veränderungen sollen durch die Modifikation der Parameterschätzwerte (Feinabstimmung bzw. Fine-Tuning) unter Verwendung aktueller externer Informationen, durch die Verarbeitung von Informationen über das bisherige Verhalten des Modells und durch die Einbeziehung der erwarteten weiteren ökonomischen Entwicklung vermieden werden.[106] Die Feinabstimmung kann korrigierend auf die Regressorenwerte und/oder auf die geschätzten Parameterwerte angewendet werden.

---

[105] Vgl. HEILEMANN, U. - Zur Prognosepraxis ökonometrischer Modelle, in: Zeitschrift für Wirtschafts- und Sozialwissenschaften, Jg. 105 (1985), S. 685 f. und HUJER, R./HANSEN, H.-J./KLEIN, E. - Zeitvariable Parameter in ökonometrischen Modellen, in: Das Wirtschaftsstudium (WISU), Nr. 7 (1989), S. 423

[106] Vgl. HUJER, R./CREMER, R./KNEPEL, H. - Feinabstimmung ökonometrischer Prognosemodelle, in: Jahrbücher für Nationalökonomie und Statistik, Bd. 194 (1979), S. 69 und HUJER, R./HANSEN, H.-J./ KLEIN, E., a.a.O., S. 423

1. Korrektur der Regressorenwerte:

   Zusätzliche, im Fortschreibungsverfahren für die Regressorenwerte nicht berücksichtigte Informationen werden einbezogen, die Wirkungen auf die Regressorenentwicklung abgeschätzt und der fortgeschriebene Regressorenwert entsprechend korrigiert.

2. Korrektur der geschätzten Parameterwerte:

   (a) Prognosen vergangener Perioden führen zu systematischen Prognosefehlern. Diese systematischen Abweichungen werden durch eine Korrektur der Konstanten des Modells für zukünftige Prognosen einbezogen.

   (b) Mit Hilfe der Fortschreibung der Residuen des Schätzzeitraums in den Prognosezeitraum kann von vornherein eine Fehlerberücksichtigung stattfinden; Voraussetzung ist, daß die Residuen eine systematische Struktur aufweisen. Bei autokorrelierten Residuen kann die Information des Autokorrelationskoeffizienten verwendet werden.

   (c) Im Prognosezeitraum vermutete bzw. bekannte Strukturveränderungen zwischen den Einflußgrößen des Modells werden durch Korrekturen der geschätzten Parameter berücksichtigt.

Wie schon bei den Moving-Window-Verfahren stellen auch die Fine-Tuning-Verfahren keine variablen Parametermodelle im eigentlichen Sinne dar. Es sind lediglich Korrekturen an den Parametern bezogen auf den Prognosezeitraum möglich. Dabei fließen starke subjektive Elemente in den Korrekturprozeß ein, da die Umsetzung der zusätzlichen Informationen in die sich daraus ergebenden Parameterveränderungen selten auf Basis quantitativer Zusammenhänge möglich ist. Strukturbrüche innerhalb des Schätzzeitraums werden nicht berücksichtigt, so daß die geschätzten Parameter des Regressionsmodells vielfach keine aktuellen Einflußgewichte der Regressoren liefern. Die Korrektur nicht aktueller Einflußgewichte im Prognosezeitraum ist jedoch äußerst problematisch.

Fine-Tuning-Ansätze bezogen auf Eingriffe in die Regressorenwerte des Prognosezeitraums sind bei variablen und bei statischen Parametermodellen gleichermaßen möglich. Sie stellen damit keine speziellen Verfahren für variable Parametermodelle dar. Dementsprechend sollten sie den Fortschreibungsmethoden der exogen determinierten Variablen zugeordnet werden und nicht den variablen Parametermodellen.

3. Ansätze von Regressionsmodellen mit variablen Parametern

3.1. Überblick

Es läßt sich zeigen, daß systematische Parametervariationen auch dann auftreten, wenn im Modell relevante Variablen auf Seite der Regressoren fehlen.[107] Ebenso kann eine falsche funktionale Beziehung zwischen Regressand und den Regressoren systematische Parameterveränderungen über die Zeit nach sich ziehen.[108] Gleiches gilt für aggregierte Daten, bei denen sich die Aggregationsgewichte der zugrunde liegenden Teilaggregate verändern.[109]

Damit die genannten Ursachen möglichst nicht für die Parameterveränderungen im Modell verantwortlich sind, sondern tatsächliche, ökonomisch bedingte und auf strukturellen Wandel zurückzuführende Gründe, müssen vor der Einführung variabler Koeffizienten in Regressionsmodelle Überprüfungen hinsichtlich folgender Aspekte stattfinden: Vollständigkeit der erklärenden Variablen, Richtigkeit der Modellfunktionsspezifizierung und Konstanz der Aggregationsgewichte. Da in der praktischen Modellkonstruktion derartige Überprüfungen nur bis zu einem bestimmten Grade möglich sind, wird es sich nie ganz ausschließen lassen, daß variable Koeffizienten auch zu einem gewissen Anteil auf Fehlspezifikationen des Regressionsmodells zurückzuführen sind.

Diese Feststellung bezieht sich bei richtig gewählter Funktionsform des Regressionsmodells jedoch primär auf die Modelle, die nur eine Parametervariabilität, aber keine Regressorenvariablität zulassen. Modelle, deren Aufbau beide Variabilitätsmöglichkeiten berücksichtigen, verarbeiten Fehlspezifikationen, indem sie Veränderungen in der Regressorenstruktur vornehmen. Treten regressorenverändernde Strukturbrüche auf, so wird ein Modell ohne die Option von Regressorenveränderungen in seiner Parametervariation sowohl die tatsächlichen, ökonomisch bedingten Einflußgewichtsveränderungen als auch die auf die jetzt vorliegende Fehlspezifikation zurückzuführenden Parameterwertveränderungen abbilden. Ein Modell mit Variationsmöglichkeiten hinsichtlich der Regressoren wird dagegen vor und nach der durchgeführten Regressorenveränderung nur die tatsächlichen, ökonomisch bedingten Einflußgewichtsveränderungen widerspiegeln.

---

[107] Vgl. RAJ, B./ULLAH, A. - Econometrics. A Varying Coefficients Approach, London 1981, S. 4 f.
[108] Vgl. ebenda, S. 6 ff. und KRÄMER, W. - Modellspezifikationstests, a.a.O., S. 289 f.
[109] Vgl. ebenda, S. 8 f. und SEITZ, H. - Ökonometrische Modelle mit zeitvariablen Parametern, Mannheim 1986 (erschienen in der Reihe "Beiträge zur angewandten Wirtschaftsforschung", Institut für Volkswirtschaftslehre und Statistik der Universität Mannheim, Discussion-Paper No. 329-86), S. 1
Zur theoretischen Ableitung dieser Aussagen vgl. RÖHLING, W. - Ökonometrische Systeme mit variablen Strukturen. Die Konstruktion adaptiver lernfähiger Systeme als Möglichkeit zur Weiterentwicklung der ökonometrischen Modellbildung, Freiburg i. Brg. 1983, S. 109 ff. und WEGMANN, U. - Die zeitliche Stabilität ökonometrischer Schätzungen, Münster 1978

Uneingeschränkt gilt letztere Feststellung aber nur für den Fall eines punktuellen regressorenverändernden Strukturbruchs. Bei einem sich kontinuierlich gestaltenden Strukturwandel, welcher erst nach einer gewissen Zeit eine so große Verhaltensänderung hervorgerufen hat, daß es zum Kippen der bisherigen Regressorenstruktur kommt, wird selbst das vollvariable Modell einen mehr oder weniger großen Zeitraum lang vor dem Regressorenveränderungszeitpunkt Fehlspezifikationen aufweisen. Die Fehlspezifikation tritt in diesem Fall nicht plötzlich auf, sondern vollzieht eine graduell immer stärker werdende Entwicklung bis zum Regressorenveränderungszeitpunkt.

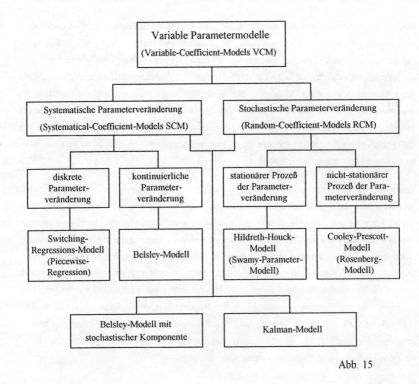

Abb. 15

Um den Grundaufbau der Regressionsgleichung beibehalten zu können, vollzieht sich die Einbeziehung der Parametervariabilität ins Regressionsmodell in Form extern aufgestellter Parameterstrukturgleichungen. Diese Gleichungen sollen die angenommene Parameterentwicklung repräsentieren und werden in das Ausgangsregressionsmodell eingesetzt. Je nachdem, welche Annahmen für die Parametervariation getroffen werden, lassen sich verschiedene Modellansätze ableiten (vgl. Abb. 15).[110] Die in der vorhergehenden Abbildung verwendeten Begriffe lassen sich dabei wie folgt definieren:

(a) Systematische Parameterveränderung:

Die Entwicklung der Parameter ist an ganz bestimmte Einflußfaktoren gekoppelt, so daß sich die Parameter bei Änderungen der Einflußfaktoren gemäß der funktionalen Beziehung zu diesen entwickeln.

(b) Diskrete Parameterveränderung::

Die Parameterveränderung findet nur zu bestimmten Zeitpunkten statt (meist sprunghafte Veränderung des Parameterwertes).

(c) Kontinuierliche Parameterveränderung:

Die Parameterveränderung kann zu jedem Zeitpunkt stattfinden (meist stetige Veränderung des Parameterwertes ohne Sprungstellen).

(d) Stochastische Parameterveränderung:

Beeinflussung der Parameterentwicklung durch nur zum Teil angebbare Einflußfaktoren, deren Wirkung jedoch zufälligen Schwankungen unterworfen ist und nur in der Summe aller Einflüsse in vorhersagbarer Form geschieht.

(e) Stationärer Prozeß der Parameterveränderung:

Die Verteilungscharakteristika des auf den Parameter einwirkenden Zufallsprozesses bleiben über die Zeit konstant.

(f) Nicht-stationärer Prozeß der Parameterveränderung:

Die Verteilungscharakteristika des auf den Parameter einwirkenden Zufallsprozesses verändern sich über die Zeit, indem sich die Einflußfaktoren selbst und/oder die Einflußstärken dieser Faktoren ändern.[111]

Zur Aufstellung variabler Parametermodelle bedarf es also Überlegungen hinsichtlich der Funktionsform der Parametergleichungen. Dazu sollte der Analysegegenstand der Regression in Anwendung obiger Definitionen in seinen Beziehungen zu den Regressoren durchleuchtet werden. Lassen sich spezielle strukturwandel- bzw. strukturbruchverursachende

---

[110] Vgl. auch die Überblicksdarstellungen in HUJER, R./HANSEN, H.-J./KLEIN, E., a.a.O., S. 423 und KIRCHEN, A. - Schätzung zeitveränderlicher Strukturparameter in ökonometrischen Prognosemodellen, Frankfurt/a.M. 1988, S. 6 ff. und JUDGE, G. G./GRIFFITHS, W. E./HILL, R. C./LÜTKEPOHL, H./LEE, T.-C. - The Theory and Practice of Econometrics, 2. Edition New York u.a. 1985, S. 798
[111] Vgl. JAZWINSKI, A. H. - Stochastic Processes and Filtering Theory, New York, London 1970, S. 55 und RÖHLING, W., a.a.O., S. 98

Faktoren und deren Entwicklung über die Zeit lokalisieren, so liegt eine systematische Parameterbeeinflussung vor, die über entsprechende nicht-stochastische Parameterfunktionen einbezogen werden kann.

Für den Untersuchungsgegenstand der Arbeitslosigkeit sind solche strukturverändernden und damit strukturbruchverursachenden Faktoren z.B. veränderte Ausrichtungen der Wirtschaftspolitik (stärker angebots-, stärker nachfrageorientierte Wirtschaftspolitik), veränderte Wanderungsbewegungen und geänderte Erwerbsneigung, sich verschiebende Wechselkursverhältnisse zum Ausland und damit veränderte Austausch- und Wettbewerbsbedingungen.

Gibt es hingegen diverse, sich überlagernde und sich langsam mit der Zeit entwickelnde Faktoren, die zwar nicht isoliert, jedoch in ihrer Summe das Verhalten der Wirtschaftssubjekte so verändern, daß Rückwirkungen auf den Untersuchungsgegenstand stattfinden, so liegen zufällig-bestimmte Strukturveränderungen vor. Die Parametervariation kann entsprechend über eine stochastische Komponente abgebildet werden.[112]

3.2. Switching-Regressionsmodell

Das Switching-Regressionsmodell ist ein Modell mit systematischer und diskreter Parametervariation. Entwickelt wurde es von R. E. Quandt.[113] Das Anwendungsgebiet des Modells sind Regressionen, in denen davon ausgegangen wird, daß in Teilzeiträumen jeweils konstante Parameter vorliegen. Die einzelnen Teilzeiträume werden dabei durch Strukturbrüche getrennt.

Ist der Zeitpunkt des Strukturbruchs bzw. sind die Zeitpunkte der Strukturbrüche bekannt[114], so geht das Switching-Regressionsmodell in die Piecewise-Regression (Stückweise Regression) über. Für diesen Fall ergeben sich folgende formale Zusammenhänge:[115]

statisches Regressionsmodell $\quad y_t = \underline{x}'_t \cdot \underline{\beta} + u_t$

variables Regressionsmodell $\quad y_t = \underline{x}'_t \cdot \underline{\beta}_t + u_t \quad , t = 1,\ldots,T$

---

[112] Vgl. ebenda, S. 83
[113] Vgl. QUANDT, R. E. - The Estimation of the Parameters of a Linear Regression System Obeying Two Regimes, in: Journal of the American Statistical Association, Vol. 53 (1958), S. 873 ff.
[114] Anm.: Bekannte Strukturbruchzeitpunkte können sich z.B. aufgrund wichtiger, auf das Verhalten der Wirtschaftssubjekte einwirkender Ereignisse ergeben, die sofort zu Einflußverschiebungen zwischen den Regressoren führen.
[115] Anm.: Im folgenden wird abweichend von der bisherigen Modelldarstellung für den Regressorenvektor $(\underline{x})$ die für variable Regressionsmodelle übliche Darstellung $(\underline{x}')$ verwendet, d.h. die einzelnen Regressoren werden in der Regressorenmatrix zeilenweise angeordnet.

IX. Modelle für variable Parameterstrukturen

mit $\underline{\beta}_t = \begin{cases} \underline{\beta}_1 & \text{für} \quad t \leq T_1 \\ \underline{\beta}_2 & \text{für} \quad T_1 < t \leq T_2 \\ \vdots & \quad \vdots \\ \underline{\beta}_j & \text{für} \quad T_{j-1} < t \leq T_j \end{cases}$

$T_1, \ldots, T_j$: Bekannte Strukturbruchzeitpunkte
$\underline{\beta}_1, \ldots, \underline{\beta}_j$: Parametervektoren der Teilzeiträume

Statt die Aufteilung der einzelnen Zeiträume durch Strukturbruchzeitpunkte vorzunehmen, können in anderen Problemstellungen auch davon abweichende Aufteilungsmethoden angewendet werden. So beispielsweise die Aufteilung nach gleichartigen Saisonkomponenten bei saisonalen Daten, sofern davon auszugehen ist, daß für verschiedene Saisonkomponenten unterschiedliche Parameterwerte vorliegen.[116]

Die Verwendung von Dummy-Variablen zur Integration unterschiedlicher Parameterwerte in ein Regressionsmodell ist mit der Piecewise-Regression eng verwandt, wie die folgenden Ausführungen zeigen.

$$D_t = \begin{cases} 0 & \text{für} \quad t = 1, \ldots, T_1 \\ 1 & \text{für} \quad t = T_1+1, \ldots, T \end{cases}$$

und $\quad y_t = \beta_0 + D_t \cdot \gamma_0 + \sum_{k=1}^{K}(x_{kt} \cdot \beta_k + x_{kt} \cdot D_t \cdot \gamma_k) + u_t$

mit D_t : Dummy-Variable
$\beta_0, \beta_1, \ldots, \beta_K, \gamma_0, \gamma_1, \ldots, \gamma_K$: Parameter des Modells
$x_{1t}, x_{2t}, \ldots, x_{Kt}, D_t$: Regressoren des Modells

In anderer Schreibweise lautet y_t :[117]

$$y_t = \begin{cases} \beta_0 + \sum_{k=1}^{K}(x_{kt} \cdot \beta_k) + u_t & , t = 1, \ldots, T_1 \\ (\beta_0 + \gamma_0) + \sum_{k=1}^{K} x_{kt} \cdot (\beta_k + \gamma_k) + u_t & , t = T_1+1, \ldots, T \end{cases}$$

---

[116] Vgl. JUDGE, G. G./GRIFFITHS, W. E. u.a. (1985), a.a.O., S. 800 f.
[117] Vgl. JUDGE, G. G./HILL, R. C./GRIFFITHS, W. E./LÜTKEPOHL, H./LEE, T.-C. - Introduction to the Theory and Practice of Econometrics, 2nd. Edition New York u.a. 1988, S. 421 ff., 428 und KRICKE, M., a.a.O., S. 95 ff. und FOMBY, T. B./HILL, R. C./JOHNSON, St. R. - Advanced Econometric Methods, New York u.a. 1984, S. 308 ff.

Die obigen Modelle können mit der gewöhnlichen Methode der kleinsten Quadrate separat für jeden Teilzeitraum geschätzt werden.[118] Bei häufigen Strukturbrüchen und nicht zu großen Parameterwertveränderungen können die Parameterschätzer aus den einzelnen Piecewise-Regressionen sogar recht kontinuierliche Kurven bilden.[119] Eine andere Möglichkeit zur Bestimmung der jeweiligen Parametervektoren ist die simultane Schätzung. Bei ihr werden die Abhängigkeiten der Residuen der Teilzeiträume berücksichtigt.[120] Diese Vorgehensweise entspricht dem Modell der "Seemingly Unrelated Regressions" von ZELLNER.[121]

Sind die Strukturbruchzeitpunkte nicht bekannt, so kommt das eigentliche Instrumentarium des Switching-Regressionsmodells zur Anwendung. Die Strukturbruch- bzw. Switchzeitpunkte werden modellintern bestimmt. Um die Lösungskomplexität der sich später ergebenden Schätzfunktionen in vertretbarem Rahmen zu halten, wird die interne Switchpunktbestimmung nur mit einem Switchzeitpunkt durchgeführt. In diesem Fall ergeben sich zwei Teilmodelle:

$$y_t = \underline{x}'_t \cdot \underline{\beta}_1 + u_{1t} \quad \text{für} \quad t \leq T_1^*$$
$$y_t = \underline{x}'_t \cdot \underline{\beta}_2 + u_{2t} \quad \text{für} \quad t > T_1^*$$

mit T_1^* : Unbekannter Strukturbruchzeitpunkt (Switchpunkt)

$$u_1 \sim N(0; \sigma_1^2)$$
$$u_2 \sim N(0; \sigma_2^2)$$

Für die Bestimmung von T_1^* wird eine Likelihoodfunktion formuliert, die in Abhängigkeit von T_1^* für $\underline{\beta}_1, \underline{\beta}_2, \sigma_1^2$ und σ_2^2 zu maximieren ist. Sie lautet:[122]

$$L(\underline{\beta}_1, \underline{\beta}_2, \sigma_1^2, \sigma_2^2 | T_1^*) = (\tfrac{1}{2\Pi})^{T/2} \cdot \sigma_1^{-T_1^*} \cdot \sigma_2^{-(T-T_1^*)} \cdot \exp\left[f(T_1^*)\right]$$

---

[118] Vgl. McGEE, V. E./CARLETON, W. T. - Piecewise-Regression, in: Journal of the American Statistical Association, Vol. 65 (1970), S. 1108 ff.
[119] Vgl. POIRIER, D. J. - Piecewise Regression Using Cubic Splines, in: Journal of the American Statistical Association, Vol. 68 (1973), S. 515 ff.
[120] Vgl. HUJER, R./HANSEN, H.-J./KLEIN, E., a.a.O., S. 425
[121] Anm.: Modell der "Seemingly Unrelated Regressions" = Modell scheinbar unabhängiger Regressionen
Vgl. ZELLNER, A. - An Efficient Method of Estimating Seemingly Unrelated Regressions and Tests for Aggregation Bias, in: Journal of the American Statistical Association, Vol. 57 (1962), S. 348 ff. und KATZENBEISSER, W. - Test auf Gleichheit von Regressionskoeffizienten. Einige Erweiterungen, in: Statistische Hefte, Jg. 22 (1981), S. 25 ff.
[122] Vgl. GOLDFELD, St. M./QUANDT, R. E. - The Estimation of Structural Shifts by Switching Regressions, in: Annals of Economic and Social Measurement, 2/4 (1973), S. 477

mit $f(T_1^*) = -\frac{1}{2\sigma_1^2} \cdot \sum_{t=1}^{T_1^*} (y_t - \underline{x}'_t \cdot \underline{\beta}_1)^2 - \frac{1}{2\sigma_2^2} \cdot \sum_{t=T_1^*+1}^{T} (y_t - \underline{x}'_t \cdot \underline{\beta}_2)^2$

Zur Berechnung des Maximums dieser Likelihoodfunktion wird in der Praxis so vorgegangen, daß für jeden Beobachtungszeitpunkt $T_1^* = t$, $t = 1,\ldots,T$, die Funktion hinsichtlich $\underline{\beta}_1, \underline{\beta}_2, \sigma_1^2$ und σ_2^2 maximiert wird. Eine kontinuierliche Optimierung scheidet aufgrund des diskreten Charakters der Likelihoodfunktion aus.[123] Der gesuchte Switchpunkt T_1^* ergibt sich aus der Likelihoodfunktion, deren Maximum den größten Wert erreicht. Die Schätzwerte für $\underline{\beta}_1, \underline{\beta}_2, \sigma_1^2$ und σ_2^2 liegen damit ebenfalls vor.[124]

Eine Verallgemeinerung obiger Vorgehensweise ist das Steuervariablenverfahren, welches eine externe Steuervariable (SV) zur Festlegung des Switchpunktes verwendet. Die Steuervariable legt dabei die Zuordnung der Beobachtungen auf die unterschiedlichen Teilmodelle fest. Sie muß dazu in engem Zusammenhang mit der Regressorenkonstellation und den Regressorengewichten stehen. Nimmt die Steuervariable einen Wert (SV_t) oberhalb ihres kritischen Wertes $(SV_{krit.})$ an, so ist der zugehörige Zeitpunkt ein Strukturbruch- oder Switchzeitpunkt. Zur Darstellung der formalen Zusammenhänge wird eine Sprungfunktion $D_t(SV)$ konstruiert mit:

$$D_t(SV) = 0 \quad für \quad SV_t \leq SV_{krit.}$$
$$D_t(SV) = 1 \quad für \quad SV_t > SV_{krit.}$$

Diese Sprungfunktion mag zum Zeitpunkt der reinen Modelldarstellung überflüssig erscheinen. Sie vereinfacht jedoch die spätere Schätzung des Gesamtsystems. Das Switching-Ausgangsmodell lautet unter Einbeziehung der Sprungfunktion:[125]

$$y_t = \underline{x}'_t \cdot \underline{\beta}_t + u_t$$
$$= \underline{x}'_t \cdot \underline{\beta}_1 \cdot (1 - D_t) + (1 - D_t) \cdot u_{1t} + \underline{x}'_t \cdot \underline{\beta}_2 \cdot D_t + D_t \cdot u_{2t}$$

bzw.
$$y_t = \underline{x}'_t \cdot \underline{\beta}_1 + u_{1t} \quad für \quad D_t = 0 \;\; (SV_t \leq SV_{krit.})$$
$$y_t = \underline{x}'_t \cdot \underline{\beta}_2 + u_{2t} \quad für \quad D_t = 1 \;\; (SV_t > SV_{krit.})$$

bzw.
$$\underline{\beta}_t = \begin{cases} \underline{\beta}_1 & für \quad SV_t \leq SV_{krit.} \\ \underline{\beta}_2 & für \quad SV_t > SV_{krit.} \end{cases}, \; t = 1,\ldots,T$$

---

[123] Vgl. LEHNER, H./MÖLLER, J. - Eine Stabilitätsuntersuchung kurzfristiger Beschäftigungsfunktionen mit Hilfe von Switching-Regressions, in: Mitteilungen aus der Arbeitsmarkt- und Berufsforschung (MittAB), Nr. 1 (1981), S. 40
[124] Vgl. QUANDT, R. E. (1958), a.a.O., S. 875

Mit der Festlegung der D_t-Funktion wird genau wie durch die Bestimmung von $SV_{krit.}$ eine Zuordnung der Beobachtungszeitpunkte auf eine der beiden Regressionsgleichungen vorgenommen. Je nachdem, wie häufig die Steuervariable ihren kritischen Wert überschreitet bzw. wieder unterschreitet, kommt es zu häufigen oder weniger häufigen Wechseln zwischen den Parametervektoren $\underline{\beta}_1$ und $\underline{\beta}_2$. Im Gegensatz zum Verfahren der Festlegung von T_1^* kann es beim Steuervariablenverfahren also zu mehrfachem Wechsel zwischen den Parametervektoren kommen.

Da $SV_{krit.}$ und die zugehörige $D_t(SV)$-Funktion nicht bekannt sind, müssen sie im Gesamtschätzsystem zusammen mit der Festlegung von $\underline{\beta}_1, \underline{\beta}_2, \sigma_1^2$ und σ_2^2 bestimmt werden. Dafür wurde folgende Likelihoodfunktion konstruiert:[126]

$$\log L(\underline{\beta}_1, \underline{\beta}_2, \sigma_1^2, \sigma_2^2, D_t) = -\tfrac{T}{2} \cdot \log(2\Pi) - \tfrac{1}{2} \cdot \sum_{t=1}^{T} \log\left[\sigma_1^2(1-D_t)^2 + \sigma_2^2 \cdot D_t^2\right]$$

$$-\tfrac{1}{2} \cdot \sum_{t=1}^{T} \frac{\left[y_t - \underline{x}'_t \cdot (\underline{\beta}_1 \cdot (1-D_t) + \underline{\beta}_2 \cdot D_t)\right]^2}{\sigma_1^2(1-D_t)^2 + \sigma_2^2 \cdot D_t^2}$$

In Abhängigkeit von verschiedenen SV_t-Werten, $t = 1, \ldots, T$, wird die logarithmierte Likelihoodfunktion maximiert. Dazu werden die SV_t-Werte in eine der Größe nach geordnete Reihenfolge gebracht und für jeden SV_t-Wert in aufsteigender Weise die Optimalwerte für $\underline{\beta}_1, \underline{\beta}_2, \sigma_1^2$ und σ_2^2 bestimmt. Durch die Festlegung des SV_t-Wertes ergibt sich für den Referenzzeitraum gleichzeitig eine bestimmte Folge von D_t-Werten. Über den größten berechneten Maximumwert der Loglikelihoodfunktion wird $SV_{krit.}$ festgelegt und damit auch die Grenze für das Umschwenken der D_t-Reihe. Die zugehörigen Schätzwerte für $\underline{\beta}_1, \underline{\beta}_2, \sigma_1^2$ und σ_2^2 sowie die zugehörigen Teilzeiträume liegen auf diese Weise ebenfalls fest.[127]

Eine Abwandlung des Steuervariablenansatzes ist die Aufteilung der Beobachtungen des Referenzzeitraums auf verschiedene Regressionsgleichungen, die jeweils bestimmte Einflußsphären repräsentieren. Diese Einflußsphären dominieren zu den entsprechenden Zeitpunkten die Regressandenerklärung. Beispielhaft sei die Entwicklung und Beeinflussung von Märkten genannt. In Überschußnachfragesituationen bestimmen die Faktoren der Angebotsseite das Marktgeschehen, so daß die Beobachtungen dieses Zeitraumes der Regressionsfunktion zugeordnet werden, die die Regressoren der Angebotsseite enthält. Beobachtun-

---

[125] Vgl. GOLDFELD, St. M./QUANDT, R. E., a.a.O., S. 478
[126] Anm.: Es wird die Loglikelihoodfunktion verwendet. Deren Maximum entspricht jedoch dem der nicht logarithmierten Likelihoodfunktion.
Vgl. GOLDFELD, St. M./QUANDT, R. E., a.a.O., S. 479 und KMENTA, J. - Elements of Econometrics, 2nd. ed. New York, London 1986, S. 569
[127] Vgl. HUJER, R. - Ökonometrische Switch-Modelle: Methodische Ansätze und empirische Analysen, in: Jahrbücher für Nationalökonomie und Statistik, Bd. 201/3 (1986), S. 233

gen, die in Zeiträume mit einem Angebotsüberschuß und entsprechend nachfrageseitiger Marktbestimmung fallen, werden hingegen der Regressionsfunktion zugeordnet, die die Nachfrageeinflußfaktoren repräsentiert.[128]

Erweiterungen des Switching-Regressionsmodells gibt es in folgende Richtungen: Die deterministische Aufteilung der Beobachtungen auf die einzelnen Teilzeiträume mit den verschiedenen Parametern kann durch eine stochastische Zuordnung ersetzt werden. Für die unterschiedlichen zu schätzenden Parametervektoren werden dabei Dichtefunktionen konstruiert, mit denen die Aufteilung vorgenommen wird.[129] Ferner kann das Modell auch dergestalt erweitert werden, daß für die zeittrendgesteuerte Unterteilung des Beobachtungszeitraums mehr als ein Zeitpunkt bzw. für den Steuervariablenansatz mehr als ein kritischer Switchwert zugelassen wird. Die Lösungsmöglichkeiten der entsprechend komplizierteren Likelihoodfunktionen setzen dem jedoch enge Grenzen.[130]

Ein Vorteil des Switching-Verfahrens gegenüber vielen anderen Modellansätzen ist die problemlose Einbeziehung einer variablen Regressorenstruktur ins Modell.[131] Nachteilig ist, daß Parameterveränderungen nur punktuell stattfinden können. Damit lassen sich zwar die Auswirkungen von eindeutigen zeitpunktbezogenen Strukturbrüchen angemessen abbilden, langfristige und sich allmählich entwickelnde Parameterveränderungen aufgrund von Strukturwandelprozessen sind jedoch nicht erfaßbar. Auch dürfte es nicht immer einfach sein, geeignete Steuervariablen zu finden.

3.3. Belsley-Modell

Das Belsley-Modell ist ein Modell mit systematischer und kontinuierlicher Parameterveränderung, so daß die Parameterwerte zu jedem Zeitpunkt variieren können. Die Systematik der Veränderung wird über eine eigene Parametergleichung für jeden variablen Parameter ins Modell eingeführt. Die die Entwicklung der Parameterwerte bestimmenden Einflußfaktoren in diesen Gleichungen sind damit modellinterne Variablen. Für die ausschließlich systematische Version des Belsley-Modells ergeben sich folgende formale Zusammenhänge:

Ausgangsmodell: $y_t = \underline{x}'_t \cdot \underline{\beta}_t + u_t$, $t = 1, \ldots, T$

mit $\beta_{kt} = \underline{\gamma}_k \cdot \underline{z}_{kt}$, $k = 1, \ldots, K$

---

[128] Vgl. QUANDT, R. E. - Econometric Disequilibrium Models, in: Econometric Reviews, Vol. 1 (1982), S. 1 ff. und HUJER, R. (1986), a.a.O., S. 234 ff.
[129] Vgl. GOLDFELD, St. M./QUANDT, R. E., a.a.O., S. 479 f.
[130] Vgl. LEHNER, H./MÖLLER, J., a.a.O., S. 41
[131] Vgl. ebenda, S. 40

$$\text{mit} \quad \begin{aligned} \beta_{kt} \\ \gamma_{kl_k} \\ z_{kl_k t} \end{aligned}$$

: k-ter Parameter des Ausgangsmodells zum Zeitpunkt t
: l_k-ter Koeffizient der k-ten Parametergleichung
: l_k-te erklärende Variable der k-ten Parametergleichung zum Zeitpunkt t
$(t = 1,\ldots,T;\ k = 1,\ldots,K;\ l_k = 1,\ldots,L_k)$

$$\Rightarrow \quad y_t = \underline{x}'_t \cdot \underline{\gamma} \cdot \underline{z}_t + u_t$$

Die Schätzung der Parametergleichungen β_{kt} bzw. des Ausgangsmodells geschieht i.d.R. mit der gewöhnlichen Methode der kleinsten Quadrate, nachdem die einzelnen Parametergleichungen in das Ausgangsregressionsmodell eingesetzt wurden.[132]

Wird die systematische Modellversion durch eine stochastische Komponente ergänzt, so verändern sich die Parametergleichungen wie folgt:

$$\beta_{kt} = \underline{\gamma}_k \cdot \underline{z}_{kt} + v_{kt} \quad , \ k = 1,\ldots,K;\ t = 1,\ldots,T$$

mit v_{kt} : Störvariable (stochastische Komponente) zum Zeitpunkt t für den Parameter β_k
(Störvariable der k-ten Parametergleichung)

Bei Unterstellung der üblichen Annahmen eines linearen Regressionsmodells für die Parametergleichungen und gleichzeitiger Forderung fehlender Korrelationen zwischen den Störvariablen des Ausgangsmodells u_t und den Störvariablen der Parametergleichungen v_{kt} wird eine Schätzung nach der gewöhnlichen Methode der kleinsten Quadrate Heteroskedastizität zeigen. Dies würde zwar zu unverzerrten, aber auch ineffizienten Schätzern führen. Entsprechend muß für die Schätzung die verallgemeinerte Methode der kleinsten Quadrate angewendet werden.[133] Die ansonsten auftretende Heteroskedastizität wird durch folgende einfache Ersetzung deutlich:

$$\begin{aligned} y_t &= \underline{x}'_t \cdot \underline{\beta}_t + u_t = \underline{x}'_t \cdot (\underline{\gamma} \cdot \underline{z}_t + \underline{v}_t) + u_t \\ &= \underline{x}'_t \cdot \underline{\gamma} \cdot \underline{z}_t + \underline{x}'_t \cdot \underline{v}_t + u_t \\ &= \underline{x}'_t \cdot \underline{\gamma} \cdot \underline{z}_t + w_t \end{aligned}$$

---

[132] Vgl. RÖHLING, W., a.a.O., S. 88 und BELSLEY, D. A. - On the Determination of Systematic Parameter Variation in the Linear Regression Model, in: Annals of Economic and Social Measurement 2/4 (1973), S. 488 f.
[133] Vgl. HUJER, R./HANSEN, H.-J./KLEIN, E., a.a.O., S. 425 f.

mit
$$w_t = \underline{x}'_t \cdot \underline{v}_t + u_t$$
$$E w_t = 0, \quad \text{var } w_t = \sigma_u^2 + \sigma_v^2 \cdot \underline{x}'_t \cdot \underline{\Omega} \cdot \underline{x}_t$$

$\Rightarrow \quad w_t$ ist heteroskedastisch

Die Durchführung der verallgemeinerten Methode der kleinsten Quadrate setzt also Informationen hinsichtlich σ_u^2, σ_v^2 und $\underline{\Omega}$ voraus. Sollten keine a-priori-Informationen in diese Richtung vorliegen, so müssen die Varianz-Kovarianz-Strukturen geschätzt werden.[134]

Bisher wurde davon ausgegangen, daß der Vektor der erklärenden Variablen in den Parametergleichungen $(\underline{Z}_k)$ bekannt ist. Informationen darüber, welche Einflußgrößen die Parameterentwicklung steuern, liegen jedoch äußerst selten vor. Da es sich bei den Parametern $\underline{\beta}_t$ des Ausgangsmodells um nicht beobachtbare Größen handelt, muß die Spezifizierung der zugehörigen Parametergleichungen modellintern vorgenommen werden. Belsley verwendet dafür ein Suchverfahren, welches auf dem Moving-Window-Ansatz basiert und von Parametervektoren ohne stochastische Komponente ausgeht. Beginnend mit einem kleinen Teil der Beoachtungen am Anfang des Referenzzeitraums werden wiederholt Regressionen durchgeführt, indem die bisher ausgewählten Beobachtungen um die nächst aktuellere Beobachtung erweitert und um die zeitlich älteste Beobachtung vermindert werden. Auf diese Weise ergeben sich Verlaufsreihen für die einzelnen Parameter, mit deren Hilfe die Spezifizierung der Parametergleichungen vorgenommen wird.[135]

Belsley macht aber deutlich, daß die sich auf diese Weise ergebenden vorläufigen Parameterschätzer $\hat{\underline{\beta}}_t^*$ nur dann erwartungstreu geschätzt werden, wenn der zeitliche Verlauf der aus diesen Analysen abgeleiteten erklärenden Variablen $\underline{Z}_k$ nur wenig Schwankungen aufweist und sich nur langsam mit der Zeit verändert. Gleichzeitig darf die Beobachtungsanzahl pro Teilzeitraumschätzung im Moving-Window-Verfahren nicht zu groß sein.[136]

Werden die spezifizierten Parametergleichungen in das Ausgangsregressionsmodell eingesetzt und dieses Gesamtsystem geschätzt, so findet eine simultane Festlegung von Ausgangsmodell und Parametergleichungen statt. Durch die Integration der Parametergleichungen in das Ausgangsmodell kann es jedoch zu Zusammenfassungen von verschiedenen Koeffizienten der Parametergleichungen kommen. Nach der simultanen Festlegung des Gesamtsystems werden sich die zusammengefaßten Koeffizienten nicht mehr einzeln identifizieren lassen. Damit lassen sich aber auch die zugehörigen Parameterreihen nicht bestimmen. Aufgrund der multiplikativen Verknüpfungen von Regressoren des Ausgangsmodells

---

[134] Vgl. RÖHLING, W., a.a.O., S. 89
[135] Vgl. BELSLEY, D. A., a.a.O., S. 489 ff. und RÖHLING, W., a.a.O., S. 89 f.
[136] Vgl. BELSLEY, D. A., a.a.O., S. 491

und von erklärenden Variablen der Parametergleichungen treten zudem nicht bzw. nur schwer interpretationsfähige Kunstvariablen im System auf.

Für das Belsley-Modell folgt aus all dem: Sollte sich der Parametervektor $\underline{\beta}_t$ durch die fehlende Identifikationsmöglichkeit einiger γ_{kl_k} nicht bestimmen lassen, so kann eine Interpretation der Modellergebnisse nicht auf Basis des Ausgangsmodells und der einzelnen Parametergleichungen erfolgen. Zur Verfügung steht nur das Ausgangsmodell mit den bereits eingesetzten Parametergleichungen. Dieses eignet sich jedoch aufgrund der sich bildenden Kunstvariablen und Koeffizientenzusammenfassungen kaum für aussagekräftige Interpretationen. Die Beurteilung des Modells wird sich in solch einer Situation auf die Anpassungs- und Prognosegüte beschränken müssen.

Zur Verdeutlichung obiger Aussagen sei folgendes Beispiel betrachtet: Das Ausgangsmodell enthält zwei Regressoren x_{1t} und x_{2t} und lautet:

$$y_t = \beta_0 + \beta_{1t} \cdot x_{1t} + \beta_{2t} \cdot x_{2t} + u_t \quad , \; t = 1, \ldots, T$$

Die Parameter β_1 und β_2 sind variable Parameter, für die folgende Parametergleichungen aufgestellt wurden:

$$\beta_{1t} = \gamma_{10} + \gamma_{11} \cdot z_{1t} + \gamma_{12} \cdot z_{2t} + v_{1t}$$
$$\beta_{2t} = \gamma_{20} + \gamma_{21} \cdot z_{1t} + \gamma_{22} \cdot z_{2t} + \gamma_{23} \cdot z_{3t} + v_{2t}$$

Dabei gilt: $\quad z_{1t} = x_{1t}$ und $z_{2t} = x_{2t}$

Werden die Parametergleichungen in das Ausgangsmodell eingesetzt und z_{1t} und z_{2t} ersetzt, so ergibt sich folgendes Modell für y_t:

$$\begin{aligned}
y_t &= \beta_0 + \left(\gamma_{10} + \gamma_{11} \cdot x_{1t} + \gamma_{12} \cdot x_{2t} + v_{1t}\right) \cdot x_{1t} \\
&\quad + \left(\gamma_{20} + \gamma_{21} \cdot x_{1t} + \gamma_{22} \cdot x_{2t} + \gamma_{23} \cdot z_{3t} + v_{2t}\right) \cdot x_{2t} + u_t \\
&= \beta_0 + \gamma_{10} \cdot x_{1t} + \gamma_{11} \cdot x_{1t}^2 + \gamma_{12} \cdot x_{1t} \cdot x_{2t} + v_{1t} \cdot x_{1t} \\
&\quad + \gamma_{20} \cdot x_{2t} + \gamma_{21} \cdot x_{1t} \cdot x_{2t} + \gamma_{22} \cdot x_{2t}^2 + \gamma_{23} \cdot z_{3t} \cdot x_{2t} + v_{2t} \cdot x_{2t} + u_t
\end{aligned}$$

mit $\quad x_{1t}^2 = h_{1t}, \quad x_{1t} \cdot x_{2t} = h_{2t}, \quad x_{2t}^2 = h_{3t}, \quad z_{3t} \cdot x_{2t} = h_{4t}$
$\qquad h_{jt} = $ Kunstvariablen, $j = 1, \ldots, 4$

$$\begin{aligned}
&= \beta_0 + \gamma_{10} \cdot x_{1t} + \gamma_{11} \cdot h_{1t} + \gamma_{12} \cdot h_{2t} + \gamma_{21} \cdot h_{2t} \\
&\quad + \gamma_{20} \cdot x_{2t} + \gamma_{22} \cdot h_{3t} + \gamma_{23} \cdot h_{4t} + v_{1t} \cdot x_{1t} + v_{2t} \cdot x_{2t} + u_t
\end{aligned}$$

$$= \beta_0 + \gamma_{10} \cdot x_{1t} + \gamma_{11} \cdot h_{1t} + (\gamma_{12} + \gamma_{21}) \cdot h_{2t}$$
$$+ \gamma_{20} \cdot x_{2t} + \gamma_{22} \cdot h_{3t} + \gamma_{23} \cdot h_{4t} + (v_{1t} \cdot x_{1t} + v_{2t} \cdot x_{2t} + u_t)$$

Die gemeinsame Schätzung bezieht sich auf die letzte Gleichung. Durch die Multiplikation von Regressoren entstehen vier Kunstvariablen. β_{1t} und β_{2t} sind nicht bestimmbar, weil γ_{12} und γ_{21} nicht identifizierbar sind. Nur die Summe $(\gamma_{12} + \gamma_{21})$ ist bekannt. Damit sind keine Aussagen über die Parameterverläufe von β_1 und β_2 und mithin auch keine Einschätzungen hinsichtlich der Entwicklung des Einflußgewichts der einzelnen Regressoren möglich. Auch die Gewichtsverteilung der die Parameter beeinflussenden Variablen Z_{kl_k} ist nicht bestimmbar. Das Modell ist quasi eine Black-Box und für Interpretationen wenig geeignet.

Als ein Spezialfall des Belsley-Modells kann die Verwendung von Zeitpolynomen für die Parametergleichungen betrachtet werden. In der einfachsten Form entwickelt sich der Parameter in systematischer Weise mit dem Zeittrend.

$$\beta_{kt} = \overline{\beta}_k + d_k \cdot t$$

mit $\overline{\beta}_k$: Grundniveau des Parameters β_k
d_k : Veränderungsfaktor für die Zeittrendwirkung auf den Parameter β_k

Differenziertere zeittrendabhängige Entwicklungen können über diverse Polynome abgebildet werden:

$$\beta_{kt} = \overline{\beta}_k + f_k(t)$$

mit $f_k(t)$: zeittrendabhängiges Polynom für den Parameter β_k

Die Schätzung der Koeffizienten im Grundniveau bzw. der Koeffizienten der Parameterpolynome geschieht i.d.R. mit Hilfe der verallgemeinerten Methode der kleinsten Quadrate.[137] Auch bei Verwendung von Zeitpolynomen für die Parametergleichungen kann wiederum eine stochastische Komponente eingeführt werden. Die Funktionsformen für die Parametergleichungen lauten dann wie folgt:[138]

---

[137] Vgl. FARLEY, J. U./HINICH, M. - A Test For a Shifting Slope Coefficient in a Linear Model, in: Journal of the American Statistical Association, Vol. 65 (1970), S. 1321 ff. und SINGH, B./NAGAR, A. L./ CHOUDHRY, N. K./RAJ, B. - On the Estimation of Structural Change. A Generalization of the Random Coefficient Regression Model, in: International Economic Review, Vol. 17 (1976), S. 342 ff.
[138] Vgl. HUJER, R./HANSEN, H.-J./KLEIN, E., a.a.O., S. 425

Direkte Zeittrendabhängigkeit: $\beta_{kt} = \overline{\beta}_k + d_k \cdot t + v_{kt}$

Zeittrendabhängiges Polynom: $\beta_{kt} = \overline{\beta}_k + f_k(t) + v_{kt}$

Die Modellform mit stochastischer Komponente wird auch als Variable-Mean-Response-Modell (VMR) bezeichnet.[139] Sie stellt genaugenommen eine Zusammenführung des Belsley-Modells mit dem später noch näher vorgestellten Hildreth-Houck-Modell dar. Aus dem Hildreth-Houck-Modell, welches eine stochastische Parametervariation um einen festen Parameter-Mittelwert unterstellt, kommt die stochastische Modellkomponente $(\overline{\beta}_k + v_{kt})$, während das Belsley-Modell die systematische Parameterveränderung entlang eines Zeittrends einbringt $(f_k(t))$. Die Parameter entwickeln sich dementsprechend stochastisch um einen Zeittrend.[140] Zur Schätzung dieses kombinierten Ansatzes kann i.d.R. die verallgemeinerte Methode der kleinsten Quadrate verwendet werden. Einen Überblick über weitere Schätzfunktionen geben SINGH/NAGAR/CHOUDHRY/RAJ[141]. Wie schon beim Belsley-Grundmodell bedarf es auch hier der Kenntnisse über die Spezifizierung der Zeitpolynome für die einzelnen Parameter.

Unter dem Abschnitt 3.1. dieses Kapitels wurde ausgeführt, daß sich systematische Parameterveränderungen auch durch eine Fehlspezifikation des Modells ergeben. Für die Konstruktion des Belsley-Modells folgt daraus: Wird im Modell zur Erklärung der Parametervariation die Verwendung exogener Variablen in dem Sinne zugelassen, daß diese Variablen nicht bereits erklärende Variablen des Ausgangsregressionsmodells sind, so wird im Belsley-Modell durch die Einbeziehung neuer Informationen implizit unterstellt, daß das Ausgangsmodell fehlspezifiziert ist. Wird die Einbeziehung solcher neuer Informationen dagegen ausgeschlossen, so wird davon ausgegangen, daß keine Fehlspezifizierung vorliegt, weil die Parametervariation durch die im Ausgangsmodell enthaltenen Informationen ausreichend erklärt werden kann. Umgekehrt kann damit geschlossen werden, daß eine Fehlspezifikation des Ausgangsmodells vorliegt, wenn die Parametervariation nicht durch die Regressoren des Ausgangsmodells erklärt werden kann.

Die Verwendung von erklärenden Variablen zur Spezifikation der Parametergleichungen ist ein Spezifikum systematischer Parametervariationsmodelle. Stochastische Parametermodelle

---

[139] Vgl. KOCKLÄUNER, G. - Regressionsmodelle mit trendbehafteten stochastischen Koeffizienten, Hannover 1981 (erschienen in der Reihe "Diskussionspapiere des Fachbereichs Wirtschaftswissenschaften der Universität Hannover, Serie B: Ökonometrie und Statistik, Nr. 9"), S. 3 ff.
[140] Vgl. RÖHLING, W., a.a.O., S. 91
[141] Vgl. SINGH, B./NAGAR, A. L./CHOUDHRY, N. K./RAJ, B., a.a.O., S. 344 ff.

schließen dies i.d.R. dadurch aus, daß sie Korrelationsbeziehungen zwischen den Regressoren und den Parametern des Modells nicht zulassen.[142]

Auch wenn das Belsley-Modell teils mit stochastischer Komponente spezifiziert wird, so behält es doch im wesentlichen seine systematische Parametervariationscharakteristik. Die stochastische Komponente dient nur zur Vervollständigung, wenn von einer reinen systematischen Entwicklung nicht ausgegangen werden kann. Dies unterscheidet das Belsley-Modell mit stochastischer Komponente von den im folgenden beschriebenen stochastischen Parametervariationsmodellen. Letztere zeichnen sich durch eine bedeutend detailliertere Verwendung stochastischer Komponenten aus und führen die Parametervariation im wesentlichen auf zufällige Schwankungen zurück.

Die Vorteile des Belsley-Modells liegen insbesondere in der Einbeziehung von langfristigen und allmählichen Parameterverschiebungen. Als Nachteil muß die mögliche Nichtidentifizierbarkeit der Parameterzeitpfade angesehen werden, was Interpretationen entscheidend behindern kann.

3.4. Hildreth-Houck-Modell

Das Hildreth-Houck-Modell geht von einer stochastischen Parameterveränderung auf Basis eines stationären Prozesses aus. Dabei folgt der variable Parametervektor einem Standardniveau, von dem aus er zufällige Schwankungen erfährt. Da es sich um zufällige Parameterschwankungen um einen Mittelwert herum handelt, wird das Hildreth-Houck-Modell auch als Constant-Mean-Response-Modell (CMR) bezeichnet. Wesentliche Anwendungsfelder des Modells sind Problemstellungen im Bereich von Querschnittsdaten.[143] Das Ausgangsmodell von Hildreth und Houck lautet:

$$y_t = \underline{x}'_t \cdot \underline{\beta}_t$$

Es fällt auf, daß die Spezifizierung ohne die Störgröße u_t stattfindet. Der Grund liegt darin, daß die Störgröße mit dem Fehlerterm der Konstanten des Modells zusammengefaßt wird und deswegen nicht explizit in die Ausgangsgleichung aufgenommen wird.[144] Der variable Parametervektor $\underline{\beta}_t$ läßt sich wie folgt ausdrücken:

---

[142] Vgl. RÖHLING, W., a.a.O., S. 96 f. und ROSENBERG, B. - A Survey of Stochastic Parameter Regression, in: Annals of Economic and Social Measurement, 2/4 (1973), S. 382
[143] Vgl. HILDRETH, C./HOUCK, J. P. - Some Estimators of a Linear Model With Random Coefficients, in: Journal of the American Statistical Association, Vol. 63 (1968), S. 584 f. und JUDGE, G. G. u.a. (1985), a.a.O., S. 807
[144] Vgl. SEITZ, H., a.a.O., S. 6

$$\underline{\beta}_t = \overline{\beta} + \underline{v}_t$$

mit $\underline{\beta}_t$: Vektor der "Actual-Response-Coefficients"
$\overline{\beta}$: Vektor der "Mean-Response-Coefficients", Vektor des Standardniveaus der Parameter β_k
$\underline{v}_t$: Vektor der Störvariablen der Parametergleichung für die β_k

Durch Einsetzen der Parametergleichungen in das Ausgangsregressionsmodell ergibt sich:

$$y_t = \underline{x}'_t \cdot (\overline{\beta} + \underline{v}_t) = \underline{x}'_t \cdot \overline{\beta} + \underline{x}'_t \cdot \underline{v}_t$$
$$= \underline{x}'_t \cdot \overline{\beta} + w_t \qquad \text{mit} \quad w_t = \underline{x}'_t \cdot \underline{v}_t$$

Werden für den Störvariablenvektor $\underline{v}_t$ die Annahmen des gewöhnlichen Regressionsmodells getroffen,

$$E\underline{v}_t = \underline{0}; \quad \text{var } v_{kt} = \sigma_k^2 \quad \text{für} \quad k = 1, \ldots, K$$
$$Kov(v_{kt}, v_{k't'}) = 0 \quad \text{für} \quad k \neq k'; \ t \neq t'; \ t = 1, \ldots, T,$$

so gelten für w_t die folgenden Verteilungsmomente:

$$Ew_t = 0 \quad \text{und} \quad \text{var } w_t = \underline{x}'_t \cdot \Sigma_{vv} \cdot \underline{x}_t$$

w_t zeigt damit Heteroskedastizität. Für die Schätzung des "Mean-Response-Coefficient"-Vektors $\overline{\beta}$ muß deswegen die verallgemeinerte Methode der kleinsten Quadrate unter Berücksichtigung der Varianz-Kovarianz-Matrix der w_t verwendet werden. Die entsprechende Schätzfunktion lautet:[145]

$$\hat{\overline{\beta}} = \left(\underline{X}' \cdot \Sigma_{ww}^{-1} \cdot \underline{X} \right)^{-1} \cdot \underline{X}' \cdot \Sigma_{ww}^{-1} \cdot \underline{y}$$

Da die Varianz-Kovarianz-Matrix der w_t von den Varianzen σ_k^2 der Störvariablen der einzelnen Parametergleichungen v_t abhängt und diese i.d.R. unbekannt sind, müssen sie vorher geschätzt werden.[146]

---

[145] Vgl. JUDGE, G. G. u.a. (1988), a.a.O., S. 437 f.
[146] Anm.: Zur Schätzung der σ_k^2 vergleiche die diversen Ansätze in: HILDRETH, C./HOUCK, J. P., a.a.O., S. 586 f. und FROEHLICH, B. R. - Some Estimators For a Random Coefficient Regression Model, in: Journal of the American Statistical Association, Vol. 68 (1973), S. 330 und SEITZ, H., a.a.O., S. 7 ff. und HILD, C. - Schätzen und Testen in einem Regressionsmodell mit stochastischen Koeffizienten, Meisenheim/Glan 1977, S. 16 ff.

Hildreth und Houck schätzen zwar das Ausgangsmodell mit Hilfe der Mean-Response-Coefficients $\overline{\beta}_k$, nicht jedoch die zugehörigen Parameterreihen β_{kt}, $k = 1,...,K$; $t = 1,...,T$, der Actual-Response-Coefficients. Daß die Bestimmung dieser Koeffizientenzeitpfade nicht unmöglich ist, wird aus der Arbeit von W.E. GRIFFITHS deutlich.[147] Allerdings kann das angegebene Verfahren nicht überzeugen, da es so aufwendig ist, daß es in der Praxis kaum angewendet wird.[148] Aufgrund dieser Tatsache muß bei der praktischen Anwendung des Hildreth-Houck-Modells davon ausgegangen werden, daß die Bestimmung der Parameterzeitpfade nur unter erheblichem Aufwand möglich ist.

Bei genauer Betrachtung des Aufbaus des Hildreth-Houck-Modells wird deutlich, daß es als Spezialfall eines vektoriellen, autoregressiven Prozesses aufgefaßt werden kann. Bei einem solchen Prozeß ergeben sich die aktuellen Parameterwerte aus den Parameterwerten der Vorperiode. Der autoregressive Prozeß läßt sich dabei wie folgt formulieren:

$$\beta_{kt} = \overline{\beta}_k + d_k \cdot (\beta_{k,t-1} - \overline{\beta}_k) + v_{kt}$$

mit $\overline{\beta}_k$: Standardniveau des Parameters β_k
     d_k : Veränderungskoeffizient des Parameters β_k

Das Hildreth-Houck-Modell stellt sich bei einem Veränderungs- bzw. Anpassungskoeffizienten von $d_k = 0$ ein:

$$\beta_{kt} = \overline{\beta}_k + v_{kt}$$

Für einen Anpassungskoeffizienten von $d_k = 1$ ergibt sich das Random-Walk-Modell:[149]

$$\beta_{kt} = \beta_{k,t-1} + v_{kt}$$

Eine Abwandlung des Modells von Hildreth und Houck stellt das Modell von Swamy dar. Während das Hildreth-Houck-Modell im wesentlichen auf Querschnittsdaten Anwendung findet, verbindet Swamy Querschnitts- und Zeitreihendaten, indem er für $j = 1,...,J$ Querschnittsgruppen eine zeitliche Entwicklung dieser Gruppen über die Zeitpunkte $t = 1,...,T$ einbezieht. Das Modell unterstellt für jede Gruppe den gleichen Mittelwertvektor $\overline{\beta}$ als Pa-

---

[147] Vgl. zur Ableitung der Schätzfunktionen GRIFFITHS, W. E. - Estimation of Actual Response Coefficients in the Hildreth-Houck-Random-Coefficient Model, in: Journal of the American Statistical Association, Vol. 67 (1972), S. 633 ff. und SEITZ, H., a.a.O., S. 12 ff. und HILD, C., a.a.O., S. 53 ff.
[148] Vgl. SEITZ, H., a.a.O., S. 12
[149] Vgl. HARVEY, A. C./PHILLIPS, G. D. A. - The Estimation of Regression Models With Time-Varying Parameters, in: DEISTLER, M. u.a. (Hrsg.) - Games, Economic Dynamics and Time Series Analysis, Wien, Würzburg 1982, S. 307 f.

rametervektor mit der stochastischen Komponente $\underline{v}_j$ für die einzelnen Gruppen. Im Gegensatz zum Hildreth-Houck-Modell ist das Ausgangsmodell mit stochastischer Komponente formuliert. Die funktionalen Zusammenhänge lauten wie folgt:

Ausgangsmodell:

$$y_{jt} = \underline{x}'_{jt} \cdot \underline{\beta}_j + u_{jt} \quad , j = 1,\ldots,J; \ t = 1,\ldots,T$$

mit $\quad \underline{\beta}_j = \overline{\beta} + \underline{v}_j \quad$, $\quad \begin{array}{l} j \ : \text{Querschnittsgruppenindex} \\ t \ : \text{Zeitindex} \end{array}$

Bei der Schätzung von $\overline{\beta}$ werden jetzt nicht nur die Querschnittsdaten einer Periode berücksichtigt, sondern die Querschnittsdaten aller Perioden t. Die Schätzung erfolgt mit der verallgemeinerten Methode der kleinsten Quadrate.[150]

3.5. Cooley-Prescott-Modell

Das Cooley-Prescott-Modell ist ein variables Parametermodell mit stochastischer Parameterveränderung auf Basis eines nicht-stationären Prozesses. Die Modellparameter können sich zu jedem Zeitpunkt verändern. Da es zum einen Gründe für Parameterveränderungen gibt, die permanent wirksam sind, und zum anderen Gründe, die mehr zufälligen Charakter haben, wird die Parametervariation in zwei Komponenten zerlegt: Eine schnell fluktuierende, zufallsbestimmte Komponente (transitorische Komponente) und eine sich langsam und kontinuierlich entwickelnde permanente Komponente. Das Ausgangsregressionsmodell wird wie beim Hildreth-Houck-Modell ohne Störvariable aufgestellt, da diese wiederum mit dem Fehlerterm der Konstanten des Modells zusammengefaßt wird.

$$y_t = \underline{x}'_t \cdot \underline{\beta}_t$$

Die Parametergleichungen mit den zwei oben beschriebenen Komponenten lassen sich in vektorieller Schreibweise wie folgt ausdrücken:

$$\underline{\beta}_t = \underline{\beta}^P_t + \underline{v}_t$$

---

[150] Vgl. SWAMY, P. A. V. B. - Efficient Inference in a Random Coefficient Regression Model, in: Econometrica, Vol. 38 (1970), S. 312 ff. und FOMBY, T. B./HILL, R. C./JOHNSON, St. R., a.a.O., S. 317 f.

mit $\underline{\beta}_t^P$: Parametervektor der permanenten Komponente
  $\underline{v}_t$: Vektor der zufallsbestimmten Komponente

Die permanente Komponente unterliegt dabei einem adaptiven Veränderungsprozeß:

$$\underline{\beta}_t^P = \underline{\beta}_{t-1}^P + \underline{w}_t$$

Für die Störvariablen $\underline{v}_t$ und $\underline{w}_t$ werden folgende Annahmen getroffen:

$$\underline{v}_t \sim N(\underline{0};(1-\gamma)\cdot\sigma^2\cdot\underline{\Sigma}_{vv}) \; ; \qquad Kov(v_t,v_{t'}) = 0 \quad \text{für } t \neq t'$$
$$\underline{w}_t \sim N(\underline{0};\gamma\cdot\sigma^2\cdot\underline{\Sigma}_{ww}) \; ; \qquad Kov(w_t,w_{t'}) = 0 \quad \text{für } t \neq t'$$
$\underline{v}_t$ und $\underline{w}_t$ unabhängig verteilt

γ bzw. $(1-\gamma)$ stellt die Gewichtsverteilung zwischen der permanenten und der zufallsbestimmten Komponente im Hinblick auf die Parameterveränderungen dar. Für die Varianz-Kovarianz-Matrizen von $\underline{v}_t$ und $\underline{w}_t$ kann eine Normierung je eines Elementes vorgenommen werden, so daß $\sigma_{v_1}^2$ und $\sigma_{w_1}^2$ i.d.R. Eins gesetzt werden. Da a-priori-Informationen hinsichtlich der weiteren Elemente dieser Matrizen selten vorliegen, müssen diese häufig geschätzt werden.[151]

Wird die funktionale Beziehung für den permanenten Parametervektor $\underline{\beta}_t^P$ betrachtet, so wird deutlich, daß sich der Parametervektor $\underline{\beta}_t$ nicht nur von Periode zu Periode verändern kann, sondern im Gegensatz zum Hildreth-Houck-Modell auch keinen festen Basiswert hat.

Um das Ausgangsregressionsmodell zu schätzen, bedarf es der Bestimmung des permanenten Parametervektors $\underline{\beta}_t^P$, der Komponentengewichtsverteilung γ bzw. $(1-\gamma)$ und der Varianz σ^2. Zur Schätzung kann eine Likelihoodfunktion verwendet werden. Aufgrund des nicht-stationären Prozesses des Modells setzt eine Likelihood-Schätzung jedoch die Festlegung einer Basisperiode voraus, von der aus die Schätzaktivitäten ihren Ausgangspunkt nehmen. Die Spezifikation von $\underline{\beta}_t^P$ mit Hilfe des um eine Zeiteinheit verschobenen Vektors $\underline{\beta}_{t-1}^P$ verhindert es zudem, alle Parameter β_{kt}^P, $k = 1,\ldots,K$; $t = 1,\ldots,T$, in einem Schätzvorgang zu bestimmen.[152] Als Basisperiode wird meist der Zeitpunkt $t = T+1$ bzw. $t = 0$ gewählt. Es ist jedoch auch jeder andere Zeitpunkt möglich, da die Wahl des Basiszeitpunktes

---

[151] Vgl. zu den Möglichkeiten der Schätzung der Varianz-Kovarianz-Matrizen von $\underline{v}_t$ und $\underline{w}_t$ COOLEY, T. F./PRESCOTT, E. C. - Systematic (Non-Random) Variation Models, Varying Parameter Regression. A Theory and Some Applications, in: Annals of Economic and Social Measurement, 2/4 (1973), S. 467 ff. und COOLEY, T. F./PRESCOTT, E. C. - Estimation in the Presence of Stochastic Parameter Variation, in: Econometrica, Vol. 44 (1976), S. 169 ff.
[152] Vgl. RÖHLING, W., a.a.O., S. 98

die Schätzung der $\underline{\beta}_{kt}$ nicht beeinflußt.[153] Für den Basiszeitpunkt $t = T+1$ läßt sich die permanente Modellkomponente wie folgt umschreiben:

$$\underline{\beta}_t^P = \underline{\beta}_{t-1}^P + \underline{w}_t \quad \Rightarrow \quad \underline{\beta}_{T+1}^P = \underline{\beta}_T^P + \underline{w}_{T+1} = \underline{\beta}_t^P + \sum_{j=t+1}^{T+1} \underline{w}_j$$

$$\Leftrightarrow \quad \underline{\beta}_t^P = \underline{\beta}_{T+1}^P - \sum_{j=t+1}^{T+1} \underline{w}_j$$

Für die Parametergleichungen unter Beachtung beider Komponenten gilt dementsprechend:

$$\underline{\beta}_t = \underline{\beta}_t^P + \underline{v}_t = \underline{\beta}_{T+1}^P - \sum_{j=t+1}^{T+1} \underline{w}_j + \underline{v}_t$$

Damit ergibt sich folgendes eingesetztes Ausgangsregressionsmodell:[154]

$$y_t = \underline{x}_t' \cdot \underline{\beta}_{T+1}^P + \underline{x}_t' \cdot \underline{v}_t - \underline{x}_t' \cdot \sum_{j=t+1}^{T+1} \underline{w}_j$$

Über die Maximierung einer geeigneten Likelihoodfunktion wird die Gewichtsverteilung zwischen der zufallsbestimmten und der permanenten Komponente γ bzw. $(1-\gamma)$ bestimmt. Die Schätzwerte des Parametervektors $\underline{\beta}_{T+1}^P$ und der Varianz σ^2 ergeben sich danach über entsprechende Verallgemeinerte-Kleinste-Quadrate-Schätzer.[155] Sie weisen asymptotisch konsistente und effiziente Eigenschaften auf.

Eine Schwäche des Modells von Cooley und Prescott ist die Nichtbestimmung der Parameterzeitpfade $\underline{\beta}_{kt}$. Daß deren Bestimmung möglich ist, zeigt die Arbeit von SEITZ, welcher mit Hilfe des Kalman-Filter-Algorithmus[156] und unter Verwendung der aus den Schätzern von Cooley und Prescott sich ergebenden Startwerte für den Kalman-Filter die Koeffizientenzeitpfade festlegt. Auf diese Weise werden Zeitpunkt für Zeitpunkt, ausgehend von $\underline{\beta}_{T+1}^P$, die Schätzer für $\underline{\beta}_t^P$ und die dazugehörigen Varianz-Kovarianz-Matrizen berechnet.[157] Über die funktionalen Zusammenhänge lassen sich dann auch die $\underline{\beta}_t$-Vektoren berechnen.[158]

---

[153] Vgl. REINSEL, G. - A Note on the Adaptive Regression Model, in: International Economic Review, Vol. 20 (1979), S. 193 ff.
[154] Vgl. COOLEY, T. F./PRESCOTT, E. C. (1973), a.a.O., S. 465
[155] Vgl. dazu die Schätzgleichungen bzw. die Likelihoodfunktion in SEITZ, H., a.a.O., S. 15 ff. und COOLEY, T. F./PRESCOTT, E. C. (1973), a.a.O., S. 466 f.
[156] Vgl. zum Kalman-Filter-Algorithmus Abschnitt 4.2. in diesem Kapitel
[157] Vgl. SEITZ, H., a.a.O., S. 21 ff.
[158] Vgl. HARVEY, A. C. - Time Series Models, Oxford 1981, S. 101 ff.

Die praktische Umsetzung dieser Vorgehensweise über den Kalman-Filter-Algorithmus geschieht jedoch recht selten, so daß in den entsprechenden Analysen, die einen Cooley-Prescott-Modellansatz verwenden, i.d.R. die Parameterzeitpfade nicht ausgewiesen werden. Dies hat seine Ursache zum einen in der z.Zt. noch geringen Verbreitung des Kalman-Algorithmus in Regressionsanalysen und zum anderen in der vergleichsweise komplizierten Schätzung mit Kalman-Filtern.

Wird das Modell von Cooley und Prescott mit dem Modell von Hildreth und Houck verglichen, so zeigt sich, daß letzteres ein Spezialfall des ersteren ist. Wird $\gamma = 0$ gesetzt, so folgt daraus:

$$\underline{w}_t = 0 \quad \text{und damit} \quad \underline{\beta}_t^P = \underline{\beta}_{t-1}^P = \overline{\underline{\beta}}_t \ .$$

Die permanente Modellkomponente wird zu einem festen Mittelwert, die Parameterveränderungen beruhen allein auf der zufallsbestimmten Komponente.

Das "stochastisch konvergente Parametermodell" von Rosenberg ist eine Abwandlung des Cooley-Prescott-Modells in der Hinsicht, daß von konvergierenden Parametern ausgegangen wird.[159] Dabei weist das Rosenberg-Modell ebenfalls einen adaptiven Prozeß für die Parameterentwicklung auf. Dieser konvergiert jedoch gegen einen unbekannten Gleichgewichtswert. Die Modellgleichung für den variablen Parametervektor lautet:[160]

$$\underline{\beta}_{jt} = \lambda \cdot \underline{\beta}_{jt}^P + (1-\lambda) \cdot \overline{\underline{\beta}} + \underline{v}_{jt} \quad , j = 1,\ldots,J$$

mit $\quad \underline{\beta}_{jt}^P = \underline{\beta}_{j,t-1}^P + \underline{w}_{jt}$

mit $\overline{\underline{\beta}}$: Vektor, gegen den die Parameter in $\underline{\beta}_{jt}$ konvergieren

λ : Gewichtungsfaktor bzw. Konvergenzrate

j : Gruppenindex des Querschnitts

Das Modell eignet sich besonders für die Kombination von Querschnitts- und Zeitreihendaten. Liegen zu verschiedenen Beobachtungszeitpunkten Daten der den Querschnitt bildenden Teilgruppen j vor, so stellt der Vektor $\underline{\beta}_j$ die Verhaltensparameter einer Teilgruppe dar. Dieser entwickelt sich mit der permanenten Komponente $\underline{\beta}_j^P$ und der Konvergenzrate λ auf den Gesamtgruppenparametervektor $\overline{\underline{\beta}}$ zu. Individuelle Verhaltensweisen der einzelnen

---

[159] Vgl. ROSENBERG, B. - Random Coefficients Models. The Analysis of a Cross Section of Time Series by Stochastically Convergent Parameter Regression, in: Annals of Economic and Social Measurement, 2/4 (1973), S. 399 ff.
[160] Vgl. ebenda, S. 400 f.

Teilgruppen werden durch die jeweilige stochastische Komponente $\underline{v}_j$ berücksichtigt.[161] Das Modell ist damit vor allem für die Abbildung gruppenpsychologischer Phänomene geeignet.[162]

4. Schätzverfahren für Regressionsmodelle mit variablen Parametern

4.1. Gewöhnliche und verallgemeinerte Methode der kleinsten Quadrate, Maximum-Likelihood-Methode

Aus den obigen Ausführungen wird deutlich, daß sich die gewöhnliche Methode der kleinsten Quadrate (OLS) in den seltensten Fällen für die Schätzung variabler Parametermodelle eignet. Ihre Verwendung bleibt auf die einfacheren Modellstrukturen und auf einfache Parameterfunktionsgleichungen ohne stochastische Komponente beschränkt.

Durch die vielfach auftretende Heteroskedastizität wird oft der Übergang zur verallgemeinerten Methode der kleinsten Quadrate (GLS) notwendig. Bei ihrer Anwendung tritt dann jedoch häufig das Problem auf, Varianzen und Kovarianzen der Störvariablen bzw. der Parameter zu schätzen.

Für diese Varianz- und Kovarianz-Schätzungen sowie für die Schätzung komplizierterer Modellstrukturen, für die sich die Methode der kleinsten Quadrate nicht eignet, wird dann in vielen Fällen die Maximum-Likelihood-Methode (ML) vorgeschlagen. Die zu maximierenden Likelihoodfunktionen stellen allerdings nicht selten aufgrund ihrer Komplexität und Nichtlinearität hohe Anforderungen an die softwaremäßige Ausstattung bzw. an die entsprechenden Programmierkenntnisse.[163]

Die umfassendste Schätzmethode zur Lösung variabler Parameterstrukturen ist jedoch der Kalman-Filter-Algorithmus, der sukzessive mit Hilfe einer rekursiven Rechenroutine die meisten variablen Modellspezifikationen zu lösen vermag. Besonders vorteilhaft ist, daß während der Durchführung des Algorithmus automatisch die Parameterzeitpfade ausgegeben werden. Wie aus den bisherigen Ausführungen zu entnehmen war, ist dies bei den einzelnen Modellen und den dafür vorgeschlagenen Lösungsalgorithmen nicht selbstverständlich bzw. bedarf komplizierter weiterer Schätzungen, die in der Praxis häufig unterbleiben.

---

[161] Vgl. RÖHLING, W., a.a.O., S. 102
[162] Anm.: Zur Schätzung des Rosenberg-Modells vgl. ROSENBERG, B. (1973), a.a.O., S. 405 ff. und bezüglich der Grundideen für die Schätzerableitung MADDALA, G. S. - Econometrics, Tokyo u.a. 1977, S. 399 f.
[163] Vgl. SEITZ, H., a.a.O., S. 5 f.

Die optimistische Einstellung bezüglich des Kalman-Algorithmus wird dadurch getrübt, daß für seine Durchführung eine Vielzahl von Vorinformationen hinsichtlich der Modellzusammenhänge und Kovarianzbeziehungen notwendig sind. Der Großteil dieser Informationen, der neben den Startwerten in den rekursiven Algorithmus einfließen muß, wird deswegen aus den konventionellen Schätzmethoden stammen.

Aufgrund der breiten Anwendungsmöglichkeiten des Kalman-Algorithmus soll seine Vorgehensweise im folgenden näher beschrieben werden.

4.2. Kalman-Filter-Algorithmus

Der Kalman-Filter-Algorithmus ist ein Schätzverfahren für variable Parametermodelle mit systematischer und stochastischer Parametervariation. Er erlaubt dabei auch die Schätzung von sehr komplizierten Parametergleichungen, die durch die bisher vorgestellten variablen Parametermodelle immer nur partiell, aber nicht komprimiert in einem Modell abgedeckt werden. Aus diesem Grunde wird oft auch vom Kalman-Modell gesprochen, welches als eine Verallgemeinerung der meisten anderen Modellansätze aufgefaßt wird.[164] Diese Einschätzung wird deutlich, wenn die umfassende Parametergleichung des Kalman-Algorithmus betrachtet wird:

Ausgangsmodell: $y_t = \underline{x}'_t \cdot \underline{\beta}_t + u_t$

Parametergleichungen: $\underline{\beta}_t = \underline{\Gamma} \cdot \underline{\beta}_{t-1} + \underline{\gamma} \cdot \underline{z}_t + \underline{v}_t$, $t = 1, \ldots, T$

mit $\underline{\Gamma}$: $(K \times K)$-Übergangsmatrix für die Parameterwerte vom Zeitpunkt $(t-1)$ zum Zeitpunkt t

$\underline{z}_t$: Vektor der erklärenden Variablen für die Parameterentwicklung des systematischen Teils $\left(z_{l_k t} , l_k = 1, \ldots, L_k\right)$

$\underline{\gamma}$: $(K \times L_k)$-Matrix der Koeffizienten der erklärenden Variablen des systematischen Teils $\left(\gamma_{k l_k} , k = 1, \ldots, K; l_k = 1, \ldots, L_k\right)$

$\underline{v}_t$: Störvariablen der Parametergleichungen $\left(v_{kt} , k = 1, \ldots, K; t = 1, \ldots, T\right)$

---

[164] Vgl. die ursprüngliche Entwicklung des Kalman-Algorithmus durch R. E. Kalman in: KALMAN, R. E. - A New Approach to Linear Filtering and Prediction Problems, in: Journal of Basic Engeneering, Vol. 82 (1960), S. 35 ff.

$\underline{\Gamma} \cdot \underline{\beta}_{t-1}$: autoregressive Komponente
$\underline{\gamma} \cdot \underline{z}_t$: systematische Komponente
$\underline{v}_t$: stochastische Komponente

Als Voraussetzung für die Verwendung des Algorithmus wird folgende Verteilungs- und Varianz-Kovarianzsituation für die im Gesamtsystem auftretenden Störvariablen unterstellt $(für\ k = 1,\dots,K\ \text{Parameter})$:

$$(u_t, v_{1t}, v_{2t}, \dots, v_{Kt})' \sim N(\underline{0}\ ;\ \underline{\Sigma}_{\underline{uv}})$$

Eigenschaften von $\underline{\Sigma}_{\underline{uv}}$:
$\operatorname{var} u_t = \sigma_u^2$, $\operatorname{var} \underline{v}_t = \underline{Q}$
$Kov(u_t, v_{kt}) = 0$

$$\Rightarrow\ \underline{\Sigma}_{\underline{uv}} = \begin{pmatrix} \sigma_u^2 & \underline{0} \\ \underline{0} & \underline{Q} \end{pmatrix}$$

Der Kalman-Algorithmus bedient sich einer rekursiven Vorgehensweise zur Schätzung der Parameterzeitpfade und erreicht dabei unverzerrte lineare Schätzergebnisse mit minimaler Varianz.[165] Aus der Rekursivität folgt, daß der Algorithmus Startwerte und Informationen über die Verteilungsstruktur des Modells zum Startzeitpunkt benötigt. Als Startwerte werden der Parametervektor zum Zeitpunkt $t = 0$ $(\underline{\beta}_0)$ und die Varianz-Kovarianz-Matrix des Parametervektors zum Zeitpunkt $t = 0$ $(\underline{\Sigma}_{\beta\beta_0})$ verwendet. Im ersten Schritt des Verfahrens werden die Startwerte in die Zeitperiode $t = 1$ fortgeschrieben. Da sich diese Vorgehensweise immer wiederholt, kann dieser erste Schritt auch allgemeiner beschrieben werden als: Die Parameterschätzer der Vorperiode $(\hat{\underline{\beta}}_{t-1})$ und die geschätzte Varianz-Kovarianz-Matrix der Parameterschätzer der Vorperiode $(\hat{\underline{\Sigma}}_{\beta\beta_{t-1}})$ werden in die aktuelle Periode t fortgeschrieben $(\underline{\beta}_t^*)$, $(\underline{\Sigma}_{\beta\beta_t}^*)$ (Fortschreibungsteil/extrapolativer Teil des Kalman-Filters).[166]

$$\underline{\beta}_t^* = \underline{\Gamma} \cdot \hat{\underline{\beta}}_{t-1} + \underline{\gamma} \cdot \underline{z}_t$$
$$\underline{\Sigma}_{\beta\beta_t}^* = \underline{\Gamma} \cdot \hat{\underline{\Sigma}}_{\beta\beta_{t-1}} \cdot \underline{\Gamma}' + \underline{Q}$$

---

[165] Vgl. RÖHLING, W., a.a.O., S. 145
[166] Vgl. MÖLLER, J./WAIS, B. - Kalman-Verfahren in der Ökonometrie. Schätzung einer Geldangebotsgleichung mit zeitvariablen Koeffizienten unter Verwendung optimaler Filtereingangsinformationen, in: Allgemeines Statistisches Archiv, Bd. 71 (1987), S. 269

Mit den fortgeschriebenen Parameterwerten $\underline{\beta}_t^*$ wird jetzt der Regressand des Ausgangsmodells für die aktuelle Periode t berechnet,

$$y_t^* = \underline{x}_t' \cdot \underline{\beta}_t^*,$$

und die Abweichung zum tatsächlichen Regressandenwert y_t ermittelt:

$$abw.(y_t^*) = y_t - y_t^* \quad \text{("Prognose"-Fehler)}$$

Diese Abweichung, die als ein Maß für die Veränderung der Modellzusammenhänge zwischen den Zeitpunkten $(t-1)$ und t verwendet wird, dient nun zur Korrektur von $\underline{\beta}_t^*$:

$$\underline{\hat{\beta}}_t = \underline{\beta}_t^* + d_t \cdot (y_t - y_t^*)$$

mit d_t : Veränderungskoeffizient, Gewichtung der durch die Abweichung bewirkten Parameterkorrektur

$$d_t = \underline{\Sigma}_{\hat{\beta}\hat{\beta}_t}^* \cdot \underline{x}_t \left(\underline{x}_t' \cdot \underline{\Sigma}_{\hat{\beta}\hat{\beta}_t}^* \cdot \underline{x}_t + \sigma_u^2 \right)^{-1} \quad 167$$

Je größer das Gewicht d_t, desto größer sind die Parameterschwankungen von $\underline{\hat{\beta}}_t$. Dabei nimmt d_t umso größere Werte an, je größer die Varianzen der Parametergleichungen im Verhältnis zur Varianz des Ausgangsmodells sind, weil die Korrekturnotwendigkeiten für $\underline{\beta}_t^*$ in diesem Fall ansteigen.

Als letzter Schritt des Algorithmus wird die Varianz-Kovarianz-Matrix der Parameterschätzer korrigiert:

$$\underline{\hat{\Sigma}}_{\hat{\beta}\hat{\beta}_t} = (\underline{I}_K - d_t \cdot \underline{x}_t') \cdot \underline{\Sigma}_{\hat{\beta}\hat{\beta}_t}^* \quad \text{mit} \quad \underline{I}_K \quad : (K \times K) \text{ Einheitsmatrix}$$

Die Korrekturteile des Algorithmus werden auch als Update-Teil des Kalman-Filters bezeichnet. In oben beschriebener Art und Weise werden jetzt Schritt für Schritt die $\underline{\hat{\beta}}_t$ und $\underline{\hat{\Sigma}}_{\hat{\beta}\hat{\beta}_t}$ für $t = 1, \ldots, T$ berechnet.[168]

---

[167] Anm.: Die Formel für d_t wurde unter der Bedingung minimaler Schätzfehlervarianz abgeleitet.
[168] Vgl. HUJER, R./HANSEN, H.-J./KLEIN, E., a.a.O., S. 427 f. und MÖLLER, J./WAIS, B., a.a.O., S. 269 f. und RÖHLING, W., a.a.O., S. 237 ff.
Anm.: Zur Originalableitung der Kalman-Filtergleichungen vgl. HAAS, P. - Zustands- und Parameter-

Wird der Kalman-Filter-Algorithmus näher betrachtet, so fällt auf, daß ausgehend von der Wahrscheinlichkeitsverteilung für $\underline{\beta}_t$ zum Zeitpunkt $t = 0$ alle weiteren $\underline{\beta}_t$ für $t = 1,...,T$ durch die rekursive Ermittlung von $\underline{\beta}_t$ und der zugehörigen Varianz-Kovarianz-Matrix $\underline{\Sigma}_{\beta\beta_t}$ berechnet werden.[169]

Bei dieser Verfahrensweise wird unterstellt, daß sich die zugrunde liegende Wahrscheinlichkeitsverteilung für $\underline{\beta}_t$ vollständig durch die beiden Momente Mittelwertvektor und Varianz-Kovarianz-Matrix beschreiben läßt. Ermöglicht wird dies durch die Annahme einer Normalverteilung für die $\underline{\beta}_t$. Zur Ermittlung aller $\underline{\beta}_t$ und $\underline{\Sigma}_{\beta\beta_t}$, $t = 1,...,T$, genügen zudem die Informationen hinsichtlich der stochastischen Verhältnisse der Vorperiode $(t-1)$ bzw. der des Algorithmusstartzeitpunktes $t = 0$. Eine solche Vorgehensweise ist dadurch gerechtfertigt, daß die Parametergleichung für $\underline{\beta}_t$ einem Gauß-Markov-Prozeß folgt. Ermöglicht wird dieser Gauß-Markov-Prozeß wiederum durch die Normalverteilung von $\underline{\beta}_t$ und durch die Unabhängigkeit der Störgröße $\underline{v}_t$ von den Startwerten des Vektors $\underline{\beta}_0$.[170] Dies impliziert, daß $\underline{\beta}_t$ bei gegebenem $\underline{\beta}_{t-1}$ nur noch von $\underline{v}_t$, $\underline{v}_t$ aber nicht von $\underline{\beta}_{t-2},...,\underline{\beta}_0$ abhängt.[171] Um den Kreis zu schließen, muß sichergestellt werden, daß $\underline{\beta}_t$ normalverteilt ist. Da sich $\underline{\beta}_t$ aus einer Linearkombination von unabhängig normalverteilten Zufallsvariablen $\underline{v}_t$ zusammensetzt, kann diese Voraussetzung jedoch als erfüllt angesehen werden.[172]

Neben der Rechtfertigung der Vorgehensweise des Kalman-Algorithmus machen die obigen Ausführungen aber auch deutlich, welche weitgehenden Annahmen und detaillierten Vorinformationen zur Durchführung des Algorithmus benötigt werden. Während die geforderte Linearität des ökonometrischen Ausgangsmodells und der Parametergleichungen weniger gravierende Einschränkungen sind, stellen die notwendigen Kenntnisse über die Startwerte $\underline{\beta}_0$ und $\underline{\Sigma}_{\beta\beta_0}$, über die Spezifizierung der Übergangsmatrix $\underline{\Gamma}$ und der Parametererklärungsvariablenmatrix $\underline{z}_t$, sowie insbesondere über die Verteilungen von $\underline{v}_t$ und u_t die praktische Anwendung des Kalman-Filter-Algorithmus zur Lösung ökonometrischer Modelle vor Probleme. Im folgenden sollen deswegen verschiedene Methoden zur Festlegung der Filtereingangsinformationen beschrieben werden.

Die exakte Festlegung der Startwerte $\underline{\beta}_0$ und $\underline{\Sigma}_{\beta\beta_0}$ ist für die letztendlichen Modellergebnisse nicht von so großer Bedeutung, weil hier auftretende Fehler durch den Algorithmus

---

schätzung in ökonometrischen Modellen mit Hilfe von linearen Filtermethoden, Königstein/Ts. 1983, S. 9 ff.
[169] Anm.: Die folgenden Ausführungen, die eng mit der Entstehung des Kalman-Filters und dessen Voraussetzungen zusammenhängen, zeigen, warum diese Vorgehensweise möglich ist.
[170] Anm.: Letzteres ist eine zusätzliche und bisher noch nicht explizit genannte Annahme des Kalman-Algorithmus.
[171] Vgl. JAZWINSKI, A. H., a.a.O., S. 89
[172] Anm.: $Kov(\underline{\beta}_0,\underline{v}_t) = \underline{0}$ und $\underline{v}_t \sim N(\underline{0};\underline{\Sigma}_{vv})$ für $t = 1,...,T$
Vgl. RÖHLING, W., a.a.O., S. 141

schnell korrigiert werden. Selbst bei größeren Festlegungsfehlern resultieren bereits nach wenigen Durchläufen gute Schätzer. Wird zudem $\underline{\Sigma}_{\beta\beta_0}$ auf der Diagonalen mit großen Werten versehen, so entspricht dies einer hohen Unsicherheit bei der Festlegung der Startwerte und eine Korrektur findet entsprechend schnell statt.[173] Trotzdem sollten $\underline{\beta}_0$ und $\underline{\Sigma}_{\beta\beta_0}$ natürlich möglichst genau bestimmt werden. Einige Verfahren hierzu beschreibt SCHAPS.[174]

Gravierende Schätzerbeeinträchtigungen können hingegen auftreten, wenn $\underline{\Gamma}$ und $\underline{\gamma}$ sowie die Varianz-Kovarianz-Matrix $\underline{Q}$ und σ_u^2 ungenau festgelegt werden. Zur Schätzung dieser Größen werden verschiedene Verfahren vorgeschlagen. Zum einen wird eine recht rechenintensive direkte Likelihood-Funktion abgeleitet und entsprechend maximiert.[175] Ein anderer Ansatz verwendet eine Informationsmatrix, mit der eine Likelihood-Funktion rekursiv mit Hilfe eines erweiterten Kalman-Ansatzes maximiert wird (Fisher-Scoring-Algorithmus). Dazu bedarf es einer Ableitung der Likelihood-Funktion nach den oben zu bestimmenden Größen.[176] Ein ableitungsfreies Verfahren ist der EM-Algorithmus (Expectation-Maximization-Algorithmus), der für die Maximierung einer Likelihood-Funktion bei fehlenden Beobachtungen entwickelt wurde. Die $\underline{\beta}_t$ werden dabei als fehlende "Beobachtungen" angesehen. In einem iterativen Prozeß, welcher von Durchlauf zu Durchlauf höhere Funktionswerte für die Likelihood-Funktion liefert, werden die zu bestimmenden Filtereingangsinformationen festgelegt.[177]

Sollten einige der Annahmen des Kalman-Algorithmus nicht erfüllt sein bzw. nur unbefriedigende Schätzungen obiger Filtereingangsinformationen vorliegen, so verlieren die Kalman-Schätzungen ihre unverzerrten und Minimumvarianz-Schätzereigenschaften. Grund dafür ist, daß jetzt der Filterprozeß nur noch unter Approximationen durchgeführt werden kann.[178] Einige Approximationsmöglichkeiten beim Vorliegen von Annahmeverletzungen sind der Arbeit von RÖHLING zu entnehmen.[179]

Wie bereits ausgeführt ist das dem Kalman-Algorithmus zugrundeliegende Modell häufig eine Verallgemeinerung anderer variabler Parametermodellansätze. Entsprechend lassen sich

---

[173] Vgl. MÖLLER, J./WAIS, B., a.a.O., S. 270
[174] Vgl. SCHAPS, J. - Zur Verwendung des Kalman-Ansatzes für eine Verbesserung der Prognosegüte ökonometrischer Modelle, Frankfurt/a.M. 1983, S. 54 ff. und HAAS, P., a.a.O., S. 100 ff
[175] Vgl. MÖLLER, J./WAIS, B., a.a.O., S. 271
[176] Vgl. WATSON, M. W./ENGLE, R. F. - Alternative Algorithms for the Estimation of Dynamic Factor, MIMIC and Varying Coefficient Regression Models, in: Journal of Econometrics, Vol. 23 (1983), S. 387 ff. und MÖLLER, J./WAIS, B., a.a.O., S. 271 f.
[177] Vgl. WATSON, M. W./ENGLE, R. F., a.a.O., S. 391 ff. und MÖLLER, J./WAIS, B., a.a.O., S. 272 f. und SCHNEIDER, W. - Der Kalmanfilter als Instrument zur Diagnose und Schätzung variabler Parameter in ökonometrischen Modellen, Heidelberg, Wien 1986, S. 264 ff.
Anm.: Bezüglich weiterer Ansätze vgl. ROST, E. - Regressionsmodelle mit stochastischen Koeffizienten im Kontext der Kalman-Filter-Theorie, Frankfurt/a.M. 1987, S. 191 ff. und HAAS, P., a.a.O., S. 105 ff. und KIRCHEN, A., a.a.O., S. 72 ff.
[178] Vgl. RÖHLING, W., a.a.O., S. 149
[179] Vgl. ebenda, S. 151 ff.

die aus dem Kalman-Modell ableitbaren Spezialmodelle nicht nur mit den dort angegebenen Methoden schätzen, sondern auch mit dem Kalman-Algorithmus. Auf welche Weise dies möglich ist und wie dann die zu verwendenden Schätzfunktionen lauten, ist Gegenstand der Arbeit von ROST.[180]

SCHNEIDER zeigt zudem die Verbindung vom Kalman-Algorithmus zum Verfahren des exponentiellen Glättens in der Zeitreihenanalyse auf und kommt zu dem Ergebnis, daß das exponentielle Glätten auch als Spezialfall des Kalman-Algorithmus interpretiert werden kann.[181] HAAS beschreibt neben der Originalableitung des Algorithmus auch dessen Verbindungen und Herleitungsmöglichkeiten zu bzw. aus anderen Schätzmethoden wie OLS, GLS, ML usw.[182] Diese engen Verbindungen zu anderen variablen Parametermodellen und anderen Schätzmethoden verdeutlichen nochmals den umfassenden Charakter des Kalman-Algorithmus.

Aus den obigen Ausführungen wird deutlich, daß sich der Kalman-Algorithmus hervorragend zur Schätzung auch komplizierterer Modellstrukturen eignet. Als problematisch zeigte sich dabei allerdings das hohe Maß an a-priori-Informationen hinsichtlich der Gleichungsspezifizierungen, der Startwerte und der zugrundeliegenden Verteilungen. Sollten sich diese Probleme befriedigend lösen lassen, hat der Kalman-Algorithmus den Vorteil einer automatischen Berechnung der Parameterzeitpfade. Damit ergeben sich jedoch noch keine Kenntnisse bezüglich der Koeffizienten γ_{kl_k} der einzelnen Parametergleichungen. Gleiches gilt für die Werte der Übergangsmatrix Γ. Bei der Bestimmung der γ_{kl_k} und der Elemente von Γ tritt nun aber das gleiche Problem auf, das auch schon die Verwendung des Belsley-Modells behinderte. Die Identifizierung aller gesuchten Koeffizienten ist nicht gewährleistet.[183]

---

[180] Vgl. ROST, E., a.a.O., S. 162 ff. mit Ausführungen insbesondere zum Hildreth-Houck-Modell, Rosenberg-Modell und Cooley-Prescott-Modell
[181] Vgl. SCHNEIDER, W., a.a.O., S. 60 ff.
[182] Vgl. HAAS, P., a.a.O., S. 20 ff.
   Anm.: Zur Herleitung des Kalman-Algorithmus aus den Kleinste-Quadrate-Methoden vergleiche auch WEBERSINKE, H. - Einsatz der Kalman-Filter-Technik zur Verbesserung der Prognosequalität bei revisionsanfälligen Daten der Wirtschaftsstatistik, Gießen 1989, S. 40 ff.
[183] Vgl. RÖHLING, W., a.a.O., S. 193 f.

5. Zusammenfassung und Einschätzung

Wie aus den obigen Ausführungen deutlich wurde, gibt es eine Vielzahl von Modellansätzen für die Einführung variabler Parameterstrukturen in ökonometrische Modelle. Ausgangspunkt sind jeweils Annahmen über die Art der auftretenden Parameterveränderung und die daraus abgeleiteten Funktionsformen für die Parametergleichungen. Im wesentlichen wird die Möglichkeit der Schätzung dieser variablen Parametersysteme betrachtet. Weniger stehen die Spezifikation der Parametergleichungen und die letztendliche Bestimmung und Offenlegung der Parameterreihen im Mittelpunkt. Im Modell von Hildreth und Houck und im Modell von Cooley und Prescott wurde bei der Modelldarstellung sogar völlig auf die Schätzung der Parametergleichungen und damit Festlegung der Parameterzeitpfade verzichtet. Erst weitere, nachfolgende Arbeiten widmeten sich diesem Problem und entwickelten geeignete Schätzfunktionen. Diese fielen leider häufig recht kompliziert aus, so daß die Praxis auf ihre Anwendung i.d.R. verzichtet. Der Grund dafür liegt jedoch nicht nur in der hohen Komplexität der angebotenen Schätzfunktionen. Vielmehr dürfte sich darin auch das geringe Interesse vieler Autoren an den Parameterzeitpfaden widerspiegeln.

Bei der simultanen Schätzung von Ausgangsmodell und Parametergleichungen kann es zudem dazu kommen, daß die Parameterzeitpfade nicht identifizierbar sind. Eine adäquate Interpretation der auf den Regressionsgegenstand einwirkenden Einflußfaktoren ist jedoch nur unter Kenntnis der zeitlichen Parameterverläufe und der sie beeinflussenden Faktoren sowie deren Gewichtung möglich. Die zunehmende Anzahl von Arbeiten, die den Kalman-Filter-Algorithmus zur Modellschätzung verwenden, wirken dieser Tendenz zumindest in dem Maße entgegen, daß die Parameterzeitpfade zwingend ausgegeben werden. Auch hier sind die Informationen über die Wege zur Spezifizierung der einzelnen Parametergleichungen aber häufig nur ungenügend ausgeführt. Die Qualität der letztendlichen Modellschätzung hinsichtlich Anpassungs- und Prognosegüte hängt jedoch auch im wesentlichen von der richtigen Spezifizierung der Parametergleichungen ab.

Ein weiterer wichtiger Aspekt im Bereich der variablen Parametermodelle wird in der Literatur selten und von der Modellkonstruktion her mit Ausnahme des Switching-Regressions-Ansatzes überhaupt nicht behandelt: Die Veränderung des Regressorengerüstes über die Zeit. Damit fehlt die Auseinandersetzung mit Situationen, in denen sich der Parameterzeitpfad eines Regressors gegen Null entwickelt bzw. in denen sich der Parameterpfad eines noch nicht im Modell befindlichen Regressors signifikant von der Nullinie entfernen würde, sofern er ins Modell aufgenommen würde. Aus dieser Nichtbeachtung kann gefolgert werden, daß es nicht für nötig befunden wird, eine sich verändernde Regressorenstruktur in ein Regressionsmodell zu integrieren. Denn sollte sich im Zeitverlauf herausstellen, daß die bisherige Regressorenstruktur nicht mehr in genügendem Maße zur Regressandenerklärung beiträgt, so wird das Modell neu spezifiziert, der Referenzzeitraum im Bereich älterer Beobachtungen gekappt und das modifizierte Modell entsprechend neu geschätzt. Wie am Anfang dieses Kapitels jedoch ausgeführt wurde, sind variable Parametermodelle in der Lage, fehlspezifizierte Modelle gut anzupassen, so daß im Falle der Beibehaltung der bisherigen Regressorenstruktur die Fehlspezifiziering kaum auffallen dürfte. Wird zudem darauf verzichtet, die Parameterzeitpfade zu bestimmen, so gibt es nicht einmal entsprechende Hinweise auf wegfallende Regressoren durch deren Parameterentwicklung in Richtung der Nulllinie. Aus diesem Grunde ist es notwendig, zu jedem Zeitpunkt des Referenzzeitraumes nicht nur die Parameter auf ihre Konstanzeigenschaften hin, sondern auch die Spezifizierung des Regressionsmodells zu überprüfen. Die explizite Aufnahme der Option einer sich verändernden Regressorenstruktur ins Modell würde diese Überprüfung automatisch sicherstellen und den auf die Fehlspezifizierung zurückzuführenden Anteil in der Variation der Parameterreihen minimieren.

Als Hauptkritikpunkte an den vorstellten variablen Parametermodellen kann also folgendes festgehalten werden:

(a) Die Methoden zur Spezifizierung der Parametergleichungen, insbesondere zur Auswahl der die Parameterentwicklung beeinflussenden Variablen werden nur ungenügend behandelt.

(b) Die Schätzung der Parameterzeitpfade unterbleibt häufig, ist teils sehr kompliziert oder aufgrund fehlender Identifizierbarkeit nicht möglich.

(c) Gleiches gilt für die Schätzung der Koeffizienten der Parametergleichungen.

(d) Es wird nur die Variabilität der Einflußgewichte der Regressoren, nicht jedoch die Variabilität der Regressoren selbst berücksichtigt. Strukturbrüche bzw. ein Strukturwandel, der sich verändernd auf die Regressorenstruktur und nicht nur verändernd auf die Regressorengewichte auswirkt, wird dadurch nicht angemessen einbezogen.

X. Erweiterung der statischen Arbeitslosigkeits-Regressionsmodelle um variable Regressoren- und Parameterstrukturen

1. Überblick über die im weiteren verfolgten Modellansätze

2. Teilvariabler Ansatz (Referenzmodellansatz)

3. Vollvariabler Ansatz (Stepwise-Pool-Ansatz)

4. Systeme verschobener und erweiterter Teilschätzungen

5. Festlegung der Beobachtungsanzahl pro Teilschätzung der verschobenen Teilregressionen

6. Parameterfortschreibung in den Prognosezeitraum

    6.1. Konstante Parameterfortschreibung

    6.2. Parameterfortschreibung mittels eines Zeitreihenansatzes

    6.3. Parameterfortschreibung mittels eines Regressionsansatzes

    6.4. Parameterfortschreibung im Belsley-Modell-Ansatz

X. Erweiterung der statischen Arbeitslosigkeits-Regressionsmodelle um variable Regressoren- und Parameterstrukturen

1. Überblick über die im weiteren verfolgten Modellansätze

Nachdem die Notwendigkeit zur Einbeziehung variabler Parameterstrukturen für den Untersuchungsgegenstand der Arbeitslosigkeit herausgearbeitet wurde, stellt sich die Frage, welcher funktionalen Beziehung die Parameterveränderung folgt. Aufgrund der Analyse der auf die Arbeitslosigkeit einwirkenden Einflußfaktoren in Kapitel IV und gemäß den verschiedenen Parameterveränderungsvarianten, die im Abschnitt 3.1 von Kapitel IX vorgestellt wurden, kann für den Regressionsgegenstand der Arbeitslosigkeit von einer weitgehend systematisch bestimmten Parametervariation ausgegangen werden. Als wesentliche strukturwandel- bzw. strukturbruchverursachende Faktoren seien beispielsweise die unterschiedlichen Ausrichtungen der Wirtschaftspolitik, strukturelle Verschiebungen in den Austauschbeziehungen mit dem Ausland, Veränderungen der Wettbewerbspositionen auf den Weltmärkten durch die Präsens oder Nichtpräsens auf Zukunftsmärkten, veränderte Wanderungsbewegungen und geänderte Erwerbsneigungen genannt. Da sich obige Faktoren in ihrer Mehrzahl durch einen stetigen und allmählichen Struturwandel auszeichnen, kann ferner unterstellt werden, daß die Parameterveränderungen kontinuierlicher Art sind.

Aus den im Abschnitt 5 des Vorkapitels beschriebenen Unzulänglichkeiten leitet sich der Bearbeitungsschwerpunkt des regressionsanalytischen Teils dieser Arbeit ab. Neben dem Ziel, die Anpassungs- und insbesondere die Prognosegüte der Arbeitslosigkeitsregressionsmodelle durch die Verwendung variabler Parameterstrukturen zu verbessern, soll primär die Spezifikation der Parametergleichungen im Vordergrund stehen. Ausgangspunkt dafür sind nach Art des Moving-Window-Verfahrens Systeme verschobener Teilregressionen. Die sich aus den Teilregressionen ergebenden Parameterzeitreihen werden dabei einerseits direkt als Parameterschätzer verwendet, andererseits dienen sie der Spezifizierung der Parametergleichungen zur anschließenden simultanen Schätzung in einem Belsley-Modell. Im Fall der direkten Weiterverwendung findet die Parameterfortschreibung in den Prognosezeitraum sowohl durch die konstante Fortschreibung des letzten Parameterwerts der Reihe als auch mit einem Zeitreihen- bzw. einem Regressionsansatz statt.

Neben den Modellansätzen der direkten Weiterverwendung der Parameterzeitreihen und der Weiterverwendung in einem Belsley-Modell-Ansatz wird noch eine zusätzliche Modellvariante vorgestellt. Sie basiert hauptsächlich auf heuristischen Überlegungen und bedient sich sogenannter erweiterter Teilregressionen. Im Unterschied zu den verschobenen Teilregressionen, bei denen sich die Untergrenze und die Obergrenze des Teilzeitraums verschieben, verschiebt sich bei den erweiterten Teilregressionen nur die Obergrenze. Die heuristischen

Überlegungen gehen von dem Ansatzpunkt aus, daß die statischen Regressionsmodelle, die in den Kapiteln VII und VIII vorgestellt wurden, trotz des Auftretens von Strukturbrüchen eine hohe Anpassungsgüte aufweisen. Zwar sind sie für Prognosen wenig geeignet, Voruntersuchungen zeigen jedoch, daß die hohe Anpassungsgüte erhalten bleibt, wenn der Referenzzeitraum erweitert und das statische Modell neu geschätzt wird. Die Parameterwerte verändern sich dabei leicht. Es besteht deswegen die Vermutung, daß erweiterte Teilschätzungsmodelle gute Prognoseeigenschaften haben, wenn die sich aus den Teilschätzungen ergebenden Parameterreihen fortgeschrieben werden. Aufgrund der größeren Konstanz in den Beobachtungen der erweiterten Teilregressionen sind kontinuierlich verlaufende Parameterreihen zu erwarten. Kontinuierliche Reihen sind in der Fortschreibung aber besser handhabbar als Reihen mit häufigen Schwankungen.

Die Verwendung erweiterter Teilschätzungsmodelle ist natürlich nur gerechtfertigt, wenn ein alleiniges Interesse an Prognoseanwendungen besteht. Interpretationen auf Basis dieser Parameterpfade sollten hingegen durch die nicht adäquate Einbeziehung der auftretenden Strukturbrüche vermieden werden.

Der Modellansatz auf Basis erweiterter Teilregressionen wird die sich ergebenden Parameterzeitreihen nur direkt weiterverarbeiten. Die Fortschreibung in den Prognosezeitraum wird dabei wiederum sowohl mit dem konstanten Fortschreibungsansatz als auch mit einem Zeitreihen- bzw. Regressionsansatz durchgeführt. Die Verwendung der Parameterreihen in einem Belsley-Modell-Ansatz ist aufgrund der nicht zeitpunktzentrierten Zuordnung der einzelnen Parameterschätzwerte nicht möglich.

Die oben beschriebenen Modelle werden dabei nicht nur den teilvariablen Ansatz (Referenzmodellansatz), sondern auch den vollvariablen Ansatz (Stepwise-Pool-Ansatz) abdecken. Auf diese Weise ergibt sich die Berücksichtigung der Variabilität der Regressorenstruktur, wodurch zugleich der letzte Schwerpunkt dieser Arbeit abgesteckt wird.

Sollten regressorenverändernde Strukturbrüche bzw. ein regressorenverändernder Strukturwandel in den folgenden Modellrechnungen auftreten, so wäre der teilvariable Ansatz ab dem ersten Regressorenveränderungszeitpunkt im Hinblick auf die Regressoren fehlspezifiziert. In der Variabilität der Parameter würde dann sowohl die tatsächliche, ökonomisch bedingte Einflußfaktorenverschiebung als auch die auf die Fehlspezifikation zurückzuführende Verschiebung zum Ausdruck kommen.

154 X. Verwendete Ansätze variabler Regressionsmodelle

Abb. 16: Aufbau des regressionsanalytischen Teils:

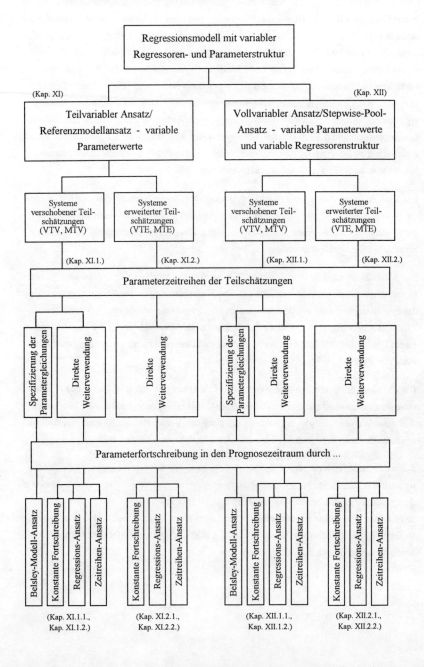

Alle Rechnungen werden auf Vierteljahresdatenbasis und auf Monatsdatenbasis durchgeführt. Einen Überblick über den Aufbau des folgenden regressionsanalytischen Teils gibt die Abb. 16.

2. Teilvariabler Ansatz (Referenzmodellansatz)

Beim teilvariablen Referenzmodellansatz wird von den Regressoren des Gesamtschätzungsmodells, d.h. denen des statischen Regressionsmodells, ausgegangen. Damit liegt eine feste Regressorenstruktur vor. Variabel sind in diesem Ansatz nur die Parameterwerte. Das Modell beschränkt sich somit auf feste Einflußfaktoren für die Erklärung der Entwicklung der Arbeitslosigkeit, läßt jedoch Veränderungen des Gewichts der einzelnen Einflußfaktoren über die Zeit zu.

Auch wenn der Schritt der Regressorenauswahl durch die Auswahl des Gesamtschätzungsmodells vorweggenommen worden ist, müssen die einzelnen Teilschätzungen dennoch hinsichtlich ihrer Qualitätseigenschaften überprüft werden, da von einer qualitativ hochwertigen Gesamtschätzung nicht auf qualitativ hochwertige Teilschätzungen geschlossen werden kann. Erst danach können die sich ergebenden Parameterreihen weiterverwendet werden.

3. Vollvariabler Ansatz (Stepwise-Pool-Ansatz)

Im Gegensatz zum teilvariablen Referenzmodellansatz wird beim vollvariablen Stepwise-Pool-Ansatz sowohl von einer variablen Regressorenstruktur als auch von variablen Parameterwerten ausgegangen. Auf diese Weise bleiben nicht nur die Einflußfaktorengewichte, sondern auch die Einflußfaktoren selbst variabel. Jede Teilregression kann entsprechend immer wieder aus dem gesamten Variablenpool für die Arbeitslosigkeitserklärung schöpfen. Dieser Variablenpool besteht aus den die Einflußblöcke auf die Arbeitslosigkeit repräsentierenden Variablen EP, GELDV, BSPM85, APROD85, AINV85, TOFT85, BEUV85, BLGS85, AUBEI85, WECHKURS, STAUSG85, ZINS und ABSCHR85.[184]

Als erster Schritt muß beim Stepwise-Pool-Ansatz die Regressorenstruktur für die einzelnen Zeitbereiche durch spezielle Regressorenauswahl-Teilschätzungen (Auswahlstufe) festgelegt werden. Durch die Vielzahl der durchzuführenden Auswahl-Teilschätzungen eignet sich hierzu nur ein programmierbares Standardverfahren. In vorliegender Arbeit wird das kom-

---

[184] Anm.: Zur Erläuterung der Variablenabkürzungen vergleiche Kapitel V, Abschnitt 5 bzw. Kapitel XVI, Abschnitt 3

binierte Stepwise-Verfahren[185], welches sich bei der Auswahl ausschließlich an den Signifikanzwerten der Regressoren orientiert, verwendet. Um eine genügend große Kontinuität über den Gesamtzeitraum in die Regressorenstruktur zu bringen, werden anhand eines später noch näher zu beschreibenden Verfahrens Zuordnungen zwischen Zeitbereichen und bestimmten Regressorenstrukturen vorgenommen. Dadurch liegen die Zeitpunkte, an denen es zu einem Regressorenaustausch oder sonstigen Regressorenveränderungen kommt, fest. Zwischen diesen Zeitpunkten lassen sich den einzelnen Teilregressionen jetzt wieder feste Regressorenstrukturen zuordnen, so daß die weiteren Rechenschritte analog zu denen des Referenzmodellansatzes sind.

Beim Stepwise-Pool-Ansatz kommt es also auf zwei Stufen zur Durchführung von Teilregressionen: Der Auswahlstufe für die Regressorenstruktur und der Schätzung der festgelegten Teilregressionen. Damit gestaltet sich die Programmierung des vollvariablen Ansatzes bedeutend schwieriger als die eines normalen Regressionsprogramms oder die eines teilvariablen Ansatzes. Insbesondere bei Regressionsprogrammen, die es nicht zulassen, eine direkte Verknüpfung zwischen einer Variablen, die in bestimmten Zeiträumen Regressor ist und in anderen nicht, und derem Parameterschätzer herzustellen, ist die Durchführung des Stepwise-Pool-Ansatzes sehr programmier- und zeitaufwendig. Es müssen dann verschiedene, teils manuelle Umwege gewählt werden.[186]

Probleme bereitet auch die Anwendung der Regressions- und Zeitreihen-Fortschreibungsverfahren bzw. die Durchführung des Belsley-Ansatzes für die Modelle des Stepwise-Pool-Ansatzes. Während es beim Referenzmodellansatz aufgrund der über den gesamten Zeitraum gleichbleibenden Regressorenstruktur i.d.R. nur zu einer langsamen und allmählichen Veränderung der Informationsverteilung zwischen den Regressoren im Modell kommt, sind beim Stepwise-Pool-Ansatz abrupte Veränderungen der Informationsverteilung an den Regressorenwechselzeitpunkten möglich. Dies kann Sprünge in den Parameterkurven zur Folge haben. Die Spezifizierung der Parametergleichungen setzt genauso wie die Fortschreibung der Parameterreihen eine Anpassung des Regressions- bzw. Zeitreihenmodells an die bekannten Parameterwerte voraus. Kommt es nun in den Parameterkurven durch Sprungstellen zu diskontinuierlichen Verläufen, so ist es nicht sinnvoll, über derartige Sprungzeitpunkte hinweg anzupassen. Aus diesem Grunde wird bei der Parameterreihenanpassung wie folgt verfahren:

---

[185] Vgl. Kapitel VI, Abschnitt 2.3
[186] Anm.: Diese ungünstige Konstellation liegt auch bei dem in dieser Arbeit verwendeten Regressionsprogramm RATS vor.

Da das Belsley-Modell Gleichungsanpassungen über die gesamten Parameterreihen benötigt, werden die Sprungstellen durch entsprechende, sich auf den konstanten Term jeder Parametergleichung beziehende Dummy-Variablen berücksichtigt.

Im Fall der direkten Weiterverwendung der Parameterreihen dient die Anpassung der Zeitreihen- bzw. Regressionsfunktion lediglich der Fortschreibung des Parameterzeitpfades. Damit ist eine Anpassung an die gesamte Parameterreihe nicht unbedingt notwendig. Für den Zeitreihenfortschreibungsansatz bedeutet dies, daß sich seine Anwendung auf das Zeitintervall nach dem letzten Regressorenwechselzeitpunkt beschränken kann. Dies gilt jedoch nur für den Fall, wenn das letzte Zeitintervall eine genügend große Anzahl von Parameterwerten enthält und diese eine repräsentative und aussagekräftige Anpassung und damit gute Fortschreibungsbasis liefern. Ansonsten müssen auch die Vorintervalle unter Bereinigung der jeweiligen Sprungstellen einbezogen werden.

Für die Fortschreibung mittels des Regressionsansatzes gilt ähnliches. Die Anpassung kann sich auf den aktuellen Teil der Parameterreihen beschränken, muß jedoch berücksichtigen, daß die langfristige Entwicklungsrichtung der Parameter in den Regressionsfunktionen abgebildet wird. Insbesondere muß das ausgewählte Teilstück der Parameterkurve genügend Variabilität aufweisen, damit eine hochwertige Anpassung ermöglicht wird. Wie schon bei der Gleichungsspezifikation beim Belsley-Modell werden etwaige Sprungstellen durch geeignete Dummy-Variablen einbezogen.

4. Systeme verschobener und erweiterter Teilschätzungen

Beim System verschobener Teilschätzungen wird ausgehend von einer festgelegten Beobachtungsanzahl N_T pro Schätzung eine Regression mit den ersten N_T - Beobachtungen (1. Teilzeitraum) des Referenzzeitraums durchgeführt. Danach wird dieser Teilzeitraum um einen Beobachtungszeitpunkt in Richtung aktueller Beobachtungen verschoben, so daß die erste Beobachtung des Referenzzeitraums herausfällt und die $(N_T + 1)$. Beobachtung hinzukommt (2. Teilzeitraum). Wiederum wird eine Regression durchgeführt. Dieses Verfahren wird solange wiederholt bis die letzte Beobachtung des Referenzzeitraums einbezogen wurde. Enthält der Gesamtzeitraum T Beobachtungen, so sind dementsprechend $(T - N_T + 1)$ Regressionen mit jeweils N_T Beobachtungen zu berechnen.

1. Teilzeitraum: $t = 1, \ldots, N_T$
2. Teilzeitraum: $t = 2, \ldots, N_T + 1$
3. Teilzeitraum: $t = 3, \ldots, N_T + 2$
⋮
$(T - N_T + 1)$. Teilzeitraum: $t = T - N_T + 1, \ldots, T$

Werden die aus den Regressionen resultierenden Parameterschätzer graphisch aufgetragen, so kann die zeitliche Entwicklung der einzelnen Parameter analysiert werden.

Beim System verschobener Teilschätzungen hat jede neu hinzukommende Beobachtung das gleiche Gewicht von $1/N_T$ wie jede bereits im Teilzeitraum enthaltene Beobachtung. Auf diese Weise werden Strukturveränderungen in der Konstellation der Erklärungsgrößen auf den Regressanden sehr schnell deutlich, so daß eine sensible Reaktion der Parameterschätzer zu erwarten ist.

Beim System erweiterter Teilschätzungen wird die Beobachtungsanzahl N_T nur für die erste Teilschätzung verwendet. Danach wird der Teilzeitraum durch den $(N_T + 1)$. Beobachtungszeitpunkt erweitert, ohne daß die erste Beobachtung entfernt wird. Der 2. Teilzeitraum enthält damit $(N_T + 1)$ Beobachtungen. Auch hier wird für jeden Teilzeitraum eine Regression durchgeführt. Die letzte dieser Regressionen ist dabei identisch mit einer Gesamtreferenzzeitraumregression.

1. Teilzeitraum: $t = 1, \ldots, N_T$
2. Teilzeitraum: $t = 1, \ldots, N_T + 1$
3. Teilzeitraum: $t = 1, \ldots, N_T + 2$
⋮
$(T - N_T + 1)$. Teilzeitraum: $t = 1, \ldots, T$

Da das Gewicht jeder neu hinzukommenden Beobachtung mit zunehmender Größe des Teilzeitraumes immer kleiner wird, werden die Parameterschätzer weniger sensibel auf Strukturveränderungen reagieren als beim verschobenen Teilschätzungsmodell. Die erweiterten Teilschätzungen werden damit eine größere Schätzerkonstanz aufweisen.

Alle oben angesprochenen Analyseschritte werden ausführlich am Beispiel des Referenzmodellansatzes auf Basis von Vierteljahresdaten vorgestellt. Für die Modelle des Stepwise-Pool-Ansatzes und für alle auf Monatsdaten basierenden Modelle erfolgen die Analysen und Berechnungen in gleicher Weise, die Darstellung wird jedoch kürzer gehalten.

Zwischen der Beschreibung eines statischen Regressionsmodells und der eines variablen Regressionsmodells gibt es einige Unterschiede. Da sich die variablen Koeffizientenwerte aus vielen hintereinander ausgeführten Regressionen ergeben, können die Parameter nicht mehr durch die Angabe einzelner Schätzwerte verdeutlicht werden. Vielmehr bedarf es entweder einer Tabelle mit jeweils $(T - N_T + 1)$ Schätzwerten, was jedoch wenig übersichtlich wäre, oder einer graphischen Darstellung. Gleiches gilt für die sonstigen Kenngrößen zur Qualitätsbeurteilung der Regressionen. Aus diesem Grund wird in der weiteren Analyse mit relativ vielen graphischen Darstellungen gearbeitet.

5. Festlegung der Beobachtungsanzahl pro Teilschätzung der verschobenen Teilregressionen

Besonderer Überlegungen bedarf es bei der Festlegung der Beobachtungsanzahl pro Teilschätzung der verschobenen Teilregressionen (N_T). Dabei ist zu beachten, daß die Schätzwerte einer Teilregression für die Spezifikation der Parametergleichungen bzw. für die direkte Weiterverwendung einem bestimmten Zeitpunkt zugeordnet werden müssen. Plausiblerweise wird dies die Mitte des jeweiligen Teilschätzungszeitraumes sein. Daraus folgt jedoch, daß es für die ersten und letzten $\left(\frac{N_T-1}{2}\right)$ Beobachtungen bei ungeradem N_T bzw. für die ersten $\left(\frac{N_T}{2} - 1\right)$ und für die letzten $\left(\frac{N_T}{2}\right)$ Beobachtungen bei geradem N_T des Referenzzeitraumes keine Schätzerzuordnung geben wird. Bei der direkten Parameterweiterverwendung lassen sich die Regressandenwerte für diese Beobachtungszeitpunkte damit erst dann berechnen, wenn die zugehörigen Parameterwerte fortgeschrieben wurden. Zur Spezifikation der Parametergleichungen liegen entsprechend weniger Parameterwerte vor. Für die Festlegung der Beobachtungsanzahl ergeben sich dementsprechend folgende zu beachtende Bedingungen:

(a) Es sollten möglichst wenige Beobachtungszeitpunkte pro Schätzung verwendet werden, damit die verschobenen Teilschätzungen möglichst sensibel auf Strukturveränderungen reagieren können und möglichst wenig Parameterwerte fortgeschrieben werden müssen bzw. die Spezifizierung der Parametergleichungen auf möglichst vielen Parameterwerten basiert.

(b) Die Beobachtungsanzahl muß jedoch so groß sein, daß pro Schätzung genügend Variabilität in der Regressandenreihe vorliegt, da ansonsten keine aussagekräftigen Schätzungen zu erwarten sind.

(c) Die Beoachtungsanzahl muß ferner so groß sein, daß die Schätzungen hinsichtlich ihrer Qualität durch Tests überprüfbar sind. Dazu sollte jede Teilschätzung mindestens 30 Freiheitsgrade aufweisen.

Aus Bedingung (a) folgt die Zielrichtung für die Festlegung der Beobachtungsanzahl. Es ist ein Minimum anzustreben. In Verbindung mit Bedingung (b) ergibt sich eine Untergrenze von drei Jahren, da bei einem kürzeren Zeitraum insbesondere in den 60er Jahren zu wenig Variabilität in der Regressandenreihe auftreten würde. Bei Verwendung von Monatsdaten ergeben sich bei dieser Untergrenze 36 Beobachtungen pro Teilregression. Wird davon ausgegangen, daß mit etwa sechs Regressoren gearbeitet wird, so stehen gemäß Bedingung (c) genügend Freiheitsgrade zur Verfügung. Für Vierteljahresdaten beinhaltet ein 3-Jahreszeitraum 12 Beobachtungen. Um jedoch die Bedingung (c) zu erfüllen, sind auch hier mindestens 36 Beobachtungen notwendig. Dies entspricht einem 9-Jahreszeitraum.

Gemäß diesen Vorüberlegungen wird die Beobachtungsanzahl auf einheitlich 36 festgelegt. Die verschobenen Monatsteilschätzungen erstrecken sich damit über einen Zeitraum von drei Jahren, die verschobenen Vierteljahresteilschätzungen über einen Zeitraum von neun Jahren.

Die Festlegung der Beobachtungsanzahl pro verschobener Teilschätzung orientiert sich damit an allen vor Durchführung der Regressionen abschätzbaren Bedingungen. Ein weiterer Einflußfaktor kann erst nach den Regressionsdurchführungen einbezogen werden. Er hängt von der Wertkontinuität bzw. fehlenden Wertkontinuität aufeinanderfolgender Parameterschätzungen ab. Je kleiner die Beobachtungsanzahl pro Teilschätzung ist, desto größeres Gewicht hat eine neu hinzukommende Beobachtung und desto sensibler reagiert das Modell auf Strukturveränderungen in den erklärenden Variablen. Deswegen kann es passieren, daß trotz Erfüllung der drei oben genannten Bedingungen, eine Beobachtungsanzahl von 36 doch zu klein ist, weil die Parameterreihen so sensibel reagieren, daß die einzelnen aufeinanderfolgenden Regressionen keine Struktur in der Parameterentwicklung erkennen lassen. In diesem Fall muß nachträglich die Beoachtungsanzahl nach oben korrigiert werden, um die Sensibilität des Modells abzuschwächen.

6. Parameterfortschreibung in den Prognosezeitraum

6.1. Konstante Parameterfortschreibung

Die Teilschätzungen werden mit allen Beobachtungen von 1960-1990 durchgeführt. Entsprechend der Zuordnung der Schätzergebnisse auf die Mitte des jeweiligen Teilzeitraumes ergibt sich bei 36 Beobachtungen für jede Teilschätzung des verschobenen Ansatzes folgende zeitliche Zuordnung der Parameterschätzer:

(a) Vierteljahresdaten: 124 Beobachtungen insgesamt (T)
   $\Rightarrow$ 89 Teilschätzungen $(T - N_T + 1)$
   $\Rightarrow$ Zuordnung: 1964,2 bis 1986,2

(b) Monatsdaten: 372 Beobachtungen insgesamt (T)
   $\Rightarrow$ 337 Teilschätzungen $(T - N_T + 1)$
   $\Rightarrow$ Zuordnung: 1961,6 bis 1989,6

Für einen Vergleich mit den Gesamtschätzungsmodellen müssen jedoch gleiche Ausgangsvoraussetzungen geschaffen werden, d.h. es dürfen für die Teilschätzungen nur die Beobachtungen von 1960 bis 1986 verwendet werden. Die zeitliche Zuordnung der Parameterschätzer lautet dann:

(a) Vierteljahresdaten: 108 Beobachtungen insgesamt
   $\Rightarrow$ 73 Teilschätzungen
   $\Rightarrow$ Zuordnung: 1964,2 bis 1982,2

(b) Monatsdaten: 324 Beobachtungen insgesamt
   $\Rightarrow$ 289 Teilschätzungen
   $\Rightarrow$ Zuordnung: 1961,6 bis 1985,6

Entsprechend dieser Zuordnung stehen die Vierteljahresparameterschätzer von 1964,2 bis 1982,2 und die Monatsparameterschätzer von 1961,6 bis 1985,6 zur direkten Weiterverwendung zur Verfügung.

Die konstante Parameterfortschreibung als einfachster Fall der Fortschreibung geht ähnlich vor wie die Prognoseberechnung statischer Regressionsmodelle. Die Parameterschätzer des Zuordnungszeitpunktes 1982,2 bzw. 1985,6 werden unverändert auch für die folgenden Zeitpunkte bis 1990,4 bzw. 1990,12 übernommen. Gleiches gilt für die Zeitpunkte am Anfang der Parameterreihen. Für 1960,1 bis 1964,1 bzw. 1960,1 bis 1961,5 werden die Parameterschätzer des Zuordnungszeitpunktes 1964,2 bzw. 1961,6 verwendet. Dies ist möglich, weil die jeweiligen ersten Teilregressionen auch die Beobachtungen von 1960,1 bis zum ersten Zuordnungszeitpunkt enthalten.

Die konstante Fortschreibung am Ende der Parameterreihen entspricht zwar der Vorgehensweise der statischen Regressionsmodelle, die Prognoseergebnisse der variablen Parametermodelle auf Basis verschobener Teilschätzungen dürften jedoch von höherer Güte sein, da mit aktuellen Parameterschätzwerten fortgeschrieben wird. Die konstante Fortschreibung der Parameterreihen erweiterter Teilschätzungen weist hingegen die gleiche Prognosequalität auf wie die statischer Regressionsmodelle, da die letzte erweiterte Teilschätzung mit einer Gesamtschätzung identisch ist.

6.2. Parameterfortschreibung mittels eines Zeitreihenansatzes

Für die Fortschreibung mittels eines Zeitreihenansatzes gelten die gleichen Parameterzuordnungszeitpunkte wie für das konstante Fortschreibungsverfahren. Die Anpassung und Fortführung der Parameterreihen erfolgt dabei mit Hilfe von Trendkurven, welche sich aufgrund gleitender Durchschnitte nach der Klassischen Zeitreihenanalyse berechnen. Bevor die detaillierte Vorgehensweise dargestellt wird, sollen die einzelnen Zeiträume, für die Fortschreibungen notwendig sind, betrachtet werden:

1. Die Trendberechnung mit gleitenden Durchschnitten benötigt einen mehr oder weniger langen Stützbereich für die Durchschnittsberechnung. Aus diesem Grunde werden sich am Anfang und am Ende der anzupassenden Parameterreihe einige Trendwerte nicht berechnen lassen. Dadurch kommt es zu einer ersten Parameterfortschreibung bis zum Zeitpunkt 1982,2 für Vierteljahres- und bis 1985,6 für Monatsdaten.

2. Um die geschätzten Regressandenwerte bis zum Ende des Referenzzeitraums im Jahre 1986 zu berechnen, müssen ferner 18 Parameterwerte fortgeschrieben werden. Die Parameterreihe reicht dann für Vierteljahresdaten bis 1986,4 und für Monatsdaten bis 1986,12.

3. Weitere 16 Parameterwerte für die Vierteljahresdaten und 48 Parameterwerte für die Monatsdatenmodelle müssen für die Prognose des Regressanden bis 1990,4 bzw. 1990,12 fortgeschrieben werden.

4. Für die direkte Weiterverwendung der Parameterschätzer fehlen zudem noch 17 Parameterwerte am Anfang des Referenzzeitraums (von 1960,1 bis 1964,1 für Vierteljahres- bzw. von 1960,1 bis 1961,5 für Monatsdatenmodelle). Da dieser Anfangsbereich im Vergleich zum aktuellen Endbereich weniger interessant ist, wird hier wie folgt vorgegangen:

- Für die aufgrund der Größe des Stützbereichs nach (1.) nicht zu berechnenden Trendwerte werden die tatsächlichen Schätzwerte der Parameter als Trendwerte verwendet.

- Für die Zeitpunkte davor werden die Schätzwerte der ersten Teilregression als Trendwerte für alle vorhergehenden Beobachtungszeitpunkte gesetzt. Für Vierteljahresdaten entsprechen damit die Parameterwerte von 1960,1 bis 1964,1 dem Wert von 1964,2, für Monatsdaten gilt der Parameterschätzwert von 1961,6 auch für den Zeitraum 1960,1 bis 1961,5 (Vorgehen analog dem der konstanten Fortschreibung).

Es zeigt sich, daß relativ viele Parameterwerte fortgeschrieben werden müssen. Dies könnte als eine gewisse Schwäche des Zeitreihenansatzes aufgefaßt werden. Allerdings werden sich die Parameter von einem Beobachtungszeitpunkt zum nächsten i.d.R. weniger stark verändern als der Regressand, da sich Einflußstärkenveränderungen langsamer vollziehen als Änderungen in der zu erklärenden Größe. Parameterfortschreibungen sind damit im Vergleich zur Fortschreibung sich stark verändernder Wertereihen weniger problematisch.

Wie im vorhergehenden Gliederungsabschnitt deutlich wurde, dürften bereits konstante Parameterfortschreibungen aufgrund der aktuelleren Parameterwerte zu einer höheren Prognosequalität führen als die Gesamtschätzungsmodelle. Auf diese Weise werden jedoch noch nicht alle Prognoseverbesserungsmöglichkeiten ausgeschöpft, da weiter von festen Einflußgewichten der Regressoren im Prognosezeitraum ausgegangen wird. Der Vorteil der variablen Parametermodelle besteht aber insbesondere auch darin, daß bei Prognosen eine gleichzeitige Weiterentwicklung der Regressoren- und Parameterwerte stattfinden kann. Für die Weiterentwicklung der Parameterreihen bedarf es jedoch plausibler Annahmen. Die Unterstellung einer linearen Fortführung der bisherigen Entwicklung, wie sie die Klassische Zeitreihenanalyse mit ihrer extrapolativen Fortschreibungsmethode vornimmt, ist bei der hier notwendigen Vielzahl von Prognosen unrealistisch. Daher werden folgende Verlaufsannahmen getroffen:

(a) Für die verschobenen Teilschätzungen wird beginnend mit der ersten notwendig werdenden Parameterfortschreibung von einer 24monatigen unveränderten Trendentwicklung ausgegangen. Dies entspricht einer 100 %igen Fortschreibung in die bisherige Trendentwicklungsrichtung der Parameterreihe. Danach wird angenommen, daß es pro

Monat eine Abschwächung dieser Entwicklung um jeweils zwei Prozentpunkte bezogen auf den Ausgangswert (98 %, 96 %, 94 %, ..., 0 %) gibt. Nach 74 Monaten, d.h. nach etwa sechs Jahren, haben damit alle Parameterreihen einen konstanten Verlauf erreicht.[187]

Auch wenn diese Verlaufsannahmen für die Parameterreihen recht willkürlich erscheinen mögen, so sind sie doch weitaus plausibler als die einer ständigen 100 %igen Fortschreibung der Entwicklung. Denn hinter obigen Annahmen steht folgende Überlegung: Die variablen Parametermodelle lassen bei den ersten Fortschreibungen eine vollständige Entwicklung in die bisherige Richtung der Parameterreihe zu, um die weitere Einflußstärkenveränderung der Regressoren abzubilden. Nachdem jedoch die zeitliche Ferne vom letzten tatsächlich geschätzten Parameterwert zu groß geworden ist, um die Annahme unveränderter Einflußstärkenentwicklung aufrechtzuerhalten (nach 24 Monaten), wird die Gewichtung des Verlaufs der Fortschreibungen in die bisherige Trendentwicklungsrichtung abgeschwächt und die Gewichtung des Verlaufs der Fortschreibungen auf konstantem Niveau erhöht. Die Gewichtsverteilung verschiebt sich solange, bis die Fortschreibungen nur noch auf konstantem Niveau erfolgen. Zu diesem Zeitpunkt haben die variablen Parametermodelle ihre Vorteile in der Regressandenprognose durch die Änderungsmöglichkeit der Parameterwerte gegenüber den statischen Regressionsmodellen verloren. Erst durch die Einbeziehung neuer Beobachtungspunkte und damit verbundener neuer Teilschätzungen und neuer Fortschreibungen sind die Parameterentwicklungen genauer weiterzuführen.

(b) Die erweiterten Teilschätzungen weisen kontinuierlichere Parameterreihen mit weniger starken Änderungen im Parameterverlauf auf als die verschobenen Teilschätzungen. Damit sind Fortschreibungen mit Parameterwertänderungen über mehr Monate möglich. Die Fortschreibungsentwicklung findet deswegen unter folgenden Annahmen statt: Über 36 Monate wird von einem linearen Parameterverlauf mit entsprechend 100 %iger Anpassung in die bisherige Trendentwicklungsrichtung ausgegangen. Danach wird eine Abschwächung des Verlaufs in diese Richtung um einen Prozentpunkt pro Monat unterstellt, so daß sich eine Parameterfortschreibung auf konstantem Niveau nach 136 Monaten oder rd. 11 Jahren ergibt.

Auch wenn die Zeiträume mit rd. 6 Jahren bei den verschobenen Teilschätzungen und mit rd. 11 Jahren bei den erweiterten Teilschätzungen bis zur Konstanz der Parameterreihen relativ lang erscheinen mögen, so darf doch nicht vergessen werden, daß ein quasi konstanter Verlauf durch die schnell kleiner werdenden Anpassungsprozentwerte für die bisherige Trendentwicklungsrichtung bereits vorher erreicht wird. Bei den verschobenen Modellen ist

---

[187] Anm.: Vergleiche zu diesen Ausführungen auch die formale Darstellung am Ende dieses Abschnittes.

der Gewichtungsanteil für den "Verlauf in die bisherige Richtung" und für den "Verlauf auf bisherigem Niveau" schon nach 49 Monaten, d.h. nach etwa 4 Jahren, ausgeglichen. Für die erweiterten Modelle tritt dieser Punkt nach 86 Monaten, d.h. nach etwa 7 Jahren ein.

Wie bereits kurz angesprochen, wird die Trendberechnung der Parameterschätzer mit Hilfe der Klassischen Zeitreihenanalyse durchgeführt. Sie verwendet dazu gleitende Durchschnitte, die hier als einfache gleitende Durchschnitte ohne spezielle Gewichtungsaufteilung eingesetzt werden[188]. Der Stützbereich für die Trendberechnung kann vorher nicht genau festgelegt werden, sollte sich jedoch an folgenden Kriterien orientieren:

(i) Er sollte möglichst klein sein, damit sich aus den Parameterwerten möglichst viele Trendwerte berechnen lassen und dementsprechend weniger Trendwerte fortgeschrieben werden müssen.

(ii) Er muß aber so groß sein, daß die Parameterreihe genügend stark geglättet wird, um die langfristige Trendentwicklung ohne die Überlagerung durch kurzfristige Schwankungen abzubilden.

Bei einem Stützbereich aus $(2a+1)$ Parameterwerten bieten sich folgende "a" - Werte an:

- für Vierteljahresdaten: $a = 2, 3, 4, 5, 6$ oder 7
- für Monatsdaten: $a = 6, 7, 8, 9, 10, 11, 12, 13$ oder 14
  (in begründeten Ausnahmefällen auch darüber hinaus, jedoch maximal $a = 20$)

Die Formel für die gleitende Trendberechnung lautet:[189]

$$P\hat{T}_{kt} = \tfrac{1}{2a+1} \cdot \left(\hat{\beta}_{k,t-a} + \ldots + \hat{\beta}_{kt} + \ldots + \hat{\beta}_{k,t+a} \right)$$

mit $P\hat{T}_{kt}$: Trend des geschätzten Parameters $\hat{\beta}_{kt}$
$\hat{\beta}_{kt}$: Geschätzter Parameterwert des k-ten Parameters zum Zeitpunkt t, $k = 1,\ldots,K$; $t = 1,\ldots,T$

Für die Fortschreibung der Parametertrendwerte ergeben sich die folgenden formalen Zusammenhänge:[190]

---

[188] Anm.: Einfache gleitende Durchschnitte, weil keine Saisonkomponenten zu berücksichtigen sind.
[189] Vgl. LINHART, H., a.a.O., S. 5 und LINHART, H./ZUCCHINI, W., a.a.O., S. 73
[190] Vgl. LINHART, H., a.a.O., S. 20 und LINHART, H./ZUCCHINI, W., a.a.O., S. 80 f.

- Fortschreibung des 1. Trendwerts:

$$P\hat{T}_{k,l+1} = \tfrac{3}{2} \cdot P\hat{T}_{kl} - \tfrac{1}{4} \cdot P\hat{T}_{k,l-1} - \tfrac{1}{8} \cdot P\hat{T}_{k,l-2} - \tfrac{1}{16} \cdot P\hat{T}_{k,l-3} - \ldots$$

mit $P\hat{T}_{kl}$: Letzter aus den Parameterwerten berechneter Trendwert des k-ten Parameters $\hat{\beta}_{kt}$

- Fortschreibung für alle weiteren Trendwerte:

$$P\hat{T}_{k,l+i} = P\hat{T}_{k,l+i-1} + g \cdot \hat{d}_k$$

mit $\hat{d}_k = P\hat{T}_{k,l+1} - P\hat{T}_{k,l}$: Trendentwicklungsrichtung

g : Gewichtungsanteil für den "Verlauf in die bisherige Richtung", $0 \le g \le 1$

6.3. Parameterfortschreibung mittels eines Regressionsansatzes

Bei der Parameterfortschreibung mittels eines Regressionsansatzes sind die Schätzwerte der einzelnen Parameter die Daten der zu erklärenden Variablen, während alle in den Teilschätzungen verwendeten Regressoren potentielle erklärende Variablen sind. Die für die Arbeitslosigkeitserklärung verwendeten Regressoren sollen gleichzeitig auch den Verlauf der Parameterschätzer erklären. Es sei daran erinnert, daß die Zulassung weiterer exogener Variablen zur Erklärung der Parametervariation die implizite Annahme einer Fehlspezifizierung des Arbeitslosigkeitsregressionsmodells enthält. Da durch eine Regressionsanpassung im Gegensatz zur Trendberechnung mit gleitenden Durchschnitten keine Zuordnungszeitpunkte von Parametern wegfallen, sind beim Regressionsansatz weniger Parameterwerte fortzuschreiben. Die Fortschreibung gestaltet sich zudem programmtechnisch einfacher, da die Werte der erklärenden Variablen zum entsprechenden Zeitpunkt lediglich in die Regressionsmodelle für die einzelnen Parameter eingesetzt werden müssen.

Auf diese Weise sind 18 Parameterwerte am Ende jeder Reihe (von 1982,3 bis 1986,4 für Vierteljahres- bzw. von 1985,7 bis 1986,12 für Monatsdaten) fortzuschreiben. Für einen Vergleich der Prognosegüte bedarf es zudem der Fortschreibung der Parameter bis zum Ende des Jahres 1990. Daß dafür Regressorenwerte verwendet werden, deren zeitlicher Index über das Jahr 1986 hinausgeht, stellt keine Benachteiligung des statischen Modells dar, weil die betreffenden Regressorendaten auch für die statische Prognose verwendet wurden. Der Informationsgehalt, der extern in beide Modelle einfließt, ist damit identisch.

Der Regressionsansatz hat aber nicht nur den Vorteil geringerer fortzuschreibender Parameterwerte, sondern bedarf auch keiner weitergehenden Annahmen für die Fortschreibung. Die Fortschreibungen haben damit einen objektiveren und willkürfreieren Charakter.[191]

Demgegenüber steht das Problem, daß der Regressionsansatz neben einer ausreichenden Glättung der Parameterreihe nicht automatisch auch eine gute Anpassung erreichen muß. Während das Erfordernis der Glättung i.d.R. dadurch erfüllt wird, daß das Regressionsmodell nicht jeden Ausschlag der Regressandenreihe nachvollzieht, bleibt offen, ob mit den verwendeten Regressoren eine ausreichende Anpassung des Modells an die Parameterreihe zu erreichen ist. Insbesondere bei häufig auftretenden regressorenverändernden Strukturbrüchen, bei denen der Referenzmodellansatz in der Variabilität seiner Parameter auch die Fehlspezifizierung des Modells abbildet, kann es vorkommen, daß die in den Regressoren des Arbeitslosigkeitsmodells enthaltenen Informationen für die Erklärung der Parameterentwicklung nicht ausreichen. Beim Zeitreihenansatz wird die Anpassung hingegen automatisch erreicht, und die Stärke der Glättung der Reihe läßt sich über die Größe des Stützbereichs steuern.

Das Problem der Anpassung von Regressionsfunktionen an Parameterreihen mit Sprungstellen im Stepwise-Pool-Ansatz[192] wurde durch die Verwendung von Dummy-Variablen gelöst.[193] Relativ grob wurde bisher auf die Auswahl der potentiell zur Erklärung der Parameter zur Verfügung stehenden Variablen eingegangen. Zwar steht fest, daß nur die bereits im Arbeitslosigkeitsgrundmodell ausgewählten Regressoren verwendet werden dürfen. Im Stepwise-Pool-Ansatz ergibt sich aber das zusätzliche Problem, daß nicht alle Regressoren über den gesamten Referenzzeitraum zur Erklärung der Arbeitslosigkeit beitragen. Würden alle im Modell enthaltenen Regressoren zu jedem Zeitpunkt für die Erklärung der Parameterentwicklung auswählbar sein, so könnte es nicht nur zu Inkonsistenzen[194], sondern wiederum auch zur impliziten Unterstellung einer Fehlspezifizierung des Arbeitslosigkeitsgrundmodells kommen. In die Erklärung der Parameterreihen würden nämlich Informationen einfließen, die in das Arbeitslosigkeitsgrundmodell nicht eingeflossen sind. Um dies zu

---

[191] Anm.: Dies bedeutet jedoch nicht unbedingt, daß die Prognoseergebnisse besser sein müssen, da die Eignung der Regressorengleichungen zur guten Anpassung der bisherigen Entwicklung der Parameter nicht gleichzeitig auch die Eignung für die Fortschreibung nach sich zieht.
[192] Anm.: Die Sprungstellen in den Parameterreihen von Stepwise-Pool-Modellen werden durch Informationsverschiebungen im Modell infolge von Regressorenveränderungen bewirkt.
[193] Vgl. dazu Abschnitt 3 dieses Kapitels.
[194] Anm.: Inkonsistenzen, weil ein Regressor die Entwicklung einer Parameterreihe zu einem Zeitpunkt erklären könnte, zu welchem er sich gar nicht im Arbeitslosigkeitsgrundmodell befindet.

vermeiden, dürfen die Parameterreihen nur durch die Regressoren erklärt werden, die zu den entsprechenden Zeitpunkten auch im Modell enthalten sind.

Da die Stepwise-Pool-Modelle spezifizierungsflexibel abgeleitet werden, ist davon auszugehen, daß selbst in Zeitintervallen, in denen nur wenige Regressoren im Arbeitslosigkeitsmodell enthalten sind, eine adäquate Erklärung der Parameterreihen durch die beinhalteten Regressoren sichergestellt wird. Anders sieht es beim Referenzmodellansatz aus. Sollten regressorenverändernde Strukturbrüche auftreten, so sind die Modelle des Referenzmodellansatzes automatisch fehlspezifiziert. Wie oben bereits angesprochen, könnte dies dazu führen, daß die in den Regressoren des Arbeitslosigkeitsmodells enthaltenen Informationen zur Erklärung der Parameterzeitpfade nicht ausreichen.

6.4. Parameterfortschreibung im Belsley-Modell-Ansatz

Beim Belsley-Modell-Ansatz werden die aus den Teilschätzungen resultierenden Parameterreihen zur Spezifizierung der Parametergleichungen verwendet. Die Vorgehensweise ist damit ähnlich dem Verfahren der Anpassung eines Regressionsmodells an die einzelnen Parameterkurven im vorhergehenden Abschnitt. Während bei der direkten Weiterverwendung der Parameterreihen jedoch jede Regressionsgleichung einzeln fortgeschrieben wird, kommt es beim Belsley-Modell-Ansatz über die gemeinsame Koeffizientenbestimmung im Modell auch zu einer gemeinsamen Fortschreibung. Da auf diese Weise die Kovarianzbeziehungen zwischen den einzelnen Parametern berücksichtigt werden, ergeben sich simultan abgestimmte Parameterwerte.

Der Regressionsfortschreibungsansatz bezieht hingegen keine Kovarianzbeziehungen der Parameterschätzer ein.[195] Zwar ist die Identifizierbarkeit der Koeffizienten der Parametergleichungen auf diese Weise sichergestellt, die Anpassungsgüte des Arbeitslosigkeitsmodells kann jedoch darunter leiden.

Im Hinblick auf die Probleme, die bei der Anpassung der Parametergleichungen beim Stepwise-Pool-Ansatz auftreten, sei auf die entsprechenden Ausführungen in den Abschnitten 3. und 6.3. dieses Kapitels verwiesen.

---

[195] Anm.: Sofern er in einem rein separaten Fortschreibungs-Ansatz für die einzelnen Parameterreihen eingesetzt wird.

XI. Teilvariabler Ansatz (Referenzmodellansatz): Regressionsmodelle mit fester Regressorenstruktur und variablen Parameterwerten

1. System verschobener Teilschätzungen auf Vierteljahres- und Monatsdatenbasis (VTV, MTV)

    1.1. Die teilvariablen VTV-Modelle

    1.1.1. Schätzung und Beurteilung der VTV-Teilregressionen 1960-1986 bzw. 1960-1990

    1.1.2. Teilvariable VTV-Modelle auf Datenbasis 1960-1986

    1.1.2.1. Konstante Parameterfortschreibung: Anpassungsgüte und Prognoseverhalten des Modells bis 1990

    1.1.2.2. Belsley-Modell-Ansatz

    (a) Spezifizierung der Parametergleichungen
    (b) Schätzung des Belsley-Regressionsmodells und Prognose bis 1990

    1.1.2.3. Parameterfortschreibung mittels eines Regressionsansatzes

    (a) Separate Fortschreibung der einzelnen Parameterreihen ohne Berücksichtigung der Abhängigkeiten zwischen den Parametern
    (b) Separate Fortschreibung der einzelnen Parameterreihen unter Berücksichtigung der Abhängigkeiten zwischen den Parametern (Gleichungspyramide der Parameter)
    (c) Das Parametergleichungssystem, die Parameterfortschreibung und das Prognoseverhalten des Modells bis 1990

    1.1.2.4. Parameterfortschreibung mittels eines Zeitreihenansatzes

    (a) Die Parameterfortschreibung
    (b) Prognoseverhalten des Modells bis 1990

    1.1.2.5. Zusammenfassender Vergleich der Modelle hinsichtlich Anpassungs- und Prognosegüte

    1.1.3. Teilvariable VTV-Modelle auf Datenbasis 1960-1990

    1.2. Die teilvariablen MTV-Modelle

    1.2.1. Schätzung und Beurteilung der MTV-Teilregressionen 1960-1986 bzw. 1960-1990

1.2.2. Teilvariable MTV-Modelle auf Datenbasis 1960-1986

    1.2.2.1. Konstante Parameterfortschreibung
    1.2.2.2. Belsley-Modell-Ansatz
    1.2.2.3. Parameterfortschreibung mittels eines Regressionsansatzes
    1.2.2.4. Parameterfortschreibung mittels eines Zeitreihenansatzes
    1.2.2.5. Zusammenfassender Vergleich der Modelle hinsichtlich Anpassungs- und Prognosegüte

1.2.3. Teilvariable MTV-Modelle auf Datenbasis 1960-1990

2. System erweiterter Teilschätzungen auf Vierteljahres- und Monatsdatenbasis (VTE, MTE)

  2.1. Die teilvariablen VTE-Modelle

    2.1.1. Schätzung und Beurteilung der VTE-Teilregressionen 1960-1986 bzw. 1960-1990

    2.1.2. Teilvariable VTE-Modelle auf Datenbasis 1960-1986

      2.1.2.1. Konstante Parameterfortschreibung
      2.1.2.2. Parameterfortschreibung mittels eines Regressionsansatzes
      2.1.2.3. Parameterfortschreibung mittels eines Zeitreihenansatzes
      2.1.2.4. Zusammenfassender Vergleich der Modelle hinsichtlich Anpassungs- und Prognosegüte

    2.1.3. Teilvariable VTE-Modelle auf Datenbasis 1960-1990

  2.2. Die teilvariablen MTE-Modelle

    2.2.1. Schätzung und Beurteilung der MTE-Teilregressionen 1960-1986 bzw. 1960-1990

    2.2.2. Teilvariable MTE-Modelle auf Datenbasis 1960-1986

      2.2.2.1. Konstante Parameterfortschreibung
      2.2.2.2. Parameterfortschreibung mittels eines Regressionsansatzes und mittels eines Zeitreihenansatzes
      2.2.2.3. Zusammenfassender Vergleich der Modelle hinsichtlich Anpassungs- und Prognosegüte

    2.2.3. Teilvariable MTE-Modelle auf Datenbasis 1960-1990

3. Gesamteinschätzung der teilvariablen Ansätze

XI. Teilvariabler Ansatz (Referenzmodellansatz): Regressionsmodelle mit fester Regressorenstruktur und variablen Parameterwerten

1. System verschobener Teilschätzungen auf Vierteljahres- und Monatsdatenbasis (VTV, MTV)

1.1. Die teilvariablen VTV-Modelle

1.1.1. Schätzung und Beurteilung der VTV-Teilregressionen 1960-1986 bzw. 1960-1990

Wie bereits im Vorkapitel ausgeführt, lassen sich die Schätzergebnisse der diversen Teilregressionen in übersichtlicher Form nur über graphische Darstellungen verdeutlichen. Ebenso verhält es sich mit den Kenngrößen zur Beurteilung der Erfüllung der Regressionsvoraussetzungen. Da nicht alle diese graphischen Darstellungen hier wiedergegeben werden können, sondern nur ein kleiner Ausschnitt, der die Vorgehensweise beispielhaft verdeutlichen soll, werden die für die Modellbeurteilung relevanten Ergebnisse in einer Tabelle zusam-

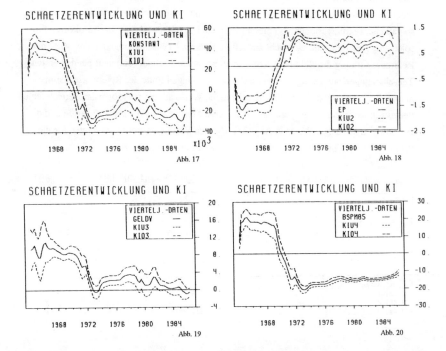

Abb. 17   Abb. 18

Abb. 19   Abb. 20

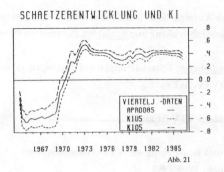

Abb. 21

mengefaßt (vgl. Tab. 25). Die Abbildungen 17 bis 21 zeigen die geschätzten Parameterreihen zusammen mit ihren jeweiligen Konfidenzintervallen.

Alle Regressoren sind hochsignifikant (vgl. dazu beispielhaft den Verlauf der t-Werte für die Konstante und die kritischen Werte in Abb. 22). Ein sich fast ausschließlich im 0,9er-Bereich bewegendes Bestimmtheitsmaß weist zudem auf eine hohe Anpassungsgüte der einzelnen Teilschätzungen hin. Wie zu erwarten war, finden die Schätzungen unter hoher Multikollinearität statt. Sowohl die Korrelationen zwischen den Regressoren als auch die zwischen den Parameterschätzern sind über den gesamten Beobachtungszeitraum recht hoch, so daß alle Teilregressionen von diesem Problem betroffen sind. Für die Autokorrelation ist solch eine generelle Aussage nicht zu treffen. Während Teilschätzungen in der Mitte des Referenzzeitraums durch hohe Autokorrelation gekennzeichnet sind, liegt bei den ersten Teilschätzungen nur geringe Autokorrelation vor. Gegen Ende des Referenzzeitraums nimmt die Durbin-Watson Prüfgröße schließlich Werte an, die teils sogar im Bereich fehlender Autokorrelation liegen (vgl. dazu den Verlauf der Durbin-Watson-Prüfgröße und die zugehörigen kritischen Werte in Abb. 23). Bei den Verteilungsvoraussetzungen für die Störvariablen ergibt sich genau die umgekehrte Entwicklung. Die ersten Teilschätzungen

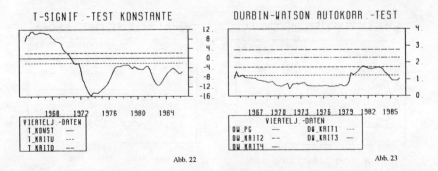

Abb. 22   Abb. 23

Modellbeurteilungstabelle VTV-Teilregressionen:

Kriterien	OLS-Niveaugrößen Schätzungen	OLS-Differenzgrößen Schätzungen	AR-Niveaugrößen Schätzungen
Übereinstimmung			
$\hat{\beta}$ und $\hat{\beta}^D$		hoch	
$\hat{\beta}$ und $\hat{\beta}^{AR}$		sehr hoch	
$\hat{\beta}^D$ und $\hat{\beta}^{AR}$		hoch	
Multikollinearität			
Regressorenkorr.	hoch	niedrig	hoch
Parameterschätzerkorr.	hoch	niedrig - mittel	hoch
Autokorrelation			
Durbin-Watson-PG	hoch → niedrig	keine - niedrig	keine - niedrig
Homoskedastizität			
Innerhalb d. Schätzungen (Goldfeld-Quandt-PG)	selten erfüllt	selten erfüllt	selten erfüllt
Zwischen d. Schätzungen ($SEE = \hat{\sigma}$)	erfüllt	nicht erfüllt	—
Normalverteilung			
$P > Skew.-PG$	erfüllt → nicht erfüllt	erfüllt - nicht erfüllt	erfüllt → nicht erfüllt
$P > Kurt.-PG$	erfüllt → nicht erfüllt	nicht erfüllt	erfüllt → nicht erfüllt
R^2	hoch	mittel	—
Signifikanzen (t-Werte)			
CONSTANT	hoch - sehr hoch	—	hoch
EP	hoch	mittel	hoch
GELDV	hoch → keine	keine	hoch → keine
BSPM85	sehr hoch	hoch	sehr hoch
APROD85	sehr hoch	hoch	sehr hoch

Tab. 25

Legende: niedrig - mittel : Niedrige bis mittlere Ausprägungen
  hoch → niedrig : Hohe Ausprägungen in den Anfangs-
  teilschätzungen mit dem Übergang zu
  niedrigen Ausprägungen in den Teilschätzungen am Ende des Referenzzeitraumes

erfüllen die Normalverteilungsannahme. Gegen Ende des Beobachtungszeitraums weicht die Störvariablenverteilung hingegen stark davon ab.

Die Homoskedastizitätsvoraussetzung wurde in zwei Komponenten unterteilt: Zum einen wurde die Annahme einer homoskedastischen Residuenverteilung innerhalb jeder Teilschätzung formuliert (Überprüfung mittels eines Goldfeld-Quandt-Tests), zum anderen wurde die Homoskedastizität zwischen den einzelnen Teilschätzungen gefordert (Überprüfung anhand des Verlaufs der Residualstandardabweichungen). Aus der Abbildung 24 wird deutlich, daß die Residualstandardabweichung in den Teilschätzungen um rd. 40.000 Arbeitslose herum schwankt. Es gibt zwar auch Teilschätzungen mit Werten bis an die 65.000 heran, diese treten jedoch nur selten und punktuell auf. Damit kann davon ausgegangen werden, daß die Homoskedastizitätsforderung zwischen den Teilschätzungen erfüllt ist.[196]

Anders sieht es mit der Homoskedastizität innerhalb der Teilschätzungen aus. Die Goldfeld-Quandt-Prüfgrößen (Abb. 25) liegen in den weitaus meisten Fällen innerhalb des Ablehnungsbereichs der Nullhypothese (Prüfgrößenwerte liegen oberhalb der Kurve der kritischen Werte (LEVEL5VH)), was auf vorliegende Heteroskedastizität und damit unterschiedlich große Residualvarianzen innerhalb der Schätzungen schließen läßt.

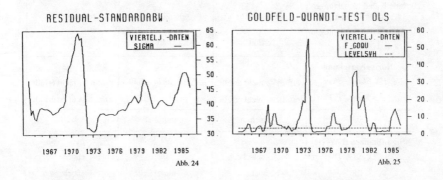

Abb. 24   Abb. 25

Inwieweit haben sich die Verletzungen einzelner Regressionsvoraussetzungen jedoch in verzerrender Weise auf die Parameterschätzer ausgewirkt? Werden dazu die Parameterreihen der OLS-Niveaugrößenschätzungen mit denen der OLS-Differenzgrößenschätzungen verglichen (Abb. 26 bis 29), so zeigt sich jeweils eine recht weitgehende Übereinstimmung. Größere Abweichungen treten nur in den Anfangsjahren beim Parameter des GELDV auf.

---

[196] Anm.: Dieser Einschätzung steht nicht entgegen, daß die einzelnen Residualstandardabweichungen nicht unabhängig voneinander sind, da sich die Teilschätzungen überlappen. Zum einen sind alle Teilschätzungen, die mindestens 36 Beobachtungszeitpunkte voneinander entfernt sind, unabhängig; zum anderen beruht die Einschätzung der Homoskedastizität zwischen den Teilschätzungen auf der Analyse des Verlaufs der Gesamtkurve und damit insbesondere auch auf dem Vergleich der Residualstandardabweichungen zwischen den ersten und den letzten Teilschätzungen.

XI. Teilvariabler Ansatz

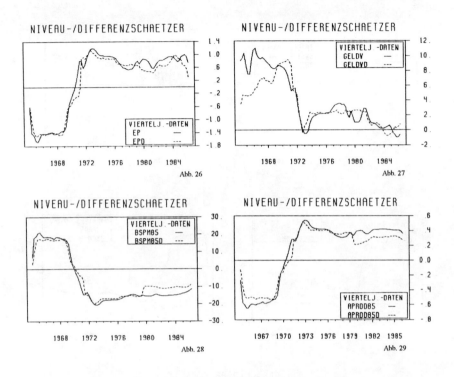

Abb. 26

Abb. 27

Abb. 28

Abb. 29

Da die Differenzgrößenregressionen aufgrund der niedrigen Regressoren- und Parameterschätzerkorrelationen ohne bzw. mit nur geringen Multikollinearitätseinflüssen schätzen und vernachlässigbar geringe Autokorrelationen vorliegen, sind wichtige Regressionsvoraussetzungen im Differenzenüberprüfungsmodell erfüllt. Dementsprechend kann davon ausgegangen werden, daß die Multikollinearitäten in den zu überprüfenden Schätzungen keine wesentlichen Schätzerverzerrungen zur Folge gehabt haben.

Eine noch weitergehende Übereinstimmung zeigt sich beim Vergleich der Parameterreihen zwischen den OLS-Niveaugrößenschätzungen und den AR-Niveaugrößenschätzungen (Abb. 30 bis 34). Da dieser Vergleich zur Überprüfung der Auswirkungen der Autokorrelation in den Ausgangsschätzungen durchgeführt wird, interessiert insbesondere die Autokorrelationssituation der AR-Schätzungen. Die Durbin-Watson-Prüfgrößenwerte weisen hier auf keine bzw. relativ niedrige Autokorrelation hin. Daher kann von durch die Autokorrelation unbeeinflußten OLS-Niveaugrößenschätzungen ausgegangen werden.

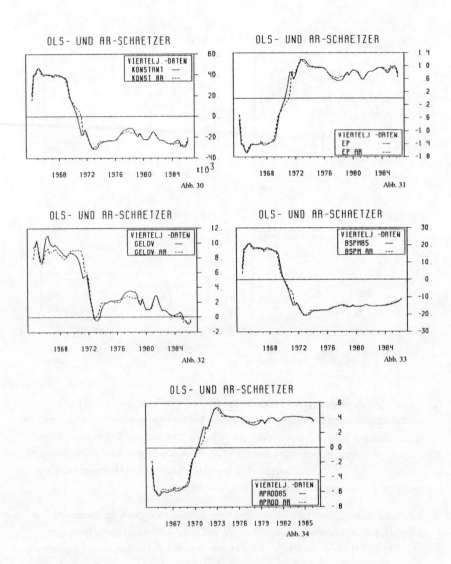

Abb. 30

Abb. 31

Abb. 32

Abb. 33

Abb. 34

Insgesamt betrachtet führen die VTV-Teilregressionen damit zu qualitativ hochwertigen Parameterschätzerreihen, die ohne Einschränkungen in die direkte Weiterverwendung bzw. in die Parametergleichungsspezifizierung eingehen können.

1.1.2. Teilvariable VTV-Modelle auf Datenbasis 1960-1986

1.1.2.1. Konstante Parameterfortschreibung: Anpassungsgüte und Prognoseverhalten des Modells bis 1990

Wird der Verlauf der Parameterreihen betrachtet, so zeigt sich, daß abgesehen vom Parameter des Regressors GELDV alle anderen eine gleiche Verlaufscharakteristik aufweisen. Bis Ende der 60er Jahre ergibt sich eine relativ konstante Entwicklung. Danach fallen bzw. steigen die einzelnen Parameterkurven steil ab bzw. an, wechseln ihr Vorzeichen und gehen ab Mitte der 70er Jahre wieder in einen relativ kontinuierlichen und konstanten Verlauf über. Der Parameter des GELDV folgt zwar ebenfalls dieser Verlaufscharakteristik, seine Niveauveränderung ist jedoch weniger ausgeprägt und ohne Vorzeichenwechsel, da der starke Abfall Anfang der 70er Jahre zum Teil durch einen Anstieg wieder ausgeglichen wird. Die Parameterverläufe stehen somit in engem Zusammenhang zur Arbeitslosigkeitsentwicklung, die auch Mitte der 70er Jahre einen ersten stärkeren und dauerhaften Anstieg auf über eine Million Arbeitslose verzeichnete. Daran gekoppelt ist die Umkehrung der Einflußrichtungen der Regressoren. Dies stellt eine starke strukturelle Veränderung der Modellzusammenhänge dar.

Parallel zur steigenden Arbeitslosigkeit entwickeln sich auch die standardisierten Koeffizienten. Entsprechend des höheren Verlaufsniveaus des Regressanden vermindern sich die Werte der standardisierten Schätzer.[197] Die Gewichtsverteilung zwischen den Regressoren ändert sich dabei aber nur wenig. BSPM85 und APROD85 dominieren in etwa gleich stark die Gewichtsverteilung. Der Anteil von EP und GELDV ist dagegen relativ gering. Während diese Gewichtsstruktur für den gesamten Referenzzeitraum gilt, verhalten sich die partiellen Bestimmtheitsmaße uneinheitlicher. Zwar weisen die Regressoren BSPM85 und APROD85 auch hier die höchsten Werte auf, dies aber erst ab Anfang der 70er Jahre. Davor haben auch die übrigen Einflußgrößen hohe partielle Bestimmtheitsmaße. Danach zeigt jedoch insbesondere das GELDV eine Entwicklung zu sehr niedrigen Werten.

Beim konstanten Fortschreibungsansatz hängt die Anpassungsgüte des Modells allein von der Qualität der Teilschätzungen ab, da die Fortschreibungen mit den Parameterwerten der letzten Teilregression stattfinden, und diese auch die Beobachtungswerte am Ende des Anpassungszeitraums bis 1986 enthält. Für das VTV-Modell ergibt sich so ein Bestimmtheitsmaß von 0,997 und eine mittlere Anpassungsabweichung (MAA)[198] von 30,04. Dies entspricht einer Abweichung von rd. 30.000 Arbeitslosen. Das Vierteljahresgesamtschät-

---

[197] Anm.: Es wurden standardisierte Schätzer auf Basis gleicher prozentualer Veränderungen berechnet.
[198] Anm.: Es sei daran erinnert, daß zur Berechnung von MAA die Beträge der Residuen verwendet werden.

zungsmodell weist dagegen einen fast doppelt so großen Wert von 61,99 MAA auf. Noch stärker vermindert sich die Streuung der Abweichungen. Sie geht von 63,20 im Vierteljahresgesamtschätzungsmodell auf 24,96 im VTV-Teilschätzungsmodell zurück.

Wird nur die Zeitperiode zwischen 1980 und 1986 betrachtet, so zeigt sich, daß das VTV-Modell in diesem Zeitraum mit einer mittleren Anpassungsabweichung von 25,50 sogar noch besser anpaßt als im davorliegenden Zeitraum. Gegenüber dem Gesamtschätzungsmodell ergibt sich wiederum eine Verbesserung (44,84 MAA). Das Modell auf Basis verschobener Teilschätzungen weist damit eine spürbare Verbesserung im Anpassungsverhalten auf und dieses im Vergleich zu einem Gesamtschätzungsmodell, welches bereits eine hohe Anpassungsgüte zeigt.

Die Prognosequalität im konstanten Fortschreibungsansatz wird entscheidend dadurch beeinflußt, inwieweit die einzelnen Parameterreihen im Prognosezeitraum tatsächlich einer konstanten Entwicklung folgen. Die VTV-Parameterkurven zeigen in ihrer Mehrzahl eine durch Schwankungen überlagerte leicht steigende bzw. leicht fallende Entwicklung. Aufgrund der nur geringen Niveauveränderung der Reihen sind kurzfristig brauchbare, langfristig jedoch den tatsächlichen Arbeitslosenverlauf verfehlende Prognosen zu erwarten. Diese Einschätzung bestätigt sich. Die Prognosequalität entspricht ziemlich genau der des Gesamtschätzungsmodells. Die mittlere Prognoseabweichung liegt bei rd. 150.000 Arbeitslosen und resultiert im wesentlichen aus den starken Abweichungen gegen Ende des Prognosezeitraums. Zu Beginn sind die Abweichungen dagegen ausgesprochen gering.

Die konstante Fortschreibung der aktuellen Parameterwerte erbrachte damit gegenüber der konstanten Fortschreibung der statischen, für den gesamten Referenzzeitraum gültigen Parameterwerte keine Verbesserungen in der Prognosequalität. Wird die Größe der einzelnen Prognoseintervalle der Vierteljahresgesamtschätzung auf die VTV-Prognosen übertragen, so kommt es zu keiner vollständigen Überdeckung der tatsächlichen Arbeitslosenentwicklung.

1.1.2.2. Belsley-Modell-Ansatz

(a) Spezifizierung der Parametergleichungen

Um die Prognoseverbesserungspotentiale variabler Parametermodelle stärker auszunutzen, werden an die Parameterreihen im folgenden Regressionsgleichungen angepaßt, diese ins Arbeitslosigkeitsgrundmodell eingesetzt und dann simultan bei gleichzeitiger Schätzung des Arbeitslosigkeitsmodells bestimmt. Auf diese Weise findet eine nicht-konstante Fortschreibung der Parameterreihen in den Prognosezeitraum statt.[199] Die Gleichungen der VTV-Parameterreihen unter Verwendung der Arbeitslosigkeitsregressoren lauten dabei wie folgt:

Grundmodell:

$$AL_t = \beta_{0t} + \beta_{1t} \cdot EP_t + \beta_{2t} \cdot GELDV_t + \beta_{3t} \cdot BSPM85_t + \beta_{4t} \cdot APROD85_t + u_t$$

mit den geschätzten Parametergleichungen:

$$\hat{\beta}_{0t} = 1.263.642 - 35,048 \cdot EP_t + 337,073 \cdot GELDV_t - 8,403 \cdot APROD85_t$$
$$(14,52) \quad (-11,52) \quad (15,52) \quad (-20,84) \quad R^2 = 0,938$$

$$\hat{\beta}_{1t} = -45,786 + 0,001253 \cdot EP_t - 0,01272 \cdot GELDV_t + 0,0003182 \cdot APROD85_t$$
$$(-14,39) \quad (11,27) \quad (-16,02) \quad (21,59) \quad R^2 = 0,939$$

$$\hat{\beta}_{2t} = 146,73 - 0,004106 \cdot EP_t + 0,02972 \cdot GELDV_t - 0,0007957 \cdot APROD85_t$$
$$(8,21) \quad (-6,57) \quad (6,66) \quad (-9,61) \quad R^2 = 0,836$$

$$\hat{\beta}_{3t} = 647,765 - 0,01738 \cdot EP_t + 0,1869 \cdot GELDV_t - 0,004804 \cdot APROD85_t$$
$$(15,14) \quad (-11,62) \quad (17,50) \quad (-24,23) \quad R^2 = 0,952$$

$$\hat{\beta}_{4t} = -18,674 + 0,0005103 \cdot EP_t - 0,00506 \cdot GELDV_t + 0,0001299 \cdot APROD85_t$$
$$(-15,48) \quad (12,09) \quad (-16,79) \quad (23,24) \quad R^2 = 0,952$$

(in Klammern: t-Werte)

bzw. in Tabellenschreibweise:

---

[199] Anm.: Sofern die angepaßten Parametergleichungen nicht nur aus einer Konstanten bestehen.

Parametergleichungstabelle VTV^{86}-RMA, Belsley:[200]

	$\hat{\beta}_{KONSTANT}$	$\hat{\beta}_{EP}$	$\hat{\beta}_{GELDV}$	$\hat{\beta}_{BSPM85}$	$\hat{\beta}_{APROD85}$
CONSTANT	1.263.642 (14,52)	-45,786 (-14,39)	146,73 (8,21)	647,765 (15,14)	-18,674 (-15,48)
EP	-35,048 (-11,52)	0,001253 (11,27)	-0,004106 (-6,57)	-0,01738 (-11,62)	0,0005103 (12,09)
GELDV	337,073 (15,52)	-0,01272 (-16,02)	0,02972 (6,66)	0,1869 (17,50)	-0,00506 (-16,79)
BSPM85	—	—	—	—	—
	—	—	—	—	—
APROD85	-8,403 (-20,84)	0,0003182 (21,59)	-0,000796 (-9,61)	-0,004804 (-24,23)	0,0001299 (23,24)
R^2	0,938	0,939	0,836	0,952	0,952

Tab. 26

Auf Basis dieser Parametergleichungen ergibt sich ein Belsley-Modell, welches neben dem konstanten Term und den vier ursprünglichen Regressoren noch neun Kunstvariablen[201] enthält. Dabei zeigt sich, daß nur $\hat{\beta}_{BSPM85}$ identifizierbar sein wird. Aufgrund der fehlenden Identifizierbarkeit der übrigen Parameterreihen wird es nicht möglich sein, die Parameterfortschreibungen hinsichtlich ihrer Plausibilität zu überprüfen.

(b) Schätzung des Belsley-Regressionsmodells und Prognose bis 1990

Die Schätzung des Belsley-Modells führt zu einem Bestimmtheitsmaß von 0,996. Die dazugehörige mittlere Anpassungsabweichung beträgt 34,43 und liegt damit nur wenig über dem Anpassungswert der konstanten Parameterfortschreibung. Dementsprechend ist auch in diesem Fall eine wesentliche Verbesserung der Anpassungsgüte gegenüber dem Gesamtschätzungsmodell eingetreten. Allerdings ist die Anpassungsqualität im aktuellen Zeitraum von 1980 bis 1986 mit 39,70 MAA schlechter als im davorliegenden Zeitraum. Dies kann als ein

---

[200] Anm.: VTV^{86} : VTV-Teilschätzungen auf Basis der Daten von 1960-1986
RMA : Referenzmodellansatz
Belsley : Belsley-Modell-Ansatz
[201] Anm.: Die Kunstvariablen ergeben sich aus der Multiplikation der ursprünglichen Regressoren mit den erklärenden Variablen der Parametergleichungen.

erstes Zeichen hinsichtlich einer nicht befriedigenden Prognosequalität gedeutet werden, da die Parametergleichungen innerhalb des Belsley-Modells im aktuellen Zeitraum weniger gut die Parameterentwicklung widerspiegeln. Eine mittlere Prognoseabweichung von 175,63 bestätigt diese Vermutung. Das Belsley-Modell erreicht damit nicht nur schlechtere Prognosen als der konstante Fortschreibungsansatz, sondern auch schlechtere als das Gesamtschätzungsmodell.

Wird die Belsley-Modell-Schätzung näher betrachtet, so überrascht dies nicht. Aufgrund der Parametergleichungsspezifikation mit den Regressoren des Arbeitslosigkeitsgrundmodells ergeben sich hohe Korrelationen zwischen den Ursprungsregressoren und den aus den Ursprungsregressoren gebildeten Kunstvariablen. Das Modell leidet damit unter extrem hoher Multikollinearität. Zusätzlich muß von autokorrelierten Störvariablen sowie der Verletzung der Normalverteilungsannahme der Störvariablen ausgegangen werden.

Die sich beim Belsley-Modell ergebenden Differenzen zu den Schätzergebnissen der Überprüfungsregressionen mit von Multikollinearität unbeeinflußten Differenzdaten bzw. mit nur geringe Autokorrelation hervorbringenden AR-Niveaudaten lassen darauf schließen, daß sich die Verletzungen der Regressionsvoraussetzungen negativ auf die Koeffizientenschätzer des Belsley-Modells ausgewirkt haben. Für Vierteljahresdaten zeigen sich zudem relativ niedrige Signifikanzwerte; einige Kunstvariablen sind sogar nicht-signifikant. Und das, obwohl die Koeffizienten der einzelnen Parametergleichungen alle hoch gesichert waren. Durch die Integration der Parametergleichungen ins Arbeitslosigkeitsgrundmodell ist es jedoch zu gravierenden Informationsüberschneidungen gekommen, die einerseits Auslöser für die hohe Multikollinearität, und andererseits Grund für die Nicht- bzw. niedrigen Signifikanzen sind. Als Fazit muß davon ausgegangen werden, daß das Belsley-Modell relativ ungenaue Schätzer geliefert hat.

Diese Ungenauigkeiten wirken sich dabei primär im Bereich der Prognosegüte, und weniger im Bereich der Anpassungsgüte aus. Bei den Anpassungsabweichungen treten mehr die Auswirkungen der nicht vollständigen Erklärung der Variation der Parameterreihen durch die Arbeitslosigkeitsregressoren zu Tage. Insbesondere die Parameterreihe des Regressors GELDV ist davon betroffen (Bestimmtheitsmaß der zugehörigen Parametergleichung: 0,836). Grund dafür dürfte die Fehlspezifizierung des Arbeitslosigkeitsmodells durch nicht berücksichtigte regressorenverändernde Strukturbrüche sein. Wie oben bereits ausgeführt, vermindert sich dadurch besonders am Ende des Referenzzeitraums die Anpassungsgüte.

Die Anpassungsproblematik der Parametergleichungen verbunden mit den Schätzungenauigkeiten wirkt sich aber in erster Linie negativ auf die Parameterfortschreibungen aus. Zwar kann aufgrund der Nichtidentifizierbarkeit der Parametergleichungen nicht näher analysiert werden, inwieweit die Fortschreibungen einem plausiblen Verlauf folgen. Dadurch, daß das Belsley-Modell aber nicht einmal die Prognosegüte des Gesamtschätzungsmodells erreicht, kann auf nicht zutreffende und verzerrte Fortschreibungen geschlossen werden.

Es stellt sich in diesem Zusammenhang die Frage, wie stark sich der nicht durch die Arbeitslosigkeitsregressoren erklärte Anteil der Parametervariation auf die fehlerbehafteten Fortschreibungen ausgewirkt hat, und in welchem Maße dieses durch die Schätzungenauigkeiten im Modell geschehen ist.

Um die Schätzerungenauigkeiten zu vermindern und die Signifikanzen im Modell zu erhöhen, bedarf es einer Verminderung der Komplexität des Belsley-Modells. Insbesondere muß die Anzahl der Kunstvariablen verringert werden. Dies ist durch eine Vereinfachung der Parametergleichungen möglich. Dadurch steigt zugleich die Wahrscheinlichkeit der Identifizierbarkeit des Gesamtsystems. Ziel der Gleichungsspezifikation ist jetzt nicht mehr eine möglichst optimale Anpassung, sondern die Abbildung der Grundverlaufstendenz der Parameterkurven durch die Anpassungsgleichungen. Wird nach dieser Maßgabe die Gleichungsspezifizierung durchgeführt und damit das Belsley-Modell geschätzt, so ergeben sich höhere Signifikanzen und eine bessere Erfüllung der Regressionsvoraussetzungen. Allerdings geht die Erhöhung der Schätzqualität einher mit einer Verminderung der Anpassungsgüte, was sich wiederum negativ auf die Prognosequalität auswirkt. Letztere verschlechtert sich auf einen Wert von über 200 MPA. Die Identifizierbarkeit aller Parametergleichungen ist trotz des einfacheren Aufbaus der Gleichungen weiter nicht gegeben.

Es zeigt sich damit, welche Wichtigkeit die möglichst weitgehende Anpassung der Parametergleichungen an die Parameterreihen hat. Die Abbildung der Grundverlaufstendenz ist nicht ausreichend. Zugleich wird jedoch auch das Dilemma des Belsley-Modell-Ansatzes deutlich. Eine optimale Anpassung der Parametergleichungen ist für eine gute Anpassungs- und Prognosequalität notwendig. Gleichzeitig führt dies selbst bei relativ einfachen Kurvenverläufen zu Parametergleichungen mit einer Vielzahl von erklärenden Variablen. Dadurch wird die Anzahl der im eingesetzten Belsley-Modell enthaltenen Regressoren und Kunstvariablen so stark aufgebläht, daß aussagekräftige und signifikante Schätzungen verhindert werden. Auf diese Weise leidet wiederum die Anpassungs- und Prognosequalität. Die simultane Schätzung der Parametergleichungen wird durch dieses Spannungsverhältnis beeinträchtigt. Die Vorteile der Berücksichtigung der Abhängigkeiten zwischen den Parametern im simultanen Ansatz werden durch die Nachteile überkompensiert.

Zugleich scheint die Nichtidentifizierbarkeit der Parameterreihen im Belsley-Modell nicht die Ausnahme, sondern der Normalfall zu sein. Gerade durch das beschriebene Spannungsverhältnis, welches Fortschreibungen nur unter größerer Unsicherheit zuläßt, wäre es jedoch notwendig, den Realitätsgehalt der Parameterfortschreibungen zu kontrollieren.

Damit muß festgestellt werden, daß das Belsley-Modell wohl nur in den Fällen mit Aussicht auf höhere Prognosequalität angewendet werden kann, in denen sehr einfache, durch wenige erklärende Variablen ausreichend abbildbare Parameterverläufe vorliegen. Aufgrund der selbst dann sich nur selten ergebenden Parameteridentifizierungsmöglichkeit wird die Verwendbarkeit des Belsley-Ansatzes weiter eingeschränkt. Die Notwendigkeit der im folgenden beschriebenen separaten Fortschreibungsansätze wird damit offensichtlich.

1.1.2.3. Parameterfortschreibung mittels eines Regressionsansatzes

(a)   Separate Fortschreibung der einzelnen Parameterreihen ohne Berücksichtigung der Abhängigkeiten zwischen den Parametern

Werden die für die Aufstellung des Belsley-Modells abgeleiteten Parametergleichungen separat fortgeschrieben, so ergeben sich zum Teil unrealistische Fortschreibungsverläufe. Eine Ursache dafür dürfte die nicht ausreichende Anpassung der Parameterreihen durch die Arbeitslosigkeitsregressoren sein. Durch die auftretende Fehlspezifikation des Referenzmodell-Ansatzes kommt in der Parametervariation neben den tatsächlichen, ökonomisch bedingten Einflußgewichtsverschiebungen auch die auf die Fehlspezifikation zurückzuführende Parameterveränderung zum Ausdruck. Diesen Variationsanteil können die Arbeitslosigkeitsregressoren nicht abbilden und entsprechend auch nicht fortschreiben. Dadurch wirken weitere, nicht einbezogene Einflußgrößen in der Störvariable der Parametergleichung auf die Parameterveränderung ein. Die stark autokorrelierten Störgrößen der einzelnen Parametergleichungen[202] sind ein Hinweis auf den nicht ausreichenden Informationsgehalt in den Arbeitslosigkeitsregressoren und damit auf die vorliegende Fehlspezifizierung im Referenzmodellansatz.

Dieses Problem traf auf den Belsley-Modell-Ansatz ebenfalls zu. Die Prognosegüte des separaten Fortschreibungsansatzes ist mit einer mittleren Prognoseabweichung von 541,43 jedoch mehr als dreimal so groß wie die des Belsley-Modell-Ansatzes. Dementsprechend muß es gewichtige weitere Gründe geben, die die separate Fortschreibung behindern.

---

[202] Anm.: Die Durbin-Watson-Prüfgrößenwerte für die einzelnen Parametergleichungen lauten wie folgt:

0,250   für $\hat{\beta}_{KONSTANT}$; 0,250   für $\hat{\beta}_{EP}$;   0,227   für $\hat{\beta}_{GELDV}$

0,237   für $\hat{\beta}_{BSPM85}$:   0,238   für $\hat{\beta}_{APROD85}$

Da die Abhängigkeiten der Parameterreihen untereinander nicht berücksichtigt werden und folglich von einer Situation der Unabhängigkeit zwischen den einzelnen Parameterschätzern ausgegangen wird, sind die Ursachen für die starken Prognoseabweichungen in diesem Bereich zu vermuten. Eine Analyse der Parameterschätzerkorrelationen bestätigt diese Vermutung. Hohe, zum Großteil im 0,9er-Bereich liegende Korrelationen zeigen die starken gegenseitigen Abhängigkeiten der geschätzten Parameterreihen. Eine separate Fortschreibung, die diese Abhängigkeiten nicht einbezieht und die Fortschreibungen der Parameterreihen nicht gegenseitig abstimmt, ist zum Scheitern verurteilt. Selbst bei einer hohen Fortschreibungsqualität der einzelnen Parameterreihen können große Differenzen zwischen den prognostizierten und den tatsächlichen Arbeitslosenwerten auftreten, da ohne gegenseitige Abstimmung bereits kleinste Fortschreibungsabweichungen durch Fehlerkumulationen große Prognoseabweichungen hervorrufen können. Die separate Parameterfortschreibung ohne Einbeziehung der Parameterabhängigkeiten bleibt damit auf die Situationen beschränkt, in denen vernachlässigbar geringe Korrelationsbeziehungen zwischen den Parameterschätzern vorliegen.

Damit tritt jedoch ein weiteres Dilemma auf. Einerseits zeigt die simultane, die Abhängigkeiten zwischen den Parametern berücksichtigende Fortschreibung durch die im vorhergehenden Abschnitt angesprochenen Gründe ein qualitativ nicht ausreichendes Prognoseverhalten. Separate Fortschreibungsansätze sind deswegen notwendig. Andererseits kommt eine rein separate Fortschreibung auch nicht zu besseren Ergebnissen, weil die Abhängigkeiten unberücksichtigt bleiben. Daraus ergibt sich die Anforderung, daß der Fortschreibungsansatz sowohl separat fortschreiben, als auch die Abhängigkeiten zwischen den Parameterschätzern einbeziehen muß. Im folgenden Abschnitt wird dazu eine Methode vorgestellt, die diese Anforderungen erfüllt und gleichzeitig in die Fortschreibung mittels eines Regressions- bzw. Zeitreihenansatzes integriert werden kann.

(b)   Separate Fortschreibung der einzelnen Parameterreihen unter Berücksichtigung der Abhängigkeiten zwischen den Parametern (Gleichungspyramide der Parameter)

Zur gleichzeitigen Erfüllung der unter (a) formulierten Anforderungen wird für die Parameter ein Gleichungssystem aufgebaut, welches die einzelnen Parameterreihen durch die anderen Parameterreihen erklärt. Das Gleichungssystem hat dabei eine pyramidenförmige Gestalt. An der Spitze steht die Parameterreihe, die zu allen anderen Reihen die höchsten Korrelationen aufweist und damit für deren Anpassung am besten geeignet ist. Diese erste Parameterreihe wird mit Hilfe des Regressions- bzw. Zeitreihenansatzes angepaßt und fortgeschrieben. An zweiter Stelle steht die Parameterreihe, die mit der ersten Reihe hoch korreliert und möglichst gleichzeitig auch mit den noch verbleibenden Reihen hohe Korrelationen aufweist. Sie wird jetzt durch eine Konstante und durch die erste bereits erklärte Parameterreihe angepaßt. Die sich ergebende Anpassungsfunktion wird daraufhin fortgeschrieben, wobei die Fortschreibungswerte der ersten Parameterreihe verwendet werden. Auf diese Weise berücksichtigt die Fortschreibung sowohl die Abhängigkeitsverhältnisse zwischen beiden Parameterreihen (durch die Anpassungsfunktion, welche die bereits erklärte Parameterreihe als zu erklärende Variable enthält), als auch die bereits festgelegten Fortschreibungswerte der ersten Parameterreihe. Mit allen weiteren Parameterreihen wird entsprechend verfahren. Für den Gleichungsaufbau sind dabei jeweils nur die Reihen verwendbar, für die bereits selbst eine Gleichung angepaßt wurde (rekursives Vorgehen). Zuletzt wird die Reihe erklärt, die die geringsten Korrelationsbeziehungen zu den anderen Parameterreihen aufweist und folglich die meisten Parameterreihen zur Erklärung benötigt.

Gleichungspyramide der geschätzten Parameterreihen:

$$\hat{\beta}_{(1)} = f_1(\alpha_{(1)}, x_1, x_2, \ldots, x_K)$$
$$\hat{\beta}_{(2)} = f_2(\alpha_{(2)}, \hat{\beta}_{(1)})$$
$$\hat{\beta}_{(3)} = f_3(\alpha_{(3)}, \hat{\beta}_{(1)}, \hat{\beta}_{(2)})$$
$$\hat{\beta}_{(4)} = f_4(\alpha_{(4)}, \hat{\beta}_{(1)}, \hat{\beta}_{(2)}, \hat{\beta}_{(3)}) \quad usw.$$

mit $f_1, f_2, \ldots$: Funktionale Beziehung
         x_k : Regressoren des Arbeitslosigkeitsgrundmodells, $k = 1, \ldots, K$
         $\alpha_{(\ldots)}$: Konstantes Glied der jeweiligen Parametergleichung
         $\hat{\beta}_{(\ldots)}$: Geschätzte Parameterreihen in der Reihenfolge des Aufbaus des Parametergleichungssystems

Während des Prozesses der Gleichungsspezifikation ist darauf zu achten, daß die Anpassungsgüte der einzelnen Parameterkurven hoch ist. Sollten dies die Korrelationsbeziehungen nicht zulassen, so müssen mehrere Parameterreihen zu Anfang mit Hilfe des Regressionsansatzes und den Arbeitslosigkeitsregressoren bzw. mit Hilfe des Zeitreihenansatzes fortgeschrieben und damit die Gleichungspyramide aufgebaut werden.

Bei der Auswahl der ersten Parameterreihe für das Gleichungssystem sollte neben den Korrelationsbeziehungen zu den anderen Reihen auch die Eignung hinsichtlich der Erklärung durch die Arbeitslosigkeitsregressoren und die standardisierten Koeffizientenkurven der Parameterreihen berücksichtigt werden. Es sollte dabei, soweit mit den anderen Kriterien vereinbar, möglichst die Parameterkurve zuerst erklärt werden, die die höchsten standardisierten Parameterwerte aufweist. Denn Fortschreibungsungenauigkeiten werden sich insbesondere bei diesen Parameterkurven stark auf die Arbeitslosigkeitsprognosen auswirken. Die Wahrscheinlichkeit von Ungenauigkeiten steigt jedoch mit der Gleichungsposition in der Erklärungsreihe, da die Ungenauigkeiten von vorher erklärten Parameterreihen in die später erklärten Reihen einfließen.

Aus der Analyse der standardisierten Parameterreihen folgt, daß BSPM85 und APROD85 die mit Abstand größten Werte aufweisen. EP und GELDV haben dagegen vergleichsweise geringe Werte. Für die Konstante läßt sich keine standardisierte Reihe berechnen. Aufgrund des großen Parameterwertes, der bei fehlerhafter Fortschreibung große Verzerrungen nach sich ziehen würde, wird jedoch auch die Reihe der Konstanten zu den für das Modell bedeutsamen Reihen gezählt, die möglichst zuerst fortgeschrieben werden sollten.

Um die aktuellen Korrelationsbeziehungen zwischen den Parameterschätzerreihen für den Aufbau des Gleichungssystems zu verwenden, sollte ferner nicht der gesamte Referenzzeitraum für die Anpassung verwendet werden. Vielmehr sollte eine Beschränkung auf einen Zeitraum am Ende der Parameterreihen stattfinden, der sowohl für eine aussagekräftige Regressionsanpassung geeignet ist als auch eine genügend hohe Repräsentativität hinsichtlich der Korrelationsbeziehungen der Parameterschätzer aufweist.

Für die Anpassung des Arbeitslosigkeitsmodells werden unverändert die tatsächlichen Parameterschätzwerte bis 1982,2 verwendet; für die Anpassung bis 1986,4 und für die Prognose bis 1990,4 kommen dann die fortgeschriebenen Parameterwerte aus dem Parametergleichungssystem zum Einsatz.

Durch die beschriebene Vorgehensweise sind die gewünschten Erfordernisse an die Parameterfortschreibung gewährleistet: Berücksichtigung der Abhängigkeiten zwischen den Parameterreihen, wobei die stärksten Abhängigkeiten vorrangig berücksichtigt werden, Garantie der Identifizierbarkeit der Parametergleichungen (durch die Rekursivität) und signifikante, qualitativ hochwertige Schätzungen der einzelnen Parametergleichungen.

(c) Das Parametergleichungssystem, die Parameterfortschreibung und das Prognoseverhalten des Modells bis 1990

Aufgrund der im vorhergehenden Abschnitt beschriebenen Auswahlkriterien für die Konstruktion der Parametergleichungspyramide ergibt sich folgende Reihenfolge für die Parametergleichungen:

$$\hat{\beta}_{APROD85} \rightarrow \hat{\beta}_{KONSTANTE} \rightarrow \hat{\beta}_{EP} \rightarrow \hat{\beta}_{BSPM85} \rightarrow \hat{\beta}_{GELDV}$$

Als Anpassungszeitraum werden die Parameterzuordnungszeitpunkte von 1973,2 bis 1982,2 verwendet. Die Schätzergebnisse der einzelnen Parametergleichungen sind der folgenden Tabelle 27 zu entnehmen.

Parametergleichungstabelle VTV^{86}-RMA:

erklärende Variablen ↓	$\hat{\beta}_{APROD85}$	$\hat{\beta}_{KONSTANT}$	$\hat{\beta}_{EP}$	$\hat{\beta}_{BSPM85}$	$\hat{\beta}_{GELDV}$
CONSTANT	1,87217 (8,42)	16.625,01 (11,59)	0,1561 (6,58)	-0,7495 (-2,06)	2,0545 (51,96)
GELDV	0,0005916 (4,19)	— —	— —	— —	— —
APROD85	-0,0000299 (-6,13)	— —	— —	— —	— —
$\hat{\beta}_{APROD85}$	— —	-93.998,31 (-25,64)	— —	-38,617 (-21,66)	-111,8547 (-157,35)
$\hat{\beta}_{KONSTANTE}$	— —	— —	-0,0000328 (-28,33)	-0,0007679 (-27,32)	-0,001781 (-127,53)
$\hat{\beta}_{EP}$	— —	— —	— —	-19,5156 (-32,15)	-47,8856 (-135,75)
$\hat{\beta}_{BSPM85}$	— —	— —	— —	— —	-2,87945 (-161,82)
R^2	0,652	0,949	0,958	0,994	0,999

Tab. 27

Werden die Bestimmtheitsmaße der Gleichungen betrachtet, so ergeben sich abgesehen von der ersten Parametergleichung recht hohe Werte. An der ersten Parametergleichung wird hingegen gut deutlich, daß die Arbeitslosigkeitsregressoren aufgrund der Fehlspezifizierung des Arbeitslosigkeitsmodells nicht in der Lage sind, die Parametervariation angemessen nachzuvollziehen. In der Störgröße dieser Gleichung wirken weitere, nicht einbezogene Einflußfaktoren und führen zu einem Durbin-Watson-Prüfgrößenwert von 0,34 und damit zu hoher Autokorrelation. Die sich ergebenden Ungenauigkeiten in der Anpassungs- und Prognosegüte werden zu einem großen Teil auf diese nicht im Modell kontrollierbaren Einflußfaktoren zurückzuführen sein. Trotz der ansonsten durchweg hohen Bestimmtheitsmaße schlägt die Autokorrelation der ersten Parametergleichung auch auf die übrigen Gleichungen durch. Allerdings ist hier der nicht erklärte Variationsanteil der Parameterentwicklung bedeutend niedriger, so daß die sich aus den weiteren Gleichungen ergebenden zusätzlichen Verzerrungswirkungen erheblich geringer sind.

Festzuhalten ist jedoch, daß die Korrelationen der Parameterschätzerreihen genügend groß sind, um ein Gleichungssystem mit hohen Bestimmtheitsmaßen zu konstruieren. Damit können die einzelnen Parameterfortschreibungen in ausreichendem Maße aufeinander abgestimmt werden. Die Abbildungen 35 bis 39 zeigen, daß die Fortschreibungen mit dem obigen Gleichungssystem zu plausiblen Parameterverläufen im Prognosezeitraum führen.

Das VTV-Modell erreicht so eine Anpassungsgüte von 0,996 (Bestimmtheitsmaß) bzw. von 34,05 (mittlere Anpassungsabweichung). Damit liegt es nur wenig ungünstiger als das VTV-Modell unter konstanter Parameterfortschreibung (30,04 MAA), jedoch weitaus besser als das Vierteljahresgesamtschätzungsmodell (61,99 MAA). Allerdings verschlechtert sich die Anpassungsgüte im aktuellen Zeitraum von 1980 bis 1986 auf 40,97 MAA, während sich bei der konstanten Parameterfortschreibung eine Verbesserung auf 25,50 MAA ergab.

Diese Ergebnisse können nur durch die unterschiedliche Fortschreibungsentwicklung der Parameterreihen bedingt sein. Dementsprechend muß es im Regressionsfortschreibungsansatz trotz der hohen Verlaufsplausibilität der Parameterfortschreibungen zu größeren Abweichungen von der tatsächlichen Entwicklung der Parameterreihen gekommen sein. Da die Reihen im Fortschreibungszeitraum keine wesentlichen Änderungen in ihrer Verlaufscharakteristik zeigen[203], die Parametergleichungen die tatsächlichen Verläufe jedoch trotzdem nicht ausreichend annähern können, muß davon ausgegangen werden, daß es zu Änderungen der Parameterbeziehungen im Fortschreibungszeitraum gekommen ist.

---

[203] Anm.: Zur unveränderten Verlaufscharakteristik der Parameterreihen vergleiche die Parameterentwicklung in den Zuordnungszeitpunkten 1982,3 bis 1986,2 in den Abbildungen 17 bis 21

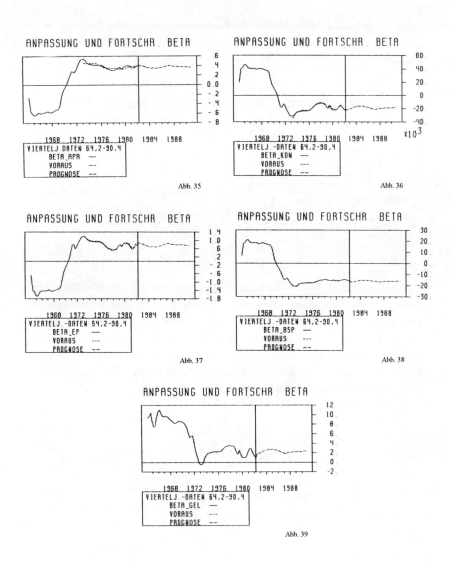

Abb. 35 Abb. 36
Abb. 37 Abb. 38
Abb. 39

Werden dazu die Korrelationskurven zwischen den einzelnen Parameterschätzern aus den Teilregressionen analysiert, so zeigen sich kurz vor und innerhalb des Fortschreibungszeitraums ausgesprochen starke Veränderungen in den Korrelationsbeziehungen (vgl. beispielhaft die Abbildungen 40 und 41). Diese Veränderungen gehen soweit, daß sich selbst die Vorzeichen einiger Korrelationsbeziehungen ändern. Das abgeleitete Parametergleichungssystem basiert damit aus Sicht des Fortschreibungszeitraums auf falschen Parameterkorrelationen und kann entsprechend die dortige Entwicklung der Parameter nicht angemessen voraussehen.

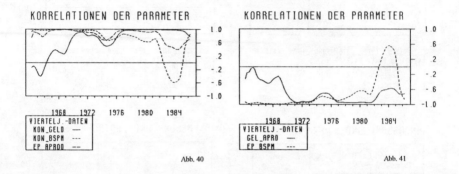

Abb. 40 Abb. 41

Welche Auswirkungen ergeben sich bezüglich der Prognosegüte des Modells? Die sich ergebende mittlere Prognoseabweichung von 162,58 liegt etwas höher als die des Gesamtschätzungsmodells mit 145,62 MPA und die der konstanten Parameterfortschreibung mit 151,66 MPA. Dieses muß angesichts der starken Veränderungen in den Parameterkorrelationen noch als relativ akzeptables Ergebnis bezeichnet werden. Zumal die MPA-Größe des Regressionsfortschreibungsansatzes im wesentlichen durch die besonders großen Abweichungen von Mitte des Jahres 1989 bis Ende 1990 bestimmt wird. Davor ergeben sich weit-

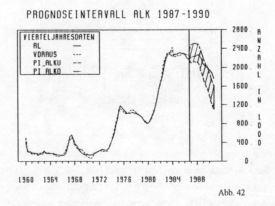

Abb. 42

aus bessere Prognoseergebnisse, wie ein Vergleich der Prognoseintervalle mit der tatsächlichen Arbeitslosigkeitsentwicklung zwischen 1987 und 1990 in Abbildung 42 zeigt.[204]

Die instabilen Parameterkorrelationen werden auch für die weiteren Teilschätzungsmodelle auf Basis verschobener Teilregressionen Probleme aufwerfen. Insbesondere das im folgenden Abschnitt beschriebene VTV-Modell unter Parameterfortschreibung mit einem Zeitreihenansatz wird von den hier aufgetretenen Widrigkeiten in gleichem Maße betroffen sein, da es bis auf die erste Parametergleichung alle weiteren hier abgeleiteten Gleichungen übernimmt.

1.1.2.4. Parameterfortschreibung mittels eines Zeitreihenansatzes

(a)   Die Parameterfortschreibung

Beim Zeitreihenansatz wird nur die erste Reihe in der Parameterpyramide mit dem Zeitreihenverfahren fortgeschrieben. Die restlichen Parameterfortschreibungen ergeben sich dagegen wie beim Regressionsfortschreibungsansatz durch ein Parametergleichungssystem. Da dieses auf Regressionsanpassungen beruht, handelt es sich genaugenommen nicht um ein reines Zeitreihenfortschreibungsverfahren. Die Regressionsgleichungen werden aus dem Regressionsfortschreibungsansatz übernommen. Da die Fortschreibungswerte der weiteren Parameter von den durch den Zeitreihenansatz berechneten Fortschreibungswerten des obersten Pyramidenparameters abhängen, beeinflußt der Zeitreihenansatz trotz dieser Gleichungsübernahme jedoch auch die Fortschreibung der übrigen Parameter. Die Regressionsgleichungen dienen damit lediglich der Berücksichtigung der Abhängigkeiten zwischen den Parameterreihen.

Für die Fortschreibung des obersten Pyramidenparameters $\hat{\beta}_{APROD\,85}$ eignet sich hinsichtlich der Fortschreibungsverlaufsplausibilität am besten ein Stützbereich von neun Werten für die Berechnung der gleitenden Durchschnitte. Damit ergeben sich neben den Fortschreibungen für den Zeitraum 1982,3 bis 1990,4 vier zusätzliche Fortschreibungszeitpunkte durch die Größe des Stützbereichs (1981,3 bis 1982,2).

Wie oben bereits ausgeführt wurde, besteht auch bei dem Zeitreihenfortschreibungsansatz das Problem instabiler Parameterschätzerkorrelationen zwischen dem Anpassungs- und dem Fortschreibungszeitraum mit der Folge sich verändernder Parametergleichungen. Das sich aus der Fehlspezifizierung des Arbeitslosigkeitsmodells ergebende Problem einer ungenü-

---

[204] Anm.: Die Abbildung 42 zeigt gleichzeitig die verbesserte Anpassungsgüte des variablen VTV-Modells im Vergleich zum statischen Gesamtschätzungsmodell.

genden Abbildung der Parametervariation durch die Arbeitslosigkeitsregressoren trifft hingegen auf den Zeitreihenansatz nicht zu. Die Zeitreihenanpassung bezieht sowohl die ökonomisch bedingte als auch die sich aus der Fehlspezifizierung ergebende Parametervariation in die Anpassung und Fortschreibung ein. Damit sind die auftretenden Fortschreibungsabweichungen im wesentlichen durch die Instabilität der Parametergleichungen begründet.

Als weitere abweichungsbegründende Komponente kommt noch die bei Zeitreihenfortschreibungen stark ausgeprägte Richtungskonstanz in die einmal festgelegte Fortschreibungsrichtung hinzu. Weist der tatsächliche Parameterverlauf Krümmungsänderungen bzw. sogar Krümmungsumschwünge oder eine durch unregelmäßige, aber dennoch systematische Schwankungen überlagerte Trendentwicklung auf, so kann die Zeitreihenfortschreibung durch ihre ungenügende Fortschreibungsflexibilität nur die Trendentwicklung voraussagen. Der Regressionsfortschreibungsansatz kann in solchen Fällen effizientere Fortschreibungen liefern, sofern seine Parametergleichungen richtig spezifiziert sind und die Parameterzusammenhänge stabil bleiben.

Werden die Parameterkurven der VTV-Teilschätzungen in den Abbildungen 17 bis 21 ab dem Zuordnungszeitpunkt 1982,2 betrachtet, so zeigen lediglich die Parameterverläufe der Regressoren BSPM85 und APROD85 leichte Krümmungsveränderungen. Alle übrigen Parameterverläufe sind dagegen durch eine relativ konstante Trendentwicklung gekennzeichnet.

(b)   Prognoseverhalten des Modells bis 1990

Die Fortschreibungswidrigkeiten im Zeitreihenansatz wirken sich stärker auf die Anpassungs- und Prognosegüte aus als die im Regressionsansatz. Während die mittlere Anpassungsabweichung im Zeitraum von 1960 bis 1986 nur wenig auf 36,05 im Vergleich zu den bisher dargestellten VTV-Modellen ansteigt, ergibt sich für den Zeitraum von 1980 bis 1986 bereits eine gravierende Verschlechterung auf 48,67 MAA. In diesem Zeitraum wirkt sich in stärkerem Maße die Fortschreibungsqualität der Parameter auf die Anpassungsgüte aus als im Gesamtzeitraum. Diese Verschlechterung in der Übereinstimmung mit den tatsächlichen Arbeitslosenwerten setzt sich im Prognosezeitraum von 1987 bis 1990 fort. Ein Wert von 219,82 für die mittlere Prognoseabweichung liegt weit über den bisherigen Werten von rd. 145-175 MPA.

1.1.2.5. Zusammenfassender Vergleich der Modelle hinsichtlich Anpassungs- und Prognosegüte

Einen zusammenfassenden Überblick über die Anpassungs- und Prognosemaße der VTV-Teilschätzungsmodelle und des Vierteljahresgesamtschätzungsmodells gibt die Tabelle 28.[205] Es zeigt sich, daß alle Teilschätzungsmodelle hinsichtlich der Anpassungsgüte besser abschneiden als das Gesamtschätzungsmodell. Bezüglich des aktuellen Zeitraums von 1980 bis 1986 tritt eine wesentliche Anpassungsverbesserung jedoch nur noch bei der konstanten Fortschreibung der VTV-Parameterreihen auf. Bei der Prognosegüte schneidet schließlich das Gesamtschätzungsmodell am besten ab. Allerdings kann eine durchschnittliche Prognoseabweichung von 145,62 nicht als ausreichend betrachtet werden. Entsprechend wird die tatsächliche Arbeitslosenentwicklung der Jahre 1987 bis 1990 in keinem Modell durch die sich ergebenden Prognoseintervalle überdeckt.

Tabelle der Anpassungs- und Prognosemaße VTV^{86}-Modelle, RMA:[206]

Beurteilungsmaße	JG^{86}	VG^{86}	VTV^{86} Parameterfortschreibung			ZR.-
			Konst.-	Belsley-	Regr.-	
(a) Anpassungsgüte:						
MAA^{60-86}	42,78	61,99	30,04	34,43	34,05	36,05
MAA^{60-86}_{STA}	29,56	63,20	24,96	35,47	29,26	33,71
MAA^{80-86}	27,30	44,84	25,50	39,70	40,97	48,67
MAA^{80-86}_{STA}	22,44	29,15	33,46	38,17	44,79	54,40
(b) Prognosegüte:						
MPA^{87-90}	177,29	145,62	151,66	175,63	162,58	219,82
MPA^{87-90}_{STA}	203,33	146,31	147,01	108,33	142,71	198,08
$AL^{87-90} \in PI$	nein	nein	nein	nein	nein	nein

Tab. 28

---

[205] Anm.: Zum Vergleich enthält die Tabelle auch die entsprechenden Anpassungs- und Prognosemaße des Jahresdatengesamtschätzungsmodells. Die Kennziffern des Jahresdatenmodells werden auch bei den noch folgenden Tabellen in dieser Arbeit jeweils mit aufgeführt.

[206] Anm.:   JG86   : Jahresdatengesamtschätzung auf Basis der Daten von 1960-1986
              VG86   : Vierteljahresdatengesamtschätzung auf Basis der Daten von 1960-1986
              PI   : Prognoseintervall

Das günstige Abschneiden des VTV-Modells unter konstanter Parameterfortschreibung rührt von der ohne wesentliche Niveauveränderungen verlaufenden Parameterentwicklung im Fortschreibungszeitraum her. Die Prognoseprobleme der anderen Fortschreibungsansätze resultieren hauptsächlich aus den instabilen Parameterkorrelationen, die die Ableitung eines auch für den Prognosezeitraum gültigen Parametergleichungssystems nicht erlauben. Ein weiteres Problem wirft die Fehlspezifizierung des Arbeitslosigkeitsmodells auf. Die Arbeitslosigkeitsregressoren können die Parametervariation nicht ausreichend erklären, so daß hinsichtlich der Fortschreibung der Parameterreihen hohe Unsicherheitspotentiale bestehen. Dieses Problem betrifft im wesentlichen das Belsley-Modell und den Regressionsfortschreibungsansatz. Aufgrund der hohen Bestimmtheitsmaße in den weiteren Gleichungen des Parametergleichungssystems bleibt der Zeitreihenfortschreibungsansatz von dieser Widrigkeit verschont. Er wird dagegen durch die Richtungskonstanz der Zeitreihenfortschreibung in seiner Prognosegüte beeinflußt und erreicht dadurch das schlechteste Prognoseergebnis.

1.1.3. Teilvariable VTV-Modelle auf Datenbasis 1960-1990

Nachdem in den vorhergehenden Abschnitten der Vergleich zwischen den teilvariablen Modellen und dem Gesamtschätzungsmodell auf Basis der Daten von 1960 bis 1986 als dem Zeitraum, in dem das Referenzmodell für diese Arbeit abgeleitet wurde, im Vordergrund stand, soll jetzt das gesamte Datenmaterial bis 1990 für die Modellkonstruktion genutzt werden. Zwar steht auch hier der Vergleich der diversen Fortschreibungsansätze im Mittelpunkt. Gleichzeitig sollen jedoch die Grundlagen in Form aktueller Parameterschätzer für die später erfolgenden Interpretationen geschaffen werden.

Das Vierteljahresdatengesamtschätzungsmodell auf Datenbasis 1960 bis 1990 weist eine deutliche Verminderung der Anpassungsgüte gegenüber dem vorher verwendeten Referenzzeitraum auf. Auf den jeweiligen Gesamtzeitraum bezogen steigt die mittlere Anpassungsabweichung von 61,99 auf 69,08. Dies entspricht einer Verschlechterung von rd. 11 %. Besonders gravierend ist die Verschlechterung jedoch im aktuellen Zeitraum. Während das 86er-Gesamtschätzungsmodell hier eine günstigere Anpassung als die des Gesamtzeitraums verzeichnete (44,84 MAA), vermindert sich die Anpassungsgüte im 90er-Gesamtschätzungsmodell weiter. Im Zeitraum von 1980 bis 1990 erreicht das Modell 72,71 MAA. Daraus kann geschlossen werden, daß das Gesamtschätzungsmodell Probleme hat, die aktuelle Entwicklung anzupassen. Die Teilschätzungsmodelle müßten hier ihre Vorteile bei der Anpassungsgüte besonders ausspielen können.

Tabelle der Anpassungsmaße VTV^{90}-Modelle, RMA:

Beurteilungsmaße	JG^{90}	VG^{90}	VTV^{90}			
			Konst.-	Belsley-	Regr.-	ZR.-
			Parameterfortschreibung			
MAA^{60-90}	56,42	69,08	28,64	33,97	32,52	39,33
MAA^{60-90}_{STA}	32,62	60,99	23,42	36,19	26,01	46,44
MAA^{80-90}	65,32	72,71	23,19	33,65	34,15	53,33
MAA^{80-90}_{STA}	34,96	36,63	26,32	31,87	33,20	70,92

Tab. 29

Die Tabelle 29 zeigt im Überblick u.a. die Anpassungsergebnisse der VTV-Teilschätzungsmodelle auf Datenbasis 1960 bis 1990. Die Überlegenheit gegenüber dem Gesamtschätzungsmodell wird dabei bestätigt. Am besten schneidet wiederum das VTV-Modell unter konstanter Parameterfortschreibung ab. Dies ist nicht weiter verwunderlich, resultieren die Fortschreibungswerte doch aus der letzten Teilschätzung mit Zuordnungszeitpunkt 1986,2, welche die Daten bis 1990,4 enthielt. Bemerkenswert ist jedoch, daß sich die Anpassungsgüte im Vergleich zur Datenbasis bis 1986 verbessert hat. Für den Gesamtzeitraum vermindert sich die mittlere Anpassungsabweichung von 30,04 auf 28,64; für den jeweiligen aktuellen Zeitraum ab 1980 zeigt sich eine weitere Verminderung auf 23,19 MAA (vorher 25,50 MAA). Damit paßt das VTV-Modell die aktuelle Entwicklung überdurchschnittlich gut an. Bezogen auf die 1986er-Ergebnisse ergibt sich ein Anpassungsvorteil von rd. 5 %. Die

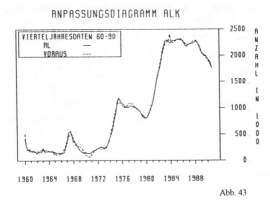

Abb. 43

Schere in der Anpassungsgüte zwischen dem VTV-Modell unter konstanter Parameterfortschreibung und dem Vierteljahresgesamtschätzungsmodell öffnet sich durch diese Konstellation weiter. Während vorher eine Halbierung des Anpassungsmaßes MAA durch die verschobenen Teilschätzungen eintrat, erreichen die VTV-MAA-Werte jetzt nur noch etwa ein Drittel der Gesamtschätzungs-MAA-Werte.

Auf diese Weise werden auch die hohen qualitativen Eigenschaften der verschobenen Teilschätzungen auf Vierteljahresdatenbasis untermauert. Das Anpassungsdiagramm des VTV-Modells unter konstanter Parameterfortschreibung in der Abbildung 43 verdeutlicht graphisch die obigen Ausführungen.

Der Belsley-Modell-Ansatz schneidet gegenüber dem konstanten Fortschreibungsansatz nur unwesentlich schlechter ab. Zwar ergibt sich im aktuellen Anpassungszeitraum nach 1980 eine größere Abweichung von 33,65 MAA gegenüber 23,19 MAA. Die dadurch repräsentierte absolute Abweichung ist jedoch weiterhin sehr gering. Zu beachten ist dabei aber, daß das Belsley-Modell auch auf der Datenbasis 1960 bis 1986 gute Anpassungseigenschaften zeigte, diese im Prognoseverhalten jedoch nicht bestätigen konnte. Vor diesem Problem werden auch die Prognosen des 90er-Belsley-Modells stehen. Zwar kann nicht vorhergesagt werden, inwieweit sich die Parameterkorrelationen wieder auf einem engeren Niveau stabilisieren, die Fehlspezifizierung des Arbeitslosigkeitsmodells besteht naturgemäß jedoch weiter fort. Zudem haben sich die Nichtsignifikanzen in der Modellschätzung stark erhöht und betreffen jetzt nicht mehr nur die Kunstvariablen, sondern auch die ursprünglichen Arbeitslosigkeitsregressoren. Eine weitere Verschiebung der Informationsverteilung im Modell hat damit stattgefunden. Ferner hält die ungünstige Multikollinearitäts- und Autokorrelationssituation an. Weder das Differenzen- noch das AR-Überprüfungsmodell können die Schätzwerte des Belsley-Modells bestätigen. Parameterfortschreibungen und Arbeitslosigkeitsprognosen sind damit mit großen Unsicherheitspotentialen belastet.

Aufgrund der verschlechterten Anpassungsgüte des Gesamtschätzungsmodells kann darauf geschlossen werden, daß die auf die Fehlspezifizierung zurückzuführenden Fortschreibungsunsicherheiten angestiegen sind. Dieses wird insbesondere den Regressionsfortschreibungsansatz treffen. Durch die stark veränderten Korrelationsbeziehungen zwischen den Parametern muß nicht nur der Anpassungszeitraum für die Parametergleichungen verschoben werden, sondern es ergibt sich auch eine veränderte Reihenfolge der einzelnen Parameterreihen in der Gleichungspyramide. Der Anpassungszeitraum bezieht sich nun auf die Parameterzuordnungszeitpunkte 1977,2 bis 1986,2. Die Gleichungsreihenfolge und die Koeffizientenschätzungen sind der Tabelle 30 zu entnehmen.

Parametergleichungstabelle VTV⁹⁰-RMA:

erklärende Variablen ↓	$\hat{\beta}_{KONSTANT}$	$\hat{\beta}_{GELDV}$	← Parameterreihen → $\hat{\beta}_{EP}$	$\hat{\beta}_{APROD85}$	$\hat{\beta}_{BSPM85}$
CONSTANT	8.798,449 (3,21)	6,4602 (36,39)	— —	— —	1,1022 (42,24)
GELDV	-39,1313 (-10,90)	— —	— —	— —	— —
$\hat{\beta}_{KONSTANTE}$	— —	0,0002456 (29,59)	-0,0000348 (-141,94)	-0,0000225 (-8,38)	-0,000568 (-215,49)
$\hat{\beta}_{GELDV}$	— —	— —	0,04329 (15,98)	0,04712 (13,23)	-0,47234 (-78,69)
$\hat{\beta}_{EP}$	— —	— —	— —	-0,19499 (-2,53)	-16,328 (-377,18)
$\hat{\beta}_{APROD85}$	— —	— —	— —	— —	-37,334 (-424,46)
R^2	0,772	0,962	0,961	0,896	0,999

Tab. 30

Eine Zunahme des Problems der Fehlspezifizierung des Arbeitslosigkeitsmodells müßte sich dadurch ausdrücken, daß die Arbeitslosigkeitsregressoren in geringerem Maße in der Lage sind, die Parametervariation anzupassen. Ein solcher Vergleich der Anpassungsgüte der Parameterreihen ist hier jedoch sowohl durch den veränderten Anpassungszeitraum mit der Folge einer geringeren Parametervariation in den Verlaufsreihen als auch durch den veränderten Aufbau der Gleichungspyramide erschwert. Ein Hinweis auf die zunehmende Wirkung der Fehlspezifizierung könnte das angesichts des weitgehend kontinuierlichen Parameterverlaufs ungewöhnlich niedrige Bestimmtheitsmaß der ersten Parametergleichung von 0,772 sein. Auch die sonstigen Parametergleichungen zeigen trotz des Vorteils eines kontinuierlicheren Reihenverlaufs keine wesentlich gestiegenen Bestimmtheitsmaße. Ganz im Gegenteil erreicht die Parameterreihe des Regressors APROD85 nur noch ein Bestimmtheitsmaß von 0,896. Bei der Entwicklung der Bestimmtheitsmaße dieser übrigen Gleichungen muß jedoch berücksichtigt werden, daß die Korrelationen der Parameterschätzer im hier verwendeten Anpassungszeitraum bedeutend niedrigere Werte zeigen als im vorher verwendeten Zeitraum. Die Ausgangssituation für den Aufbau des Parametergleichungssystems ist dementsprechend ungünstiger. Aus den Daten heraus kann damit abschließend nicht geklärt werden, ob die theoretisch vermuteten stärkeren Einflüsse der Fehlspezifizierung auf die Fortschreibungen eingetreten sind oder nicht.

Wird die Anpassungsgüte des VTV-Modells unter Fortschreibung mit dem Regressionsansatz betrachtet (Tab. 29), so könnten die guten und im Vergleich zur 86er-Modellbasis sogar verbesserten Anpassungswerte als Gegenindiz für stärkere Fehlspezifizierungswirkungen gedeutet werden. Diese Folgerung würde aber vernachlässigen, daß die Fortschreibungsqualität bei den VTV-Modellen entscheidend von der Stabilität der Parameterkorrelationen abhängt. Da sich diese Stabilität gegenüber dem 86er-Modell nur noch verbessern kann, könnten die guten Anpassungseigenschaften des 90er-Modells auch hierin ihre Ursache haben. Als Fazit muß damit festgehalten werden, daß die Fortschreibungen und Prognosen auch hier, wie schon beim Belsley-Modell, unter hoher Unsicherheit stehen.

Analog zum 60-86er-Referenzzeitraum schneidet die VTV-Modellvariante mit Zeitreihenparameterfortschreibung auch hier am schlechtesten ab. Ursache dafür dürften zum einen die relativ hohen Nichterklärungsanteile im Parametergleichungssystem sein, die teils zu nicht sehr realistischen Parameterverläufen in der Fortschreibung führen. Dies veranlaßt zu der Frage, ob die abgeleiteten Parametergleichungen tatsächlich auch für den Fortschreibungszeitraum Gültigkeit besitzen, und unterstützt die Vermutung weiterhin bestehender Instabilitäten in den Parameterkorrelationen. Zum anderen dürfen die Auswirkungen der zeitreihenspezifischen Fortschreibungsinflexibilität nicht vernachlässigt werden. Es ist nicht sehr wahrscheinlich, daß die durch Schwankungen überlagerten Parameterreihen des Schätzzeitraums im Fortschreibungszeitraum plötzlich schwankungsfrei der Trendentwicklung folgen. Damit weist auch die Zeitreihen-Modellvariante erhebliche Unsicherheitspotentiale hinsichtlich weiterer Arbeitslosigkeitsprognosen auf.

1.2. Die teilvariablen MTV-Modelle

1.2.1. Schätzung und Beurteilung der MTV-Teilregressionen 1960-1986 bzw. 1960-1990

Die MTV-Teilschätzungen weisen wie die VTV-Teilschätzungen hohe Multikollinearitäten auf. Die Autokorrelationssituation schwankt zwischen hohen und niedrigen Werten (vgl. Tab. 31). Wiederum hat sich diese ungünstige Ausgangssituation jedoch nicht allzu negativ auf die Schätzergebnisse der OLS-Niveaugrößenschätzungen ausgewirkt, da sowohl hohe Übereinstimmung bezüglich der Parameterverläufe zu den OLS-Differenzgrößenregressionen als auch zu den AR-Niveaugrößenregressionen (Abb. 44 bis 48) besteht. Dabei sind die Differenzgrößenregressionen und die AR-Regressionen gut für die Überprüfungen der Ausgangsschätzungen geeignet.

Die Differenzgrößenregressionen schätzen ohne Multikollinearitätseinflüsse, mit keiner bzw. nur geringer Autokorrelation und unter Erfüllung der Homoskedastizitätsannahmen. Leichte Schwächen bestehen jedoch hinsichtlich der Normalverteilungsvoraussetzung der Störvari-

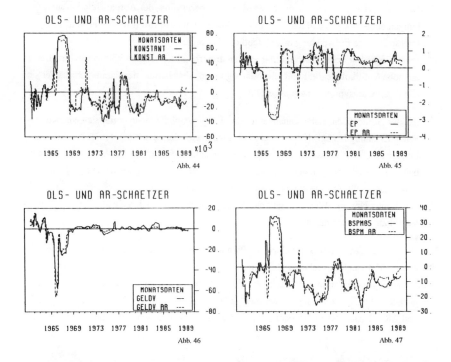

Abb. 44

Abb. 45

Abb. 46

Abb. 47

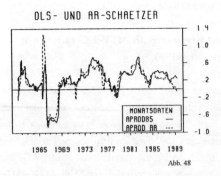

Abb. 48

ablen. Zudem sind die Parameterschätzer kaum gesichert. Diese negativen Aspekte wiegen jedoch nicht allzu schwer, da in Umkehrung auch die OLS-Niveaugrößenregressionen zur Überprüfung der Differenzregressionen verwendet werden können. Daß in beiden Modellen trotz unterschiedlicher Erfüllung der Regressionsvoraussetzungen die gleichen verzerrenden Einflüsse wirksam gewesen sind, ist hingegen sehr unwahrscheinlich.

Die AR-Niveaugrößenschätzungen werden zur Überprüfung der Autokorrelationsauswirkungen eingesetzt, so daß der Verlauf der Durbin-Watson-Prüfgröße von besonderem Interesse ist. Ihre Entwicklung macht deutlich, daß die überwiegende Anzahl der AR-Teilschätzungen mit keiner bzw. mit nur sehr niedriger Autokorrelation konfrontiert ist. Bis auf die hohe Multikollinearität und teils relativ geringe Absicherung der Parameterschätzer sind alle Regressionsvoraussetzungen erfüllt.

Bei der Homoskedastizitätsannahme für die Ausgangsschätzungen ergibt sich eine weitgehende Erfüllung bezüglich der Homoskedastizität zwischen den einzelnen Teilschätzungen. Leichte Abstriche müssen hingegen bei der Annahme gleicher Störvariablenvarianzen innerhalb der Teilschätzungen gemacht werden. Die Normalverteilungsannahme für die Störvariablen ist erfüllt. Das Bestimmtheitsmaß liegt über den gesamten Referenzzeitraum auf einem hohen Niveau. Allerdings gibt es Zeitbereiche, in denen sich nicht alle Regressoren als signifikant erwiesen haben.

Hinsichtlich des Verlaufs der einzelnen Parameterreihen fällt auf, daß nur schwer eine eindeutige Entwicklungsrichtung abzuleiten ist. Zudem kommt es zu starken Verlaufsschwankungen, was die Parameterfortschreibung vor Probleme stellen dürfte. Aufgrund der weitgehenden Übereinstimmungen zwischen den OLS-Niveaugrößen-, OLS-Differenzgrößen- und AR-Niveaugrößenregressionen kann jedoch von qualitativ hochwertigen Schätzungen ausgegangen werden, die zumindest im Hinblick auf die Qualitätserfordernisse erfolgversprechend weiterverarbeitet werden können.

Modellbeurteilungstabelle MTV-Teilregressionen:

Kriterien	OLS-Niveaugrößen Schätzungen	OLS-Differenzgrößen Schätzungen	AR-Niveaugrößen Schätzungen
Übereinstimmung			
$\hat{\beta}$ und $\hat{\beta}^D$		hoch	
$\hat{\beta}$ und $\hat{\beta}^{AR}$		hoch	
$\hat{\beta}^D$ und $\hat{\beta}^{AR}$		hoch	
Multikollinearität			
Regressorenkorr.	hoch	niedrig - mittel	hoch
Parameterschätzerkorr.	hoch	mittel	mittel - hoch
Autokorrelation			
Durbin-Watson-PG	niedrig - hoch	keine - niedrig	keine - niedrig
Homoskedastizität			
Innerhalb d. Schätzungen (Goldfeld-Quandt-PG)	häufig erfüllt	häufig erfüllt	häufig erfüllt
Zwischen d. Schätzungen ($SEE = \hat{\sigma}$)	erfüllt	erfüllt	—
Normalverteilung			
$P > Skew.-PG$	erfüllt	erfüllt → nicht erfüllt	teils nicht erfüllt
$P > Kurt.-PG$	erfüllt	erfüllt → nicht erfüllt	teils nicht erfüllt
R^2	hoch	niedrig	—
Signifikanzen (t-Werte)			
CONSTANT	hoch - keine	—	mittel
EP	hoch - keine	keine → mittel	mittel
GELDV	mittel - keine	keine	keine
BSPM85	mittel - hoch	keine → mittel	mittel → hoch
APROD85	mittel - hoch	keine → hoch	keine → hoch

(Legende siehe Tab. 25)

Tab. 31

1.2.2. Teilvariable MTV-Modelle auf Datenbasis 1960-1986

1.2.2.1. Konstante Parameterfortschreibung

Im vorhergehenden Abschnitt wurde schon kurz auf die für Fortschreibungen ungünstige Verlaufscharakteristik der Parameterreihen der MTV-Teilschätzungen eingegangen. So ist es häufig schwer, eine um die auftretenden Schwankungen bereinigte Verlaufsentwicklung herauszufiltern, da die Schwankungen oft die Hauptcharakteristik darstellen und weniger eine Trendentwicklung überlagern. Werden jedoch relativ grobe Maßstäbe an die Trendidentifikation angelegt, so läßt sich zumindest für den im Hinblick auf Fortschreibungen wichtigen aktuellen Zeitraum ein jeweiliger Niveauverlauf angeben. Unterstützt wird die Trendfestlegung im aktuellen Zeitraum dadurch, daß sich die Schwankungsamplituden der einzelnen Parameterreihen mit der Zeit vermindern, so daß die Bandbreite des Kurvenverlaufs kleiner wird. In grober Betrachtungsweise kann dann von einem relativ konstanten Trendverlauf der Parameterkurven ab Ende der 60er Jahre ausgegangen werden. Dies ist eine insbesondere für den konstanten Fortschreibungsansatz wichtige Feststellung.

Beim Vergleich der Parameterreihen mit denen der VTV-Teilregressionen muß beachtet werden, daß die Monatsdaten-Teilschätzungen jeweils eine Zeitspanne von drei Jahren umfassen, während die Vierteljahresdaten-Teilschätzungen eine Zeitspanne von neun Jahren beinhalten. Damit reagieren die Monatsdatenschätzungen einerseits sensibler, was die starken Schwankungen der Parameterkurven erklärt, andererseits ergibt sich auch ein größerer Zuordnungszeitraum für die Parameterschätzer (von 1961,6 bis 1985,6 statt 1964,2 bis 1982,2 bei Vierteljahresdaten). Werden diese Unterschiede beim Vergleich der Parameterkurven der VTV- und MTV-Modelle berücksichtigt, so nähert sich die jeweilige Grundverlaufstendenz der Kurven einander an. Eine Ausnahme macht lediglich der Parameter des GELDV. Dies mag durch die im Vergleich zu anderen Regressoren geringere Wichtigkeit dieses Einflußfaktors für das Modell erklärt werden können.

Die Reihen der standardisierten Koeffizienten der Regressoren zeigen die gleiche Zweiteilung der Einflußstärken auf die Arbeitslosigkeit, die auch schon die VTV-Modelle kennzeichnete: Die Regressoren EP und GELDV auf der einen Seite mit relativ niedrigem Einflußgewicht und die Regressoren BSPM85 und APROD85 auf der anderen Seite mit bedeutend höherem Einflußgewicht.

Bei der Erklärung der durch die jeweils anderen Regressoren nicht erklärten Reststreuung ergibt sich ein differenzierteres Bild. Zwar haben auch hier BSPM85 und APROD85 die höchsten partiellen Bestimmtheitsmaße. Nur unwesentlich niedrigere Werte weisen jedoch die Konstante und EP auf. Lediglich das GELDV fällt mit relativ niedrigen Werten wieder deutlich ab.

Wird die Anpassungsgüte des MTV-Modells unter konstanter Parameterfortschreibung betrachtet, so ergibt sich mit 14,57 MAA für den Gesamtzeitraum eine außerordentlich niedrige Anpassungsabweichung. Eine Standardabweichung von 14,48 MAA zeigt zudem, daß diese hohe Anpassungsqualität entlang der gesamten Arbeitslosigkeitskurve vorliegt. Bezogen auf den aktuellen Zeitraum ab 1980 verbessern sich diese Werte sogar noch: 14,04 MAA bei einer Standardabweichung von 12,17. Zugleich wird dadurch die hohe Qualität der verschobenen MTV-Teilschätzungen deutlich. Das Bestimmtheitsmaß des Modells nimmt mit 0,9992 einen entsprechend hohen Wert an. Demgegenüber erreicht das Monatsdatengesamtschätzungsmodell nur eine mittlere Anpassungsabweichung von 57,62. Das Teilschätzungsmodell schneidet damit um den Faktor 4 besser ab. Bezogen auf den aktuellen Zeitraum ab 1980 vermindert sich der Vorteil des MTV-Modells jedoch, weil das Gesamtschätzungsmodell hier mit 34,06 MAA deutlich besser anpaßt als im Vorzeitraum.

Diese Verbesserung im Monatsdatengesamtschätzungsmodell überträgt sich aber nicht auf den Prognosezeitraum. Es ergibt sich eine mittlere Prognoseabweichung von 176,81 bei einer Prognosestandardabweichung von 181,04. Dementsprechend überdecken die Prognoseintervalle die tatsächliche Arbeitslosenentwicklung nicht. Wird dagegen mit den aktuellen Parameterwerten des Zuordnungszeitpunktes 1985,6 konstant fortgeschrieben, so erreicht das MTV-Modell mit 42,90 MPA und einer Standardabweichung von 28,73 eine deutliche Verbesserung der Prognosequalität. Zudem liegen die Abweichungen in einem für Prognosen akzeptablen Bereich, so daß diese Verbesserung nicht nur theoretischen Wert hinsichtlich des gegenseitigen Modellvergleichs hat.

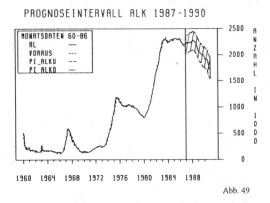

Abb. 49

Werden die Längen der Prognoseintervalle des Gesamtschätzungsmodells auf die MTV-Modellprognosen übertragen, so überdecken deren Prognoseintervalle vollständig die tatsächliche Arbeitslosenentwicklung (vgl. dazu Abb. 49). Dieses gute Prognoseergebnis des MTV-Modells unter konstanter Parameterfortschreibung überrascht ein wenig. Zwar wurde bei grober Trendentwicklungsanalyse ein konstanter Verlauf der Parameterreihen konstatiert; daß sich die Schwankungen in den Kurven jedoch nicht stärker auf die Prognosequalität auswirken würden, war nicht zu erwarten.

1.2.2.2. Belsley-Modell-Ansatz

Werden die relativ kontinuierlich verlaufenden und nur mit geringen Schwankungen versehenen Kurven der Arbeitslosigkeitsregressoren mit den MTV-Parameterverläufen verglichen, so deutet sich bereits ein Hauptproblem des Belsley-Modells an. Die Arbeitslosigkeitsregressoren werden kaum in der Lage sein, die Parameterreihen ausreichend anzunähern. Welche Wichtigkeit eine gute Annäherung der Parameterreihen für die Anpassungs- und Prognosegüte jedoch hat, ist im Belsley-Modell-Ansatz für die VTV-Teilschätzungen gezeigt worden. Unter diesen Widrigkeiten sind folgende Parametergleichungen abgeleitet worden.

Parametergleichungstabelle MTV^{86}-RMA, Belsley:

	$\hat{\beta}_{KONSTANT}$	$\hat{\beta}_{EP}$	$\hat{\beta}_{GELDV}$	$\hat{\beta}_{BSPM85}$	$\hat{\beta}_{APROD85}$
CONSTANT	1.286.701	- 55,456	- 16,243	1.108,58	- 29,984
	(7,59)	(-5,77)	(-5,44)	(9,35)	(-11,18)
EP	- 42,5196	0,001851	—	- 0,03859	0,001051
	(-7,19)	(5,39)		(-9,11)	(10,97)
GELDV	255,847	- 0,01085	—	0,19028	- 0,005074
	(6,97)	(-6,07)		(8,63)	(-10,17)
BSPM85	—	- 0,007341	—	0,22278	- 0,004971
		(-1,75)		(4,30)	(-4,24)
APROD85	- 4,4829	0,000377	0,0002667	- 0,008617	0,0002009
	(-7,73)	(3,07)	(4,83)	(-5,69)	(5,86)
R^2	0,29	0,27	0,08	0,37	0,44

Tab. 32

Die niedrigen Bestimmtheitsmaße aller Parametergleichungen bestätigen obige Vermutung. Der überwiegende Teil der Parametervariation wird durch nicht im Modell berücksichtigte Einflußfaktoren bestimmt. Damit ist die Spezifizierung der Parametergleichungen in einem Maße unvollständig, daß im eingesetzten Belsley-Modell systematische Verzerrungen zu erwarten sind. Entsprechend besteht eine hohe Ungewißheit, ob die obigen Parametergleichungen wenigstens die Trendentwicklung der einzelnen Kurven abbilden können. Wirken im Bereich der nicht berücksichtigten Einflußfaktoren jedoch auch trendbestimmende Komponenten, so stehen die Fortschreibungen unter hoher Unsicherheit.

Bei Spezifizierung des Belsley-Modells mit obigen Parametergleichungen ergeben sich neben den fünf ursprünglichen Regressoren (einschließlich den Konstanten) weitere neun Kunstvariablen. Aufgrund der Auswahl der in die einzelnen Gleichungen eingehenden erklärenden Variablen wird sich keine Gleichung identifizieren lassen. Eine Kontrolle der Fortschreibungswerte ist damit nicht möglich.

Die Schätzerqualität des Modells muß als ungenügend bezeichnet werden. Hohe Multikollinearität durch die hohen Korrelationen, insbesondere zwischen den einzelnen Kunstvariablen, und extreme Autokorrelation (Durbin-Watson-Prüfgrößenwert von 0,20) durch nicht berücksichtigte Einflußfaktoren kennzeichnen das Modell. Die entsprechenden Überprüfungsschätzungen zeigen zudem, daß sich diese Voraussetzungsverletzungen negativ auf die Schätzer ausgewirkt haben. Eine Absicherung der einzelnen Schätzungen liegt nicht nur selten vor, die abgesicherten Regressoren weisen auch für Monatsdaten ungewöhnlich niedrige Signifikanzwerte auf.

Auswirkungen hat die schlechte Schätzerqualität insbesondere auf die Gütemaße, die von Fortschreibungen abhängig sind. Während die mittlere Anpassungsabweichung für den Gesamtzeitraum mit 38,19 gegenüber dem Gesamtschätzungsmodell (57,62 MAA) noch eine Verbesserung darstellt, kommt es bezogen auf den aktuellen Zeitraum von 1980 bis 1986 bereits zu einer Verschlechterung auf 40,29 MAA gegenüber 34,06 MAA. Fortgesetzt wird diese negative Entwicklung im Prognosezeitraum, in dem sich eine mittlere Prognoseabweichung von 338,61 einstellt. Dieses ist ein für Prognosen völlig inakzeptabler Wert.

1.2.2.3. Parameterfortschreibung mittels eines Regressionsansatzes

Die ungenügende Eignung der Arbeitslosigkeitsregressoren zur Erklärung der Parameterverläufe wird sich auch auf die Modellvariante der Fortschreibung mit einem Regressionsansatz auswirken. Dies betrifft im wesentlichen die erste fortzuschreibende Gleichung. Zusätzlich ergibt sich jedoch das Problem, daß die Korrelationen zwischen den geschätzten Parameterreihen relativ niedrig sind. Dadurch läßt sich kein Pfad hoher Korrelationen durch die einzelnen Parameterschätzer finden, auf dessen Basis die Parameterpyramide mit hohen Bestimmtheitsmaßen aufgebaut werden kann. Zur Konstruktion des Parametergleichungssystems müssen deswegen zwei Parameterreihen durch die Arbeitslosigkeitsregressoren erklärt werden. Folgende Gleichungsspezifikation ergibt sich für diesen Fall (Anpassungszeitraum: 1973,2 bis 1985,6):

Parametergleichungstabelle MTV^{86}-RMA:

erklärende Variablen ↓	← Parameterreihen →				
	$\hat{\beta}_{APROD85}$	$\hat{\beta}_{KONSTANT}$	$\hat{\beta}_{BSPM85}$	$\hat{\beta}_{EP}$	$\hat{\beta}_{GELDV}$
CONSTANT	7,1326 (13,86)	— —	-1,5984 (-4,86)	— —	1,7639 (16,83)
EP	— —	-4,6411 (-6,55)	— —	— —	— —
GELDV	0,003244 (11,52)	— —	— —	— —	— —
BSPM85	— —	-200,6377 (-4,67)	— —	— —	— —
APROD85	-0,0001422 (-12,92)	7,1747 (6,23)	— —	— —	— —
$\hat{\beta}_{APROD85}$	— —	— —	-33,4437 (-41,50)	-1,8305 (-23,67)	-93,9272 (-42,52)
$\hat{\beta}_{KONSTANTE}$	— —	— —	— —	-0,0000364 (-89,65)	-0,001482 (-37,76)
$\hat{\beta}_{BSPM85}$	— —	— —	— —	-0,05073 (-27,03)	-2,4931 (-41,02)
$\hat{\beta}_{EP}$	— —	— —	— —	— —	-41,2809 (-38,61)
R^2	0,55	0,30	0,92	0,99	0,95

Tab. 33

Aus den Bestimmtheitsmaßen der beiden durch die Arbeitslosigkeitsregressoren erklärten Parameterreihen $\hat{\beta}_{APROD85}$ und $\hat{\beta}_{KONSTANTE}$ wird deutlich, daß nur der kleinere Anteil der Parametervariation durch die im Modell enthaltenen Informationen erklärt wird. Die daraus abzuleitenden Unsicherheiten hinsichtlich der Richtigkeit der Parametergleichungsspezifizierung und damit der Eignung für Fortschreibungen werden durch die Fortschreibungsverläufe unterstützt. Es ergeben sich teils recht unrealistische Voraussagen der Parameterreihen.

Werden die Korrelationen zwischen den Parameterschätzern im Zeitablauf analysiert, so wird zudem die ungünstige Ausgangssituation für Regressionsfortschreibungen deutlich. Sowohl im Zeitraum bis 1985,6 als auch im daran anschließenden Fortschreibungszeitraum kommt es zu stark schwankenden und auch vom Niveauverlauf her instabilen Korrelationsverläufen. Damit erklären sich nicht nur die besonderen Schwierigkeiten beim Aufbau des Parametergleichungssystems, sondern es wird zugleich die Nichtgültigkeit der Gleichungen für den Fortschreibungszeitraum bestätigt. Sowohl die Maße der Anpassungs- als auch die der Prognosegüte nehmen inakzeptabel hohe Abweichungswerte an.

1.2.2.4. Parameterfortschreibung mittels eines Zeitreihenansatzes

Zwar bleibt die Zeitreihenanpassung vom Fehlspezifizierungsproblem unbeeinflußt, zur Berechnung realistischer Fortschreibungswerte bedarf es jedoch eines relativ großen Stützbereichs. Für die Parameterreihe des Regressors APROD85 ergibt sich ein Stützbereich aus 25 Parameterwerten; für die geeignete Anpassung und Fortschreibung der Parameterreihe der Konstanten sind sogar 39 Parameterwerte notwendig. Daraus folgt, daß zu den ohnehin schon zahlreichen Fortschreibungswerten bei Monatsdaten weitere 12 bzw. 19 Werte hinzukommen. Aufgrund der getroffenen Annahmen zum Fortschreibungsverlauf, die eine immer stärkere Gewichtsverteilung zulasten der Entwicklung in die bisherige Trendrichtung vorsehen, ergibt sich durch die zusätzlichen 12 bzw. 19 Fortschreibungswerte im Zeitraum ab 1985,6 eine frühere Entwicklung auf konstantem Niveau. Die einzelnen Parameterfortschreibungen bewegen sich dementsprechend in einem engen Niveaubereich.

Wie an der konstanten Parameterfortschreibung gesehen wurde, muß sich eine solche niveaustabile Fortschreibung trotz sehr schwankungsreicher Parameterverläufe nicht negativ auf die Prognosequalität auswirken. Diese Feststellung gilt jedoch nur, sofern die Fortschreibungen die Trendentwicklung treffen und eine hohe gegenseitige Abstimmung zwischen den einzelnen Parameterreihen besteht. Genau in diesen Feldern liegen bei der MTV-Zeitreihenfortschreibung aber die Probleme. Zwei Parameterreihen werden unabhängig voneinander fortgeschrieben. Die Bestimmtheitsmaße der Gleichungen der übrigen Reihen zeigen einen nicht zu vernachlässigenden Anteil fremdbestimmter Variation. Der Grad der gegenseitigen Fortschreibungsabstimmung liegt damit nicht sehr hoch. Zudem leidet das Parametergleichungssystem durch die instabilen Parameterschätzerkorrelationen unter der Unsicherheit der Zeitraumgültigkeit. Gleichzeitig kommt es durch die sehr langen Stützbereiche zu Niveaufortschreibungen, die mit den Parameterwerten der letzten Teilschätzungen nur wenig vereinbar sind. Ähnlich den Anpassungs- und Prognosewerten des Regressionsfortschreibungsansatzes ergeben sich deshalb auch hier nicht-akzeptable Abweichungen zur tatsächlichen Arbeitslosigkeitsentwicklung.

1.2.2.5. Zusammenfassender Vergleich der Modelle hinsichtlich Anpasssungs- und Prognosegüte

Eine Übersicht über die Anpassungs- und Prognoseergebnisse der MTV-Modelle und des Monatsdatengesamtschätzungsmodells zeigt die Tabelle 34.

Tabelle der Anpassungs- und Prognosemaße MTV^{86}-Modelle, RMA:

Beurteilungsmaße	JG^{86}	MG^{86}	MTV^{86}			
			Konst.-	Belsley-	Regr.-	ZR.-
			Parameterfortschreibung			
(a) Anpassungsgüte:						
MAA^{60-86}	42,78	57,62	14,57	38,19	62,14	56,12
MAA^{60-86}_{STA}	29,56	63,80	14,48	32,77	197,37	170,36
MAA^{80-86}	27,30	34,06	14,04	40,29	197,50	174,28
MAA^{80-86}_{STA}	22,44	27,75	12,17	24,20	354,82	305,29
(b) Prognosegüte:						
MPA^{87-90}	177,29	176,81	42,90	338,61	>500,00	>500,00
MPA^{87-90}_{STA}	203,33	181,04	28,73	303,30	178,25	238,11
$AL^{87-90} \in PI$	nein	nein	ja	nein	nein	nein

Tab. 34

Die MTV-Modelle zeigen dabei positive und negative Seiten. Eine gegenüber dem Gesamtschätzungsmodell deutlich verbesserte und beispielhafte Anpassungsgüte verbunden mit einem hervorragenden Prognoseverhalten des Modells unter konstanter Parameterfortschreibung stehen die übrigen MTV-Modelle mit insbesondere inakzeptablen Prognoseeigenschaften gegenüber. Hauptursachen für das schlechte Abschneiden letzterer MTV-Modellvarianten sind die nicht ausreichenden Informationen in den Arbeitslosigkeitsregressoren zur Parameterreihenerklärung, die extrem instabilen Parameterschätzerkorrelationen und die zu niedrigen Parameterreihenkorrelationen zum Aufbau der weiteren Gleichungen des Parametergleichungssystems. Mit dieser Aufzählung werden zugleich einige wesentliche Voraussetzungen genannt, um Parameterreihen erfolgversprechend fortschreiben zu können.

1.2.3. Teilvariable MTV-Modelle auf Datenbasis 1960-1990

Werden die Monatsdatengesamtschätzungen der Datenbasis 1960 bis 1986 und 1960 bis 1990 verglichen, so zeigt sich die gleiche Tendenz wie bei den Vierteljahresdatengesamtschätzungen. Die auf den jeweiligen Gesamtzeitraum bezogene mittlere Anpassungsgüte verschlechtert sich von 57,62 MAA auf 69,14 MAA. Gab es beim 86er-Modell eine Verbesserung der Anpassungsgüte im aktuellen Zeitraum ab 1980 auf 34,06 MAA, so verschlechtert sich das 90er-Modell weiter auf 72,99 MAA. Es ist damit insbesondere zur Erklärung der aktuellen Arbeitslosigkeitsentwicklung wenig geeignet.

Tabelle der Anpassungsmaße MTV^{90}-Modelle, RMA:

Beurteilungsmaße	JG^{90}	MG^{90}	MTV^{90}			
			Konst.-	Belsley-	Regr.-	ZR.-
			Parameterfortschreibung			
MAA^{60-90}	56,42	69,14	15,10	36,48	29,63	30,66
MAA^{60-90}_{STA}	32,62	62,10	14,21	33,13	73,95	71,92
MAA^{80-90}	65,32	72,99	15,72	32,62	56,66	59,56
MAA^{80-90}_{STA}	34,96	41,08	12,20	24,37	117,99	113,67

Tab. 35

Das MTV-Modell unter konstanter Parameterfortschreibung baut seinen Vorsprung in der Anpassungsgüte entsprechend aus, da es mit einem Wert von 15,10 MAA bezogen auf den Gesamtzeitraum bzw. 15,72 MAA bezogen auf den aktuellen Zeitraum seine gute Anpassungsqualität beibehält.

Das 90er-Belsley-Modell weist im Vergleich zum 86er-Belsley-Modell wesentlich geringere Anpassungsabweichungen auf. Insbesondere betrifft dies den aktuellen Zeitraum. Ob es deswegen allerdings besser für Prognosen geeignet ist, muß bezweifelt werden, da zwar seine Signifikanzen gestiegen sind, jedoch weiter Nicht- und niedrige Signifikanzen vorherrschen, die Regressionsvoraussetzungen in hohem Maße unerfüllt bleiben und gravierende Schätzerdifferenzen zu den Überprüfungsmodellen auftreten. Der Grad der Fehlspezifizierung des Arbeitslosigkeitsmodells dürfte zugenommen haben, und für eine Stabilisierung der Parameterverläufe gibt es keine Anzeichen.

Der Regressions- und der Zeitreihen-Fortschreibungsansatz verbessern ebenfalls ihre Anpassungsgüte. Im aktuellen Zeitraum ergeben sich jedoch bereits wieder deutliche Verluste in der Anpassungsqualität (56,66 MAA bzw. 59,56 MAA). Dieser Hinweis verbunden mit den zwar ein wenig abgemilderten, aber weiter fortbestehenden Problemen im Bereich des Parametergleichungssystems, bestärkt die Vermutung, daß beide Fortschreibungsansätze zu wenig erfolgversprechenden Prognosen gelangen dürften. Auf eine nähere Darstellung des aktualisierten Gleichungssystems wird deswegen verzichtet.

2. System erweiterter Teilschätzungen auf Vierteljahres- und Monatsdatenbasis (VTE, MTE)

2.1. Die teilvariablen VTE-Modelle

2.1.1. Schätzung und Beurteilung der VTE-Teilregressionen 1960-1986 bzw. 1960-1990

Die OLS-Niveaugrößenschätzungen sind durch hohe Autokorrelation und hohe Multikollinearität gekennzeichnet (vgl. Tab. 36). Die Überprüfungsschätzungen mittels der Differenzgrößen- und AR-Niveaugrößenschätzungen lassen darauf schließen, daß sich diese Verletzungen der Regressionsvoraussetzungen verzerrend auf die Schätzer ausgewirkt haben, da die entsprechenden Parameterkurven sehr große Abweichungen aufweisen (vgl. dazu beispielhaft die Abbildungen 50 bis 54 der OLS- und AR-Niveaugrößenteilschätzungen). Die AR-Teilregressionen schätzen dabei ohne bzw. mit nur niedriger Autokorrelation, die Differenzdatenregressionen weitgehend ohne Multikollinearität. Zudem sind die Abweichungen zwischen den Parameterkurven der beiden Überprüfungsregressionen nur gering, so daß vieles dafür spricht, die OLS-Niveaugrößenschätzungen zu verwerfen und stattdessen die AR-Schätzungen vorzuziehen.

Es fällt jedoch auf, daß die AR-Schätzer für beinahe alle Regressoren sehr schlechte Signifikanzverläufe zeigen. Insbesondere die letzten Teilschätzungen, die sehr viele Beobachtungen verarbeiten, zeichnen sich durch weitgehende Nichtsignifikanz ihrer Schätzergebnisse aus. Dies läßt trotz hoher Beoachtungszahlen auf große Schätzervarianzen schließen. Die Differenzgrößenschätzungen sind durch die gleiche Situation gekennzeichnet und weisen zudem noch eine ungewöhnlich niedrige Entwicklung des Bestimmtheitsmaßes auf. Die Qualität der Überprüfungsschätzungen muß damit in erheblichem Maße angezweifelt werden.

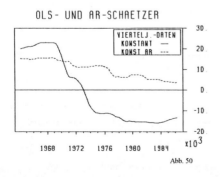

Abb. 50

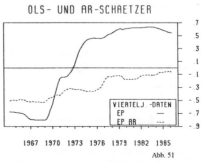

Abb. 51

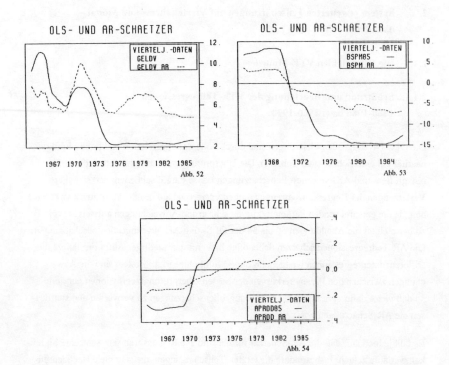

Abb. 52 Abb. 53

Abb. 54

Die hohe Übereinstimmung zwischen den jeweiligen Parameterverläufen der Überprüfungsschätzungen könnte auf das Wirksamwerden gleicher verzerrender Einflüsse zurückzuführen sein. Betrachtet man die letzte AR-Teilschätzung, so entspricht diese einer Vierteljahres-AR-Gesamtschätzung, und es wäre zu erwarten, daß die geschätzten Parameterwerte mit denen der OLS-Jahres- bzw. Vierteljahresdatengesamtschätzungen übereinstimmen. Dieses trifft aber nicht zu. Bei den letzten OLS-Niveaugrößenteilschätzungen hingegen gibt es weitgehende Übereinstimmungen zu den Ergebnissen der Jahres- und Vierteljahresgesamtschätzung.

Ferner sind alle Regressoren der Ausgangsteilschätzungen hoch bis sehr hoch gesichert, und das Bestimmtheitsmaß nimmt abgesehen von Anfang der 60er Jahre hohe Werte an. Während bei der Normalverteilungsvoraussetzung der Störvariablen Schwächen auftreten, ist sowohl die Homoskedastizität innerhalb als auch die zwischen den Schätzungen[207] erfüllt. Für die Weiterverwendung der OLS-Niveaugrößenschätzer spricht ferner ein kontinuier-

---

[207] Anm.: Es tritt eine Sprungstelle im Verlauf der geschätzten Residualstandardabweichung auf.

Modellbeurteilungstabelle VTE-Teilregressionen:

Kriterien	OLS-Niveaugrößen Schätzungen	OLS-Differenzgrößen Schätzungen	AR-Niveaugrößen Schätzungen
Übereinstimmung			
$\hat{\beta}$ und $\hat{\beta}^D$		keine	
$\hat{\beta}$ und $\hat{\beta}^{AR}$		keine	
$\hat{\beta}^D$ und $\hat{\beta}^{AR}$		hoch	
Multikollinearität			
Regressorenkorr.	hoch	niedrig	hoch
Parameterschätzerkorr.	hoch	niedrig - mittel	mittel
Autokorrelation			
Durbin-Watson-PG	hoch	keine → niedrig	niedrig
Homoskedastizität			
Innerhalb d. Schätzungen (Goldfeld-Quandt-PG)	erfüllt	erfüllt	erfüllt
Zwischen d. Schätzungen $(SEE = \hat{\sigma})$	erfüllt	erfüllt	—
Normalverteilung			
$P > Skew.-PG$	nicht erfüllt	erfüllt → nicht erfüllt	nicht erfüllt
$P > Kurt.-PG$	nicht erfüllt	nicht erfüllt	nicht erfüllt → erfüllt
R^2	hoch	niedrig	—
Signifikanzen (t-Werte)			
CONSTANT	hoch	—	mittel → keine
EP	hoch	niedrig → keine	mittel → keine
GELDV	hoch	hoch	hoch
BSPM85	hoch → sehr hoch	keine → mittel	keine → mittel
APROD85	hoch → sehr hoch	niedrige - keine	niedrige - keine

(Legende siehe Tab. 25)

Tab. 36

licher Parameterverlauf der einzelnen Regressoren ohne größere Ausschläge. Dadurch wird die Annahme unterstützt, daß Parameterinstabilitäten aufgrund hoher Multikollinearitäten nicht sehr wahrscheinlich sind.

Werden die Schätzerreihen mit denen der VTV-Teilschätzungen verglichen, so fällt zudem eine gleiche Entwicklungsrichtung der Einflußstärkenveränderung der einzelnen Regressoren auf. Auch dies ist ein Hinweis darauf, daß die OLS-Niveaugrößenregressionen qualitativ ausreichende Schätzer geliefert haben dürften, die für eine Weiterverwendung geeignet sind. Da die negativen Auswirkungen der Multikollinearität bzw. der Autokorrelation jedoch nicht generell ausgeschlossen werden können, sollte die Weiterverwendung mit Vorsicht geschehen.

2.1.2. Teilvariable VTE-Modelle auf Datenbasis 1960-1986

2.1.2.1. Konstante Parameterfortschreibung

Die verschobenen Teilschätzungsmodelle waren in erheblichem Umfang von dem Problem instabiler Parameterkorrelationen und der Fehlspezifizierung des Arbeitslosigkeitsmodells betroffen. Während der zuletzt genannte Problembereich auch bei den erweiterten Teilschätzungsmodellen eine Rolle spielt, werfen die instabilen Parameterkorrelationen keine Probleme mehr auf. Aufgrund der geringeren Änderungen zwischen benachbarten Teilregressionen weisen die Ergebnisse erweiterter Teilschätzungen in jeglicher Hinsicht eine höhere Stabilität auf. So verlaufen die Kurven der Parameterschätzerkorrelationen kontinuierlicher und mit bedeutend geringeren Schwankungen im Zeitablauf (Abb. 55). Gleiches gilt für die Kurven der standardisierten Parameter (Abb. 56) und für die Entwicklung der partiellen Bestimmtheitsmaße (Abb. 57 und 58).

Da Kontinuität für Fortschreibungen ein wichtiges Moment darstellt, zeigen die erweiterten Teilschätzungen eine günstigere Ausgangssituation hinsichtlich der Fortführung der Parameterreihen. Wie die erweiterten Teilschätzungsmodelle hingegen die auf die Fehlspezifizierung zurückzuführenden Verzerrungswirkungen verarbeiten, wird sich im folgenden zeigen.

Alle Parameterreihen der VTE-Teilschätzungen weisen eine ähnliche, von der Grundstruktur her aus den VTV-Teilschätzungen bereits bekannte Verlaufscharakteristik auf. Bis Ende der 60er Jahre ergibt sich eine kontinuierliche und ohne große Niveauveränderungen verlaufende Entwicklung. Danach kommt es zu steilen Niveauveränderungen mit Vorzeichenwechsel.[208] Ab Mitte der 70er Jahre stellt sich wieder ein konstant-stabiler Verlauf ein. Das VTE-Modell offenbart damit einen starken strukturellen Wandel von Ende der 60er bis Mitte der 70er Jahre. Bemerkenswert ist dabei nicht nur die hohe Übereinstimmung der Parameterverlaufscharakteristik zwischen den verschobenen und den erweiterten Teilschät-

---

[208] Anm.: Lediglich die Parameterreihe des GELDV weist keinen Vorzeichenwechsel auf.

zungen, sondern auch die Ähnlichkeiten im Verlauf der standardisierten Koeffizienten und der partiellen Bestimmtheitsmaße. Wiederum dominieren die Regressoren BSPM85 und APROD85 das Modell. Für die partiellen Bestimmtheitsmaße gilt dies allerdings erst ab Mitte der 70er Jahre.

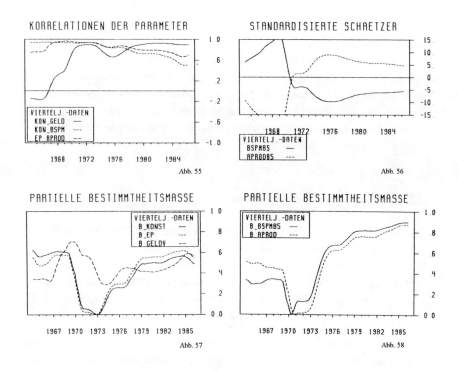

Wird die Anpassungsgüte des VTE-Modells unter konstanter Parameterfortschreibung mit dem des Vierteljahresgesamtschätzungsmodells verglichen, so zeigt sich bezüglich des Gesamtzeitraums mit 44,41 MAA gegenüber 61,99 MAA eine deutliche Verbesserung. Naturgemäß wird diese Verbesserung kleiner, je aktueller der betrachtete Vergleichszeitraum ist, da sich dann die VTE-Teilschätzungsmodelle mehr und mehr dem Gesamtschätzungsmodell annähern. Für den Zeitraum 1980 bis 1986 sind die mittleren Anpassungsabweichungen daher fast ausgeglichen: 44,46 MAA gegenüber 44,84 MAA. Damit behält das VTE-Modell seine hohe Anpassungsgüte auch für den aktuellen Zeitraum bei. Gleichzeitig wird den VTE-Teilschätzungen dadurch eine hohe Schätzerqualität bescheinigt.

Im Vergleich mit der Anpassungsgüte der verschobenen Teilschätzungen unter konstanter Fortschreibung schneidet das VTE-Modell nur um etwa ein Drittel schlechter ab. Dieses war jedoch zu erwarten, sind die verschobenen Teilschätzungen doch bedeutend anpassungsflexibler. Schließlich werden die erweiterten Teilschätzungen primär für Prognosezwecke durchgeführt.

Bei der mittleren Prognoseabweichung muß das Ergebnis des Gesamtschätzungsmodells mit dem des VTE-Modells unter konstanter Fortschreibung übereinstimmen, da mit den Parameterwerten der letzten Teilschätzung, die zugleich Gesamtschätzung ist, konstant fortgeschrieben wird. Etwaige Prognoseverbesserungen gegenüber dem Gesamtschätzungsmodell sind nur durch den Regressions- bzw. Zeitreihenfortschreibungsansatz zu erwarten. Der konstante Fortschreibungsansatz dient primär der Kontrolle der Anpassungsgüte der erweiterten Teilregressionen und damit der Überprüfung der Schätzqualität der zugrundeliegenden Teilregressionen.

2.1.2.2. Parameterfortschreibung mittels eines Regressionsansatzes

Werden die Korrelationsbeziehungen zwischen den Parameterschätzern betrachtet, so zeigen sich sehr günstige Bedingungen für den Aufbau eines Parametergleichungssystems mit hohen Bestimmtheitsmaßen und längerfristig gültigen Gleichungen. Die Korrelationswerte sind nicht nur sehr stabil, sie nehmen auch ausgesprochen hohe Werte an. Besonders gilt dies für den aktuellen Bereich der Kurven. Auf Basis des Anpassungszeitraums von 1975,1 bis 1982,2 ergibt sich das in Tabelle 37 wiedergegebene Gleichungssystem.

Abgesehen von der ersten durch die Arbeitslosigkeitsregressoren erklärten Gleichung haben alle weiteren Gleichungen so große Bestimmtheitsmaße, daß der nicht erklärte Variationsanteil der Parameter vernachlässigt werden kann. Die Folgen der Fehlspezifikation treten damit allein in der ersten Parametergleichung zu Tage. Durch die hohe Verlaufskontinuität des betreffenden Parameters ergibt sich jedoch auch hier ein für die Arbeitslosigkeitsregressoren ausgesprochen hoher Erklärungsanteil. Lediglich 15 % der Gesamtvariation wird durch externe, nicht berücksichtigte Einflußfaktoren bestimmt. Bei solch einem geringen Wert kann davon ausgegangen werden, daß die Trendentwicklung der Parameter im wesentlichen durch modellinterne Informationen gesteuert wird. Die Beeinflussung der Fortschreibungs- und Prognosegüte durch die Fehlspezifizierung des Arbeitslosigkeitsmodells ist damit bei erweiterten Teilschätzungsmodellen erheblich geringer als bei verschobenen Teilschätzungsmodellen.

Parametergleichungstabelle VTE^{86}-RMA:

erklärende Variablen ↓	← Parameterreihen →				
	$\hat{\beta}_{KONSTANT}$	$\hat{\beta}_{EP}$	$\hat{\beta}_{BSPM85}$	$\hat{\beta}_{APROD85}$	$\hat{\beta}_{GELDV}$
CONSTANT	24.248,78 (7,91)	0,019357 (26,87)	- 9,1117 (-26,70)	- 0,0006903 (-2,05)	1,62266 (53,55)
APROD85	- 0,61073 (-12,37)	—	—	—	—
$\hat{\beta}_{KONSTANTE}$	—	- 0,0000391 (-747,02)	0,003761 (5,56)	- 0,0000359 (-192,12)	- 0,005027 (-8,56)
$\hat{\beta}_{EP}$	—	—	84,493 (4,88)	- 0,95425 (-212,74)	- 134,323 (-8,61)
$\hat{\beta}_{BSPM85}$	—	—	—	- 0,026957 (-741,42)	- 5,373 (-12,20)
$\hat{\beta}_{APROD85}$	—	—	—	—	- 202,789 (-12,41)
R^2	0,852	0,9999	0,997	0,9999	0,999

Tab. 37

Aufgrund der bisher günstigen Konstellationen für das VTE-Modell sind geringe Prognoseabweichungen zu erwarten. Diese Erwartung wird jedoch enttäuscht. Die mittlere Prognoseabweichung liegt mit einem Wert von 149,08 etwa im Bereich des Gesamtschätzungsmodells (145,62 MPA). Allerdings ist die Standardabweichung der Prognoseabweichungen mit 69,40 gegenüber 146,31 bedeutend niedriger. Dieses liegt am unterschiedlichen Verlauf der Prognosen in beiden Modellen. Während im Gesamtschätzungsmodell die Abweichungen mit der Zeit immer größer werden, sind sie beim VTE-Modell zu Anfang und zum Ende des Prognosezeitraums am größten und erreichen dabei nicht so große Maximalwerte (vgl. dazu die Abb. 59).

Eine Überdeckung der tatsächlichen Arbeitslosenwerte wird durch die Mehrzahl der Prognoseintervalle erreicht. Allerdings findet diese Überdeckung meist durch die Ränder der Intervalle statt. Es stellt sich jedoch die Frage, warum es zu keiner Verbesserung der Prognosegüte durch das VTE-Modell gekommen ist.

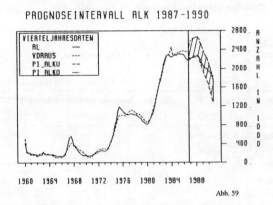

Abb. 59

Werden die fortgeschriebenen Parameterverläufe mit den tatsächlichen Verläufen nach 1985,6 verglichen, so zeigen sich mit der Zeit zunehmende Abweichungen. Diese Abweichungen ergeben sich aufgrund einer Veränderung der Verlaufscharakteristik der Parameterreihen innerhalb des Fortschreibungszeitraums. Verliefen die Reihen bis dahin auf einem konstanten Niveau bzw. mit einer leichten Steigung oder einem leichten Abfall, so kommt es im Fortschreibungszeitraum zu Richtungsänderungen.[209] Da sich die Fortschreibung am bisherigen Trendverlauf orientiert, kann sie diesen Umschwung naturgemäß nicht nachvollziehen.

Die Änderung der Verlaufscharakteristik kann auch als Ausdruck einer strukturellen Verschiebung in der gegenseitigen Gewichtsentwicklung der einzelnen Regressoren interpretiert werden; in diesem Sinne als ein Strukturbruch bzw. ein Strukturwandel, der nicht nur die Parameterwerte in die bisherige Stoßrichtung verändert, sondern die Stoßrichtung selbst verschiebt. Solche strukturellen Veränderungen wird die statistische Fortschreibung jedoch nur in den Fällen vorhersagen können, in denen sich die Veränderungen in der systematischen Entwicklung der bisherigen Parameterreihe ankündigen und durch das Fortschreibungsmodell entsprechend abgebildet werden. Das ist hier jedoch nicht der Fall.

---

[209] Anm.: Vergleiche dazu die Parameterverläufe in den Abbildungen 50 bis 54.

2.1.2.3. Parameterfortschreibung mittels eines Zeitreihenansatzes

Der Zeitreihenansatz eignet sich in ganz besonderer Weise für die Fortschreibung erweiterter Teilschätzungsmodelle, da der kontinuierliche Parameterverlauf erweiterter Teilregressionen und die kontinuierlichen Fortschreibungen des Zeitreihenmodells eine hohe Kompatibilität aufweisen. Durch die getroffenen Annahmen hinsichtlich der Abschwächung des Fortschreibungsverlaufs in die bisherige Trendentwicklungsrichtung kann die Zeitreihe zudem Parameterverläufe, die ihre Krümmung mit der Zeit vermindern, geeignet anpassen und fortschreiben. Wie im vorhergehenden Abschnitt beschrieben, ändert sich die Verlaufscharakteristik der VTE-Parameterreihen jedoch gerade umgekehrt hin zu einem stärkeren Krümmungsverhalten. Damit steht die Zeitreihenfortschreibung vor dem gleichen Problem, vor dem auch die Regressionsfortschreibung stand.

Der Zeitreihenansatz kommt dabei jedoch mit 138,99 MPA zu einer leicht geringeren Prognoseabweichung als die bisherigen VTE-Modellvarianten. Die Konstellation des Verlaufs der Prognosewerte ist zudem gegenüber dem Regressionsansatz verändert.[210] Grund dafür ist die etwas andere Fortschreibung der ersten Parameterreihe.[211]

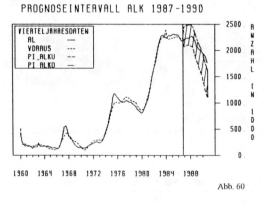

Abb. 60

Wird die Parameterreihe der Konstanten ab Mitte der 70er Jahre betrachtet, so zeigt sich eine abfallende Entwicklung. Die Tendenz des Abfallens wird jedoch immer schwächer und

---

[210] Anm.: Vergleiche dazu die Abb. 60 der Zeitreihenfortschreibung mit der Abb. 59 der Regressionsfortschreibung.
[211] Anm.: Für die folgenden Ausführungen vergleiche die Fortschreibung des Parameterverlaufs der Konstanten beim Regressionsansatz in Abb. 61 und beim Zeitreihenansatz in Abb. 62.

erreicht kurz vor dem Fortschreibungszeitraum[212] eine annähernd konstante Entwicklung. Obwohl der Regressionsansatz nur den letzten Teil der Parameterkurve anpaßt, ist er nicht in der Lage, den konstanten Verlauf in den Fortschreibungszeitraum fortzuführen. Anders der Zeitreihenansatz. Er reagiert sensibler auf die durch die letzten Parameterwerte vorgegebene Richtung, sofern der Stützbereich für die Trendberechnung klein gehalten wird. Dadurch gelingt es der Zeitreihenfortschreibung, eine stärker durch die letzten Parameterwerte gesteuerte Vorhersage vorzunehmen. Hätte sich die Änderung der Verlaufscharakteristik der Parameterreihen nicht erst im Fortschreibungszeitraum, sondern bereits kurz davor eingestellt, so wäre der Zeitreihenfortschreibungsansatz besser als der Regressionsansatz geeignet gewesen, diese Änderung in die Parametervorhersage einzubeziehen. Die Zeitreihe hat damit gegenüber der Regression Vorteile, Verlaufsveränderungen abzubilden, die sich erst kurz vor dem Fortschreibungszeitraum abzeichnen.

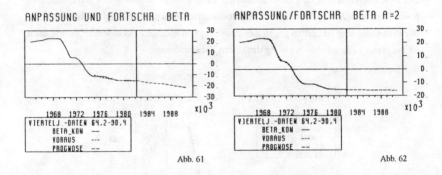

Abb. 61　　　　　　　　　　　Abb. 62

2.1.2.4. Zusammenfassender Vergleich der Modelle hinsichtlich Anpassungs- und Prognosegüte

Einen Überblick über die Anpassungs- und Prognosemaße der VTE-Modelle und des Vierteljahresgesamtschätzungsmodells enthält die Tabelle 38.

Die Ausführungen in den vorhergehenden Abschnitten machten deutlich, welch interessanten Ansatz die erweiterten Teilschätzungen hinsichtlich der Fortschreibungsmöglichkeiten darstellen. Durch ihre kontinuierlichen Reihenverläufe sind sie besser für die Konstruktion des Parametergleichungssystems geeignet als die verschobenen Teilschätzungen. Negativen Einflüssen auf die Fortschreibung durch die Fehlspezifizierung des Arbeitslosigkeitsmodells

---

[212] Anm.: Vergleiche die Unterteilung des Gesamtzeitraumes durch die senkrechte Trennungslinie in den Abb. 61 und 62.

sind sie zudem in geringerem Maße ausgesetzt. Es kann deswegen davon ausgegangen werden, daß mit ihnen hochwertige Parameterfortschreibungen durchgeführt werden können. Allerdings sind auch sie nicht in der Lage, eine sich nicht im Anpassungszeitraum abzeichnende Änderung der Parameterverlaufscharakteristik abzubilden. Vor diesem Problem stehen jedoch alle VTE-Modellvarianten.

Tabelle der Anpassungs- und Prognosemaße VTE^{86}-Modelle, RMA:

Beurteilungsmaße	JG^{86}	VG^{86}	VTE^{86} Konst.- Parameterfortschreibung	Regr.-	ZR.-
(a) Anpassungsgüte:					
MAA^{60-86}	42,78	61,99	44,41	46,42	43,77
MAA^{60-86}_{STA}	29,56	63,20	35,84	42,51	35,81
MAA^{80-86}	27,30	44,84	44,46	52,20	41,98
MAA^{80-86}_{STA}	22,44	29,15	29,27	53,66	29,03
(b) Prognosegüte:					
MPA^{87-90}	177,29	145,62	145,62	149,08	138,99
MPA^{87-90}_{STA}	203,33	146,31	146,31	69,40	135,45
$AL^{87-90} \in PI$	nein	nein	nein	nein	nein

Tab. 38

2.1.3. Teilvariable VTE-Modelle auf Datenbasis 1960-1990

Sowohl das Gesamtschätzungsmodell als auch die VTE-Modellvarianten schneiden in der Anpassungsgüte bezogen auf die Datenbasis von 1960 bis 1990 schlechter ab als die entsprechenden 1986er-Modelle. Insbesondere gilt dieses für den aktuellen Zeitraum ab 1980. Die Fehlspezifizierung des Arbeitslosigkeitsmodells wirkt sich hier in anderer Weise als über die Güte der Parameterreihenanpassung durch die Arbeitslosigkeitsregressoren auf die VTE-Modelle aus. Zusätzliche erweiterte Teilschätzungen weisen vielmehr in ihrer Anpassungsgüte so große Mängel auf, daß sie sich schon aus diesem Grunde nicht mehr für eine Fortschreibung eignen.

Tabelle der Anpassungsmaße der VTE^{90}-Modelle, RMA:

Beurteilungsmaße	JG^{90}	VG^{90}	VTE^{90} Konst.-Parameterfortschreibung	Regr.-Parameterfortschreibung	ZR.-Parameterfortschreibung
MAA^{60-90}	56,42	69,08	49,56	77,91	52,17
MAA^{60-90}_{STA}	32,62	60,99	39,21	102,41	39,63
MAA^{80-90}	65,32	72,71	58,95	138,84	66,29
MAA^{80-90}_{STA}	34,96	36,63	39,98	146,46	38,94

Tab. 39

Wie aus der Übersichtstabelle 39 zu entnehmen ist, ergibt sich im VTE-Modell unter konstanter Parameterfortschreibung im Zeitraum von 1980 bis 1990 eine mittlere Anpassungsabweichung von 58,95. Das gleiche Modell zur Datenbasis 1960 bis 1986 erbrachte hingegen im aktuellen Zeitraum nur eine Abweichung von 44,46 MAA. Da davon ausgegangen werden kann, daß die Anpassungsgüte i.d.R. besser ist als die Prognosegüte, hat sich die Ausgangssituation für Prognosen merklich verschlechtert. Die im vorhergehenden Abschnitt geäußerte positive Einschätzung hinsichtlich des Prognoseverhaltens von erweiterten Teilschätzungsmodellen muß dementsprechend ein wenig eingeschränkt werden. Potentiell gute Prognosen werden sich nur solange ergeben, wie die erweiterten Teilschätzungen noch zu einer befriedigenden Anpassungsgüte, insbesondere bezogen auf den aktuellen Teil der Arbeitslosigkeitskurve, gelangen.

Der Regressionsfortschreibungsansatz schneidet im Vergleich zum Zeitreihenansatz wiederum schlechter ab. Der Grund dafür liegt in der zu starken Fortschreibung in die Richtung der veränderten Verlaufscharakteristik. Der Zeitreihenansatz sagt dagegen die weitere Parameterentwicklung aufgrund der eingebauten Abschwächungsfaktoren moderater voraus und kommt so zu realitätsnäheren Verläufen. Die mittlere Anpassungsabweichung von 138,84 bezogen auf den aktuellen Zeitraum von 1980 bis 1990 für den Regressionsansatz ergibt sich dabei aus einer Abweichungskonstellation mit gegen Ende des Prognosezeitraums stark zunehmenden Differenzen, während die 66,29 MAA für den Zeitreihenansatz aus einer Konstellation mit gegen Ende des Prognosezeitraums kleiner werdenden Abweichungen resultiert.

2.2. Die teilvariablen MTE-Modelle

2.2.1. Schätzung und Beurteilung der MTE-Teilregressionen 1960-1986 bzw. 1960-1990

Die Beurteilungssituation der MTE-Teilregressionen entspricht der der VTE-Teilregressionen. Hohe Multikollinearität und in diesem Fall sogar extreme Autokorrelation sowie Probleme bei der Erfüllung der Normalverteilungsvoraussetzungen der Störvariablen kennzeichnen die MTE-Regressionen (vgl. Tab. 40).

Eine Übereinstimmung der Parameterreihen mit denen der Überprüfungsschätzungen ist kaum vorhanden. Die Differenzen- und AR-Regressionen eignen sich zudem nicht zur Überprüfung der Auswirkungen der Autokorrelation und der Multikollinearität, da weder die Homoskedastizitätsannahme noch die Normalverteilungsvoraussetzungen der Störvariablen erfüllt sind. Die AR-Schätzungen zeigen weiter relativ hohe Autokorrelation, und die Differenzenschätzungen sind nicht frei von Multikollinearität. Zudem sind die Signifikanzwerte der Regressoren meist so niedrig, daß von keiner Absicherung der Schätzungen ausgegangen werden kann.

Demgegenüber sind in den OLS-Niveaugrößenschätzungen alle Regressoren hoch bzw. sogar sehr hoch gesichert. Die Parameterreihen verlaufen relativ kontinuierlich und von der Struktur her sehr ähnlich zu denen der VTE-Teilregressionen. Aus diesen Gründen sollen parallel zur Argumentation bei den VTE-Teilschätzungen die Ergebnisse der MTE-Teilschätzungen weiterverwendet werden.

2.2.2. Teilvariable MTE-Modelle auf Datenbasis 1960-1986

2.2.2.1. Konstante Parameterfortschreibung

Zwischen den Parameterverläufen der VTE- und der MTE-Teilschätzungen gibt es weitgehende Übereinstimmungen. Gleiches gilt für den Bereich der standardisierten Koeffizienten und der partiellen Bestimmtheitsmaße. Die Parameterkorrelationen verlaufen auf hohem Niveau, zeigen nur wenig Schwankungen und sind durch eine auch im Fortschreibungszeitraum weiterbestehende Stabilität gekennzeichnet. Damit liegen die gleichen guten Prognosevoraussetzungen vor, die auch schon in den VTE-Modellen angetroffen wurden. Allerdings wiederholen sich auch die Widrigkeiten, die in den VTE-Modellen eine bessere Prog-

Modellbeurteilungstabelle MTE-Teilregressionen:

Kriterien	OLS-Niveaugrößen Schätzungen	OLS-Differenzgrößen Schätzungen	AR-Niveaugrößen Schätzungen
Übereinstimmung			
$\hat{\beta}$ und $\hat{\beta}^D$		keine	
$\hat{\beta}$ und $\hat{\beta}^{AR}$			keine
$\hat{\beta}^D$ und $\hat{\beta}^{AR}$			mittel
Multikollinearität			
Regressorenkorr.	hoch	niedrig - mittel	hoch
Parameterschätzerkorr.	hoch	niedrig - mittel	mittel
Autokorrelation			
Durbin-Watson-PG	sehr hoch	mittel	mittel - hoch
Homoskedastizität			
Innerhalb d. Schätzungen (Goldfeld-Quandt-PG)	häufig erfüllt	nicht erfüllt	nicht erfüllt
Zwischen d. Schätzungen $(SEE = \hat{\sigma})$	erfüllt	erfüllt	—
Normalverteilung			
$P > Skew.-PG$	nicht erfüllt	nicht erfüllt	nicht erfüllt
$P > Kurt.-PG$	nicht erfüllt	nicht erfüllt	nicht erfüllt
R^2	hoch	niedrig	—
Signifikanzen (t-Werte)			
CONSTANT	hoch - sehr hoch	—	keine - niedrig
EP	hoch - sehr hoch	niedrig	niedrig
GELDV	hoch - sehr hoch	mittel	keine - niedrig
BSPM85	sehr hoch	keine → mittel	keine → mittel
APROD85	sehr hoch	keine → mittel	keine → mittel

(Legende siehe Tab. 25)

Tab. 40

nosegüte verhindert haben: Die Verlaufscharakteristik der Parameterreihen ändert sich im Fortschreibungszeitraum.

Aufgrund der hohen Übereinstimmungen zwischen den Vierteljahres- und Monatsdatenmodellen ergeben sich sehr ähnliche Ergebnisse hinsichtlich des Anpassungs- und Prognoseverhaltens. Das MTE-Modell unter konstanter Parameterfortschreibung erreicht nicht die Anpassungsgüte des vergleichbaren MTV-Modells. Gleiches gilt für das Prognoseverhalten. Dagegen schneidet es gegenüber dem entsprechenden VTE-Modell im Hinblick auf die Anpassungsgüte besser ab. Besonders gilt dies für den aktuellen Zeitraum von 1980 bis 1986 mit Anpassungswerten von 35,76 MAA gegenüber 44,46 MAA. Während diese Abweichungen absolut betrachtet eine hohe Anpassungsqualität repräsentieren, muß bei einer mittleren Prognoseabweichung von 176,81 und einer dazugehörigen Standardabweichung von 181,04 von einer nicht ausreichenden Prognosequalität gesprochen werden. Die zugehörigen Prognoseintervalle können die tatsächliche Arbeitslosenentwicklung dementsprechend auch nicht überdecken.

Festzuhalten ist jedoch, daß durch die hohe Anpassungsgüte der MTE-Teilschätzungen deren bisher nicht abschließend geklärte Schätzerqualität nun positiv bestätigt werden kann.

2.2.2.2. Parameterfortschreibung mittels eines Regressionsansatzes und mittels eines Zeitreihenansatzes

Mit einer mittleren Anpassungsabweichung für den Gesamtzeitraum von 40,41 bzw. für den aktuellen Zeitraum von 38,64 erbringt das MTE-Modell unter Regressionsfortschreibung eine bessere Anpassungsleistung als das vergleichbare VTE-Modell. Im Prognoseverhalten wirkt sich dies gegenüber dem Monatsdatengesamtschätzungsmodell ebenfalls positiv aus (170,85 MPA), wenngleich weiterhin von einer nicht ausreichenden Prognosegüte gesprochen werden muß und sich die Vorteile gegenüber dem VTE-Modell umkehren. Grund für dieses Ergebnis ist allein die veränderte Verlaufscharakeristik der Parameterreihen.

Die zugehörigen Parametergleichungen sind im Zeitraum von 1977,1 bis 1985,6 abgeleitet worden und weisen den gleichen hohen Qualitätsstandard auf wie die der Vierteljahres-Modellvariante. Aufgrund der Fortschreibungswidrigkeiten wird jedoch auf eine nähere Darstellung verzichtet.[213]

In Anwendung auf die Zeitreihenfortschreibung ergibt sich im Unterschied zu der entsprechenden VTE-Modellvariante ein merklich schlechteres Ergebnis. Als Grund ist zu vermuten, daß wegen des für eine realitätsnahe Fortschreibung notwendigen Stützbereichs aus 13 Werten für die Trendberechnung sechs zusätzliche Parameterwerte fortgeschrieben werden mußten, woraus negative Rückwirkungen auf die Fortschreibungsqualität resultierten.

---

[213] Anm.: Die Gleichungsreihenfolge mit den sich ergebenden Bestimmtheitsmaßen lautet:

$\hat{\beta}_{KONSTANTE}$ (0,93) → $\hat{\beta}_{EP}$ (0,999) → $\hat{\beta}_{BSPM85}$ (0,992) → $\hat{\beta}_{APROD85}$ (0,9999) → $\hat{\beta}_{GELDV}$ (0,9999)

2.2.2.3. Zusammenfassender Vergleich der Modelle hinsichtlich Anpassungs- und Prognosegüte

Analog zur Argumentation bei den erweiterten Vierteljahresdatenregressionen kann auch bei den erweiterten Monatsdatenmodellen gesagt werden, daß alle Voraussetzungen für ein qualitativ hochwertiges Prognoseergebnis erfüllt sind. Die im Fortschreibungszeitraum erfolgende Änderung der Verlaufsrichtung der Parameterreihen können die einzelnen Fortschreibungsvarianten hingegen nicht voraussagen, so daß die tatsächlichen Prognoseergebnisse die Erwartungen nicht erfüllen können. Die Tabelle 41 stellt die Anpassung- und Prognosemaße im Überblick dar.

Tabelle der Anpassungs- und Prognosemaße MTE^{86}-Modelle, RMA:

Beurteilungsmaße	JG^{86}	MG^{86}	MTE^{86}		
			Konst.-	Regr.-	ZR.-
			Parameterfortschreibung		
(a) Anpassungsgüte:					
MAA^{60-86}	42,78	57,62	39,67	40,41	40,08
MAA^{60-86}_{STA}	29,56	63,80	35,13	35,60	35,18
MAA^{80-86}	27,30	34,06	35,76	38,64	37,37
MAA^{80-86}_{STA}	22,44	27,75	23,42	26,35	23,96
(b) Prognosegüte:					
MPA^{87-90}	177,29	176,81	176,81	170,85	184,01
MPA^{87-90}_{STA}	203,33	181,04	181,04	150,56	187,26
$AL^{87-90} \in PI$	nein	nein	nein	nein	nein

Tab. 41

2.2.3. Teilvariable MTE-Modelle auf Datenbasis 1960-1990

Im Fall der erweiterten Vierteljahresdatenregressionen zur Datenbasis 1960 bis 1990 zeigte sich eine weitere Auswirkung der im Referenzmodellansatz implizit enthaltenen Fehlspezifizierung des Arbeitslosigkeitsmodells. Zusätzliche erweiterte Teilschätzungen wiesen ein immer schlechteres Anpassungsverhalten auf und schränkten damit ihre Prognoseverwendbarkeit ein.

Dieser Effekt tritt auch bei den erweiterten Monatsdatenregressionen auf. So verschlechtert sich die Anpassungsgüte der Modellvariante unter konstanter Parameterfortschreibung im aktuellen Zeitraum von 35,76 MAA (Datenbasis 1960-1986) auf 44,48 MAA (Datenbasis 1960-1990). Zwar geht diese Entwicklung im Vergleich zu den Vierteljahresdaten von einem geringeren Grundabweichungswert aus, so daß die durchschnittliche Abweichung in einem noch vertretbaren Ausmaß bleibt. Die Analyse der Abweichungsentwicklung zeigt jedoch ein Anwachsen der Differenzen. Wie aus der Abbildung 63 zu ersehen ist, ergeben sich auf diese Weise im Jahre 1990 bereits recht große Distanzen zwischen der vorausgesagten und der tatsächlichen Arbeitslosenentwicklung.

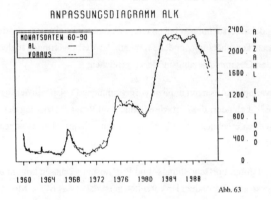

Abb. 63

Tabelle der Anpassungsmaße der MTE^{90}-Modelle, RMA:

Beurteilungsmaße	JG^{90}	MG^{90}	MTE^{90} Konst.- Parameterfortschreibung	Regr.-	ZR.-
MAA^{60-90}	56,42	69,14	42,26	55,66	55,94
MAA^{60-90}_{STA}	32,62	62,10	39,12	83,89	84,82
MAA^{80-90}	65,32	72,99	44,48	82,24	83,04
MAA^{80-90}_{STA}	34,96	41,08	40,55	127,06	128,63

Tab. 42

Die Aussagefähigkeit des aufgestellten Parametergleichungssystems muß vor diesem Hintergrund beurteilt werden. Gleichzeitig sind die Unsicherheitspotentiale für die Fortschreibung und Prognose gegenüber der 86er-Modellbasis erheblich gestiegen. Die überdurchschnittlich stark gewachsenen Anpassungskennziffern für den Regressions- und für den Zeitreihenfortschreibungsansatz (82,24 MAA bzw. 83,04 MAA) machen dieses deutlich.

Eine Übersicht über die Anpassungsmaße der MTE-Modelle zur Datenbasis bis 1990 gibt die Tabelle 42.

3. Gesamteinschätzung der teilvariablen Ansätze

Die obigen Modelluntersuchungen haben eindrucksvoll deutlich gemacht, daß insbesondere die verschobenen Teilschätzungsmodelle wesentliche Verbesserungen in der Anpassungsgüte gegenüber den Gesamtschätzungsmodellen erreichen.

Die in den teilvariablen Ansätzen implizit vorgenommene Fehlspezifizierung des Arbeitslosigkeitsmodells[214] behindert die Fortschreibungs- und Prognoseleistung der untersuchten Modelle teils jedoch erheblich. Der Übergang zu den vollvariablen Ansätzen wird diese Fehlerquelle beseitigen.

Zu überraschend guten Fortschreibungs- und Prognoseergebnissen kommt der konstante Fortschreibungsansatz. Besonders hervorzuheben ist dabei das MTV-Modell, daß nicht nur das mit Abstand beste Anpassungs- und Prognoseergebnis liefert, sondern auch Prognoseleistungen aufweist, die eine Überdeckung der tatsächlichen Arbeitslosenentwicklung durch die zugehörigen Prognoseintervalle sicherstellen.

Demgegenüber erreichen die sonstigen, die bisherige Parameterentwicklungsrichtung weiterverfolgenden Fortschreibungsverfahren überraschend schlechte Prognoseergebnisse. Hauptgründe dafür sind im Bereich der verschobenen Teilschätzungsmodelle die instabilen Parameterkorrelationen sowie eine ungünstige Ausgangssituation für die Parametergleichungsspezifikation. Im Bereich der erweiterten Teilschätzungsmodelle liegen die Prognosewidrigkeiten im wesentlichen an der Veränderung der Verlaufscharakteristik der Parameterreihen im Fortschreibungszeitraum. Für die erweiterten Teilschätzungen im aktuellen Bereich des Referenzzeitraums kommt es zudem durch die Fehlspezifizierung zu einer Ver-

---

[214] Anm.: Die Fehlspezifizierung liegt nur dann vor, wenn es zu regressorenverändernden Strukturbrüchen kommt. Daß solche Strukturbrüche im Referenzzeitraum aufgetreten sind, wird sowohl dadurch deutlich, daß die Arbeitslosigkeitsregressoren die Parameterverläufe nicht ausreichend anzunähern vermögen, als auch durch die Ergebnisse der im folgenden Kapitel dargestellten vollvariablen Ansätze.

schlechterung der Anpassungsgüte an die Arbeitslosigkeitskurve und damit zur Einschränkung der Prognoseverwendbarkeit.

Als Fazit kann festgehalten werden, daß bei nicht zu starken Fehlspezifizierungswirkungen die erweiterten Teilschätzungsmodelle aufgrund ihrer guten Fortschreibungsvoraussetzungen unter den bisher beschriebenen Ansätzen wohl die weitreichensten Prognosepotentiale aufweisen. Sollten jedoch zu viele Prognosevoraussetzungen nicht erfüllt sein, so daß die Prognoseunsicherheiten über ein akzeptables Maß hinaus ansteigen, so sollte die konstante Fortschreibungsmethode bevorzugt werden. Ihre Ergebnisse dürften in diesem Fall effizienter sein, zumal sie im Gegensatz zu den Gesamtschätzungsmodellen mit aktuellen Parameterwerten fortschreiben.

XII. Vollvariabler Ansatz (Stepwise-Pool-Ansatz): Regressionsmodelle mit variabler Regressorenstruktur und variablen Parameterwerten

1. System verschobener Teilschätzungen auf Vierteljahres- und Monatsdatenbasis (VTV, MTV)

   1.1. Die vollvariablen VTV-Modelle

   1.1.1. Regressorenstrukturauswahl mit Hilfe von Stepwise-Teilregressionen

   1.1.1.1. Beurteilung der Teilregressionen der Auswahlstufe 1960-1986 bzw. 1960-1990
   1.1.1.2. Kriterien für die Regressorenauswahl
   1.1.1.3. Die festgelegte Regressorenstruktur der VTV-Modelle

   1.1.2. Schätzung und Beurteilung der festgelegten VTV-Teilregressionen 1960-1986 bzw. 1960-1990

   1.1.3. Vollvariable VTV-Modelle auf Datenbasis 1960-1986

   1.1.3.1. Konstante Parameterfortschreibung
   1.1.3.2. Belsley-Modell-Ansatz
   1.1.3.3. Parameterfortschreibung mittels eines Regressionsansatzes
   1.1.3.4. Parameterfortschreibung mittels eines Zeitreihenansatzes
   1.1.3.5. Zusammenfassender Vergleich der Modelle hinsichtlich Anpassungs- und Prognosegüte

   1.1.4. Vollvariable VTV-Modelle auf Datenbasis 1960-1990

   1.2. Die vollvariablen MTV-Modelle

   1.2.1. Beurteilung der Teilregressionen der Auswahlstufe 1960-1986 bzw. 1960-1990
   1.2.2. Probleme verschobener Teilschätzungen hinsichtlich der Regressorenauswahl durch häufige Veränderung der Regressorenstruktur in den Teilschätzungen

2. System erweiterter Teilschätzungen auf Vierteljahres- und
   Monatsdatenbasis (VTE, MTE)

   2.1. Die vollvariablen VTE-Modelle

      2.1.1. Regressorenstrukturauswahl mit Hilfe von
             Stepwise-Teilregressionen

         2.1.1.1. Beurteilung der Teilregressionen der Auswahlstufe
                  1960-1986 bzw. 1960-1990
         2.1.1.2. Probleme erweiterter Teilschätzungen hinsichtlich der
                  Regressorenauswahl mit Stepwise-Algorithmen durch
                  Multikollinearität und Autokorrelation
         2.1.1.3. Die festgelegte Regressorenstruktur der VTE-Modelle

      2.1.2. Schätzung und Beurteilung der festgelegten VTE-Teilregressionen
             1960-1986 bzw. 1960-1990

      2.1.3. Vollvariable VTE-Modelle auf Datenbasis 1960-1986

         2.1.3.1. Konstante Parameterfortschreibung
         2.1.3.2. Parameterfortschreibung mittels eines Regressionsansatzes
         2.1.3.3. Parameterfortschreibung mittels eines Zeitreihenansatzes
         2.1.3.4. Zusammenfassender Vergleich der Modelle hinsichtlich
                  Anpassungs- und Prognosegüte

      2.1.4. Vollvariable VTE-Modelle auf Datenbasis 1960-1990

   2.2. Die vollvariablen MTE-Modelle

      2.2.1. Regressorenstrukturauswahl mit Hilfe von Stepwise-Teilregressionen
             1960-1986 bzw. 1960-1990

      2.2.2. Schätzung und Beurteilung der festgelegten MTE-Teilregressionen
             1960-1986 bzw. 1960-1990

      2.2.3. Vollvariable MTE-Modelle auf Datenbasis 1960-1986

         2.2.3.1. Konstante Parameterfortschreibung
         2.2.3.2. Parameterfortschreibung mittels eines Regressionsansatzes
         2.2.3.3. Parameterfortschreibung mittels eines Zeitreihenansatzes
         2.2.3.4. Zusammenfassender Vergleich der Modelle hinsichtlich
                  Anpassungs- und Prognosegüte

      2.2.4. Vollvariable MTE-Modelle auf Datenbasis 1960-1990

3. Gesamteinschätzung der vollvariablen Ansätze

XII. Vollvariabler Ansatz (Stepwise-Pool-Ansatz): Regressionsmodelle mit variabler Regressorenstruktur und variablen Parameterwerten

1. System verschobener Teilschätzungen auf Vierteljahres- und Monatsdatenbasis (VTV, MTV)

1.1. Die vollvariablen VTV-Modelle

1.1.1. Regressorenstrukturauswahl mit Hilfe von Stepwise-Teilregressionen

1.1.1.1. Beurteilung der Teilregressionen der Auswahlstufe [215] 1960-1986 bzw. 1960-1990

Die Qualitätseigenschaften der VTV-Teilregressionen sind als hoch zu bezeichnen (vgl. Tab. 43). Zwar sind die einzelnen Regressionen von mehr oder weniger hoher Multikollinearität betroffen, diese wirkt sich jedoch nicht gravierend aus, da die Übereinstimmung der Schätzer zwischen den Differenzdatenregressionen und den OLS-Niveaugrößenregressionen hoch ist.

Gleiches gilt für die Autokorrelation in den OLS-Niveaugrößenschätzungen. Die AR-Überprüfungsregressionen weisen für die überwiegende Anzahl der Teilschätzungen keine Autokorrelation auf und kommen zu großer Übereinstimmung der Parameterschätzergebnisse mit den zu überprüfenden Ausgangsschätzern. Alle weiteren Regressionsvoraussetzungen sind erfüllt. Die Sicherheit der Schätzungen und die Anpassungsgüte der Teilregressionen sind hoch.

Die Ergebnisse der VTV-Teilschätzungen stellen damit eine solide Grundlage für die Auswahl der Regressoren der einzelnen Zeitbereiche des Referenzzeitraums dar. Insbesondere ist auch die Anwendung des Stepwise-Verfahrens zur Regressorenauswahl in den Teilschätzungen gerechtfertigt, da die auftretenden Multikollinearitäten keine negativen Auswirkungen auf die Signifikanzwerte haben.

1.1.1.2. Kriterien für die Regressorenauswahl

Bei verschobenen Teilschätzungen kommt es zwischen den einzelnen Teilregressionen relativ häufig zu Veränderungen in der Regressorenstruktur. Dieses ist zum einen auf die durch

---

[215] Anm.: Vergleiche zur Vorgehensweise beim vollvariablen Ansatz Kapitel X, Abschnitt 3.

Modellbeurteilungstabelle VTV-Teilregressionen:
(Auswahlstufe)

Kriterien	Beurteilung
Übereinstimmung	
$\hat{\beta}$ und $\hat{\beta}^D$	hoch
$\hat{\beta}$ und $\hat{\beta}^{AR}$	sehr hoch
$\hat{\beta}^D$ und $\hat{\beta}^{AR}$	hoch
Multikollinearität	
$\hat{\beta}$ - Schätzung	hoch
$\hat{\beta}^D$ - Schätzung	niedrig
$\hat{\beta}^{AR}$ - Schätzung	hoch
Autokorrelation	
$\hat{\beta}$ - Schätzung	gering - mittel
$\hat{\beta}^{AR}$ - Schätzung	keine - gering
Homoskedastizität	
$\hat{\beta}$ - Schätzung	erfüllt
NV der Störvariablen	
$\hat{\beta}$ - Schätzung	erfüllt
Signifikanzen (t-Werte)	
$\hat{\beta}$ - Schätzung	hoch
Bestimmtheitsmaße	
$\hat{\beta}$ - Schätzung	hoch
$\hat{\beta}^D$ - Schätzung	mittel - hoch

Tab. 43

die variablen Koeffizienten aufgedeckten Strukturbrüche zurückzuführen, welche nicht nur eine Veränderung der Parametergrößen, sondern auch eine Veränderung der Variablenstruktur bewirken. Daneben kommt es jedoch auch, begünstigt durch die geringe Datenkontinuität aufgrund des fortwährenden systematischen Datenaustauschs zwischen den einzelnen Teilschätzungen, zu nicht strukturbruchbedingten Veränderungen in der Regressorenstruktur, wenn zwei hoch miteinander korrelierende Variablen im Modell ausgetauscht werden.

Die Modellvariabilität soll nur tatsächliche Strukturbrüche und keine kurzzeitigen Regressorenverdrängungen durch hohe Korrelationsbeziehungen abbilden. Deswegen gilt es, die Zeitpunkte herauszufiltern, in denen es aufgrund von Strukturbrüchen zu Regressorenveränderungen kommt. Zwischen diesen Zeitpunkten wird das Modell dann eine feste Regressorenstruktur aufweisen, innerhalb derer Veränderungen der Gewichte der einzelnen Regressoren jedoch weiterhin möglich sind.

Zur Identifizierung der die Regressorenkonstellation verändernden Strukturbrüche wird wie folgt vorgegangen:

Als zentrale Auswahlkriterien für die Regressoren werden die Signifikanzwerte (t-Werte) als Maß für die Sicherheit der Schätzung und die partiellen Bestimmtheitsmaße als Maß für die zusätzliche Erklärungskraft der Regressoren herangezogen. Zwar sind alle in eine Teilschätzung eingehenden Regressoren schon durch die Stepwise-Auswahl signifikant[216], in die letztendliche Auswahl sollen jedoch hauptsächlich Regressoren mit überdurchschnittlich hohen Signifikanzwerten gelangen. Parallel dazu soll aber auch die Wichtigkeit eines Regressors, repräsentiert durch sein partielles Bestimmtheitsmaß, genügend groß sein, um die Auswahl zu rechtfertigen. Für die Operationalisierung dieser Vorgaben wird von folgender Klassifizierung ausgegangen.

Hohe t-Werte liegen im Bereich $4 \leq t < 10$ und sehr hohe im Bereich $t \geq 10$ vor. Eine Auswahl im Bereich mittlerer t-Werte $(2 \leq t < 4)$ bzw. niedriger t-Werte $(t < 2)$ sollte vermieden werden. Diese Klassifizierung bezieht sich dabei auf den Durchschnittssignifikanzwert über den Zeitbereich, in dem der betrachtete Regressor in den Teilschätzungen vertreten ist.

Hohe partielle Bestimmtheitsmaße (PB) liegen im Bereich $0,70 \leq PB < 0,90$ und sehr hohe im Bereich $PB \geq 0,90$ vor. Auch hier sollte von der Auswahl eines Regressors abgesehen werden, wenn im Durchschnitt mittlere Kriteriumswerte $(0,40 \leq PB < 0,70)$ bzw. niedrige Kriteriumswerte $(PB < 0,40)$ auftreten.

Um regressorenstrukturverändernde Strukturbrüche zu erkennen wird ein Regressor zusätzlich zur Erfüllung der obigen Kriterien nur dann ins Modell aufgenommen, wenn er über mehrere Schätzungen hintereinander relativ kontinuierlich in den Teilregressionen vertreten war. Durch Vergleiche der Korrelationsbeziehungen zwischen den Regressoren in den einzelnen Teilschätzungszeiträumen sollen zudem kurzzeitige Verdrängungen erkannt werden.

---

[216] Anm.: Ansonsten wären die Regressoren gar nicht erst in die Auswahl gelangt.

Für Zeitabschnitte mit relativ niedrigem Gesamtbestimmtheitsmaß werden tendenziell mehr Regressoren berücksichtigt als in Abschnitten mit hoher Gesamterklärung der Teilregressionen.

Aufgrund der hohen Beobachtungsanzahl in erweiterten Teilschätzungsmodellen und der dadurch relativ kleinen Schätzerstandardabweichungen bzw. relativ großen t-Werte wird das Auswahlkriterium der Signifikanzwerte sehr restriktiv angewendet. Da durch die höheren t-Werte vergleichsweise mehr Regressoren im Stepwise-Prozeß ausgewählt werden, werden die Auswahlanforderungen an die partiellen Bestimmtheitsmaße dagegen weniger eng ausgelegt.

Zur Illustration obiger Kriterien für die Regressorenauswahl soll im folgenden anhand der Variable BSPM85 beispielhaft die Auswahl beschrieben werden. Ausgangspunkt ist die Abbildung 64, aus der hervorgeht, in welchen Teilregressionen (repräsentiert durch die jeweiligen Zuordnungszeitpunkte) der Regressor BSPM85 vertreten ist (Kurvenverlauf auf 1,0) bzw. nicht vertreten ist (Kurvenverlauf auf 0,0). Es zeigt sich, daß abgesehen von einigen Unterbrechungen eine kontinuierliche Auswahl zwischen 1969,4 und 1985,1 stattgefunden hat.

Bis 1979,3 weist das partielle Bestimmtheitsmaß sehr hohe Werte von über 0,9 auf. Dies verdeutlicht die besondere Wichtigkeit des BSPM85 (Abb. 65). Danach fallen die Werte des partiellen Bestimmtheitsmaßes teils auf unter 0,5, um gegen Ende des angesprochenen Zeitraums wieder auf über 0,9 anzusteigen. Die Signifikanzwerte zeigen eine ähnliche Entwicklung (Abb. 66).

In den Jahren 1979,4 bis 1984,1 wird das BSPM85 relativ häufig verdrängt bzw. hat niedrige Signifikanzwerte und niedrige partielle Bestimmtheitsmaße. Eine Analyse der für diesen Zeitraum verantwortlichen Teilschätzungen ergibt, daß die Variablen GELDV und STAUSG85 Ende der 70er Jahre neu ins Modell kommen und 1982 (GELDV) bzw. 1984 (STAUSG85) wieder herausfallen. Mit beiden Variablen korreliert das BSPM85 in diesem Zeitraum mit weit über 90 %, was die niedrigen obigen Kriteriumswerte erklärt. Aufgrund dieser Situation sowie im Hinblick auf die angestrebte kontinuierliche Regressorenstruktur wird der Regressor BSPM85 über den Zeitraum 1969,4 bis 1985,1 ins Endmodell einbezogen. Ob eine Einbeziehung über den Zeitpunkt 1985,1 hinaus sinnvoll ist, müssen weitere Analysen zeigen, da in die fünf nachfolgenden Teilschätzungen völlig andere Regressoren einfließen als in die bisherigen Teilregressionen.

XII. Vollvariabler Ansatz 237

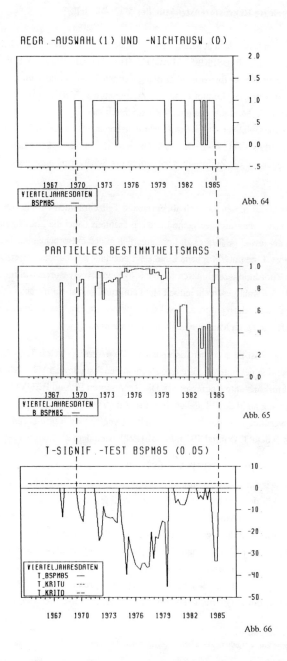

Abb. 64

Abb. 65

Abb. 66

1.1.1.3. Die festgelegte Regressorenstruktur der VTV-Modelle [217]

Nach obigen Kriterien lassen sich aus den VTV-Teilschätzungen folgende acht Regressoren ableiten: KONSTANTE, EP, BSPM85, APROD85, TOFT85, BEUV85, STAUSG85, ABSCHR85. Da nicht alle Regressoren über den gesamten Referenzzeitraum zur Erklärung der Arbeitslosigkeit beitragen, kommt es an vier Zeitpunkten zu Veränderungen der Regressorenstruktur. Die VTV-Modelle sind entsprechend durch vier regressorenverändernde Strukturbrüche gekennzeichnet. Diese Strukturbrüche liegen am Ende des 2. Quartals 1969, am Ende des 1. Quartals 1971, am Ende des 3. Quartals 1974 und am Ende des 2. Quartals 1980 (jeweils bezogen auf die Zuordnungszeitpunkte der Schätzergebnisse der Teilregressionen).

Die Regressorenstruktur in den dadurch abgegrenzten Teilzeiträumen wird durch die Abbildung 67 verdeutlicht. Eine durchgezogene Linie repräsentiert dabei die Zuordnungszeitpunkte, in denen der jeweilige Regressor kontinuierlich in den entsprechenden Teilschätzungen vertreten ist. Eine unterbrochene Linie zeigt ebenfalls an, daß der betreffende Regressor in diesen Zuordnungszeitpunkten für die festgelegte Regressorenstruktur ausgewählt wird. Diese Auswahl geschieht jedoch nicht aufgrund seines Auftretens in den jeweiligen Teilschätzungen, sondern aufgrund von korrelationsbedingten Verdrängungen durch andere, nicht im festgelegten Modell enthaltene Regressoren.

Aus der Abbildung 67 ist zu erkennen, daß nur zwei Regressoren (KONSTANTE, ABSCHR85) über den gesamten Referenzzeitraum in den festgelegten VTV-Modellen enthalten sind (strukturkonstante Regressoren). Die Regressoren EP und BEUV85 befinden sich zwar von Anfang an in den Modellen, ihre Erklärungskraft läßt mit der Zeit jedoch nach, so daß sie verdrängt werden bzw. herausfallen (wegfallende Regressoren). Für EP geschieht dieses nach dem 3. Quartal 1974, für BEUV85 nach dem 2. Quartal 1980.

Für die Regressoren BSPM85, TOFT85 und STAUSG85 liegt die umgekehrte Situation vor. Ihre Erklärungskraft ist am Anfang sehr gering, so daß eine Aufnahme in das Modell nicht möglich ist. Mit der Zeit steigt die Erklärungskraft jedoch soweit an, daß diese Regressoren zusätzlich in das Modell aufgenommen werden können bzw. bisher im Modell enthaltene Regressoren verdrängen (hinzukommende Regressoren). Zum 3. Quartal 1969 werden die Regressoren BSPM85 und STAUSG85, zum 2. Quartal 1971 der Regressor TOFT85 aufgenommen. Für den Regressor APROD85 treffen sowohl die Ausführungen zu den wegfallenden als auch die zu den hinzukommenden Regressoren zu. APROD85 ist vom 2. Quartal 1971 bis zum 2. Quartal 1980 in den Modellen enthalten und trägt in diesem

---

[217] Anm.: Vergleiche zur Vorgehensweise beim vollvariablen Ansatz Kapitel X, Abschnitt 3.

XII. Vollvariabler Ansatz 239

Abb. 67: Regressorenstruktur der VTV-Modelle

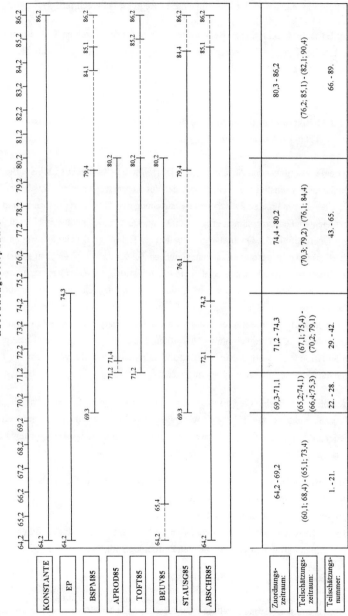

Zeitraum zur Erklärung der Arbeitslosigkeit wesentlich bei. Weder im Zeitraum davor noch im Zeitraum danach ist die Aufnahme dieses Regressors gerechtfertigt.

Auf Basis der beschriebenen Regressorenstruktur für die einzelnen Teilzeiträume werden jetzt die festgelegten Teilregressionen zur endgültigen Ableitung der variablen Parameterreihen durchgeführt.

1.1.2. Schätzung und Beurteilung der festgelegten VTV-Teilregressionen [218] 1960-1986 bzw. 1960-1990

In dem vorhergehenden Abschnitt 1.1.1.1. erfolgte bereits eine ausführliche Beurteilung der Qualitätseigenschaften der Teilschätzungen zur Regressorenauswahl. Zwar werden i.d.R. die Übereinstimmungen zwischen der Beurteilung der Auswahlregressionen und der der festgelegten Teilregressionen groß sein. Daraus kann jedoch nicht geschlossen werden, daß eine Überprüfung der Qualitätseigenschaften der festgelegten Teilregressionen generell überflüssig ist. Insbesondere die verschobenen Teilschätzungen zeichnen sich durch häufigen Regressorenwechsel aus, so daß die Identifizierung der einen Regressorenwechsel rechtfertigenden Strukturbrüche sowie die Festlegung der relevanten Regressoren für die Zwischenzeiträume schwierig ist. Die Überprüfung der festgelegten Teilregressionen hat damit die Aufgabe, die Regressorenauswahl und die Zeitpunkte mit Regressorenveränderungen auf ihre Richtigkeit hin zu überprüfen. Entbehrlich ist eine solche Überprüfung damit in Situationen eindeutiger Modellstrukturidentifizierbarkeit. Bei verschobenen Teilschätzungen dürfte dieses aber nur selten vorliegen.

Überblicksmäßig sind die verschiedenen Beurteilungskenngrößen der festgelegten VTV-Teilschätzungen in der Tabelle 44 wiedergegeben.[219] Aufgrund der hohen Übereinstimmungen mit den Beurteilungsergebnissen der Auswahlteilschätzungen in Tabelle 43 kann gefolgert werden, daß die Auswahlentscheidungen richtig waren.

Die Gesamterklärungskraft des Modells ist zu jedem Zeitpunkt hoch (hohes bis sehr hohes Bestimmtheitsmaß), so daß im Modell alle wesentlichen Informationen über die ausgewählten Regressoren enthalten sind. Die Signifikanz dieser Regressoren ist hoch. An Zeitpunkten mit Regressorenveränderungen verlassen die Regressoren das Modell, deren Signifikanz und Erklärungskraft in den vorhergehenden Zeitpunkten abgenommen hat. Neu hinzukommende

---

[218] Anm.: Vergleiche zur Vorgehensweise beim vollvariablen Ansatz Kapitel X, Abschnitt 3.
[219] Anm.: Für die Übersichtsdarstellung wird die gleiche ausführliche Modellbeurteilungstabelle verwendet, die auch schon bei den Beurteilungen der Teilschätzungen des Referenzmodellansatzes eingesetzt wurde.

Modellbeurteilungstabelle VTV-Teilregressionen:
(festgelegte Teilregressionen)

Kriterien	OLS-Niveaugrößen Schätzungen	OLS-Differenzgrößen Schätzungen	AR-Niveaugrößen Schätzungen
Übereinstimmung			
$\hat{\beta}$ und $\hat{\beta}^D$		hoch	
$\hat{\beta}$ und $\hat{\beta}^{AR}$		sehr hoch	
$\hat{\beta}^D$ und $\hat{\beta}^{AR}$		hoch	
Multikollinearität			
Regressorenkorr.	hoch	niedrig - mittel	hoch
Parameterschätzerkorr.	mittel - hoch	niedrig - mittel	mittel - hoch
Autokorrelation			
Durbin-Watson-PG	niedrig - mittel	keine - niedrig	keine - niedrig
Homoskedastizität			
Innerhalb d. Schätzungen (Goldfeld-Quandt-PG)	häufig nicht erfüllt	häufig nicht erfüllt	häufig nicht erfüllt
Zwischen d. Schätzungen $(SEE = \hat{\sigma})$	erfüllt	erfüllt	—
Normalverteilung			
$P > Skew.-PG$	erfüllt	meist erfüllt	erfüllt
$P > Kurt.-PG$	erfüllt	häufig nicht erfüllt	erfüllt
R^2	hoch - sehr hoch	mittel - hoch	—
Signifikanzen (t-Werte)			
CONSTANT	hoch - sehr hoch	—	hoch
EP	hoch	niedrig - mittel	hoch
BSPM85	sehr hoch	hoch	hoch - sehr hoch
APROD85	hoch	niedrig - mittel	hoch
TOFT85	niedrig - mittel	keine	niedrig - mittel
BEUV85	hoch	niedrig	hoch
STAUSG85	mittel - hoch	mittel - hoch	mittel - hoch
ABSCHR85	mittel → sehr hoch	keine - hoch	sehr hoch

Tab. 44

(Legende siehe Tab. 25)

Regressoren sind signifikant und steigern i.d.R. in den Folgezeitpunkten ihre Signifikanz und Erklärungskraft. Die regressorenverändernden Strukturbruchzeitpunkte sind damit richtig positioniert. Alle Regressionsvoraussetzungen sind in gleicher Weise erfüllt wie bei den Auswahlteilschätzungen.

Bei der Interpretation der Parameterverläufe muß berücksichtigt werden, daß sich die Regressorenstruktur und damit die Informationsverteilung im Modell über die Zeit ändert. Aussagen über die Veränderungszeitpunkte hinweg müssen die eingetretenen Informations-

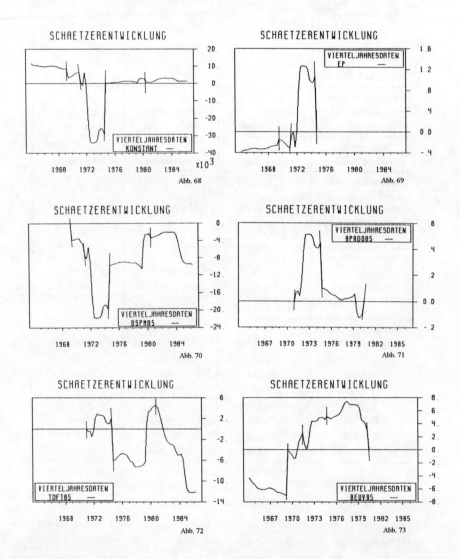

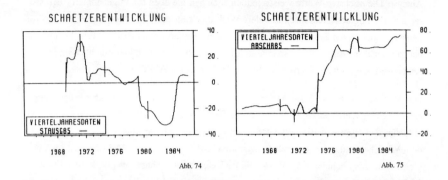

Abb. 74   Abb. 75

verschiebungen einbeziehen. Dazu bedarf es der Hinzuziehung der Korrelationsbeziehungen zwischen den Regressoren in den einzelnen Teilschätzungen.

Die Abbildungen 68 bis 75 zeigen deutlich, wie sich die Parameterverläufe häufig in ihrem Niveau sprunghaft verändern, wenn sich die Regressorenstruktur in aufeinanderfolgenden Teilschätzungen ändert. Die Kontinuität der Parameterverläufe aus dem Referenzmodellansatz und die entsprechend einfache und übersichtliche Analyse der Entwicklung der Einflußgewichte der Regressoren sind damit beim Stepwise-Pool-Ansatz nicht mehr gegeben.

1.1.3. Vollvariable VTV-Modelle auf Datenbasis 1960-1986

1.1.3.1. Konstante Parameterfortschreibung

Wird die Konstellation der Einflußgewichte der einzelnen Regressoren auf die Arbeitslosigkeit betrachtet, so ergibt sich ein differenziertes Bild. Zwar haben, wie schon bei den Modellen des teilvariaben Ansatzes, auch hier die Regressoren BSPM85 und APROD85 die größten standardisierten Schätzwerte. Für APROD85 gilt dieses aber nur in der ersten Hälfte der 70er Jahre und für BSPM85 während der 70er und Mitte der 80er Jahre. Zudem gibt es mit dem im teilvariablen Ansatz nicht enthaltenen Regressor ABSCHR85 einen weiteren Einflußfaktor mit hohen standardisierten Schätzwerten. Dabei hat ABSCHR85 auch in den Zuordnungszeitpunkten relativ hohes Einflußgewicht, in denen die beiden obigen Variablen äußerst niedrige standardisierte Koeffizienten aufweisen. Damit liegt in den vollvariablen VTV-Modellen ein weiterer besonders stark wirksamer Regressor vor.

Die Kurven der partiellen Bestimmtheitsmaße zeigen einen wenig kontinuierlichen Verlauf. Starke Schwankungen, teils über das gesamte mögliche Spektrum hinweg, erschweren die

Analyse. Die höchsten Werte weisen jedoch auch hier die oben schon genannten Regressoren auf. Dies unterstreicht ihre besondere Wichtigkeit für die VTV-Modelle. Allerdings tragen auch die übrigen Regressoren wesentliches zur Erklärung der Reststreuung bei und haben nur leicht niedrigere Kurvenverläufe. Eine Ausnahme mit sich hauptsächlich im mittleren Niveau bewegenden Werten macht nur der Regressor TOFT85.

Die Anpassungsgüte der VTV-Modellvariante unter konstanter Parameterfortschreibung erreicht einen Wert von 28,21 MAA für den Gesamtzeitraum und von 27,88 MAA für den aktuellen Zeitraum von 1980 bis 1986. Damit halbieren sich die Abweichungen gegenüber dem Vierteljahresdatengesamtschätzungsmodell (61,99 MAA bzw. 44,84 MAA). Im Vergleich zum entsprechenden VTV-Modell des Referenzmodellansatzes (30,04 MAA bzw. 25,50 MAA) ergibt sich für den Gesamtzeitraum eine leichte Verbesserung. Im Hinblick auf den aktuellen Zeitraum kommt es hingegen zu etwas höheren Abweichungen. Insgesamt betrachtet ist ein durchschnittlicher Abweichungswert von unter 30.000 Arbeitslosen jedoch als äußerst gutes Anpassungsergebnis aufzufassen.

Auf den ersten Blick überraschend ist deswegen die völlig inakzeptable Prognoseleistung des Modells. Die mittlere Prognoseabweichung liegt bei über einer halben Million Arbeitslosen und ist damit erheblich schlechter als die entsprechenden Werte des Gesamtschätzungsmodells bzw. des VTV-Referenzmodellansatzes. Werden jedoch die Parameterkurven betrachtet, so wird der Grund für das schlechte Prognoseergebnis deutlich.[220] Der konstante Fortschreibungsansatz schreibt mit den Parameterwerten des Zuordnungszeitpunktes 1982,2 fort. Die Parameterkurvenverläufe im daran anschließenden Fortschreibungszeitraum weichen aber in extremster Weise von einer konstanten Weiterentwicklung ab. Es kommt vielmehr zu einer zweimaligen Veränderung der Parameterverlaufscharakteristik, wobei entweder ein relativ konstanter Verlauf in einen steilen Anstieg oder steilen Abfall, oder eine extreme Fortentwicklung plötzlich in einen engeren Niveauverlauf übergeht. Für die konstante Fortschreibungsmethode liegen damit äußerst ungünstige Fortschreibungsvoraussetzungen vor.

Aufgrund dieser veränderten Entwicklungsrichtung der Parameterverläufe dürften auch von den weiteren Modellvarianten nur wenig erfolgversprechende Prognoseergebnisse zu erwarten sein.

---

[220] Anm.: Vergleiche dazu die Abbildungen 68, 70, 72, 74 und 75.

1.1.3.2. Belsley-Modell-Ansatz

Die bisher behandelten Belsley-Modelle standen u.a. vor dem Problem, daß sie mit sehr vielen Regressoren schätzen mußten. Dieses Problem wird beim vollvariablen Ansatz noch zunehmen. Einerseits treten bezogen auf den Gesamtreferenzzeitraum mehr Regressoren im Arbeitslosigkeitsgrundmodell auf. Diese Regressoren müssen zudem noch häufig mit Dummy-Variablen gekoppelt werden, wenn sie nicht über den gesamten Zeitraum im Modell enthalten sind. Andererseits bedarf es zur Spezifizierung der Parametergleichungen ebenfalls der Verwendung von Dummy-Variablen, um die durch die veränderte Informationsverteilung im Modell aufgetretenen Sprünge in den Parameterreihen abzubilden. Das Zusammentreffen von einer größeren Anzahl ursprünglichen Regressoren, von Arbeitslosigkeitsgrundmodell-Dummys und von Parametergleichungs-Dummys eröffnet eine Vielzahl von Möglichkeiten zur Bildung von Kunstvariablen. Das eingesetzte Belsley-Modell wird damit nur unter Verwendung einer großen Variablenanzahl zu spezifizieren sein.

Dem steht jedoch der Vorteil gegenüber, daß das Arbeitslosigkeitsgrundmodell keine Fehlspezifizierung aufweist, und dementsprechend eine gute Anpassung der Parameterreihen durch die Arbeitslosigkeitsregressoren möglich sein dürfte.

Zum Aufbau des Arbeitslosigkeitsgrundmodells sind fünf für die zeitliche Abgrenzung der Regressoren verantwortliche Dummys D_{jt}, $j = 1,\ldots,5$; $t = 1,\ldots,T$ notwendig. Die Modellgleichung lautet dann wie folgt:

$$AL_t = \beta_{0t} + \beta_{1t} \cdot D_{1t} \cdot EP_t + \beta_{2t} \cdot D_{2t} \cdot BSPM\,85_t + \beta_{3t} \cdot D_{3t} \cdot APROD\,85_t + \\ \beta_{4t} \cdot D_{4t} \cdot TOFT\,85_t + \beta_{5t} \cdot D_{5t} \cdot BEUV\,85_t + \beta_{6t} \cdot D_{2t} \cdot STAUSG\,85_t + \\ \beta_{7t} \cdot ABSCHR\,85_t + u_t$$

mit
$D_{1t} = 1$ für $1960,1 \leq t \leq 1974,3$
$D_{2t} = 1$ für $1969,3 \leq t \leq 1990,4$
$D_{3t} = 1$ für $1971,2 \leq t \leq 1980,2$
$D_{4t} = 1$ für $1971,2 \leq t \leq 1990,4$
$D_{5t} = 1$ für $1960,1 \leq t \leq 1980,2$
$D_{1t}, D_{2t}, D_{3t}, D_{4t}, D_{5t} = 0$ für die sonstigen Zeitpunkte

Die einzelnen Parameterreihen werden für den Zeitraum angepaßt, in dem ihr zugehöriger Regressor im Modell vertreten ist. Auf diese Weise haben die Parametergleichungen unterschiedliche Anpassungszeiträume. Zur Berücksichtigung der Sprungstellen werden sechs ausschließlich auf den konstanten Term jeder Parametergleichung wirkende BETA-Dummys BD_{gt}, $g = 1,\ldots,6$; $t = 1,\ldots,T$ verwendet. Sie sind wie folgt definiert:

$BD_{1t} = 1$ für $1969,3 \leq t \leq 1971,1$
$BD_{2t} = 1$ für $1971,2 \leq t \leq 1972,1$
$BD_{3t} = 1$ für $1972,2 \leq t \leq 1974,3$
$BD_{4t} = 1$ für $1974,4 \leq t \leq 1979,2$
$BD_{5t} = 1$ für $1979,3 \leq t \leq 1980,2$
$BD_{6t} = 1$ für $1980,3 \leq t \leq 1990,4$
$BD_{1t}, BD_{2t}, BD_{3t}, BD_{4t}, BD_{5t}, BD_{6t} = 0$ für die übrigen Zeitpunkte

Die damit spezifizierten Parametergleichungen sind der Tabelle 45 zu entnehmen. Werden die Bestimmtheitsmaße der einzelnen Parametergleichungen betrachtet, so bestätigt sich die Annahme, daß die Arbeitslosigkeitsregressoren eine ausreichende Eignung zur Anpassung der Parameterreihen aufweisen. Verzerrungen aufgrund einer Fehlspezifizierung des Arbeitslosigkeitsgrundmodells sind damit weitgehend ausgeschlossen.

Die Tabelle 45 der Koeffizienten der Parametergleichungen kann auch so interpretiert werden, daß bei alleiniger Berücksichtigung der Koeffizienten der ursprünglichen Arbeitslosigkeitsregressoren quasi die Gleichungswerte eines sprungbereinigten Parameterreihengleichungssystems vorliegen. Aber selbst in diesem Fall ergeben sich recht viele Variablen, die für die Erklärung der Parametervariation notwendig sind.

Unter Berücksichtigung der Parameter-Dummys sind durchschnittlich fünf bis sechs erklärende Variablen pro Parametergleichung notwendig. Das mit diesen Gleichungen spezifizierte Belsley-Modell enthält dann letztendlich 39 Regressoren. Bei so vielen Regressorvariablen sind qualitativ hochwertige Schätzungen nicht zu erwarten. Dementsprechend ist nicht nur kaum ein Regressor signifikant, die hohe Multikollinearität führt auch zu ungenauen Schätzern.

Trotz dieser Widrigkeiten liefert das Belsley-Modell eine bemerkenswerte Anpassungsgüte. Für den Gesamtzeitraum ergibt sich ein Wert von 18,70 MAA, für den aktuellen Zeitraum ein Wert von 21,20 MAA. Die zugehörigen Standardabweichungen weisen mit 20,91 bzw. 16,93 ebenfalls beachtlich niedrige Werte aus. Diese Ergebnisse liegen in einem Niveaubereich, der ansonsten nur bei Monatsdatenmodellen auf Basis von verschobenen Teilschätzungen auftritt. Und selbst dort konnte nur das teilvariable MTV-Modell unter konstanter Parameterfortschreibung solche Anpassungswerte realisieren. Auch im Vergleich zum vollvariablen VTV-Modell unter konstanter Parameterfortschreibung ergibt sich eine deutliche Verbesserung. Alle bisherigen Belsley-Modell-Ansätze dieser Arbeit konnten demgegenüber die Anpassungsgüte ihrer vergleichbaren konstanten Fortschreibungsvariante nicht erreichen. Entsprechend schneidet das vollvariable Belsley-Modell gegenüber den teilvariablen Belsley-Modellen deutlich besser ab.

Parametergleichungstabelle VTV^{86}-SPA, Belsley:

	$\hat{\beta}_{KONST}$	$\hat{\beta}_{EP}$	$\hat{\beta}_{BSPM85}$	$\hat{\beta}_{APROD85}$	$\hat{\beta}_{TOFT85}$	$\hat{\beta}_{BEUV85}$	$\hat{\beta}_{STAUSG}$	$\hat{\beta}_{ABSCHR}$
CONST	9.801,13	-1,1323	—	0,3895	—	-6,0528	—	37,052
	(23,53)	(-4,76)	—	(3,89)	—	(-34,95)	—	(3,85)
EP	—	—	-0,00015	—	—	—	0,000717	-0,00217
	—	—	(-13,65)	—	—	—	(11,17)	(-4,92)
BSPM85	—	—	—	—	—	—	—	0,2425
	—	—	—	—	—	—	—	(7,79)
APROD85	—	—	—	-0,000006	0,000704	0,000031	—	—
	—	—	—	(-3,36)	(3,86)	(3,88)	—	—
TOFT85	-75,994	0,001322	-0,02758	—	-0,04329	—	-0,06506	—
	(-16,26)	(3,37)	(-12,61)	—	(-1,93)	—	(-4,47)	—
BEUV85	—	0,00272	—	—	—	—	—	-0,03815
	—	(3,52)	—	—	—	—	—	(-5,24)
STAUSG	—	—	—	—	0,1892	0,02323	0,6481	-1,3285
	—	—	—	—	(5,27)	(16,40)	(6,98)	(-8,03)
ABSCHR	—	—	—	—	-0,5645	—	-1,1749	0,34406
	—	—	—	—	(-9,36)	—	(-7,33)	(5,83)
BD1	-4.732,2	—	—	—	—	—	—	—
	(-5,66)	—	—	—	—	—	—	—
BD2	—	—	—	—	—	—	15,066	—
	—	—	—	—	—	—	(7,89)	—
BD3	-30.481	1,1872	-12,885	0,3872	5,1054	1,9714	—	—
	(-43,63)	(23,31)	(-30,36)	(26,31)	(15,41)	(5,40)	—	—
BD4	—	—	-6,0666	—	—	2,9702	21,796	—
	—	—	(-18,62)	—	—	(8,64)	(17,23)	—
BD5	—	—	—	-0,12712	9,3842	—	—	12,925
	—	—	—	(-6,12)	(16,93)	—	—	(4,92)
BD6	—	—	—	—	57,434	—	—	—
	—	—	—	—	(4,79)	—	—	—
R^2	0,978	0,979	0,980	0,975	0,968	0,978	0,970	0,974

Tab. 45

Hinsichtlich der Anpassungsgüte hat sich damit das Fehlspezifizierungsproblem als bedeutsamer erwiesen als die Schätzprobleme durch die vielen Regressoren. Die Wichtigkeit und Unabdingbarkeit einer angemessenen Abbildung der Parametervariation in den Parametergleichungen wird dadurch wiederum unterstrichen.

Inwieweit diese Feststellungen auch auf das Prognoseverhalten zutreffen, kann hier nur hypothetisch beurteilt werden, da im vorliegenden Belsley-Modell nicht nur die Schätzerungenauigkeiten die Prognosequalität beeinflussen, sondern noch ein weiterer gewichtiger Faktor vorliegt, der sich negativ auf die Prognosegüte auswirkt. Es handelt sich dabei um die schon angesprochene starke Veränderung der Verlaufscharakteristik der Parameterreihen, die naturgemäß vom Belsley-Modell nicht vorausgesagt werden kann.

Wird die Prognosegüte des Belsley-Modells (721,86 MPA) mit der der konstanten Parameterfortschreibung (536,97 MPA), die ebenfalls unter den veränderten Parameterverläufen leidet, verglichen, so zeigt sich eine zusätzliche Verschlechterung. Dieser Hinweis, verbunden mit der Einschätzung, daß eine Prognose auf Basis eines Modells mit so großen Schätzerungenauigkeiten dem statistisch seriösen Vorgehen grundsätzlich widerspricht, führt zu der Folgerung, daß das Belsley-Modell selbst im Falle einer für die Prognose günstigeren Parameterentwicklung im Fortschreibungszeitraum nicht weiterverwendet werden sollte.

Der Gegensatz zwischen dem günstigen Anpassungs- und dem ungünstigen Prognoseverhalten kann auch als Paradebeispiel für den Konflikt zwischen dem Approximationsfehler und dem Schätzfehler eines Modells betrachtet werden. Ließen sich die Parametergleichungen im vorliegenden Modell identifizieren, so könnten zu diesem Fehlerproblem weitere Aussagen gemacht werden.

Das im Referenzmodellansatzkapitel getroffene Fazit im Hinblick auf die Verwendbarkeit des Belsley-Modells wird durch die Ergebnisse des vollvariablen Belsley-Modells untermauert: Treten komplexere Parameterverläufe auf, so ergibt sich ein Modell mit derart vielen erklärenden Variablen, daß qualitativ hochwertige Schätzer nicht zu erwarten sind. Die Nichtidentifizierbarkeit der Parametergleichungen ist nicht die Ausnahme, sondern der Normalfall. Eine Vereinfachung des Systems auf Kosten der Anpassungsqualität der Parametergleichungen führt zu einer wesentlich schlechteren Anpassungsgüte des Belsley-Modells und schränkt die Gültigkeit der Parametergleichungen für den Fortschreibungszeitraum zusätzlich ein.

1.1.3.3. Parameterfortschreibung mittels eines Regressionsansatzes

Wie bereits bei der Spezifizierung der Parametergleichungen beim Belsley-Modell zu sehen war, vermögen die Arbeitslosigkeitsregressoren die Parametervariation gut anzupassen. Dies ist auch für die Konstruktion eines Parametergleichungssystems mit hohen Bestimmtheitsmaßen von Vorteil. Da für die Gleichungsanpassung die Anzahl der Parameterwerte des letzten Intervalls mit fester Regressorenstruktur i.d.R. nicht ausreichen wird, müssen häufig zusätzlich die davorliegenden Intervalle in die Regressionsanpassung einbezogen werden. Dabei sollten soviele Intervalle verwendet werden, daß einerseits eine für eine aussagekräftige Regression genügende Anzahl von Parameterwerten zur Verfügung steht, und andererseits die Charakteristik des Kurvenverlaufs beinhaltet ist. Letztere Anforderung ist aufgrund der durch die Sprungstellen wenig kontinuierlichen Parameterverläufe schwieriger sicherzustellen als im Referenzmodellansatz.

Für die Anpassung über mehrere Intervalle hinweg wird es wieder notwendig sein, auf den konstanten Term der Gleichungen wirkende Dummy-Variablen einzusetzen, um dadurch eine quasi sprungbereinigte Parameterkurvenanpassung mit den Arbeitslosigkeitsregressoren durchführen zu können.

Während die Sprungstellen bei der Gleichungsanpassung keine weiteren Probleme aufwerfen, behindern sie die Festlegung der Reihenfolge der Parameterreihen für den Aufbau der Parametergleichungspyramide erheblich. Die Reihenfolge der Parametergleichungen ergibt sich im wesentlichen aufgrund der Korrelationsbeziehungen zwischen den Parameterreihen. Werden die Korrelationen dieser Reihen für den ausgewählten Anpassungszeitraum berechnet und dabei Sprungstellen unberücksichtigt gelassen, so ergeben sich stark verzerrte Korrelationswerte, auf deren Basis keine geeignete Festlegung der Gleichungsreihenfolge stattfinden kann. Deswegen müssen die Kurven der Parameter entweder sprungbereinigt werden, um dann auf Basis dieser bereinigten Reihen die Korrelationswerte zu berechnen, oder es muß eine Beschränkung der Korrelationsberechungen auf das letzte Intervall mit fester Regressorenstruktur geben. Inwieweit der zuletzt genannte Weg gehbar ist, hängt von der Repräsentativität der Parameterbeziehungen im letzten Intervall ab.

Ist das Problem der Festlegung der Gleichungsreihenfolge gelöst, so stellt sich die Frage, ob die Dummy-Variablen auch für die Gleichungen verwendet werden müssen, die durch schon erklärte Parameterreihen angepaßt werden. Schließlich kommen in den bereits erklärten Reihen die Sprünge ebenfalls zum Ausdruck und können so die in der anzunähernden Parameterreihe auftretenden Sprünge anpassen. Dies vernachlässigt allerdings die Tatsache, daß die Sprungstellen bei den einzelnen Parametern in unterschiedlichem Ausmaß auftreten, so daß die Größe einer Sprungstelle nicht repräsentativ für andere Sprungstellen stehen kann.

Dementsprechend müssen die Dummy-Variablen auch in die mit Hilfe anderer Parameterreihen zu spezifizierenden Gleichungen aufgenommen werden.

Für die Aufstellung des Gleichungssystems wird der Anpassungszeitraum von 1974,4 bis 1982,2 gewählt. Damit ergibt sich die Notwendigkeit der Verwendung von zwei Dummy-Variablen BD_{gt}, $g = 1,2$. Sie sind wie folgt definiert:

$$BD_{1t} = 1 \quad \text{für} \quad 1979,3 \leq t \leq 1980,2$$
$$BD_{2t} = 1 \quad \text{für} \quad 1980,3 \leq t \leq 1990,4$$
$$BD_{1t}, BD_{2t} = 0 \quad \text{für die übrigen Zeitpunkte}$$

Da nur die Parameterreihen fortgeschrieben werden müssen, deren Regressoren am Ende des Referenzzeitraums im Modell enthalten sind, enthält die Koeffiziententabelle 46 die Gleichungen für fünf Parameter:[221] Die hohen Bestimmtheitsmaße der einzelnen Gleichungen zeigen, daß die Arbeitslosigkeitsregressoren die Parametervariation ausreichend erklären können, und die Korrelationsbeziehungen zwischen den Parameterreihen die Aufstellung eines Gleichungssystems ermöglichen, welches nur durch einen geringen Anteil externer Einflüsse gesteuert wird.

Auch wenn mit dieser guten Ausgangssituation die hohe Anpassungsgüte des Belsley-Modells nicht erreicht werden kann, so schneidet das vollvariable VTV-Modell unter Regressionsfortschreibung mit einem Anpassungswert von 31,49 MAA doch wesentlich besser ab als das Gesamtschätzungsmodell (61,99 MAA), bzw. nur unwesentlich schlechter als das entsprechende Modell unter konstanter Parameterfortschreibung (28,21 MAA). Die Anpassungsgüte im aktuellen Zeitraum von 1980 bis 1986 deutet hingegen schon auf Fortschreibungsprobleme hin. Sie verschlechtert sich auf einen Wert von 40,54 MAA und liegt damit etwa im Bereich der Gesamtschätzungsmodellanpassung von 44,84 MAA. Im Vergleich zum Modell unter konstanter Parameterfortschreibung (27,88 MAA) ergibt sich eine wesentliche Verschlechterung. Mit den Anpassungskennzahlen des entsprechenden teilvariablen VTV-Modells zeigen sich große Übereinstimmungen.

Diese Übereinstimmungen übertragen sich jedoch nicht auf den Prognosezeitraum. Die Fortschreibungen der Parameterreihen des vollvariablen VTV-Modells führen zu einer Ab-

---

[221] Anm.: Es ist zu beachten, daß zwar nicht alle acht Parameterreihen fortgeschrieben werden, daß jedoch auch die nicht fortgeschriebenen Parameterreihen als erklärende Variablen für die Parametergleichungen verwendet werden können, sofern sie nicht vor dem Zeitpunkt 1974,4 das Modell verlassen haben. Im vorliegenden Fall werden die Parameterreihen der Regressoren APROD85 und BEUV85 als erklärende Variablen bis zum Zeitpunkt 1980,2 zugelassen, während die Reihe des Regressors EP aufgrund ihres Ausscheidens aus dem Modell in 1974,4 nicht verwendet werden kann. Anzumerken ist ferner, daß sich die Verwendung der nicht fortgeschriebenen Parameterreihen als erklärende Variablen auf alle Parameterkurven bezieht, d.h. auch auf die erste durch die Arbeitslosigkeitsregressoren erklärte Kurve.

weichung von 481,28 MPA und liegen damit wesentlich über dem Wert von 162,58 MPA des teilvariablen VTV-Modells.

Parametergleichungstabelle VTV^{86}-SPA:

erklärende Variablen ↓	← Parameterreihen →				
	$\hat{\beta}_{KONSTANT}$	$\hat{\beta}_{STAUSG\,85}$	$\hat{\beta}_{TOFT\,85}$	$\hat{\beta}_{BSPM\,85}$	$\hat{\beta}_{ABSCHR\,85}$
CONSTANT	—	—	—	- 3,5932	- 13,652
	—	—	—	(-31,62)	(-6,37)
BSPM85	- 14,7715	—	—	—	—
	(-8,42)	—	—	—	—
ABSCHR85	129,2052	—	—	—	—
	(8,88)	—	—	—	—
$\hat{\beta}_{APROD\,85}$	- 9.550,49	92,2567	—	- 22,925	- 226,979
	(-6,56)	(13,09)	—	(-21,42)	(-16,67)
$\hat{\beta}_{BEUV\,85}$	174,2887	0,60146	—	- 0,84148	—
	(7,37)	(5,85)	—	(-77,86)	—
BD1	1.199,163	2,6955	11,3342	—	—
	(4,77)	(2,32)	(20,98)	—	—
BD2	—	- 18,410	—	—	5,5871
	—	(-26,18)	—	—	(2,62)
$\hat{\beta}_{KONSTANT}$	—	- 0,004476	- 0,005087	0,0005977	—
	—	(-10,19)	(-33,04)	(8,35)	—
$\hat{\beta}_{STAUSG\,85}$	—	—	- 0,35839	—	- 1,7689
	—	—	(-28,05)	—	(-14,67)
$\hat{\beta}_{TOFT\,85}$	—	—	—	—	0,83258
	—	—	—	—	(6,55)
$\hat{\beta}_{BSPM\,85}$	—	—	—	—	- 9,4542
	—	—	—	—	(-31,03)
R^2	0,941	0,996	0,969	0,998	0,998

Tab. 46

Hauptgründe für dieses schlechte Prognoseverhalten sind wiederum die starken und nicht vorhersehbaren Änderungen in den Parameterverläufen während des Fortschreibungszeitraums. Zusätzlich treten noch sehr instabile Parameterkorrelationen auf, die die Gültigkeit des Parametergleichungssystems für den Fortschreibungszeitraum vermindern (vergleiche dazu die Verläufe der Parameterkorrelationen in den Abbildungen 76 und 77 [222]). Aus den Parameterkorrelationsverläufen wird zudem gut deutlich, wie stark sich die Veränderung der Informationsverteilung im Modell an Zeitpunkten mit Änderungen der Regressorenstruktur auch auf die Korrelationsbeziehungen auswirkt.

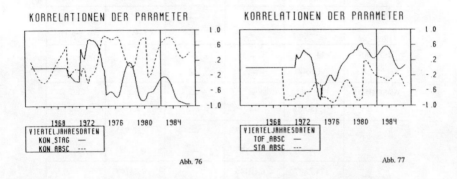

Abb. 76 Abb. 77

Ein weiteres Problem bei den vollvariablen Ansätzen ist die Beurteilung des Realitätsgehalts von fortgeschriebenen Parameterkurven. Wird die tatsächliche, sehr extrem verlaufende Weiterentwicklung der Parameterreihen einmal unberücksichtigt gelassen, so ergibt sich aus den Parameterverläufen vor dem Fortschreibungszeitraum eine große Bandbreite realistischer Weiterentwicklungen (vergleiche dazu die Anpassungen und Fortschreibungen mit dem Regressionsansatz in den Abbildungen 78 bis 82).

Der Grund dafür liegt in der im Vergleich zu den Parameterverläufen des Referenzmodellansatzes geringen Verlaufskontinuität der Reihen. Durch die Veränderung der Regressorenstruktur entstehen relativ kurze Zeitintervalle, in denen die Trendentwicklung zum Ausdruck kommen muß. Aus diesen intervallbezogenen Trendentwicklungen den für die weitere Fortschreibung entscheidenden Trendverlauf herauszufiltern, ist jedoch problematisch und birgt eine Vielzahl von Unsicherheitsmomenten. Je größer aber die Unsicherheit hinsichtlich des Trendverlaufs ist, desto größer wird die Bandbreite realistisch vorstellbarer Weiterentwicklungen sein.

---

[222] Anm.: Beispielhaft sind die Parameterkorrelationen zwischen der Konstanten und den STAUSG85, der Konstanten und den ABSCHR85, den TOFT85 und den ABSCHR85, den STAUSG85 und den ABSCHR85 abgebildet.

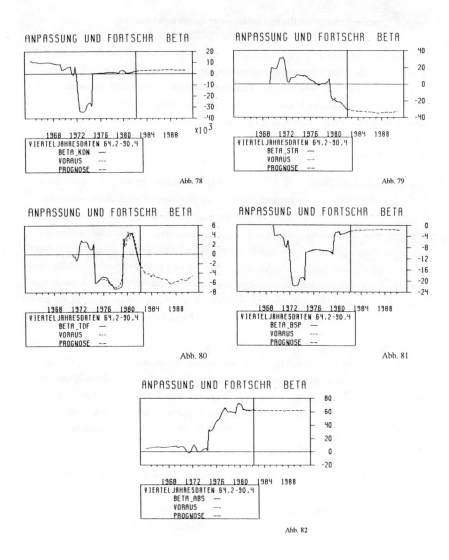

Abb. 78 Abb. 79

Abb. 80 Abb. 81

Abb. 82

Inwieweit sich diese Fortschreibungsunsicherheiten allein auf die verschobenen Teilschätzungen im vollvariablen Ansatz beziehen und die erweiterten Teilschätzungen aufgrund ihrer höheren Verlaufskontinuität nicht betreffen, werden die entsprechenden Ausführungen in den späteren Abschnitten dieses Kapitels zeigen.

1.1.3.4. Parameterfortschreibung mittels eines Zeitreihenansatzes

Von dem am Ende des vorhergehenden Abschnitts geschilderten Problem der Trendidentifikation ist der Zeitreihenfortschreibungsansatz in ganz besonderer Weise betroffen, da mit ihm explizit Trendwerte berechnet und Trendfortschreibungen vorgenommen werden. Die Parameterwerte des letzten Intervalls mit fester Regressorenstruktur werden dazu i.d.R. wiederum nicht ausreichen. In diesem Falle darf die Trendberechnung nur unter Ausschluß der Parametersprünge stattfinden. Dementsprechend muß die Zeitreihe an sprungbereinigte Parameterkurven angepaßt werden.

Diese Vorgehensweise wirft jedoch methodische Probleme auf. Es wird nämlich davon ausgegangen, daß ein Parameter, bei Unterstellung der aktuellen Informationsverteilung im Modell auch für frühere Zeitpunkte vor den entsprechenden Sprungstellen, so verlaufen wäre, als ob er die Sprungstellen schon von vornherein antizipiert hätte. Oder anders ausgedrückt: Werden die Kurvenverläufe in den einzelnen Intervallen um die an den Intervallgrenzen auftretenden Sprünge vertikal verschoben, so wird unterstellt, daß sich die Parameterverläufe zur aktuellen Informationsverteilung ergeben. Dadurch wird jedoch vernachlässigt, daß die aktuelle Informationsverteilung durch Regressoren zustande kommt, die gerade nicht während des gesamten Referenzzeitraums im Modell enthalten sind.

Andererseits muß jedoch auch betont werden, daß die beschriebene Vorgehensweise nicht über den gesamten Referenzzeitraum angewendet wird, sondern die zusätzliche Einbeziehung des vorletzten Intervalls meist schon zu einer ausreichenden Anzahl von Parameterwerten für die Anpassung der Zeitreihe führt. Bei kleineren Parametersprüngen ist der methodische Fehler zudem relativ gering. Eine Anwendung auf große Parametersprünge verbietet sich hingegen, so daß das Verfahren nicht für jegliche Parameterverlaufskonstellationen verwendet werden kann.

Aus den formalen Zusammenhängen zur Trendfortschreibung ergibt sich ferner, daß vom betrachteten aktuellen Zeitpunkt weiter entfernte Trendwerte in die Fortschreibung mit immer geringerem Gewicht eingehen. Die Anzahl der Parameterwerte des letzten Intervalls ist jedoch für die in dieser Arbeit behandelten Stepwise-Pool-Modelle so groß, daß die Trendwerte mit Zuordnungszeitpunkten im vorletzten Intervall nur mit sehr niedrigen Gewichten in die Fortschreibung eingehen.

Die Zeitreihentrendberechnung im hier vorliegenden VTV-Modell findet im letzten und vorletzten Intervall und damit im Zeitraum von 1974,4 bis 1982,2 statt. Der zugehörige Stützbereich der gleitenden Durchschnitte umfaßt 13 Werte, so daß weitere sechs Trendwerte vorausgesagt werden müssen. Die Ergebniskonstellation hinsichtlich der Anpassungs-

XII. Vollvariabler Ansatz 255

und Prognosegüte ist weitgehend identisch mit der der Regressionsfortschreibungsmodellvariante. Einer relativ hohen Anpassungsqualität (31,23 MAA), die sich jedoch im aktuellen Zeitraum merklich verschlechtert (39,54 MAA), steht eine inakzeptable Prognosequalität (470,49 MPA) gegenüber. Die Gründe für dieses schlechte Prognoseverhalten sind die gleichen, die bereits im vorhergehenden Abschnitt behandelt wurden.

1.1.3.5. Zusammenfassender Vergleich der Modelle hinsichtlich Anpassungs- und Prognosegüte

Die folgende Tabelle 47 enthält im Überblick die Ergebnisse der vollvariablen VTV-Modelle hinsichtlich Anpassungs- und Prognosegüte im Vergleich untereinander und zum Vierteljahresdatengesamtschätzungsmodell.

Tabelle der Anpassungs- und Prognosemaße VTV^{86}-Modelle, SPA:

Beurteilungsmaße	JG^{86}	VG^{86}	VTV^{86}			
			Konst.-	Belsley-	Regr.-	ZR.-
			Parameterfortschreibung			
(a) Anpassungsgüte:						
MAA^{60-86}	42,78	61,99	28,21	18,70	31,49	31,23
MAA^{60-86}_{STA}	29,56	63,20	23,16	20,91	27,53	27,22
MAA^{80-86}	27,30	44,84	27,88	21,20	40,54	39,54
MAA^{80-86}_{STA}	22,44	29,15	19,72	16,93	33,94	33,20
(b) Prognosegüte:						
MPA^{87-90}	177,29	145,62	> 500,00	> 500,00	481,28	470,49
MPA^{87-90}_{STA}	203,33	146,31	466,68	> 500,00	451,16	457,49
$AL^{87-90} \in PI$	nein	nein	nein	nein	nein	nein

Tab. 47

Zusammenfassend kann dabei festgestellt werden, daß die Anpassungsgüte der vollvariablen verschobenen Teilschätzungsmodelle bedeutend besser ist als die des Gesamtschätzungsmodells. Auch gegenüber den jeweiligen teilvariablen verschobenen Teilschätzungsmodellen ergibt sich eine weitere Steigerung der Anpassungsgüte. Grund dafür ist die im Stepwise-Pool-Ansatz nicht mehr vorliegende Fehlspezifizierung des Arbeitslosigkeitsmodells. Dies ermöglicht es, die Parametervariation durch die Arbeitslosigkeitsregressoren erheblich besser abzubilden und den Steuerungsanteil nicht berücksichtigter Einflußfaktoren auf ein unbedeutendes Ausmaß zu verringern.

Demgegenüber stehen jedoch sehr inhomogen verlaufende Parameterreihen, die nicht nur starke Wertveränderungen aufweisen, sondern zudem auch nur schwer eine Trendidentifikation zulassen. Diese geringe Verlaufskontinuität überträgt sich ebenfalls auf den Fortschreibungszeitraum, in dem es zu einer zweimaligen drastischen Veränderung der Verlaufscharakteristik der Parameterreihen kommt. Da die Fortschreibungsverfahren diese Verläufe nicht voraussagen können, sind die vollvariablen VTV-Modelle durch eine extrem unzureichende Prognosequalität gekennzeichnet.

1.1.4. Vollvariable VTV-Modelle auf Datenbasis 1960-1990

Wird die Anpassungsqualität der vollvariablen VTV-Modelle unter konstanter Parameterfortschreibung zur Modellbasis 1960-1986 (28,21 MAA) und 1960-1990 (30,69 MAA) verglichen, so zeigt sich eine leichte Verschlechterung bei letzterer Modellvariante. Insbesondere betrifft dieses den aktuellen Bereich ab 1980 (27,88 MAA gegenüber 34,98 MAA). Zwar ergibt sich weiterhin etwa eine Halbierung der Abweichungswerte im Vergleich zum Gesamtschätzungsmodell (69,08 MAA bzw. 72,71 MAA), überraschend ist jedoch, daß das vollvariable Modell schlechter abschneidet als das teilvariable Modell (28,64 MAA bzw. 23,19 MAA). Angesichts des Vorteils einer nicht vorliegenden Fehlspezifizierung hätten die Verhältnisse eigentlich umgekehrt sein müssen.

Zur Lösung dieses Phänomens sei an die Ausführungen im Abschnitt 1.1.1.2. dieses Kapitels erinnert. Dort ging es um die Auswahl der Regressorenstruktur des vorliegenden vollvariablen VTV-Modells. Die Teilregressionen der Auswahlstufe deuteten darauf hin, daß ab dem Zuordnungszeitpunkt 1985,2 ein weiterer regressorenverändernder Strukturbruch vorliegt. Daß die in dem Zeitraum vor 1985,2 bestehende Regressorenstruktur die Arbeitslosigkeit Ende der 80er Jahre nicht mehr in dem Maße erklären kann wie in dem Zeitraum davor, wird auch durch die Bestimmtheitsmaße der einzelnen Teilschätzungen deutlich. Sie sinken von Werten über 0,99 während der 70er und bis Mitte der 80er Jahre auf Werte von unter 0,90 Ende der 80er Jahre (vgl. dazu die Abb. 83).

Aufgrund der geringen Anzahl von Parameterwerten, die sich bei Berücksichtigung dieses Strukturbruchs und einer Veränderung der Regressorenstruktur im letzten Intervall ergeben hätte und der dadurch bedingten Fortschreibungsunsicherheiten, wurde auf die Einbeziehung dieses Strukturbruchs verzichtet. Damit ergibt sich jedoch ein weiteres Problem im

Stepwise-Pool-Ansatz: Die Handhabung von regressorenverändernden Strukturbrüchen kurz vor dem Ende des Referenzzeitraums.

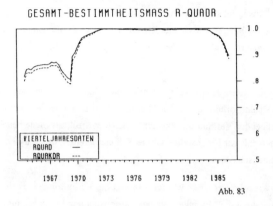

Abb. 83

Im hier vorliegenden Modell deutete sich dieser Strukturbruch in den letzten fünf Teilschätzungen an. Die Regressorenstrukturauswahl steht damit vor der Frage, ob diese Andeutungen lediglich auf vorübergehenden korrelationsbedingten Regressorenverdrängungen beruhen oder ob es sich tatsächlich um die Auswirkungen eines gravierenden Strukturbruchs handelt. Jedoch selbst dann, wenn alle Anzeichen stark in letztere Richtung weisen, bedarf es zusätzlich noch der Abwägung, ob es nicht für die Prognosequalität des Modells besser ist, auf die Einbeziehung des Strukturbruchs zu verzichten und damit eine Fehlspezifizierung des Arbeitslosigkeitsmodells im hinteren Teil bewußt in Kauf zu nehmen, um die Fortschreibungsunsicherheiten aufgrund höherer Verlaufskontinuitäten klein zu halten. Denn je nachdem, wie gravierend die Veränderungen in den bisherigen Modellbeziehungen durch den Strukturbruch und die Regressorenveränderungen sind, wird eine Fortschreibung auf Basis weniger Parameterwerte im letzten Intervall und entsprechend schlechter Trendidentifikationsmöglichkeiten unter großen Unsicherheiten stehen. Dies auch angesichts der Erfahrung, daß die Parameterreihen direkt hinter Zeitpunkten mit Veränderungen der Regressorenstruktur erst einmal wenig kontinuierliche Verläufe zeigen.

Damit ergibt sich ein Dilemma: Liegt ein das bisherige Modell stark verändernder Strukturbruch vor, und wird er einbezogen, so sind die Fortschreibungsvoraussetzungen für die neuen Parameterverläufe denkbar ungünstig. Wird er jedoch nicht einbezogen, so wird das dann weiterbestehende Modell eine starke Fehlspezifizierung aufweisen, welche in den Parameterreihen gravierende Verlaufsänderungen auslösen kann, so daß sich auch für diese

Entscheidungsalternative ungünstige Fortschreibungsvoraussetzungen mit hohem Unsicherheitspotential ergeben. Liegt dagegen ein die bisherigen Modellbeziehungen nur wenig verändernder Strukturbruch vor, so sind die Auswirkungen auf die bisherigen Parameterkurvenverläufe nur gering. Wird der Strukturbruch berücksichtigt, ergeben sich dementsprechend weitgehend unveränderte Fortschreibungsvoraussetzungen. Wird er nicht berücksichtigt, sind die Fortschreibungsvoraussetzungen aber auch kaum ungünstiger, weil die Fehlspezifikation gering ist und auf diese Weise die bisherigen Parameterverläufe nur wenig beeinflußt.

Damit besteht für die Regressorenstrukturauswahl die Situation, daß in Fällen vermuteter stark wirksamer Strukturbrüche keine der Alternativen zu einem befriedigenden Ergebnis führt, während es bei der Vermutung schwach wirksamer Strukturbrüche beliebig ist, welche Alternative gewählt wird. Zusätzlich gibt es Schwierigkeiten, die Stärke des Strukturbruchs treffend einzuschätzen.

Deswegen sollte wie folgt verfahren werden: Besteht die Vermutung eines zwar regressorenverändernden, jedoch die Modellbeziehungen ansonsten nur wenig beeinflussenden Strukturbruchs, so wird dieser, um das Modell nicht unnötig zu verkomplizieren, nicht berücksichtigt und stattdessen die Negativwirkungen der Fehlspezifizierung akzeptiert. Diese Verfahrensweise gilt wohlgemerkt nur für kurz vor dem Ende des Referenzzeitraums auftretende Strukturbrüche. Sollte sich bei Kenntnis weiterer Beobachtungszeitpunkte und damit der Möglichkeit weiterer Teilschätzungen eine höhere Relevanz des Strukturbruchs zeigen, so kann er immer noch nachträglich ins Modell aufgenommen werden.

Besteht die Vermutung eines stark wirksamen Strukturbruchs, so wird das beschriebene Dilemma dahingehend "aufgelöst", daß das bisherige Modell beibehalten wird, und darauf gehofft, daß die negativen Folgen der Fehlspezifizierung erst mittel- und langfristig zu Qualitätseinbußen in der Prognosequalität führen, kurzfristig jedoch nur geringe Auswirkungen hervorrufen. In diesem Sinne wurde auch im hier vorliegenden VTV-Modell verfahren. Dabei zeigt sich jedoch, daß die Hoffnung auf die noch nicht sofort eintretende Wirkung der Fehlspezifizierung enttäuscht wird. Bereits ab dem Zuordnungszeitpunkt 1985,2 ändert sich die Verlaufscharakteristik der Parameterreihen und dies nicht langsam und kontinuierlich, sondern abrupt und in sehr extremer Form.

Obiges Phänomen, daß die Anpassungsgüte des teilvariablen Modells besser ist als die des vollvariablen Modells, kann nach diesen Ausführungen aufgelöst werden. Nicht nur das teilvariable, auch das vollvariable Modell basiert auf einer fehlspezifizierten Arbeitslosigkeitsfunktion, weil ein wesentlicher Strukturbruch am Ende des Referenzzeitraums nicht berücksichtigt wurde. Dabei ist die Regressorenstruktur des Stepwise-Pool-Ansatzes weniger in der Lage, die Fehlspezifizierung abzubilden als die Regressorenstruktur des Referenzmodellansatzes, die sich quasi als Durchschnittsregressorenstruktur für den Gesamtzeitraum ergab.

Mit diesen Informationen läßt sich für die Modelle zur Datenbasis 1960-1986 eine Ergänzung hinsichtlich ihres Prognoseverhaltens vornehmen. Grund für die starke Veränderung der Verlaufscharakteristik der Parameterreihen ist zum Teil ein im Jahre 1985 zu positionierender weiterer regressorenverändernder Strukturbruch. Die Fortschreibungsgleichungen verlieren damit spätestens ab diesem Zeitpunkt ihre Gültigkeit.

Bei den zur Datenbasis 1960-1990 spezifizierten VTV-Modellvarianten unter Regressionsfortschreibung und unter Zeitreihenfortschreibung wirkt sich der nicht berücksichtigte Strukturbruch noch gravierender auf die Anpassungsgüte aus (vgl. die entsprechenden Anpassungswerte in Tab. 48). Da zum vorliegenden Referenzzeitraum eine Einbeziehung des Strukturbruchs aufgrund der oben genannten Gründe noch nicht vorgenommen wurde, und gleichzeitig das aufgebaute Gleichungssystem zur Datenbasis 1960-1990 für Fortschreibungen ungeeignet ist, wird auf die nähere Darstellung der Parametergleichungen verzichtet.

Tabelle der Anpassungsmaße VTV^{90}-Modelle, SPA:

Beurteilungsmaße	JG^{90}	VG^{90}	VTV^{90}			ZR.-
			Konst.-	Belsley-	Regr.-	
			Parameterfortschreibung			
MAA^{60-90}	56,42	69,08	30,69	25,59	95,33	50,79
MAA^{60-90}_{STA}	32,62	60,99	24,12	26,28	241,56	79,64
MAA^{80-90}	65,32	72,71	34,98	37,97	217,16	91,63
MAA^{80-90}_{STA}	34,96	36,63	23,34	28,54	377,20	120,02

Tab. 48

1.2. Die vollvariablen MTV-Modelle

1.2.1. Beurteilung der Teilregressionen der Auswahlstufe 1960-1986 bzw. 1960-1990

Wird die Übereinstimmung zwischen den Parameterschätzern der OLS-Niveaugrößenregressionen und der OLS-Differenzgrößenregressioen sowie der AR-Niveaugrößenregressionen betrachtet, so ergeben sich durchweg hohe bis sehr hohe Übereinstimmungswerte. Die in den zu überprüfenden Schätzungen auftretende Multikollinearität ist damit nicht entscheidend wirksam geworden. Von der Autokorrelationsseite her waren negative Einflüsse von vornherein kaum zu erwarten, da die Durbin-Watson-Prüfgröße in den einzelnen Teilschätzungen häufig im Nichtautokorrelationsbereich lag. Da auch die sonstigen Regressionsvoraussetzungen erfüllt sind, hohe Bestimmtheitsmaße auftreten und die jeweils einbezogenen Regressoren hohe Signifikanzwerte aufweisen, kann von qualitativ hochwertigen Schätzergebnissen ausgegangen werden (vgl. Tab. 49).

Gleiches gilt für die Zuverlässigkeit der Stepwise-Auswahl, da keine die t-Werte negativ beeinflussenden Faktoren wirksam geworden sind. Besonders anzuführen ist die bemerkenswerte Stabilität der Residualvarianzen zwischen den einzelnen Teilschätzungen, die für einen Beobachtungsumfang von 36 Daten relativ großen Signifikanzwerte und die äußerst präzise Erfüllung der Normalverteilungsvoraussetzungen der Störvariablen. Für die festgelegten MTV-Modelle läßt dies ein großes Anpassungs- und Prognosepotential erwarten.

1.2.2. Probleme verschobener Teilschätzungen hinsichtlich der Regressorenauswahl durch häufige Veränderung der Regressorenstruktur in den Teilschätzungen

Werden die einzelnen Teilschätzungen hinsichtlich ihrer einbezogenen Regressoren untersucht, so fällt auf, daß sich die Regressorenstruktur von Teilschätzung zu Teilschätzung verändert. Selten kommt es über mehrere Teilregressionen hinweg zu Kontinuitäten in den ausgewählten Regressoren. Aufgrund der geringeren Schwankungen von Regressand und Regressoren über 36 Beobachtungszeitpunkte bei Monatsdaten im Gegensatz zu Vierteljahresdaten war dies nicht zu erwarten. Zumal bei den VTV-Teilschätzungen ähnliche Probleme zwar auch auftraten, letzlich jedoch eine relativ eindeutige Identifizierung der Regressorenstruktur über den Referenzzeitraum möglich war.

Modellbeurteilungstabelle MTV-Teilregressionen: (Auswahlstufe)

Kriterien	Beurteilung
Übereinstimmung	
$\hat{\beta}$ und $\hat{\beta}^D$	sehr hoch
$\hat{\beta}$ und $\hat{\beta}^{AR}$	hoch
$\hat{\beta}^D$ und $\hat{\beta}^{AR}$	hoch
Multikollinearität	
$\hat{\beta}$ - Schätzung	hoch
$\hat{\beta}^D$ - Schätzung	niedrig
$\hat{\beta}^{AR}$ - Schätzung	hoch
Autokorrelation	
$\hat{\beta}$ - Schätzung	keine - mittel
$\hat{\beta}^{AR}$ - Schätzung	keine - niedrig
Homoskedastizität	
$\hat{\beta}$ - Schätzung	erfüllt
NV der Störvariablen	
$\hat{\beta}$ - Schätzung	erfüllt
Signifikanzen (t-Werte)	
$\hat{\beta}$ - Schätzung	hoch
Bestimmtheitsmaße	
$\hat{\beta}$ - Schätzung	hoch
$\hat{\beta}^D$ - Schätzung	mittel

Tab. 49

Allerdings sind die Korrelationen zwischen den Regressoren zum Teil sehr hoch, so daß die gegenseitige Verdrängungswahrscheinlichkeit zwischen den Regressoren entsprechend hoch ist. Da in den einzelnen Teilschätzungen zudem jeweils nur wenige Regressoren ausgewählt wurden, ist die Basis für Regressorenveränderungen in Form eines korrelationsbedingten Austauschs leider ausgesprochen günstig. Auf diese Weise sind fast alle potentiellen Regressoren irgendwann mehr oder weniger häufig ausgewählt worden.

Die häufigen Veränderungen in der Regressorenstruktur lassen keine Kontinuität in den ausgewählten Regressoren erkennen. Durch die relativ wenigen Regressoren pro Teilschätzung liegen ferner durchweg hohe Signifikanzwerte und hohe partielle Bestimmtheitsmaße vor, so daß eine Orientierung an diesen beiden Kriterien ebenfalls keine Strukturierungen in die Regressoren bringen kann. Eine Regressorenstrukturfestlegung für den Referenzzeitraum ist mithin nicht möglich.

Dieses Beispiel macht deutlich, daß der weitergehende Stepwise-Pool-Ansatz für Systeme verschobener Teilschätzungen nicht unbedingt erfolgversprechender ist als der einfachere Referenzmodellansatz unter Verwendung einer festen Regressorenstruktur. Der Referenzmodellansatz hat dementsprechend nicht nur theoretischen Wert, sondern wird bei ungünstigen Datenkonstellationen für die Stepwise-Auswahl vielfach der einzige sein, der zu verwendbaren Ergebnissen führt.

Als Ausweg aus obigem Dilemma einer nicht erkennbaren Regressorenstruktur könnte die Erhöhung der Beobachtungsanzahl pro Teilschätzung erscheinen. Damit geht jedoch der Nachteil einher, daß später mehr Werte der Parameterreihen fortgeschrieben werden müssen. Erfolgversprechend in dem Sinne, daß die zuletzt genannten Nachteile durch eine bessere Identifizierbarkeit der Regressorenstruktur mit wenig mehr als 36 Beobachtungen überkompensiert werden, wäre die Strategie der Beobachtungserhöhung auch nur dann, wenn durch die 36 Beobachtungszeitpunkte keine genügende Variabilität im Regressanden (und in den Regressoren) repräsentiert würde. Da die Beobachtungsanzahl pro Teilschätzung aber gerade mit Hilfe dieses Kriteriums abgeleitet wurde, sind bessere Identifikationsergebnisse im Bereich leicht oberhalb von 36 Beobachtungen nicht zu erwarten. Der Stepwise-Pool-Ansatz mit verschobenen Teilschätzungen für Monatsdaten wird somit nicht weiterverfolgt.

2. **System erweiterter Teilschätzungen auf Vierteljahres- und Monatsdatenbasis (VTE, MTE)**

2.1. **Die vollvariablen VTE-Modelle**

2.1.1. **Regressorenstrukturauswahl mit Hilfe von Stepwise-Teilregressionen**

2.1.1.1. **Beurteilung der Teilregressionen der Auswahlstufe 1960-1986 bzw. 1960-1990**

Sowohl die Übereinstimmung zwischen den OLS-Niveaugrößenschätzern mit den Differenzgrößenschätzern als auch die mit den AR-Niveaugrößenschätzern ist nur gering. Damit dürfte sich sowohl die Multikollinearität als auch die hohe Autokorrelation negativ ausgewirkt haben (vgl. Tab. 50). Wird zudem noch die häufige Nichterfüllung der Verteilungsvoraussetzungen für die Störvariablen betrachtet, so muß bei den VTE-Teilregressionen von starken Qualitätseinbußen der Schätzer ausgegangen werden.

Die gleiche Situation ergab sich jedoch auch beim Vierteljahresdatengesamtschätzungsmodell, bei dem die Anpassungsgüte dann aber trotzdem sehr weitgehend war, während die zur Überprüfung herangezogenen Differenzdaten- und AR-Gesamtschätzungen Schätzerverzerrungen mit der Folge ungenügender Anpassungsgüte aufwiesen. Und auch bei den hier vorliegenden VTE-Teilregressionen, die sich durch die Datenerweiterung mehr und mehr einer Gesamtschätzung annähern, treten hohe Bestimmtheitsmaße und hohe Signifikanzwerte auf. Obiges Phänomen der Gesamtschätzung könnte sich damit wiederholt haben. Eine solche Übertragung kann aber nur unter Vorbehalten stattfinden und nicht ohne eine weitere Überprüfung dauerhaft aufrechterhalten werden. Letztlich wird nur der direkte Vergleich zwischen den empirischen Arbeitslosenwerten und den durch die Modelle errechneten Arbeitslosenwerten Aufschluß über die tatsächliche Anpassungsgüte geben. Dieser Vergleich wird jedoch erst nach der endgültigen Modellaufstellung möglich sein.

Auch folgender Vorbehalt gegen die uneingeschränkte Weiterverwendung der Ergebnisse der VTE-Teilregressionen für die Ableitung der Regressorenstruktur im Referenzzeitraum wird sich erst dann auflösen lassen: Die Rechtfertigung des Stepwise-Auswahlalgorithmus. Zwar sind die Signifikanzwerte (t-Werte) recht hoch, was darauf schließen läßt, daß sich die Multikollinearitäten nicht allzu stark auf die einzelnen Schätzervarianzen in ihrer absoluten Größe ausgewirkt haben. Es könnte aber zu Verzerrungen in der relativen Größe der Schätzervarianzen untereinander gekommen sein. Die Größenverhältnisse der t-Werte der einzelnen Regressoren könnten sich dadurch verschieben, und es könnte zu einer falschen Regressorenauswahl in den Teilregressionen kommen. Das Stepwise-Verfahren wäre dann für die Regressorenauswahl ungeeignet.

Da die Beurteilung all dieser Vorbehalte erst durch die Anpassungsgüte der endgültig festgelegten Modelle stattfinden kann, werden die Ergebnisse der VTE-Teilregressionen unter diesem Vorbehalt weiterverwendet.

Modellbeurteilungstabelle VTE-Teilregressionen:
(Auswahlstufe)

Kriterien	Beurteilung
Übereinstimmung	
$\hat{\beta}$ und $\hat{\beta}^D$	niedrig
$\hat{\beta}$ und $\hat{\beta}^{AR}$	niedrig
$\hat{\beta}^D$ und $\hat{\beta}^{AR}$	mittel - hoch
Multikollinearität	
$\hat{\beta}$ - Schätzung	hoch
$\hat{\beta}^D$ - Schätzung	niedrig - mittel
$\hat{\beta}^{AR}$ - Schätzung	hoch
Autokorrelation	
$\hat{\beta}$ - Schätzung	hoch
$\hat{\beta}^{AR}$ - Schätzung	niedrig - mittel
Homoskedastizität	
$\hat{\beta}$ - Schätzung	erfüllt
NV der Störvariablen	
$\hat{\beta}$ - Schätzung	häufig nicht erfüllt
Signifikanzen (t-Werte)	
$\hat{\beta}$ - Schätzung	hoch
Bestimmtheitsmaße	
$\hat{\beta}$ - Schätzung	hoch
$\hat{\beta}^D$ - Schätzung	mittel

Tab. 50

2.1.1.2. Probleme erweiterter Teilschätzungen hinsichtlich der Regressorenauswahl mit Stepwise-Algorithmen durch Multikollinearität und Autokorrelation

Im Kapitel VIII, Abschnitt 3.1. wurde bereits auf die Probleme von Gesamtschätzungsmodellen bei der Erfüllung der Regressionsvoraussetzungen der fehlenden Multikollinearität und Autokorrelation eingegangen. Da sich die erweiterten Teilregressionen von Schätzung zu Schätzung immer mehr einer Gesamtregression annähern, sind auch sie davon betroffen.

Während die Multikollinearitäten im wesentlichen durch die Zeittrendkoppelung von Zeitreihendaten verursacht werden, ergibt sich durch die langen Datenreihen bei Vierteljahres- und Monatsdaten eine Tendenz zur Autokorrelation. Besonders problematisch für die erweiterten Teilregressionen sind in dieser Situation nicht nur die Möglichkeiten von Schätzerverzerrungen mit der Folge u.U. nicht mehr verwendbarer Ergebnisse, sondern insbesondere auch die Auswirkungen auf die Stepwise-Auswahl-Algorithmen. Deren Qualität und Zuverlässigkeit hängt entscheidend von der Schätzqualität der Signifikanzwerte ab. Da die geschätzten Parameterstandardabweichungen jedoch unmittelbar in die Signifikanzwerte eingehen, Multikollinearitäten und Autokorrelationen diese jedoch vergrößern bzw. verzerren, sind die t-Werte als Instrument für die Regressorenauswahl u.U. nicht mehr geeignet. Die Durchführung von erweiterten Teilschätzungen unter Verwendung eines Stepwise-Auswahlalgorithmus wird dann häufig nicht mehr möglich sein.

Auch in diesem Problemfeld tritt ein Dilemma auf. Zur Durchführung des Systems erweiterter Teilschätzungen bedarf es des Übergangs auf Beobachtungsreihen mit kürzeren Zeiträumen zwischen je zwei Beobachtungen, um die insgesamt zur Verfügung stehende Beobachtungsanzahl zu erhöhen. Dies erweitert jedoch tendenziell die Autokorrelationsmöglichkeiten und schränkt die Anwendung der Stepwise-Auswahlalgorithmen ein. Die Verwendung der verallgemeinerten Methode der kleinsten Quadrate unter Transformierung der Daten mit dem Autokorrelationskoeffizienten führt nicht unbedingt zu besseren Schätzergebnissen, da die Multikollinearitäten weiterhin wirksam sind, und zudem auch der Autokorrelationsgrad bei sehr heterogener Autokorrelationsverteilung über den Referenzzeitraum nicht unbedingt ausreichend vermindert wird. Darüberhinaus scheinen AR-Regressionen stärker durch die Nichterfüllung der Regressionsvoraussetzungen beeinflußt zu werden als OLS-Regressionen.

Während die im vorhergehenden Abschnitt behandelten verschobenen Teilschätzungsmodelle auf Basis von Monatsdaten aufgrund der nicht identifizierbaren Regressorenstruktur im Stepwise-Ansatz scheiterten, obwohl sich eine gute Erfüllung aller Regressionsvoraussetzungen zeigte, kann es bei den erweiterten Teilschätzungen zu einem Scheitern durch genau entgegengesetzte Gründe kommen. Eindeutig identifizierbare Regressorenstruktur durch hohe Kontinuität der ausgewählten Regressoren in den Teilschätzungen, aber Schlechterfüllung bzw. Nichterfüllung der Regressionsvoraussetzungen und damit Verletzung der Voraussetzungen der Stepwise-Algorithmen.

2.1.1.3. Die festgelegte Regressorenstruktur der VTE-Modelle

Wie schon bei den VTV-Teilschätzungen lassen sich auch aus den VTE-Teilschätzungen acht Regressoren ableiten, aus denen sich die festgelegten Regressorenstrukturen zusammensetzen. Dabei handelt es sich jedoch nicht genau um die gleichen Regressoren wie in den VTV-Modellen. Folgende Auflistung zeigt aber, daß die Übereinstimmungen recht groß sind: KONSTANTE, EP, GELDV, BSPM85, APROD85, BEUV85, BLGS85, ABSCHR85.

An drei Zeitpunkten kommt es zu Veränderungen der Regressorenstruktur und damit zu entsprechenden Strukturbrüchen: Nach dem 2. Quartal 1968, nach dem 2. Quartal 1973 und nach dem 4. Quartal 1978 (jeweils bezogen auf die Zuordnungszeitpunkte der Parameterschätzer). Die Regressorenstruktur in den dadurch abgegrenzten Teilzeiträumen ist der Abbildung 84 zu entnehmen.

Die Regressoren KONSTANTE, EP und ABSCHR85 sind strukturkonstante Regressoren, da sie über den gesamten Referenzzeitraum in den Modellen enthalten sind. BEUV85 und BLGS85 sind wegfallende Regressoren mit den Wegfallzeitpunkten nach dem 2. Quartal 1973 bzw. nach dem 4. Quartal 1978. Die Regressoren GELDV, BSPM85 und APROD85 werden erst zu einem späteren Zeitpunkt in die Modelle aufgenommen und bilden somit die Gruppe der hinzukommenden Regressoren. Aufnahmezeitpunkte: 3. Quartal 1968 für das GELDV und das BSPM85 und 3. Quartal 1973 für APROD85. Regressoren, die innerhalb des Referenzzeitraums hinzukommen und vor dessen Ende wieder herausfallen, sind nicht in den VTE-Modellen enthalten.

XII. Vollvariabler Ansatz 267

Abb. 84: Regressorenstruktur der VTE-Modelle

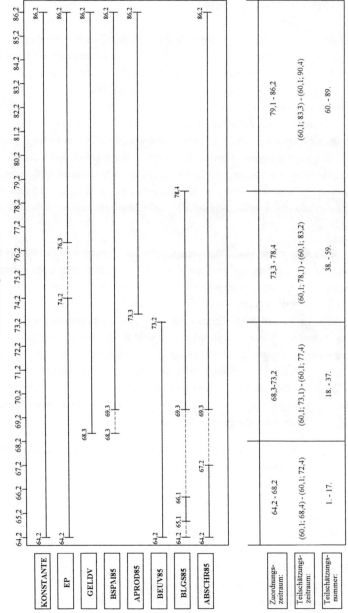

2.1.2. Schätzung und Beurteilung der festgelegten VTE-Teilregressionen 1960-1986 bzw. 1960-1990

Bei den VTV-Teilschätzungen diente die Qualitätsbeurteilung der festgelegten Teilregressionen dazu, die in der Auswahlstufe getroffenen Auswahlentscheidungen bezüglich der Regressoren und der Zeitpunkte mit Regressorenveränderungen zu überprüfen. Diese Überprüfung war notwendig, weil die Regressoren- und Wechselzeitpunktidentifikation nicht eindeutig war. Die VTE-Auswahl-Teilschätzungen stehen nicht vor solchen Problemen, da sich aufgrund der höheren Datenkontinuität weniger Wechsel in der Regressorenstruktur zwischen den einzelnen Teilregressionen ergeben. Die relevanten Regressoren und Regressorenveränderungszeitpunkte lassen sich eindeutig identifizieren. Der Auswahlüberprüfungsaspekt steht deswegen bei der Beurteilung der festgelegten VTE-Teilregressionen nicht im Vordergrund. Vielmehr sollen sich weitere Hinweise ergeben, ob die unter Vorbehalt stehende Weiterverwendung der VTE-Teilschätzungsergebnisse gerechtfertigt ist oder nicht.

Wird die ausführliche Modellbeurteilungstabelle der festgelegten Teilschätzungen (Tab. 51) mit der aus den Ergebnissen der Auswahlteilschätzungen abgeleiteten Modellbeurteilungstabelle (Tab. 50) verglichen, so zeigen sich weitgehende Übereinstimmungen. Wesentliche Regressionsvoraussetzungen in den OLS-Niveaugrößenschätzungen sind nicht erfüllt. Die Differenzen- und AR-Regressionen weisen sowohl Schätzerverzerrungen als auch niedrige bzw. keine Signifikanzen auf, so daß sie sich nicht als Überprüfungsschätzungen eignen. Im Gegensatz dazu zeigen die OLS-Niveaugrößenschätzungen hohe und teils sehr hohe Signifikanzwerte bei Ergebnisübereinstimmung mit dem Jahres- und Vierteljahresdatengesamtschätzungsmodell. Die Vorläufigkeit der Weiterverwendung der Parameterschätzer kann damit nicht aufgehoben werden. Allerdings ergeben sich auch keine neuen Aspekte, die gegen eine Weiterverwendung sprechen.

Die Richtigkeit der getroffenen Auswahlentscheidungen wird bestätigt. Durch alle Teilschätzungen hindurch zieht sich ein hohes bis sehr hohes Bestimmtheitsmaß. Damit werden in allen Teilzeiträumen die zur Erklärung notwendigen Informationen durch die ausgewählten Regressoren eingebracht. Neu in die Modelle aufgenommene Regressoren sind von vornherein signifikant und werden in den Folgezeitpunkten zu wesentlichen Stützen der Modelle hinsichtlich Erklärungskraft und Signifikanz. Die wegfallenden Regressoren BEUV85 und BLGS85 verlassen die Modelle zu Zeitpunkten, in denen die durch sie eingebrachten Zusatzinformationen entweder für die Arbeitslosigkeitserklärung nicht mehr notwendig sind oder durch andere Variablen abgedeckt werden. Die Lage der regressorenverändernden Strukturbrüche kann damit als zutreffend angesehen werden.

Modellbeurteilungstabelle VTE-Teilregressionen
(festgelegte Teilregressionen)

Kriterien	OLS-Niveaugrößen Schätzungen	OLS-Differenzgrößen Schätzungen	AR-Niveaugrößen Schätzungen
Übereinstimmung			
$\hat{\beta}$ und $\hat{\beta}^D$		niedrig	
$\hat{\beta}$ und $\hat{\beta}^{AR}$			niedrig
$\hat{\beta}^D$ und $\hat{\beta}^{AR}$			hoch
Multikollinearität			
Regressorenkorr.	hoch - sehr hoch	niedrig	hoch - sehr hoch
Parameterschätzerkorr.	hoch	niedrig	hoch
Autokorrelation			
Durbin-Watson-PG	hoch	niedrig - mittel	niedrig - mittel
Homoskedastizität			
Innerhalb d. Schätzungen (Goldfeld-Quandt-PG)	erfüllt	erfüllt	erfüllt
Zwischen d. Schätzungen $(SEE = \hat{\sigma})$	erfüllt	erfüllt	—
Normalverteilung			
$P > Skew.-PG$	nicht erfüllt	erfüllt	meist erfüllt
$P > Kurt.-PG$	nicht erfüllt	nicht erfüllt	erfüllt
R^2	hoch → sehr hoch	mittel	—
Signifikanzen (t-Werte)			
CONSTANT	hoch - sehr hoch	—	niedrig - mittel
EP	hoch - sehr hoch	keine - niedrig	keine - niedrig
GELDV	hoch	niedrig	mittel
BSPM85	sehr hoch	mittel	mittel
APROD85	sehr hoch	keine	keine
BEUV85	keine → mittel	keine - niedrig	keine - niedrig
BLGS85	keine - niedrig	keine	keine
ABSCHR85	mittel → hoch	keine → mittel	keine - niedrig

(Legende siehe Tab. 25)

Tab. 51

Die VTV-Modelle zeigen an den Zeitpunkten mit Regressorenveränderungen häufig starke Sprünge in den Parameterverläufen. Dieses auf unterschiedliche Informationsverteilungen im Modell vor und nach einem Wechselzeitpunkt zurückzuführende Phänomen trifft auch auf die VTE-Modelle und deren Parameterverläufe zu. Dort allerdings in deutlich abgeschwächter Form, so daß die Parameterreihen kontinuierlicher und mit weniger starken Sprungstellen verlaufen.

Der Grund dafür liegt darin, daß bei erweiterten Teilschätzungsmodellen jede zusätzliche Beobachtung nur relativ wenig Gewicht hat und damit die bisherigen Parameterverläufe nur wenig beeinflussen kann. Auf diese Art und Weise entwickeln sich die Parameterreihen kontinuierlich und im Vergleich zu verschobenen Teilschätzungsparameterreihen relativ langsam auf Zeitpunkte mit Regressorenveränderungen zu. Dort aus dem Modell herausfallende Regressoren haben sich in den davorliegenden Zeitpunkten Stück für Stück in ihrer Relevanz für die Modellerklärungskraft vermindert. Zum Zeitpunkt des Wegfalls ist die Bedeutung der entsprechenden Regressoren und damit auch ihrer Parameterschätzer i.d.R. so klein, daß der Wegfall nur wenig Auswirkungen auf die Parameterschätzer der anderen Regressoren hat. Größere Sprünge in den Parameterverläufen sind bei wegfallenden Regressoren deswegen meist nicht zu erwarten.

Ein neu hinzukommender Regressor bringt neben den aktuellen auch alle Beobachtungen aus den Zeitpunkten vor seiner Aufnahme mit ins Modell ein, so daß ein gewisser Bruch in der bisherigen Modellstruktur stattfindet. Allerdings muß der neue Regressor auch für alle Vorzeitpunkte bis zum Anfang des Referenzzeitraums Erklärungskraft erreichen, und dieses mit Beobachtungswerten, die vor seinem Aufnahmezeitpunkt nur wenig Erklärungskraft haben. Die Relevanz des neuen Regressors und damit sein Parameterschätzer werden deswegen am Anfang erst einmal relativ klein sein, so daß es tendenziell auch im Fall der Neuaufnahme von Regressoren nur zu kleinen Veränderungen im Verlauf der einzelnen Parameterreihen kommen wird.

Zu beachten ist dabei jedoch, daß die obigen Ausführungen von einer Situation der Unabhängigkeit zwischen den Regressoren ausgehen. Sprünge in den Parameterverläufen liegen aber insbesondere dann vor, wenn es zwischen dem neuen Regressor und den im Modell bereits beinhalteten Regressoren zu größeren Informationsüberschneidungen kommt, und das Modell die überlappende Information jetzt vom neuen Regressor und nicht mehr in dem Maße von den bisherigen Regressoren nutzt. In diesen Fällen sind auch bei den Parameterreihen der erweiterten Teilschätzungen Sprungstellen zu erwarten.

Zwar gelten die Ausführungen zur Beeinflussung der Parameterreihen der bisher im Modell enthaltenen Regressoren durch neu hinzukommende bzw. wegfallende Regressoren gleichermaßen für die erweiterten wie für die verschobenen Teilschätzungen. Der Unterschied besteht jedoch darin, daß ein neu hinzukommender Regressor in den erweiterten Teilschätzungen aufgrund der größeren Beobachtungsanzahl pro Teilschätzung langsamer Einfluß gewinnt als in den verschobenen Teilschätzungen. Zudem muß davon ausgegangen werden, daß die Voraussetzungen für veränderte Informationsverteilungen im Modell nach Aufnahme eines neuen Regressors bei verschobenen Teilregressionen besser sind. Einen Hinweis darauf geben die vielfältigen Regressorenverdrängungen bei den VTV- und MTV-Teilschätzungen.

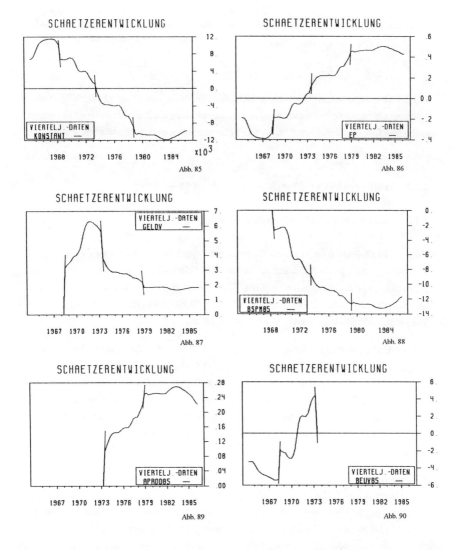

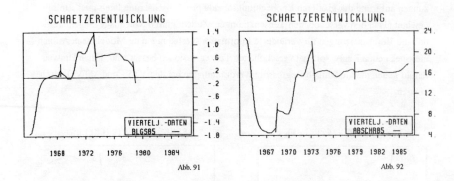

Abb. 91   Abb. 92

Bei der Interpretation der Parameterverlaufsreihen (Abbildungen 85 bis 92) der VTE-Teilschätzungen müssen dementsprechend in geringerem Maße die Informationsverschiebungen und damit Korrelationsbeziehungen in den Teilschätzungen einbezogen werden.

2.1.3. Vollvariable VTE-Modelle auf Datenbasis 1960-1986

2.1.3.1. Konstante Parameterfortschreibung

Wird die Einflußstärke der einzelnen Regressoren anhand der standardisierten Parameterkurven verglichen, so zeigt sich ein gewohntes Bild. BSPM85 und APROD85 dominieren mit Abstand vor den übrigen Regressoren. Eine zweite Gruppe mit etwa mittlerem Einflußgewicht wird durch die ABSCHR85, das GELDV, die BLGS85 und die BEUV85 gebildet. Die geringste Einflußstärke weist der Regressor EP auf.

Beim Erklärungsvermögen der durch die anderen Regressoren nicht erklärten Reststreuung hingegen bildet EP mit dem GELDV, der KONSTANTE, den ABSCHR85 und den BEUV85 die Mittelgruppe. Das niedrigste partielle Bestimmtheitsmaß weist die BLGS85 auf. Wiederum die höchsten Werte erreichen das BSPM85 und die APROD85. Die Modellrelevanz bzw. der Stellenwert für die Arbeitslosigkeitserklärung der einzelnen Regressoren ist damit, von unwesentlichen Differenzierungen abgesehen, über alle bisher behandelten Modelle stabil.

Die Anpassungsgüte des VTE-Modells unter konstanter Parameterfortschreibung liegt mit einem Wert von 39,28 MAA für den Gesamtzeitraum wesentlich besser als die des Gesamtschätzungsmodells (61,99 MAA). Auch im Vergleich mit dem entsprechenden teilvariablen VTE-Modell (44,41 MAA) schneidet das vollvariable Modell besser ab. Damit wird zugleich die hohe Schätzerqualität der zugrundeliegenden VTE-Teilregressionen bestätigt. Höher sind die Abweichungen naturgemäß gegenüber dem vollvariablen VTV-Modell (28,21 MAA).

Das gute Anpassungsergebnis resultiert im wesentlichen aus vergleichsweise geringen Abweichungen in den 60er und 70er Jahren des Referenzzeitraums. In den 80er Jahren kann das Modell diese Anpassungsqualität nicht aufrechterhalten, so daß es zu einer Verschlechterung der Anpassungskenziffer auf 51,43 MAA kommt. Damit gehen auch die Vorteile gegenüber dem Gesamtschätzungsmodell und dem entsprechenden teilvariablen Modell verloren.

Allerdings vollzieht die konstante Fortschreibung die weitere Arbeitslosigkeitsentwicklung von der Grundverlaufstendenz her richtig nach. Auf diese Weise ergibt sich durch die Prognoseintervalle eine vollständige Überdeckung der Arbeitslosenwerte von 1987 bis 1990. Wie aus Abbildung 93 zu ersehen ist, findet diese Überdeckung aber in immer größerem Maße durch die äußeren Teile der Prognoseintervalle statt, so daß nach 1990 keine Überdeckung mehr erreicht werden dürfte. Der relativ große Wert für die mittlere Prognoseabweichung von 93,59 bestätigt, daß die Überdeckung durch die Prognoseintervalle nicht mit einer qualitativ hochwertigen Prognose verwechselt werden darf.

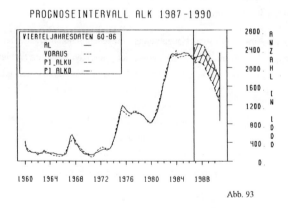

Abb. 93

Eine Analyse der VTE-Parameterreihen (vgl. die Abb. 85 bis 92) zeigt den Grund für die immer größer werdenden Prognoseabweichungen. Im nach 1982,2 beginnenden Fortschreibungszeitraum kommt es wie schon bei den VTE-Modellen des Referenzmodellansatzes und den VTV-Modellen des Stepwise-Pool-Ansatzes zu einer Veränderung der Verlaufscharakteristik der Parameterreihen. Ansteigende Reihen wechseln in einen fallenden Verlauf, vorher fallend verlaufende Reihen in einen ansteigenden. Für die konstante Fortschreibung wie für die weiteren Fortschreibungsansätze sind dies wiederum sehr ungünstige Prognosevoraussetzungen.

2.1.3.2. Parameterfortschreibung mittels eines Regressionsansatzes

Es sei daran erinnert, daß nur für die Stepwise-Pool-Modelle auf Basis verschobener Teilschätzungen davon ausgegangen werden kann, daß keine Fehlspezifizierung des Arbeitslosigkeitsmodells vorliegt. Für die Stepwise-Pool-Modelle auf Basis erweiterter Teilschätzungen gilt dies hingegen nicht. Sie sind bereits dann fehlspezifiziert, wenn im Referenzzeitraum auch nur ein regressorenverändernder Strukturbruch auftritt.

Aus dem teilvariablen Ansatz ist jedoch bekannt, daß sich für die Parameterreihen erweiterter Teilschätzungen i.d.R. ein Gleichungssystem mit hohen Bestimmtheitsmaßen aufbauen läßt. Grund dafür ist das Vorliegen hoher und stabiler Parameterkorrelationen sowie die Situation relativ schwankungsfrei verlaufender und damit gut durch die Arbeitslosigkeitsregressoren zu erklärender Parameterverläufe. Die zuletzt genannte Voraussetzung liegt bei den vollvariablen VTE-Parameterreihen zwar nicht in gleichem Maße vor wie bei den entsprechenden teilvariablen Reihen, durch die Verwendung von Dummy-Variablen können die Sprünge jedoch ausgeschaltet werden.

Die Kurven der Parameterkorrelationen zeigen im wesentlichen hohe und stabile Abhängigkeiten zwischen den Parametern, so daß von einer günstigen Situation für den Aufbau des Parametergleichungssystems ausgegangen werden kann. Als Anpassungszeitraum wurde 1973,3 bis 1982,2 gewählt. Die verwendete Dummy-Variable BD_t ist wie folgt definiert:

$$BD_t = 1 \quad \text{für} \quad 1979,1 \leq t \leq 1990,4$$
$$BD_t = 0 \quad \text{für die sonstigen Zeitpunkte}$$

Das abgeleitete Parametergleichungssystem ist der Tabelle 52 zu entnehmen.

Durch die extrem hohen Bestimmtheitsmaße wird nicht nur die Eignung der Ausgangssituation für den Aufbau eines qualitativ hochwertigen Gleichungssystems bestätigt, sondern auch die Eignung der Arbeitslosigkeitsregressoren zur Erklärung der Parametervariation. Damit sind Fortschreibungswidrigkeiten aus dieser Quelle nicht zu erwarten.

Parametergleichungstabelle VTE^{86}-SPA:

erklärende Variablen ↓	← Parameterreihen →					
	$\hat{\beta}_{KONST}$	$\hat{\beta}_{EP}$	$\hat{\beta}_{BSPM85}$	$\hat{\beta}_{APROD85}$	$\hat{\beta}_{ABSCHR85}$	$\hat{\beta}_{GELDV}$
CONSTANT	16.628,05	0,093686	-10,4716	-0,07892	-3,3859	1,3344
	(4,99)	(43,82)	(-15,57)	(-11,14)	(-4,84)	(8,91)
APROD85	-0,42591	—	—	—	—	—
	(-8,25)	—	—	—	—	—
$\hat{\beta}_{BLGS85}$	6.283,31	-0,00923	-2,7153	-0,05964	-22,519	-9,5495
	(11,50)	(-3,70)	(-22,64)	(-26,51)	(-46,61)	(-14,38)
BD	—	-0,00862	0,17503	—	—	—
	—	(-7,88)	(2,32)	—	—	—
$\hat{\beta}_{KONSTANTE}$	—	-0,00004	0,002229	-0,00004	-0,02144	0,005524
	—	(-244,15)	(8,87)	(-23,72)	(-74,43)	(-8,77)
$\hat{\beta}_{EP}$	—	—	46,4455	-1,0756	-574,91	-147,974
	—	—	(6,52)	(-34,31)	(-66,54)	(-8,76)
$\hat{\beta}_{BSPM85}$	—	—	—	-0,03543	-15,792	-5,8709
	—	—	—	(-46,86)	(-55,82)	(-12,63)
$\hat{\beta}_{APROD85}$	—	—	—	—	-572,943	-220,258
	—	—	—	—	(-72,26)	(-13,09)
$\hat{\beta}_{ABSCHR85}$	—	—	—	—	—	-0,56355
	—	—	—	—	—	(-14,38)
R^2	0,972	0,9999	0,999	0,9999	0,999	0,9999

Tab. 52

Die Anpassungsgüte des Modells zeigt eine ähnliche Konstellation wie die der konstanten Parameterfortschreibung. Auf den gesamten Zeitraum bezogen sind die Abweichungen geringer als im aktuellen Zeitraum (47,46 MAA gegenüber 82,97 MAA). Zu einem Teil ist diese Verschlechterung darauf zurückzuführen, daß die Parameterfortschreibungen in die bisherige Trendentwicklungsrichtung stattfinden, es im Fortschreibungszeitraum jedoch zu einer Umkehrung des Trendverlaufs kommt.

Ab dem Zeitpunkt 1982,2 ergeben sich durch die immer größer werdenden Differenzen zwischen den tatsächlichen und den fortgeschriebenen Parameterverläufen zunehmende Anpassungs- bzw. ab 1986,4 zunehmende Prognoseabweichungen. Ein Wert von 454,84 MPA ist deswegen auch nicht überraschend. Bemerkenswert ist jedoch, daß das teilvariable VTE-Modell, welches ebenfalls das Problem einer Veränderung der Verlaufscharakteristik der Parameterreihen aufweist, zu bedeutend geringeren Prognoseabweichungen kommt (149,08 MPA). Zurückzuführen ist dies auf die geringere Steigung in den Kurvenverläufen der teilvariablen Parameter und damit auf ein geringeres Anwachsen der Fortschreibungsfehler.

2.1.3.3. Parameterfortschreibung mittels eines Zeitreihenansatzes

Die bisherigen Ausführungen gelten gleichermaßen für den Zeitreihenfortschreibungsansatz. Die durch ihn erreichte Anpassungs- und Prognosegüte liegt dabei zwischen den Werten der bisher behandelten Modellvarianten, da die Parametervoraussagen mit Hilfe des Zeitreihenansatzes einen mittleren Fortschreibungsfehler verursachen, weil sie zwischen konstanter und trendungedämpfter Weiterentwicklung liegen.

2.1.3.4. Zusammenfassender Vergleich der Modelle hinsichtlich Anpassungs- und Prognosegüte

Das Hauptproblem für die mangelnde Prognosegüte der vollvariablen VTE-Modellvarianten liegt in der Veränderung der Parameterverläufe im Fortschreibungszeitraum. Alle weiteren für qualitativ hochwertige Prognosen notwendigen Voraussetzungen sind dagegen erfüllt. Trotz Fehlspezifizierung des Arbeitslosigkeitsmodells sind die Arbeitslosigkeitsregressoren in ausreichendem Maße in der Lage, die Parameterverläufe zu approximieren.

Ob sich die Fehlspezifizierung dagegen in ihrer bei erweiterten Teilschätzungen möglichen zweiten Erscheinungsform durch eine immer schlechtere Anpassungsgüte in zusätzlichen Teilschätzungen ausgewirkt hat, kann nur gemutmaßt werden. Aufgrund der von 39,28 MAA auf 51,43 MAA verschlechterten Anpassungsgüte vom Gesamtzeitraum zum aktuellen Zeitraum im konstanten Fortschreibungsmodell kann eine solche Wirkung nicht ausgeschlossen werden. Andererseits könnte sich aber auch die Schätzerqualität in den letzten Teilschätzungen verringert und durch entsprechende Verzerrungen die Anpassungsgüte beeinträchtigt haben.

XII. Vollvariabler Ansatz

Einen Überblick über die zu den einzelnen VTE-Modellvarianten berechneten Kenngrößen gibt die Tabelle 53.

Tabelle der Anpassungs- und Prognosemaße VTE[86]-Modelle, SPA:

Beurteilungsmaße	JG^{86}	VG^{86}	VTE[86] Konst.-Parameterfortschreibung	VTE[86] Regr.-Parameterfortschreibung	VTE[86] ZR.-Parameterfortschreibung
(a) Anpassungsgüte:					
MAA^{60-86}	42,78	61,99	39,28	47,46	42,49
MAA_{STA}^{60-86}	29,56	63,20	28,79	39,19	31,91
MAA^{80-86}	27,30	44,84	51,43	82,97	63,79
MAA_{STA}^{80-86}	22,44	29,15	28,46	45,31	33,64
(b) Prognosegüte:					
MPA^{87-90}	177,29	145,62	93,59	454,84	209,29
MPA_{STA}^{87-90}	203,33	146,31	81,23	285,99	159,35
$AL^{87-90} \in PI$	nein	nein	ja	nein	nein

Tab. 53

2.1.4. Vollvariable VTE-Modelle auf Datenbasis 1960-1990

Die im vorhergehenden Abschnitt schon angedeutete Vermutung zunehmender Anpassungsabweichungen als Folge der Fehlspezifizierung des Arbeitslosigkeitsmodells wird durch die zur Datenbasis 1960-1990 zusätzlich berechneten erweiterten Teilregressionen bestätigt. Die mittlere Anpassungsabweichung steigt bezogen auf den jeweiligen Gesamtzeitraum von 39,28 auf 42,62 bzw. bezogen auf die 80er Jahre von 51,43 auf 56,42.

Zwar kann nun durch die Erweiterung des Datenzeitraums die in den vorhergehenden Abschnitten konstatierte Veränderung der Verlaufscharakteristik der Parameterreihen in die Fortschreibung einbezogen werden; von einer unveränderten Weiterentwicklung in die neue Trendrichtung kann allerdings nicht ausgegangen werden, da die Anpassungsgüte sowohl des Regressionsansatzes als auch des Zeitreihenansatzes auf rd. 100 MAA in den 80er Jahren ansteigt. Damit ist es wiederum zu gravierenden Fortschreibungsfehlern in den Parameterreihen gekommen, was auf eine nochmalige stärkere Änderung der Verlaufsrichtung der

Parameter hindeutet. Aufgrund der für den Fortschreibungszeitraum ab 1986,2 nicht mehr gültigen Parametergleichungen soll auf ihre nähere Darstellung verzichtet werden. Daß sich ein Gleichungssystem unter hohen Bestimmtheitsmaßen aufstellen läßt, wurde zudem in den vorhergehenden Abschnitten gezeigt.

Einen Überblick über die Anpassungsmaße der Modellvarianten zur 90er Datenbasis gibt die Tabelle 54.

Tabelle der Anpassungsmaße der VTE^{90}-Modelle, SPA:

Beurteilungsmaße	JG^{90}	VG^{90}	VTE^{90}		
			Konst.-	Regr.-	ZR.-
			Parameterfortschreibung		
MAA^{60-90}	56,42	69,08	42,62	56,80	57,60
MAA^{60-90}_{STA}	32,62	60,99	31,56	53,09	58,05
MAA^{80-90}	65,32	72,71	56,42	96,39	98,65
MAA^{80-90}_{STA}	34,96	36,63	33,53	64,45	74,46

Tab. 54

2.2. Die vollvariablen MTE-Modelle

2.2.1. Regressorenstrukturauswahl mit Hilfe von Stepwise-Teilregressionen 1960-1986 bzw. 1960-1990

Wie aus den Beurteilungen der VTE-Teilschätzungen zu erwarten gewesen ist, erfüllen die MTE-Teilregressionen über weite Strecken kaum eine Regressionsvoraussetzung. Sehr hohe Autokorrelation, hohe Multikollinearität und fast vollständige Nichterfüllung der Normalverteilungsvoraussetzung der Störvariablen kennzeichnen die Regressionen. Entsprechend gering ist die Übereinstimmung mit den Schätzergebnissen der Überprüfungsregressionen, welche allerdings ebenfalls häufige Voraussetzungsverletzungen zeigen (vgl. Tab. 55).

Wie auch schon bei den VTE-Teilregressionen ist jedoch bemerkenswert, daß die Signifikanzwerte der OLS-Niveaugrößenschätzungen (im Gegensatz zu denen der Überprüfungsschätzungen) hohe bis sehr hohe Werte aufweisen. Gleiches gilt für die Bestimmtheitsmaße. Damit kann wiederum darauf geschlossen werden, daß sich die Nichterfüllung der Regressionsvoraussetzungen in den Überprüfungsregressionen stärker ausgewirkt hat als in den zu überprüfenden Regressionen, zumal die Ergebnisse der OLS-Niveaugrößenschätzungen weitgehende Parallelen zu den Ergebnissen der Monatsdatengesamtschätzung zeigen. Letztere Parameterschätzer liegen jedoch besonders dicht an denen des qualitativ hochwertigen Jahresdatenmodells.

Analog zur Argumentation bei den VTE-Teilregressionen werden die Parameterschätzer der MTE-Teilregressionen ebenfalls unter Vorbehalt weiterverwendet. Erst der Vergleich zwischen den tatsächlichen Arbeitslosenwerten und den aus den Modellen berechneten Werten wird zeigen, wie zuverlässig die Stepwise-Auswahlergebnisse sind.

Die Auswertung der MTE-Teilregressionen führt zu acht ausgewählten Regressoren: KONSTANTE, EP, GELDV, BSPM85, APROD85, AINV85, BLGS85, ABSCHR85. Es fällt auf, daß die ersten fünf dieser Regressoren die Regressoren des Referenzmodellansatzes sind. Eine völlig falsche Auswahl kann das Stepwise-Verfahren damit nicht getroffen haben. Strukturveränderungen in den Regressoren und damit entsprechende Strukturbrüche finden Ende April 1966, Ende März 1980 und Ende August 1983 statt. Aus der Abbildung 94 sind die jeweiligen Regressorenstrukturen zu entnehmen, die die entsprechenden Teilzeiträume kennzeichnen.

Hohe Übereinstimmung besteht zwischen der MTE- und der VTE-Regressorenkonstellation. Statt der Variable BEUV85 ist zwar die Variable AINV85 in den MTE-Modellen ver-

**Modellbeurteilungstabelle MTE-Teilregressionen:
(Auswahlstufe)**

Kriterien	Beurteilung
Übereinstimmung	
$\hat{\beta}$ und $\hat{\beta}^D$	niedrig
$\hat{\beta}$ und $\hat{\beta}^{AR}$	niedrig
$\hat{\beta}^D$ und $\hat{\beta}^{AR}$	niedrig - mittel
Multikollinearität	
$\hat{\beta}$ - Schätzung	hoch
$\hat{\beta}^D$ - Schätzung	niedrig
$\hat{\beta}^{AR}$ - Schätzung	hoch
Autokorrelation	
$\hat{\beta}$ - Schätzung	sehr hoch
$\hat{\beta}^{AR}$ - Schätzung	keine - mittel
Homoskedastizität	
$\hat{\beta}$ - Schätzung	erfüllt
NV der Störvariablen	
$\hat{\beta}$ - Schätzung	meist nicht erfüllt
Signifikanzen (t-Werte)	
$\hat{\beta}$ - Schätzung	hoch
Bestimmtheitsmaße	
$\hat{\beta}$ - Schätzung	hoch - sehr hoch
$\hat{\beta}^D$ - Schätzung	niedrig - mittel

Tab. 55

treten, beide Variablen kommen jedoch aus der gleichen Einflußsphäre, so daß eine Parallelität der in den Modellen enthaltenen Einflußgrößen vorliegt.

Zusätzlich gibt es Übereinstimmungen in der Regressorenklassifizierung. Wiederum sind die Regressoren KONSTANTE, EP und ABSCHR85 die strukturkonstanten Regressoren, GELDV, BSPM85 und APROD85 die hinzukommenden Regressoren (jeweils ab Mai

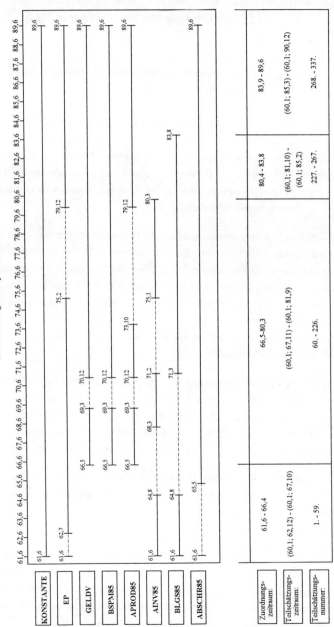

Abb. 94: Regressorenstruktur der MTE-Modelle

1966) sowie AINV85 (analog zu BEUV85 im VTE-Modell) und BLGS85 die wegfallenden Regressoren (Wegfallzeitpunkte Ende März 1980 bzw. Ende August 1983).

2.2.2. Schätzung und Beurteilung der festgelegten MTE-Teilregressionen 1960-1986 bzw. 1960-1990

Genau wie bei den VTE-Teilschätzungen dient die Qualitätsbeurteilung der festgelegten Teilregressionen auch hier der Überprüfung der Rechtfertigung für die Weiterverwendung der Parameterreihen. Wieder ergibt sich eine weitgehende Übereinstimmung zwischen der Modellbeurteilungstabelle der Auswahlstufe (Tab. 55) und der entsprechenden Tabelle für die festgelegten Teilregressionen (Tab. 56). Die bisherigen Aussagen zur Qualitätseinschätzung haben damit weiterhin Gültigkeit.

Die Richtigkeit der Regressorenauswahl und der Festlegung der regressorenstrukturverändernden Zeitpunkte wird durch die hohen Bestimmtheitsmaße über alle Teilschätzungen hinweg sowie durch die Entwicklung der Signifikanzwerte, partiellen Bestimmtheitsmaße und standardisierten Koeffizienten an den Regressorenveränderungszeitpunkten bestätigt. Die Regressoren AINV85 und BLGS85 weisen nur noch geringe Relevanz und Signifikanzwerte auf, bevor sie aus den Modellen ausscheiden. Die Regressoren GELDV, BSPM85 und APROD85 entwickeln sich sehr schnell nach ihrer Aufnahme in das Modell zu modelltragenden Einflußgrößen.

Aufgrund der gleichzeitigen Aufnahme aller drei hinzukommenden Regressoren im Mai 1966 und der damit einhergehenden starken Veränderung der Modellstruktur gibt es gravierende Verschiebungen in der Informationsverteilung im Modell. Dies bewirkt größere Sprünge bei den Parameterreihen der im Modell bereits enthaltenen Regressoren und hohe Einstiegsparameterschätzwerte für die neu aufgenommenen Regressoren.

Das Ausscheiden der Regressoren AINV85 Ende März 1980 und BLGS Ende August 1983 führt dagegen zu keinen sprunghaften Veränderungen der Parameterreihen. Auch ansonsten zeichnen sich die Parameterkurven durch die für erweiterte Teilschätzungen typische Kontinuität im Verlauf aus.

Werden die Parameterreihen der identischen Regressoren der MTE-Modelle (Abb. 95 bis 102) mit denen der VTE-Modelle (Abb. 85 bis 92) verglichen, so zeigen sich aufgrund der in der ersten Hälfte des Referenzzeitraums unterschiedlichen Regressorenstruktur starke Verlaufsabweichungen. In der zweiten Hälfte des Referenzzeitraums weisen beide Modelle die gleiche Regressorenstruktur auf, die bis auf den Regressor ABSCHR85 der des Gesamt-

Modellbeurteilungstabelle MTE-Teilregressionen
(festgelegte Teilregressionen)

Kriterien	OLS-Niveaugrößen Schätzungen	OLS-Differenzgrößen Schätzungen	AR-Niveaugrößen Schätzungen
Übereinstimmung			
$\hat{\beta}$ und $\hat{\beta}^D$		niedrig	
$\hat{\beta}$ und $\hat{\beta}^{AR}$		niedrig	
$\hat{\beta}^D$ und $\hat{\beta}^{AR}$		niedrig - mittel	
Multikollinearität			
Regressorenkorr.	hoch - sehr hoch	niedrig	hoch - sehr hoch
Parameterschätzerkorr.	mittel - hoch	niedrig	mittel - hoch
Autokorrelation			
Durbin-Watson-PG	sehr hoch	keine → mittel	keine → mittel
Homoskedastizität			
Innerhalb d. Schätzungen (Goldfeld-Quandt-PG)	häufig nicht erfüllt	nicht erfüllt	nicht erfüllt
Zwischen d. Schätzungen $(SEE = \hat{\sigma})$	erfüllt	erfüllt	—
Normalverteilung			
$P > Skew. - PG$	nicht erfüllt	nicht erfüllt	nicht erfüllt
$P > Kurt. - PG$	nicht erfüllt	nicht erfüllt	nicht erfüllt
R^2	hoch - sehr hoch	niedrig	—
Signifikanzen (t-Werte)			
CONSTANT	hoch - sehr hoch	—	keine - niedrig
EP	hoch - sehr hoch	keine - niedrig	keine - niedrig
GELDV	hoch - sehr hoch	keine	keine
BSPM85	sehr hoch	mittel - hoch	keine → hoch
APROD85	hoch - sehr hoch	keine - niedrig	keine → mittel
AINV85	niedrig - mittel	keine	keine - niedrig
BLGS85	mittel	keine	keine
ABSCHR85	niedrig → sehr hoch	keine → mittel	niedrig - hoch

Tab. 56

(Legende siehe Tab. 25)

schätzungsmodells und damit auch der des Referenzmodellansatzes entspricht. Die Parameterreihen verlaufen hier übereinstimmend. Diese Tatsache unterstützt die Annahme, daß die OLS-Schätzer nur geringe Verzerrungen aufweisen und die Stepwise-Auswahl zu aussagekräftigen Ergebnissen gekommen ist.

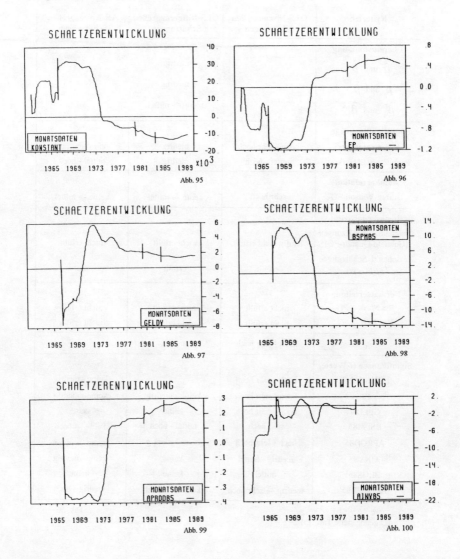

Abb. 95

Abb. 96

Abb. 97

Abb. 98

Abb. 99

Abb. 100

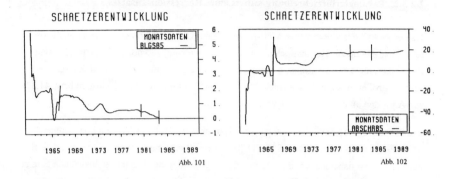

Abb. 101   Abb. 102

2.2.3. Vollvariable MTE-Modelle auf Datenbasis 1960-1986

2.2.3.1. Konstante Parameterfortschreibung

Aufgrund der gegenüber dem VTE-Modell nur unwesentlich veränderten Regressorenstruktur überrascht es nicht, daß sich die Konstellationen der standardisierten Koeffizienten und partiellen Bestimmtheitsmaße entsprechen. Da die Parameterverläufe gegen Ende des Zuordnungszeitraums hohe Übereinstimmungen aufweisen, treten bei den MTE-Modellen folglich die gleichen Fortschreibungswidrigkeiten auf wie bei den VTE-Modellen. Eine nochmalige Beschreibung erübrigt sich deswegen.

Unterschiede zeigen sich im Anpassungsverhalten. Aufgrund der höheren Anpassungsflexibilität der MTE- gegenüber den VTE-Teilschätzungen ergeben sich geringere Abweichungen (28,67 MAA gegenüber 44,41 MAA, jeweils bezogen auf den Gesamtzeitraum). Gleiches gilt gegenüber dem teilvariablen MTE-Modell (39,67 MAA).

Die Prognosequalität erreicht mit 118,14 MPA einen wesentlich geringeren Wert als beim Monatsdatengesamtschätzungsmodell (176,81 MPA). Da die Parameterkurvenverläufe im Fortschreibungszeitraum von einer konstanten Entwicklung abweichen, kommt es jedoch wiederum zu so gravierenden Fortschreibungsfehlern, daß die Prognoseintervalle die tatsächliche Arbeitslosigkeitsentwicklung nicht zu überdecken vermögen. Zudem wird die Prognosegüte des VTE-Modells nicht erreicht (93,59 MPA). Andererseits kann aus diesen Kenngrößen des MTE-Modells darauf geschlossen werden, daß es in den Teilregressionen zu keinen wesentlichen Verzerrungen in den Schätzern gekommen ist.

2.2.3.2. Parameterfortschreibung mittels eines Regressionsansatzes

Gab es im Fall des vollvariablen VTE-Modells beim Übergang von der konstanten Parameterfortschreibung zur Regressionsfortschreibung noch eine wesentliche Verschlechterung der Anpassungsgüte, so kommt es beim gleichen Übergang im MTE-Modell nur zu unwesentlich größeren Anpassungskennziffern: 30,07 MAA für den Gesamtzeitraum bzw. 41,32 MAA für den aktuellen Zeitraum ab 1980.

Die Prognosegüte vermindert sich dagegen stärker von 118,14 MPA beim konstanten MTE-Fortschreibungsmodell auf 159,11 MPA beim Regressionsfortschreibungsmodell. Beachtenswert ist dabei jedoch, daß die Standardabweichung des Prognosefehlers beim zuletzt genannten Modell nur einen Wert von 36,81 annimmt und die zugehörigen Prognoseintervalle die tatsächliche Arbeitslosenentwicklung überdecken. Damit sind die fortgeschriebenen Parameterreihen in der Lage, die Grundverlaufstendenz der Arbeitslosigkeit im Prognosezeitraum abzubilden (vgl. dazu die Abb. 103).

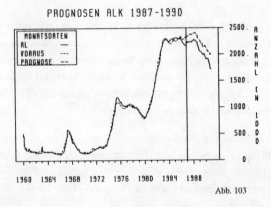

Abb. 103

Die durchschnittliche Abweichung von 159,11 MPA beim Regressionsansatz resultiert dabei aus einer relativ homogenen Abweichungsentwicklung im Prognosezeitraum um diesen Wert herum, während die 118,14 MPA beim konstanten Ansatz sich aus einer im Prognosezeitraum stark zunehmenden Entwicklung der Prognosefehler ergeben. Die Grundverlaufstendenz der Arbeitslosigkeit wird bei letzterer Modellvariante verfehlt, und die zugehörigen Prognoseintervalle sind nicht in der Lage, die tatsächliche Arbeitslosenentwicklung zu überdecken.

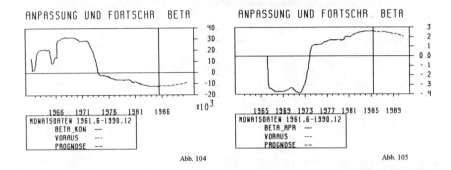

Abb. 104 Abb. 105

Aus dem bisher Beschriebenen ist zu schließen, daß der Regressionsansatz die Veränderung der Parameterverlaufscharakteristik innerhalb des Fortschreibungszeitraums vorherzusagen vermag (vgl. dazu beispielhaft die Abb. 104 und 105). Allerdings muß ein durchschnittlicher Prognosefehler von über 150.000 Arbeitslosen als inakzeptabel hoch bezeichnet werden.

Die diesen Ergebnissen zugrundeliegenden Parametergleichungen wurden im Zeitraum 1975,1 bis 1985,6 angepaßt. Die auf die Konstante wirkende Dummy-Variable BD_t enthält nur zwischen 1983,9 und 1990,12 von Null verschiedene Werte. Die Tabelle 57 enthält die Funktionsgleichungen der Parameter.

2.2.3.3. Parameterfortschreibung mittels eines Zeitreihenansatzes

Basierend auf dem im vorhergehenden Abschnitt abgeleiteten Gleichungssystem und mit einem zugrundeliegenden Stützbereich von 13 Parameterwerten kommt die Modellvariante unter Zeitreihenfortschreibung zu leicht besseren Anpassungswerten als die Modellvariante unter konstanter Parameterfortschreibung (28,47 MAA gegenüber 28,67 MAA für den Gesamtzeitraum und 34,47 MAA gegenüber 35,93 MAA für den aktuellen Zeitraum).

Bezogen auf die Prognosegüte repräsentiert eine mittlere Prognoseabweichung von 219,74 hingegen die mit Abstand schlechteste Voraussage unter allen MTE-Modellvarianten. Der Grund liegt in der durch die Zeitreihentrendfortschreibung nicht berücksichtigten Verlaufsänderung in den Parameterreihen.

Parametergleichungstabelle MTE[86]-SPA:

Regressoren ↓	← Regressanden →					
	$\hat{\beta}_{KONST}$	$\hat{\beta}_{EP}$	$\hat{\beta}_{APROD85}$	$\hat{\beta}_{BSPM85}$	$\hat{\beta}_{GELDV}$	$\hat{\beta}_{ABSCHR85}$
CONSTANT	21.143,98	0,084179	—	- 1,8076	—	2,2128
	(11,17)	(151,71)	—	(-33,19)	—	(132,53)
BSPM85	24,742	—	—	—	—	—
	(10,48)	—	—	—	—	—
AINV85	8,0133	—	—	—	—	—
	(17,19)	—	—	—	—	—
BLGS85	- 15,75	—	—	—	—	—
	(-13,18)	—	—	—	—	—
ABSCHR85	- 138.502	—	—	—	—	—
	(-8,83)	—	—	—	—	—
$\hat{\beta}_{AINV85}$	3.386,295	0,005997	0,003185	- 0,4027	0,58509	- 2,6421
	(20,36)	(24,16)	(3,48)	(-90,49)	(41,55)	(-550,93)
$\hat{\beta}_{BLGS85}$	5.242,216	0,010391	- 0,00619	- 1,5476	0,72747	- 16,984
	(6,97)	(15,16)	(-2,45)	(-240,28)	(9,97)	(-1.175,2)
BD	- 45.955,4	—	—	—	—	—
	(-12,96)	—	—	—	—	—
$\hat{\beta}_{KONSTANTE}$	—	-0,00004	0,000016	- 0,00120	0,005189	-0,00974
	—	(-842,37)	(16,79)	(-58,33)	(51,80)	(-348,74)
$\hat{\beta}_{EP}$	—	—	0,87167	- 35,374	132,968	- 261,132
	—	—	(39,22)	(-67,25)	(47,58)	(-354,64)
$\hat{\beta}_{APROD85}$	—	—	—	- 29,374	65,433	- 390,781
	—	—	—	(-153,92)	(35,66)	(-913,58)
$\hat{\beta}_{BSPM85}$	—	—	—	—	1,5994	- 10,422
	—	—	—	—	(30,10)	(-846,53)
$\hat{\beta}_{GELDV}$	—	—	—	—	—	- 1,7799
	—	—	—	—	—	(-376,91)
R^2	0,995	0,9999	0,998	0,9999	0,9999	0,9999

Tab. 57

2.2.3.4. Zusammenfassender Vergleich der Modelle hinsichtlich Anpassungs- und Prognosegüte

Auch in diesem Abschnitt kann im wesentlichen auf die zusammenfassenden Ausführungen zum vollvariablen VTE-Modell verwiesen werden. Abgesehen von durchgehend geringeren Abweichungen zur Arbeitslosigkeitskurve und eines die Änderung der Verlaufscharakteristik der Parameterreihen abbildenden Regressionsfortschreibungsansatzes mit entsprechend günstigen Prognoseergebnissen, entsprechen sich die Qualitäts- und Fortschreibungswidrigkeitssituationen der VTE- und der MTE-Modelle. Die Tabelle 58 enthält im Überblick alle Gütekennzahlen der auf erweiterten Monatsteilschätzungen beruhenden Modellvarianten.

Tabelle der Anpassungs- und Prognosemaße MTE^{86}-Modelle, SPA:

Beurteilungsmaße	JG^{86}	MG^{86}	MTE^{86} Konst.-	MTE^{86} Regr.-	MTE^{86} ZR.-
			Parameterfortschreibung		
(a) Anpassungsgüte:					
MAA^{60-86}	42,78	57,62	28,67	30,07	28,47
MAA^{60-86}_{STA}	29,56	63,80	25,01	27,63	24,45
MAA^{80-86}	27,30	34,06	35,93	41,32	34,47
MAA^{80-86}_{STA}	22,44	27,75	28,56	35,39	26,98
(b) Prognosegüte:					
MPA^{87-90}	177,29	176,81	118,14	159,11	219,74
MPA^{87-90}_{STA}	203,33	181,04	105,13	36,81	189,14
$AL^{87-90} \in PI$	nein	nein	nein	ja	nein

Tab. 58

2.2.4. Vollvariable MTE-Modelle auf Datenbasis 1960-1990

Wie zu erwarten, weicht die Ergebniskonstellation des erweiterten Referenzzeitraums nur in geringem Maße von der entsprechenden des vollvariablen VTE-Modells ab. Wieder zeigt der vollvariable Ansatz im Vergleich zum teilvariablen Ansatz Anpassungsvorteile, welche in diesem Fall in den 80er Jahren sogar noch zunehmen. Zugleich wird der Flexibilitätsvorteil der erweiterten Monatsdatenschätzungen gegenüber den erweiterten Vierteljahresdatenschätzungen deutlich. Die Tabelle 59 gibt zusammenfassend die Vergleichskennziffern der einzelnen Modellvarianten zum erweiterten Datenzeitraum wieder.

Tabelle der Anpassungsmaße der MTE^{90}-Modelle, SPA:

Beurteilungsmaße	JG^{90}	MG^{90}	MTE^{90}		
			Konst.-	Regr.-	ZR.-
			Parameterfortschreibung		
MAA^{60-90}	56,42	69,14	30,94	29,57	34,72
MAA^{60-90}_{STA}	32,62	62,10	27,96	24,91	36,27
MAA^{80-90}	65,32	72,99	39,66	35,81	50,32
MAA^{80-90}_{STA}	34,96	41,08	33,40	26,78	48,63

Tab. 59

3. Gesamteinschätzung der vollvariablen Ansätze

Aus den Ausführungen in diesem Kapitel wird deutlich, daß die Stepwise-Pool-Modelle zu einer wesentlich besseren Anpassungsgüte kommen als die Gesamtschätzungsmodelle. In der Regel wird auch die Anpassungsqualität der Modelle des Referenzmodellansatzes übertroffen. Ein wesentlicher Grund dafür ist, daß die auf verschobenen Teilschätzungen basierenden Stepwise-Pool-Modelle nicht fehlspezifiziert sind, und damit auf Basis der Arbeitslosigkeitsregressoren ein Parametergleichungssystem mit hohen Bestimmtheitsmaßen aufgebaut werden kann.

Gleiches gilt für die erweiterten Teilschätzungen, bei denen zwar eine Fehlspezifizierung des Modells vorliegt, deren Wirkung sich jedoch kaum entfaltet, da die Parameterreihen und Korrelationsbeziehungen durch ihre kontinuierlichen bzw. stabilen und hohen Verläufe für den Gleichungsaufbau prädestiniert sind. Auf diese Weise eignen sich die Stepwise-Pool-Modelle vom Ansatz her besser zur Konstruktion eines Parametergleichungssystems für die Fortschreibung der Parameterverläufe als die teilvariablen Modelle.

Trotzdem sind die Prognosequalitäten häufig schlechter als in den vergleichbaren Modellen des teilvariablen Ansatzes. Primäre Ursache dafür ist die sich durch alle Modelle dieses Kapitels ziehende Veränderung der Verlaufscharakteristik der Parameterreihen im Fortschreibungszeitraum. So war es den Fortschreibungsreihen nur in seltenen Fällen und dann mit Abstrichen möglich, die tatsächlichen Parameterverläufe ausreichend anzunähern.

Zwar überdeckt das VTE-Modell unter konstanter Parameterfortschreibung mit seinen Prognoseintervallen die tatsächliche Arbeitslosigkeitsentwicklung, der Verlauf der Arbeitslosigkeitskurve durch die durch die Prognoseintervalle aufgespannte Fläche zeigt jedoch, daß auch diese Modellvariante die Grundverlaufstendenz der Arbeitslosigkeit zwischen 1987 und 1990 nicht abzubilden vermag. Auch das MTE-Modell unter Regressionsfortschreibung überdeckt mit seinen Prognoseintervallen die reale Entwicklung. Dabei nähert es sogar die Grundverlaufstendenz der Arbeitslosigkeit an, kommt jedoch gleichzeitig zu so großen absoluten Prognoseabweichungen, daß eine über den theoretischen Modellvergleich hinausgehende Verwendung nicht angebracht ist. Damit gibt es in dieser Arbeit weder im Referenzmodellansatz noch im Stepwise-Pool-Ansatz ein Modell, welches völlig frei von Fortschreibungswidrigkeiten ist.

Bei Verwendung des Stepwise-Pool-Ansatzes sollte jedoch noch mit einigen zusätzlichen spezifischen Nachteilen hinsichtlich der Prognosemöglichkeiten gerechnet werden. So ergeben sich durch die Veränderungen in der Regressorenstruktur Informationsverschiebungen und dadurch bewirkte Sprungstellen in den Parameterkurven, die zu diskontinuierlichen

Verläufen der Parameterreihen führen. Die Identifikation der hinter den Reihen stehenden Trendverläufe wird dadurch wesentlich erschwert. Auf diese Weise kommt es zu einer größeren Bandbreite realistisch erscheinender Fortschreibungsverläufe. Probleme ergeben sich zudem hinsichtlich der Einbeziehung oder Nichteinbeziehung eines regressorenverändernden Strukturbruchs kurz vor dem Ende des Referenzzeitraums.

Erweiterte Teilschätzungen weisen ferner die Tendenz auf, daß die enthaltene Fehlspezifizierung zu einer von Teilschätzung zu Teilschätzung zunehmenden Anpassungsabweichung führen kann, und damit die Verwendbarkeit der Parameterschätzer für Prognosen von vornherein eingeschränkt wird. Durch die große Beobachtungsanzahl pro Teilschätzung, insbesondere bei den letzten durchgeführten Teilschätzungen, entstehen zudem Probleme, die Regressionsvoraussetzungen zu erfüllen. Dies kann negative Auswirkungen sowohl auf die Schätzerqualität als auch auf die Zuverlässigkeit der Stepwise-Auswahl haben.

Verschobene Teilschätzungen können von dem Problem einer sich in den Auswahlregressionen von Teilschätzung zu Teilschätzung immer wieder ändernden Regressorenstruktur betroffen sein, die eine Regressorenauswahl und eine Festlegung der Strukturwechselzeitpunkte verhindert.

Damit kann resümiert werden, daß die Stepwise-Pool-Modelle zwar die größten Anpassungs- und Prognosepotentiale aufweisen, diese jedoch häufig nicht ausgeschöpft werden können, weil die Wahrscheinlichkeit des Vorliegens einer der oben angesprochenen Modellkonstruktions- und Modellfortschreibungswidrigkeiten relativ hoch ist. Der Referenzmodellansatz hat dagegen zwar weniger Potentiale und weist ebenfalls eine Reihe, die Fortschreibung negativ beeinflussende Faktoren auf, kommt dabei häufig jedoch trotzdem zu den effizienteren Ergebnissen. Seine Darstellung hat deswegen nicht nur theoretischen Wert, sondern durchaus praktische Bedeutung.

XIII. Chancen und Grenzen der untersuchten Ansätze zur Einbeziehung variabler Parameter- und Regressorenstrukturen in Regressionsmodelle

1. Allgemeines

2. Die Modellergebnisse im Überblick

3. Anpassungs- und Prognosepotentiale variabler Parameter- und Regressionsstrukturen

   3.1. Simultane versus separate Parameterfortschreibungsansätze und notwendige Voraussetzungen für hochwertige Prognoseergebnisse

   3.2. Erweiterte Teilschätzungen

   3.3. Verschobene Teilschätzungen

   3.4. Teilvariabler Ansatz (Referenzmodellansatz)

   3.5. Vollvariabler Ansatz (Stepwise-Pool-Ansatz)

   3.6. Regressionsfortschreibungsansatz

   3.7. Zeitreihenfortschreibungsansatz

   3.8. Änderungen der Parameterverlaufscharakteristik im Fortschreibungszeitraum

4. Problemfelder in der Phase der Modellkonstruktion

5. Gesamteinschätzung variabler Regressionsansätze

XIII. Chancen und Grenzen der untersuchten Ansätze zur Einbeziehung variabler Parameter- und Regressorenstrukturen in Regressionsmodelle

1. Allgemeines

In diesem Kapitel kommt es zu einer Gesamtanalyse der in den vorhergehenden Abschnitten untersuchten Modelle, wobei die jeweiligen Eigenheiten, die besonderen Anwendungsgebiete und eine Stärken-Schwächen-Abschätzung im Vordergrund stehen. Die Darstellung umfaßt dabei sowohl einen Überblick über die wesentlichen Fortschreibungswidrigkeiten hinsichtlich des zugrundeliegenden Problemgegenstandes der Arbeitslosigkeit, und inwieweit die einzelnen Modellvarianten dadurch betroffen sind, als auch eine Gesamtübersicht über alle berechneten Anpassungs- und Prognosemaße. Die Gesamtdarstellungen erleichtern die vergleichende Qualitätsbeurteilung der einzelnen Modellansätze und sollten bei der Stärken-Schwächen-Analyse ergänzend hinzugezogen werden.

2. Die Modellergebnisse im Überblick

Die folgenden Tabellen der Anpassungs- und Prognosemaße werden der Übersichtlichkeit halber in die Bereiche Gesamtschätzungsmodelle, Teilschätzungsmodelle des Referenzmodellansatzes und Teilschätzungsmodelle des Stepwise-Pool-Ansatzes unterteilt. Die Tabelle 60 zeigt dabei in ihren zwei Teilen die Anpassungsmaße der einzelnen Modellvarianten zur Datenbasis 1960-1986 und 1960-1990. Tabelle 61 enthält die Prognosemaße der Modellschätzungen zur Datenbasis 1960-1986 für den Prognosezeitraum 1987-1990.

Nahezu durchgehend kann eine Verbesserung der Anpassungsgüte durch die variablen Regressionsmodelle im Vergleich zu den statischen Gesamtschätzungsmodellen konstatiert werden. Für den Vergleich der Prognosegüte trifft diese Einschätzung jedoch nicht zu. Nur wenige Modelle weisen wesentlich geringere Abweichungswerte auf als die Gesamtschätzungen; lediglich ein Modell (MTV, RMA, konstante Parameterfortschreibung) liefert von den absoluten Fehlermaßen her gesehen ein akzeptables Prognoseergebnis.

Gründe für dieses schlechte Abschneiden hinsichtlich des Prognoseverhaltens sind eine Reihe von Fortschreibungswidrigkeiten. Die Tabellen 62 bis 64 geben eine Übersicht über die wichtigsten, die Fortschreibung behindernden Faktoren mit der Angabe, wie stark die jeweiligen Modellvarianten von den Widrigkeiten betroffen sind. Im Gegensatz zu den obigen Ergebnistabellen wird hier eine Unterteilung nach den Fortschreibungsmethoden vorgenommen, um einen Modellvariantenvergleich auf Basis gleicher Fortschreibungsmethoden vornehmen zu können. Zudem bietet sich diese Unterteilung aufgrund einiger methodenspezifischer Fortschreibungswidrigkeiten an.

Die Tabelle 62 enthält die Problemfelder der Modellansätze unter konstanter Parameterfortschreibung, die Tabelle 63 die der Belsley-Modell-Ansätze und die Tabelle 64 die der Regressions- bzw. Zeitreihenfortschreibung. Es zeigt sich, daß keine Modellvariante, die sich in ihrer Fortschreibung an der Trendentwicklung der bisherigen Parameterreihenverläufe orientiert, frei von Fortschreibungswidrigkeiten ist. Gleichzeitig werden jedoch auch die Modellvarianten deutlich, bei denen nur einige oder sogar nur eine Widrigkeit wirksam ist. Auf die daraus ableitbaren Regelmäßigkeiten der einzelnen Modellansätze gehen die folgenden Kapitelabschnitte ein.

Tab. 60 (1. Teil): Anpassungsmaße aller Gesamt- und Teilschätzungsmodelle

Beurteilungsmaße	GESAMTSCHÄTZUNGEN			
	JG	VG	MG	
(a) Datenbasis 60-86:				
MAA^{60-86}	42,78	61,99	57,62	
MAA^{80-86}	27,30	44,84	34,06	
(b) Datenbasis 60-90:				
MAA^{60-90}	56,42	69,08	69,14	
MAA^{80-90}	65,32	72,71	72,99	

REFERENZMODELLANSATZ

Beurteilungsmaße	VTV				MTV				VTE			MTE		
	Konst.-	Belsley-	Regr.-	ZR.-	Konst.-	Belsley-	Regr.-	ZR.-	Konst.-	Regr.-	ZR.-	Konst.-	Regr.-	ZR.-
(a) Datenbasis 60-86:														
MAA^{60-86}	30,04	34,43	34,05	36,05	14,57	38,19	62,14	56,12	44,41	46,42	43,77	39,67	40,41	40,08
MAA^{80-86}	25,50	39,70	40,97	48,67	14,04	40,29	197,50	174,28	44,46	52,20	41,98	35,76	38,64	37,37
(b) Datenbasis 60-90:														
MAA^{60-90}	28,64	33,97	32,52	39,33	15,10	36,48	29,63	30,66	49,56	77,91	52,17	42,26	55,66	55,94
MAA^{80-90}	23,19	33,65	34,15	53,33	15,72	32,62	56,66	59,56	58,95	138,84	66,29	44,48	82,24	83,04

Tab. 60 (2. Teil): Anpassungsmaße aller Gesamt- und Teilschätzungsmodelle

STEPWISE - POOL - ANSATZ

Beurteilungsmaße	VTV				MTV				VTE				MTE		
	Konst.-	Belsley-	Regr.-	ZR.-	Konst.-	Belsley-	Regr.-	ZR.-	Konst.-	Regr.-	ZR.-		Konst.-	Regr.-	ZR.-
(a) Datenbasis 60-86:															
MLA^{60-86}	28,21	18,70	31,49	31,23	—	—	—	—	39,28	47,46	42,49		28,67	30,07	28,47
MLA^{80-86}	27,88	21,20	40,54	39,54	—	—	—	—	51,43	82,97	63,79		35,93	41,32	34,47
(b) Datenbasis 60-90:															
MLA^{60-90}	30,69	25,59	95,33	50,79	—	—	—	—	42,62	56,80	57,60		30,94	29,57	34,72
MLA^{80-90}	34,98	37,97	217,16	91,63	—	—	—	—	56,42	96,39	98,65		39,66	35,81	50,32

Tab. 61: Prognosemaße aller Gesamt- und Teilschätzungsmodelle

Beurteilungsmaße	GESAMTSCHÄTZUNGEN			
	JG	VG	MG	
MPA^{87-90}	177,29	145,62	176,81	
MPA^{87-90}_{STA}	203,33	146,31	181,04	

REFERENZMODELLANSATZ

Beurteilungsmaße	VTV				MTV				VTE				MTE		
	Konst.-	Belsley-	Regr.-	ZR.-	Konst.-	Belsley-	Regr.-	ZR.-	Konst.-	Regr.-	ZR.-	Konst.-	Regr.-	ZR.-
MPA^{87-90}	151,66	175,63	162,58	219,82	42,90	338,61	>500	>500	145,62	149,08	138,99	176,81	170,85	184,01
MPA^{87-90}_{STA}	147,01	108,33	142,71	198,08	28,73	303,30	178,25	238,11	146,31	69,40	135,45	181,04	150,56	187,26

x

STEPWISE - POOL - ANSATZ

Beurteilungsmaße	VTV				MTV				VTE				MTE		
	Konst.-	Belsley-	Regr.-	ZR.-	Konst.-	Belsley-	Regr.-	ZR.-	Konst.-	Regr.-	ZR.-	Konst.-	Regr.-	ZR.-
MPA^{87-90}	>500	>500	481,28	470,49	—	—	—	—	93,59	454,84	209,29	118,14	159,11	219,74
MPA^{87-90}_{STA}	466,68	>500	451,16	457,49	—	—	—	—	81,23	285,99	159,35	105,13	36,81	189,14

x

Legende: x   : $AL^{87-90} \in PI$

Problemfelder der Fortschreibungsansätze
(Konstanter Fortschreibungsansatz)

Problemfelder	Von konstantem Niveau abweichender Parameterverlauf im Fortschreibungszeitraum	Anpassungsgüte	Prognosegüte	Anmerkungen
(a) Referenzmodell-Ansatz:				
VTV - Konst.	—	+ 4	0	
MTV - Konst.	—	+ 5	+ 5	$AL^{87-90} \in PI$
VTE - Konst.	×	+ 2	0	
MTE - Konst.	×	+ 3	0	
(b) Stepwise-Pool-Ansatz:				
VTV - Konst.	×××	+ 4	- 5	
VTE - Konst.	×	+ 3	+ 4	$AL^{87-90} \in PI$
MTE - Konst.	×	+ 4	+ 2	

Tab. 62

Legende:

— : Problemfeld trifft nicht zu
× : Problemfeld trifft zu
×× : Problemfeld trifft stark zu
××× : Problemfeld trifft sehr stark zu

Bewertungsskala Anpassung- und Prognosegüte:

Skala von "- 5" über "0" bis "+ 5", wobei "+" höhere Güte und "-" niedrigere Güte anzeigt.
Die Güte der Gesamtschätzungsmodelle ist bei der Bewertungsausprägung "0" positioniert.

Problemfelder der Fortschreibungsansätze
(Belsley-Modell-Ansatz)

Problemfelder	Instabile Parameter-korrelationen	ALK-Regressoren können die Parametervariation nicht erklären (Fehlspezifizierung)	Nichtsignifikanz von Regressoren/ Kunstvariablen	Veränderung der Verlaufscharakteristik der Parameterreihen im Fortschreibungszeitr.	Anpassungsgüte	Prognosegüte
(a) Referenzmodell-Ansatz:						
VTV - Belsley	× ×	×	×	—	+ 4	- 1
MTV - Belsley	× × ×	× × ×	× ×	—	+ 2	- 5
(b) Stepwise-Pool-Ansatz:						
VTV - Belsley	× × ×	—	× ×	× × ×	+ 5	- 5

(Legende/Bewertungsskala siehe Tab. 62)

Tab. 63

Problemfelder der Fortschreibungsansätze
(Regressions- und Zeitreihen-Ansatz)

Problemfelder	Instabile Parameterkorrelationen	ALK-Regressoren können die Parametervariation nicht erklären (Fehlspezifizierung)	Unrealistische Parameterfortschreibungen	Zu niedrige Korrelationen der Parameterreihen zum Parametergleichungsaufbau	Veränderung der Verlaufscharakteristik der Parameterreihen im Fortschreibungszeitr.	Anpassungsgüte	Prognosegüte	Anmerkungen
(a) Referenzmodell-Ansatz:								
VTV - Regr.	××	×	—	—	—	+3	-2	
VTV - ZR.	××	—	—	—	—	+3	-4	
MTV - Regr.	×××	×××	××	×	—	-3	-5	
MTV - ZR.	×××	—	—	×	—	-2	-5	
VTE - Regr.	—	—	—	—	×	-2	0	
VTE - ZR.	—	—	—	—	×	+1	0	
MTE - Regr.	—	—	—	—	×	+2	0	
MTE - ZR.	—	—	—	—	×	+2	0	
(b) Stepwise Pool-Ansatz:								
VTV - Regr.	×××	—	—	—	×××	+3	-5	
VTV - ZR.	×××	—	—	—	×××	+3	-5	
VTE - Regr.	—	—	—	—	×	+1	-5	
VTE - ZR.	—	—	—	—	×	+2	-3	
MTE - Regr.	—	—	—	—	×	+2	+3	$AL \in$
MTE - ZR.	—	—	—	—	×	+2	-3	

Tab. 64

(Legende/Bewertungsskala siehe Tab. 62;
zusätzlich: $AL \in$: $AL^{87-90} \in PI$)

3. Anpassungs- und Prognosepotentiale variabler Parameter- und Regressionsstrukturen

3.1. Simultane versus separate Parameterfortschreibungsansätze und notwendige Voraussetzungen für hochwertige Prognoseergebnisse

Der Belsley-Modell-Ansatz kann von der theoretischen Einschätzung her als Optimalansatz für eine die Abhängigkeiten zwischen den Parametern berücksichtigende Prognose bezeichnet werden, da die Anpassung und Fortschreibung der Parameterreihen simultan durch eine Schätzung geschieht. Um die Parameterreihen adäquat anzupassen, sind jedoch so viele Arbeitslosigkeitsregressoren (und Dummy-Variablen im Stepwise-Pool-Ansatz) notwendig, daß häufig nicht-signifikante Schätzungen im Belsley-Modell resultieren. Zudem wird die Identifizierbarkeit der Parametergleichungen eine seltene Ausnahme sein. Fortschreibungen stehen damit unter großer Unsicherheit.

Werden dagegen einfachere, die Parameterentwicklung weniger genau abbildende Parametergleichungen aufgestellt, so können diese die tatsächlichen Parameterverläufe nicht angemessen repräsentieren; die Fortschreibungen und Arbeitslosigkeitsprognosen stehen auch in diesem Fall unter hoher Unsicherheit. Daraus ergibt sich das Fazit, daß Parametergleichungen mit relativ vielen Regressoren notwendig sind, die simultane Schätzung und Fortschreibung jedoch zu keinen verwendbaren Ergebnissen führt.

Verfahren der separaten Parameterfortschreibung ohne Berücksichtigung der Abhängigkeiten zwischen den Parameterreihen haben demgegenüber zwar keine Identifizierungsprobleme hinsichtlich der Koeffizienten der Parametergleichungen, ihre Arbeitslosigkeitsprognosen sind i.d.R. jedoch unbrauchbar, weil die gegenseitige Abstimmung der Parameterfortschreibungen fehlt, und es so zu nicht zu vereinbarenden Parameterwerten kommt. Daraus ergibt sich das Dilemma, daß einerseits die Abhängigkeiten zwischen den Parametern berücksichtigt werden müssen, andererseits jedoch eine simultane Fortschreibung nicht möglich ist.

Aus diesem Dilemma heraus wurde eine Methode der separaten Parameterfortschreibung unter Berücksichtigung der Abhängigkeiten zwischen den Parameterreihen entwickelt. Auf Basis eines pyramidenförmigen Gleichungssystems wird dabei nur die oberste Parametergleichung im System durch die Arbeitslosigkeitsregressoren bzw. durch die Zeitreihenanpassung erklärt, während sich alle weiteren Parametergleichungen aus den bereits erklärten Parameterfunktionen zusammensetzen.

Selbst bei der zuletzt beschriebenen Vorgehensweise ergeben sich jedoch nur dann qualitativ hochwertige und gegenüber den Gesamtschätzungsmodellen effizientere Prognoseergebnisse, wenn folgende Bedingungen erfüllt sind:

(a) Es muß sich ein Gleichungssystem zwischen den Parameterkurven konstruieren lassen, bei dem die einzelnen Gleichungen hohe Bestimmtheitsmaße aufweisen. Dafür sind hohe Korrelationen zwischen den Parameterreihen notwendig. Im Regressionsfortschreibungsansatz müssen zudem die Arbeitslosigkeitsregressoren die oberste Parametergleichung ausreichend gut erklären können, was keine bzw. nur geringe Wirkungen der Fehlspezifizierung des Arbeitslosigkeitsmodells voraussetzt.

(b) Das Parametergleichungssystem muß auch für den Fortschreibungszeitraum gültig sein, d.h. die Korrelationsbeziehungen zwischen den Parameterreihen müssen stabil über die Zeit sein.

(c) Die bisherige Parameterentwicklung muß sich im Fortschreibungszeitraum im wesentlichen fortsetzen. Zu starken Richtungsveränderungen oder sogar zu einer Änderung der Parameterverlaufscharakteristik darf es nicht kommen.

Inwieweit weisen die einzelnen in dieser Arbeit verfolgten Ansätze Merkmale auf, die diesen Bedingungen für qualitativ hochwertige Fortschreibungen und Prognosen entgegenwirken bzw. gibt es Ansätze, die sich im Hinblick auf eine hohe Erfüllungswahrscheinlichkeit bezüglich dieser Voraussetzungen auszeichnen und damit für prognostische Anwendungen besonders geeignet sind? Im folgenden sollen die unterschiedlichen Teilschätzungsansätze, die in ihrer Variabilität unterschiedlichen Modellkonstruktionen und die einzelnen Fortschreibungsmethoden hinsichtlich dieser Merkmale und der Prognoseverwendungseignung untersucht werden.

3.2. Erweiterte Teilschätzungen

Erweiterte Teilschätzungen weisen in der Regel durch die hohe Datenkontinuität von Teilschätzung zu Teilschätzung hohe und stabile Parameterkorrelationen auf.[223] Gleichzeitig sind sie im Gegensatz zu den verschobenen Teilschätzungen weniger anfällig für Richtungsveränderungen der Parameterverläufe. Dadurch bestehen günstige Voraussetzungen für die Konstruktion eines Parametergleichungssystems mit hohen Bestimmtheitsmaßen, welches auch für den Fortschreibungszeitraum Gültigkeit besitzt.

---

[223] Anm.: Hohe Parameterkorrelationen ergeben sich allerdings nur dann, wenn der statistische Problemgegenstand durch stark voneinander abhängige Einflußfaktoren erklärt wird. Bei Zeitreihendaten ist dies meist durch die hohe Zeittrendkopplung der Regressoren und des Regressanden der Fall.

Aufgrund der Tatsache, daß die Schätzungen immer alle Beobachtungen ab dem Beginn des Referenzzeitraums enthalten, sind erweiterte Teilschätzungen ab dem Zeitpunkt des ersten regressorenverändernden Strukturbruchs fehlspezifiziert. Dieses kann sich beim Regressionsfortschreibungsansatz dahingehend auswirken, daß die Arbeitslosigkeitsregressoren nicht in der Lage sind, die Parametervariation des obersten Pyramidenparameters angemessen abzubilden.

Die entsprechenden in dieser Arbeit behandelten Modelle zeigen aber, daß dieses Problem von untergeordneter Bedeutung ist, da sich die kontinuierlichen Parameterverläufe für eine Anpassung durch die ebenfalls kontinuierlichen Verläufe der Arbeitslosigkeitsregressoren gut eignen. Für den Zeitreihenfortschreibungsansatz tritt dieses Problem zudem gar nicht erst auf, da die Trendanpassung über gleitende Durchschnitte die auf die Fehlspezifizierung zurückzuführenden Parameterveränderungen mit einbezieht.

In stärkerem Maße können die erweiterten Teilschätzungen von der zweiten Erscheinungsform der Fehlspezifizierung betroffen sein: Der Tendenz immer größerer Anpassungsabweichungen in Teilschätzungen mit vergrößertem Referenzzeitraum und damit der immer geringeren Eignung für Prognosen. Betroffen sind davon auch die erweiterten Teilschätzungen im Stepwise-Pool-Ansatz, da dieser nur im Fall verschobener Teilregressionen frei von Fehlspezifizierungswirkungen ist.

Gegenüber verschobenen Teilschätzungen tritt der Nachteil auf, daß die Anpassungsgüte von vornherein aufgrund der geringeren Anpassungsflexibilität schlechter ausfällt und damit der Ausgangspunkt für Prognosen in dieser Hinsicht ungünstiger ist. Trotzdem kann davon ausgegangen werden, daß erweiterte Teilschätzungen aufgrund ihrer kontinuierlichen Parameterreihen und stabilen Korrelationsbeziehungen wohl die größten Prognosepotentiale beinhalten. Für Interpretationen eignen sich die Parameterreihen hingegen nur in eingeschränktem Maße, da sie keine aktuellen Parametergewichte repräsentieren.

3.3. Verschobene Teilschätzungen

Verschobene Teilschätzungen liefern aktuelle Parameterwerte und weisen durch ihre besondere Anpassungsflexibilität die höchsten Anpassungspotentiale auf. Hinsichtlich des Prognoseverhaltens zeigen sie jedoch einige spezifische Merkmale, die die Fortschreibungsqualität der Parameterreihen gravierend beeinträchtigen können.

So sind verschobene Teilschätzungen anfällig für Richtungsveränderungen der Parameterkurven sowie für instabile Korrelationsbeziehungen zwischen den Parameterschätzern. Die

Gültigkeit des auf dieser Basis abgeleiteten Gleichungssystems für den Fortschreibungszeitraum ist damit fraglich. Zudem fallen die Korrelationsbeziehungen zwischen den Parametern häufig niedriger aus als bei den erweiterten Teilschätzungen, so daß die Grundvoraussetzungen für den Aufbau eines qualitativ hochwertigen Gleichungssystems schlechter sind.

Verstärkt wird diese Tendenz durch die von Schwankungen überlagerten Parameterkurven, die sich selbst im Falle nicht bestehender Fehlspezifizierung nur schwer durch die Arbeitslosigkeitsregressoren anpassen lassen. Beide Aspekte wirken sich in Form einer Verminderung der Bestimmtheitsmaße in den Parametergleichungen aus. Hohen Anpassungspotentialen und Interpretationsmöglichkeiten auf Basis aktueller Einflußgewichte stehen damit Abstriche bei den Prognosepotentialen gegenüber.

3.4. Teilvariabler Ansatz (Referenzmodellansatz)

Durch die fehlende Möglichkeit, im Zeitablauf die Regressorenstruktur zu ändern, verlaufen die Parameterreihen des teilvariablen Ansatzes kontinuierlicher als die des vollvariablen Ansatzes, da Sprünge in den Parameterkurven durch eine plötzliche Veränderung in der Informationsverteilung zwischen den Regressoren nicht auftreten. Die Trendentwicklung der Parameter kann damit gut abgeschätzt werden, und Fortschreibungen bewegen sich hinsichtlich ihrer Plausibilität in einer engen Bandbreite.

Demgegenüber steht jedoch der Nachteil, daß die Modelle ab dem Zeitpunkt des ersten regressorenverändernden Strukturbruchs fehlspezifiziert sind und in der Parametervariation jetzt auch auf die Fehlspezifizierung zurückzuführende Variationselemente zum Ausdruck kommen. Auf diese Weise werden nicht nur die Interpretationsmöglichkeiten beeinträchtigt, sondern auch die Regressionsfortschreibungsmethode vor das Problem gestellt, daß die Arbeitslosigkeitsregressoren u.U. die Parametervariation des obersten Pyramidenparameters nicht ausreichend erklären können. Die Fortschreibungsergebnisse können dann in nicht unbeachtlichem Maße von externen und nicht berücksichtigten Einflußgrößen abhängen.

3.5. Vollvariabler Ansatz (Stepwise-Pool-Ansatz)

Auch wenn die Modelle des vollvariablen Ansatzes den Eindruck erwecken, von Fehlspezifizierungen nicht betroffen zu sein, so gilt dieses doch nur für die Modelle auf Basis verschobener Teilschätzungen.[224] Aus den Analysen dieser Arbeit läßt sich aber folgern, daß die Fehlspezifizierungswirkungen auch bei den erweiterten Teilschätzungen in bedeutend geringerem Maße eintreten als bei den vergleichbaren Modellen des teilvariablen Ansatzes. Die Konstruktion des Parametergleichungssystems läßt sich i.d.R. mit hohen Bestimmtheitsmaßen durchführen, da durch die Verwendung sprungausgleichender Dummy-Variablen die diskontinuierlichen Verläufe in den Parameterreihen an den Regressorenwechselzeitpunkten ausgeglichen werden.

Probleme bereitet hingegen beim vollvariablen Ansatz die Identifizierung der Trendentwicklung der einzelnen Parameterreihen, da durch die relativ kurzen Zeiträume mit fester Regressorenstruktur die Parameterverlaufsrichtungen schwer abschätzbar sind. Für die Beurteilung der Fortschreibungsplausibilität ergibt sich dadurch die Schwierigkeit, daß vorausgesagte Parameterreihen auf einer großen Bandbreite realistische Werte annehmen können. Da die Parametergleichungsspezifikation auf diese Weise mit Unwägbarkeiten belastet ist, stehen die Fortschreibungs- und damit auch die Prognoseergebnisse in dieser Hinsicht unter höherer Unsicherheit als bei den Referenzmodellansätzen.

Zusätzlich werden sich im Fortschreibungszeitraum durch die geringe Verlaufskontinuität in den Parameterreihen häufig Änderungen der bisherigen Entwicklungsrichtung einstellen, was sich ebenfalls negativ auf die Ausschöpfung der potentiellen Prognoseeigenschaften auswirkt. Im vollvariablen Ansatz stehen sich damit Variabilitätsvorteile und Vorteile durch fehlende bzw. geringe Fehlspezifizierungswirkungen sowie Nachteile durch unsichere Fortschreibungen gegenüber.

3.6. Regressionsfortschreibungsansatz

Der Regressionsfortschreibungsansatz führt teils zu nicht plausiblen Fortschreibungswerten für die Parameter, weil er die Entwicklung des Anpassungszeitraums ungepuffert in den Fortschreibungszeitraum fortsetzt. Daraus resultieren dann in vielen Fällen recht extreme Parameterverläufe.

Auf Richtungsänderungen der Parameterkurven kurz vor dem Beginn des Fortschreibungszeitraums können die anzupassenden Regressionsgleichungen nur unzureichend reagieren. Besondere Fortschreibungsprobleme ergeben sich ferner bei fehlspezifizierten Arbeitslosigkeitsmodellen, da hier häufig die in den Arbeitslosigkeitsregressoren enthaltene Information nicht ausreicht, um die Parameterkurve des obersten Pyramidenparameters angemessen ab-

---

[224] Anm.: Voraussetzung für fehlende Fehlspezifizierungswirkungen ist allerdings, daß die Beobachtungsanzahl pro verschobener Teilschätzung nicht zu groß gewählt wurde.

zubilden. Gleiches gilt für sehr instabile Parameterkurven, die u.U. noch von starken Schwankungen überlagert sind. Schwierigkeiten bereitet auch die Anpassung relativ konstant bzw. sehr kontinuierlich verlaufender Parameterkurven, da in diesen Fällen für die Aufstellung des Parametergleichungssystems eine Vielzahl von Möglichkeiten existiert.

Besondere Probleme bereiten dem Regressionsfortschreibungsansatz instabile Parameterkorrelationen. Sie führen dazu, daß sich die Parameteranpassung auf einen relativ kleinen Zeitraum am Ende der Parameterreihe beschränken muß, da ansonsten kein Gleichungssystem mit hohen Bestimmtheitsmaßen aufgebaut werden kann. Die Sicherheit der Schätzer der daraus abgeleiteten Regressionsgleichungen und deren Gültigkeit für den Fortschreibungszeitraum ist dementsprechend gering.

Von Vorteil ist beim Regressionsfortschreibungsansatz, daß bei richtiger Spezifizierung der Parametergleichungen eine Fortschreibungsentwicklung realisiert werden kann, die nicht nur von den Modelleinflußgrößen abhängig ist und damit relativ willkürfreie Fortschreibungen liefert, sondern die auch Richtungsänderungen im Parameterverlauf während des Fortschreibungszeitraums voraussagen kann. Der Zeitreihenfortschreibungsansatz kann dagegen nur die einmal eingeschlagene Richtung fortsetzen bzw. durch Pufferfaktoren abschwächen. Ein Richtungsumschwung ist hingegen nicht möglich.

Diese Arbeit zeigt allerdings, daß die richtige Spezifizierung der Parametergleichungen aufgrund der schon beschriebenen Widrigkeiten schwierig, und die Gültigkeit für den Fortschreibungszeitraum häufig durch die instabilen Korrelationsbeziehungen beeinträchtigt ist. Damit relativieren sich die Vorteile einer flexibleren Fortschreibungsmöglichkeit durch den Regressionsansatz. In den weitaus meisten Fällen wird sich nur eine Trendfortschreibung ohne Schwankungsberücksichtigung realisieren lassen. Hinsichtlich der Trendidentifikation und Trendfortschreibung ist der Zeitreihenansatz jedoch häufig effizienter.

Als Fazit muß deswegen für den Regressionsfortschreibungsansatz festgehalten werden, daß seine Fortschreibungspotentiale aufgrund der vielen ihn beeinflussenden Widrigkeiten nur in den seltensten Fällen ausgenutzt werden können. Seine größte Effizienz wird er in Kombination mit erweiterten Teilschätzungen haben, da sich bei diesen eine hohe Stabilität hinsichtlich der Parameterverläufe und der Korrelationsbeziehungen ergibt. Insgesamt betrachtet behält der Regressionsansatz jedoch seine wichtige Stellung im Bereich der Fortschreibungsmethoden, da nur mit seiner Hilfe das Parametergleichungssystem aufgebaut werden kann, welches zur Berücksichtigung der Abhängigkeiten zwischen den Parametern notwendig ist.

3.7. Zeitreihenfortschreibungsansatz

Beim Zeitreihenfortschreibungsansatz ist die Fortschreibungsentwicklung der Parameterreihen durch die Wahl der Größe des Stützbereichs zur Berechnung der gleitenden Durchschnitte sowie durch die Festlegung der Stärke der Abschwächung für den Verlauf in die bisherige Trendrichtung besser steuerbar als beim Regressionsfortschreibungsansatz. Zwar besteht dadurch auch ein größerer Raum für Manipulationen der Fortschreibungswerte, völlig unrealistische Fortschreibungen werden jedoch ausgeschlossen.

Stark durch Fehlspezifizierung beeinflußte Modelle stellen die Regressionsfortschreibung vor besondere Schwierigkeiten, da die oberste Pyramidenparameterkurve mit wenig geeigneten Arbeitslosigkeitsregressoren angepaßt werden muß. Der Zeitreihenansatz hat hier Vorteile, da die durch ihn stattfindende Trendberechnung auch die auf die Fehlspezifizierung zurückzuführenden Variationselemente einbezieht. Die Prognosepotentiale des Zeitreihenansatzes sind deswegen bei Fehlspezifizierung in dieser Hinsicht größer.

Weitere Vorteile zeigt der Zeitreihenansatz bei der Verarbeitung von sich kurz vor dem Ende des Zuordnungszeitraums der Parameter ergebenden Verlaufsänderungen der Parameterreihen. Durch eine entsprechend kurze Wahl des Stützbereichs können diese Änderungen angemessen in die Fortschreibung einbezogen werden.

Sicherheits- bzw. Effizienzvorteile im Fortschreibungs- und Prognosebereich weisen die Zeitreihenfortschreibungen auch in den Fällen auf, in denen nur wenige Parameterwerte für die Anpassung zur Verfügung stehen, sowie bei der Anpassung von relativ konstant oder relativ kontinuierlich verlaufenden Parameterkurven. Sehr instabile Parameterverläufe mit starken Schwankungen vermag der Zeitreihenansatz ebenfalls exakter zu glätten und damit die wesentliche Entwicklung der Reihe herauszufiltern als dieses eine Regressionsgleichung vermag.

Wie im vorhergehenden Abschnitt schon beschrieben, kann sich die relativ starre und inflexible Parameterfortschreibung des Zeitreihenansatzes manchmal restriktiv auf die Prognosemöglichkeiten auswirken. Je nachdem, wie gut sich die inflexible und stark am Trend orientierte Fortschreibung für die einzelnen Parameterreihen eignet, kommt der Zeitreihenansatz zu qualitativ mehr oder weniger hochwertigen Prognoseergebnissen. Die Anwendungsbreite für potentiell gute Prognoseergebnisse ist dabei aufgrund der adäquaten Verarbeitung der Fehlspezifizierungswirkungen höher als beim Regressionsansatz.

3.8. Änderungen der Parameterverlaufscharakteristik im Fortschreibungszeitraum

Die vorhergehenden Ausführungen machen deutlich, daß in den in dieser Arbeit verfolgten Modellansätzen einige Eigenheiten und spezifischen Merkmale auftreten, die sie für Fortschreibungswidrigkeiten besonders anfällig machen. Allerdings gibt es auch Teilschätzungs- und Fortschreibungsmethoden-Kombinationen, die relativ resistent gegen die Fortschreibungswidrigkeiten sind. Auch in diesen Modellen zeigte sich jedoch häufig eine nicht ausreichende Prognosequalität.

Zwar läßt sich ein gewisser Anteil der Qualitätsverminderung im Vergleich zu den möglichen Prognosepotentialen auf das Problemfeld instabiler Parameterkorrelationen zurückführen. Der wesentliche und weit überwiegende Anteil wird hingegen durch die strukturellen Verlaufsänderungen in den Parameterreihen innerhalb des Fortschreibungszeitraums verursacht. Keine gegen Prognosewidrigkeiten noch so resistente Fortschreibungsmethode kann jedoch solche strukturellen Änderungen, die sich nicht in den Parameterreihen des Zuordnungszeitraums ankündigen, vorhersehen. Die Struktur des Arbeitslosigkeitsproblems und die Entwicklung der Einflußgrößen auf die Arbeitslosigkeit macht es damit unmöglich, die Prognosepotentiale der untersuchten Modellvarianten auch nur annähernd auszuschöpfen.

Nicht zu vernachlässigen sind aber auch die Schwierigkeiten, die bei einigen Modellvarianten während der Modellkonstruktion aufgetreten sind und teils sogar die Modellaufstellung verhinderten. Sie werden zusammenfassend und überblicksmäßig im nächsten Abschnitt behandelt.

4. Problemfelder in der Phase der Modellkonstruktion

Variable Regressionsmodelle auf Basis verschobener oder erweiterter Teilschätzungen benötigen für ihre Konstruktion eine Vielzahl von Beobachtungszeitpunkten. Es müssen sich nämlich mit dem vorliegenden Datenmaterial mindestens so viele Teilregressionen durchführen lassen, daß an die daraus abgeleiteten Parameterkurven ein Regressionsgleichungssystem angepaßt werden kann. Wird die in dieser Arbeit pro verschobener Teilschätzung verwendete Beobachtungsanzahl von 36 Zeitpunkten zugrundegelegt, und gleiches für eine aussagekräftige Parameterkurvengleichungsanpassung unterstellt, so sind bereits 71 Beobachtungszeitpunkte für die Modellkonstruktion notwendig. Für Jahresdaten werden nur selten so lange Referenzzeiträume zur Verfügung stehen. Dementsprechend sind unterjährige Beobachtungszuordnungen notwendig (z.B. Halbjahres-, Vierteljahres- oder Monatsdaten).

Auf diese Weise ergibt sich einerseits das Problem der Datenerzeugung für die nicht in dieser Abgrenzung vorliegenden Variablen und andererseits das Problem der Saisonbereinigung, um die besonderen Schwierigkeiten der Saisonschwankungen für die Datenerzeugung und Modellschätzung auszuschalten. Beides führt dazu, daß bereits im Ausgangsdatenmaterial Ungenauigkeiten auftreten, und Verlaufsannahmen getroffen werden müssen. Allerdings muß hinzugefügt werden, daß diese Ungenauigkeiten hauptsächlich theoretische, und weniger praktische Bedeutung haben.

Einen besonderen Problembereich stellt die Stepwise-Regressorenauswahlmethode dar. Da aufgrund der Vielzahl durchzuführender Auswahlen ein standardisiertes und programmierbares Verfahren unabdingbar ist, kann es hier nicht um die Einschätzung und Kritik der generellen Vorgehensweise einer schematischen Auswahl gehen. Vielmehr sollen die speziellen Problempunkte des Stepwise-Verfahrens dargelegt werden; und dies vor dem Hintergrund, daß die Stepwise-Auswahlmethode nur eine Möglichkeit zur standardisierten Regressorenfestlegung ist, und die vollvariablen Modelle entsprechend auch mit anderen Auswahlverfahren konstruiert werden können.

Der erste Problempunkt betrifft die Situation, daß in die Stepwise-Auswahlentscheidung zu einem gewissen Teil Zufallselemente einfließen. Gerade bei hohen Korrelationen zwischen den möglichen erklärenden Variablen kann es zu Verdrängungen der eigentlichen Regressoren kommen. Eine unterschiedliche Festlegung der Grenzsignifikanzwerte für die Aufnahme einer Regressors ins Modell bzw. die Entfernung eines Regressors aus dem Modell kann ebenfalls entscheidend das Auswahlergebnis beeinflussen.

All diese Argumente gegen die Stepwise-Auswahl und auch gegen die generelle Verwendung schematischer Auswahlverfahren haben besondere Relevanz bei einer einzelnen Auswahlentscheidung. Aus den Ausführungen zur Ableitung der vollvariablen Modelle ist jedoch zu entnehmen, daß die einzelne Auswahlentscheidung für die Festlegung der Regressorenstruktur des Modells keine so große Rolle spielt wie bei den statischen Regressionsmodellen. Vielmehr ergeben sich die Regressorenstrukturen der einzelnen Zeitintervalle aus den Auswahlergebnissen vieler hintereinander durchgeführter Teilregressionen. Damit relativiert sich das Problem der Zufallselemente in der Regressorenauswahl, da davon ausgegangen werden kann, daß sich die tatsächlichen Regressoren in der Summe der Teilschätzungen durchsetzen werden.

Daß beim Stepwise-Pool-Ansatz die Festlegung der die Arbeitslosigkeit im jeweiligen Teilzeitraum steuernden Regressoren nicht immer möglich ist, zeigt das vollvariable MTV-Modell. Durch die geringe Datenkontinuität zwischen den Teilschätzungen sowie durch hohe Korrelationsbeziehungen begünstigt, ergeben sich derart heterogene Auswahlergebnisse, daß keine eindeutige oder zumindest dominierende Regressorenstruktur abgeleitet werden kann. Besondere und nicht lösbare Probleme bereitet dabei zudem die Positionierung der Strukturwechselzeitpunkte. Die Aufstellung eines vollvariablen und auf verschobenen Teilschätzungen basierenden Modells kann dementsprechend nicht von vornherein als sicher angenommen werden.

Für die erweiterten Teilschätzungen tritt das Problem der Regressorenstrukturidentifikation aufgrund der starken Datenkontinuität zwischen den Teilschätzungen nicht auf. Beeinträchtigungen können sich dagegen aufgrund der durch die große Beobachtungsanzahl pro Teilschätzung häufig anzutreffenden Verletzungen der Regressionsvoraussetzungen einstellen. So muß insbesondere mit hoher Multikollinearität und hoher Autokorrelation der Störvariablen gerechnet werden. Beides kann sich auch negativ auf die der Stepwise-Auswahl zugrundeliegenden Signifikanzwerte der Regressoren auswirken. Die Auswahlentscheidungen stehen daher unter höherer Unsicherheit als bei den verschobenen Teilschätzungen. Zudem ergibt sich das Problem, daß die Schätzerqualität der Parameter beeinträchtigt werden kann.

Das zuletzt genannte Problem wird sich dann natürlich in gleicher Weise bei den statischen Gesamtschätzungsmodellen einstellen und u.U. ihre Verwendung behindern oder sogar ausschließen. Damit kann auch bei den vollvariablen Modellen auf Basis erweiterter Teilregressionen nicht von vornherein davon ausgegangen werden, daß eine qualitativ hochwertige und auf sicherer Auswahlgrundlage beruhende Modellkonstruktion möglich ist. Dementsprechend sind Situationen denkbar, in denen der vollvariable Ansatz weder auf Basis verschobener noch auf Basis erweiterter Teilschätzungen zu einem befriedigenden Ergebnis führt. Der teilvariable Ansatz wird dann die einzig verbleibende Alternative sein.

Auch das Problem der Behandlung regressorenverändernder Strukturbrüche kurz vor dem Ende des Referenzzeitraums betrifft die Konstruktion vollvariabler Regressionsmodelle. Hier gilt es, die schwierige Entscheidung zu treffen, ob die bisherige Regressorenstruktur beibehalten und damit eine Fehlspezifizierung in Kauf genommen wird, oder auf die neue Regressorenstruktur übergegangen wird und damit höhere Fortschreibungsunsicherheiten akzeptiert werden.

Die Ausführungen machen deutlich, daß die Konstruktion vollvariabler Regressionsmodelle nicht nur handhabungs- und rechentechnisch komplizierter ist, sondern auch eine ganze Reihe weiterer Konstruktionsprobleme mit sich bringt. All diese negativen Faktoren müssen erst einmal durch die höheren Anpassungs- und Prognosepotentiale überkompensiert werden, bevor die vollvariablen Modelle gegenüber den teilvariablen Modellen Effizienzvorteile erlangen.

5. Gesamteinschätzung variabler Regressionsansätze

Die spezielle Struktur des Arbeitslosigkeitsproblems sowie die Entwicklung der die Arbeitslosigkeit steuernden Einflußgrößen machen es weitgehend unmöglich, die Prognosepotentiale der untersuchten Modellansätze auszuschöpfen. Insbesondere die vielfach im Fortschreibungszeitraum aufgetretenen Verlaufsänderungen in den Parameterkurven verhindern ein besseres Prognoseverhalten der Modelle. Gleichzeitig führt dies dazu, daß aus der konstanten Parameterfortschreibungsmethode häufig die qualitativ besten Prognoseergebnisse resultieren[225], weil die konstante Weiterentwicklung geringere Differenzen zwischen den tatsächlichen und den fortgeschriebenen Parameterkurven hervorbringt als die dem bisherigen Trendverlauf folgenden Regressions- bzw. Zeitreihenfortschreibungsansätze.

Auf diese Weise können die Prognosepotentiale der unterschiedlichen Modellansätze nur andeutungsweise und theoretisch untermauert abgeschätzt werden. Dieser in gewisser Hinsicht unbefriedigenden Einschätzung steht der positive Aspekt gegenüber, daß aufgrund der Struktur des Arbeitslosigkeitsproblems eine Vielzahl von fortschreibungs- und prognosebeeinflussenden Widrigkeiten deutlich wird. Dadurch kann herausgearbeitet werden, inwieweit die einzelnen Modellvarianten im Stande sind, die aufgetretenen Widrigkeiten zu verarbeiten. Gleichzeitig wird das Dilemma einer die Abhängigkeiten zwischen den Parametern berücksichtigenden Fortschreibung innerhalb separater Fortschreibungsansätze durch die Einführung der Parametergleichungspyramide gelöst.

Als weiteres Ergebnis bleibt festzuhalten, daß die Anwendung eines Belsley-Modell-Ansatzes, abgesehen von einfachsten Problemstellungen, zu keinen erfolgversprechenden Prognoseleistungen führt, und die Parameteridentifikation i.d.R. nicht möglich ist.

Die Anpassungsgüte variabler Regressionsmodelle ist erheblich besser als die statischer Modelle. Eine Erhöhung der Anpassungsflexibilität und damit auch eine Erhöhung der Anpassungsgüte ist durch die Verkürzung des Beobachtungsabstandes zwischen je zwei Beobachtungszeitpunkten zu erreichen. Dem entgegen wirkt jedoch die für eine aussagekräftige Regression notwendige Anzahl von Beobachtungen pro Teilschätzung. Die dabei zu beachtenden Bedingungen sind in dieser Arbeit aufgezeigt worden.

---

[225] Anm.: Es sei hier vernachlässigt, daß selbst diese beste Qualität oft nicht akzeptabel ist.

XIII. Chancen und Grenzen variabler Regressionsmodelle

Die in der Literaturauswertungskritik geäußerte Tendenz, daß in vielen variablen Regressionsmodellen die Parameterverläufe nicht offengelegt werden, wird in dieser Arbeit begegnet. Insbesondere die verschobenen Teilschätzungen liefern ein hervorragendes Instrument zur Verdeutlichung der Parameterverläufe und ermöglichen damit aussagekräftige und auf aktuellen Parameterwerten basierende Interpretationen. Durch die separate Anpassung und Fortschreibung der Parametergleichungen ist die Identifizierbarkeit der Gleichungskoeffizienten und der fortgeschriebenen Parameterwerte immer gewährleistet.

Die aufgrund von Plausibilitätsüberlegungen durchgeführten Analysen auf Basis erweiterter Teilschätzungen bestätigen die Vermutung der Hervorbringung günstiger Fortschreibungsparameterreihen.

Desweiteren ist es gelungen, eine variable Regressorenstruktur neben einer variablen Parameterstruktur in den entsprechenden Modellen zu verbinden und damit die verzerrenden Wirkungen der Fehlspezifizierung des Arbeitslosigkeitsgrundmodells zumindest bei den verschobenen Teilschätzungen zu beseitigen. Wenn auch aufgrund der besonders starken Fortschreibungswidrigkeiten in diesen vollvariablen Modellvarianten keine eindeutige Verbesserung des Prognoseverhaltens festgestellt werden kann, so kann doch eine gegenüber den teilvariablen Ansätzen vielfach bessere Anpassungsgüte konstatiert werden.

Ob diese Verbesserungen bzw. die aufgezeigten Verbesserungspotentiale der vollvariablen Modellansätze den erheblich höheren rechentechnischen Aufwand und die bedeutend größeren Modellkonstruktions- und Handhabungsschwierigkeiten rechtfertigen, sei im Hinblick auf das hier behandelte Problemfeld der Arbeitslosigkeit dahingestellt. Generell wird sich die Anwendung des Stepwise-Pool-Ansatzes jedoch immer dann lohnen, wenn sehr umfassende Regressorenveränderungen durch die Strukturbrüche bewirkt werden und häufige Regressorenwechselzeitpunkte auftreten.

Ein weiterer Vorteil der behandelten Modellansätze gegenüber einigen in der Literatur vorgestellten Modellen ist die gute Durchschaubarkeit und Nachvollziehbarkeit jedes einzelnen Rechenschritts. Es wird nicht nur das Endergebnis nach einem Black-Box-Prozeß vorgestellt, sondern auch die einzelnen Schritte zum Endergebnis hin. Auf diese Weise ergeben sich während der Berechnungen viele Hinweise und Informationen hinsichtlich des Problemgegenstandes und seiner inneren Struktur, die für eine anschließende detaillierte Interpretation von großem Nutzen sind.

XIV. Interpretation der Ergebnisse der variablen Arbeitslosigkeits-Regressionsmodelle

1. Allgemeines

2. Die Haupteinflußfaktoren auf die Arbeitslosigkeitsentwicklung und deren Gewichtung

3. Die makroökonomischen Theorien im Lichte der ökonometrischen Analyseergebnisse

4. Arbeitslosigkeitssenkende Maßnahmen

XIV. Interpretation der Ergebnisse der variablen Arbeitslosigkeits-Regressionsmodelle

1. Allgemeines

Während es im vorhergehenden Kapitel um die Beurteilung und Einschätzung des statistischen Problemgegenstandes dieser Arbeit ging, sollen in diesem Kapitel die Ergebnisse hinsichtlich des thematischen Problemgegenstandes der Arbeitslosigkeit näher beleuchtet werden. Für die Interpretationen werden dabei die Parameterreihen der verschobenen Teilschätzungen auf der Datenbasis 1960-1990 verwendet, da sie sich aufgrund ihrer Aktualität und starken Zuordnungszeitpunktbezogenheit erheblich besser für Strukturanalysen eignen als die Reihen erweiterter Teilschätzungen.

Im Mittelpunkt der folgenden Ausführungen stehen primär die Parameterreihen des VTV-Referenzmodellansatzes und die des VTV-Stepwise-Pool-Ansatzes. Aufgrund der im Hinblick auf Interpretationsfragen nur unwesentlichen Unterschiede zwischen den VTV- und den MTV-Referenzmodellansatz-Parameterreihen wird auf eine gesonderte Darstellung der MTV-Reihen verzichtet.

2. Die Haupteinflußfaktoren auf die Arbeitslosigkeitsentwicklung und deren Gewichtung

Aus den Analysen der einzelnen Modelle in den Kapiteln XI und XII ist bereits die starke Verwandtschaft zwischen den statischen und variablen Regressionsmodellen hinsichtlich der einbezogenen Regressoren[226] und im Hinblick auf die Einflußstärken dieser Regressoren bekannt. Dementsprechend sollten parallel zu den hier vorgenommenen Interpretationen auch die Ausführungen des Abschnitts 2.4. im Kapitel VII zur Interpretation der Ergebnisse des statischen Jahresdatenregressionsmodells herangezogen werden. Die meisten dort vorgenommenen Einschätzungen sind auch für die variablen Regressionsmodelle gültig.

Zur besseren Übersicht werden im folgenden die für die Interpretationen wesentlichen Kennziffern der verwendeten Modelle in den Tabellen 65 und 66 kurz dargestellt.

Legende: % : Gleiche prozentuale Veränderung aller Regressoren
             abs. : Tatsächliche durchschnittliche absolute Veränderungen der Regressoren (auf Jahresbasis)

---

[226] Anm.: Diese Feststellung bezieht sich insbesondere auf die vollvariablen Modelle, da die Regressorenstruktur zwischen den statischen und den teilvariablen Modellen aufgrund der Konstruktionsweise letzterer Modelle immer gleich ist.

XIV. Interpretation der Arbeitslosigkeitsmodelle

Bandbreite der Kennziffern der für die Interpretation verwendeten Modelle:

(a) VTV-Referenzmodellansatz:

	Parameterschätzer			stand. Schätzer 1980-90		partielles Best.-maß
	1964 - 69	1969 - 73	1973 - 86	%	abs.	1980-90
CONSTANT	≈ 40.000	37.000 → - 30.000	≈ - 20.000	—	—	≈ 0,60
EP	≈ - 1,5	- 1,4 → 1,1	≈ 0,8	1 → 2	203,4	≈ 0,70
GELDV	≈ 9,5	8,0 → - 1,0	- 1,0 → 3,0 → - 1,0	-0,1 → -0,3	- 57,5	≈ 0,07
BSPM85	≈ 18	16 → - 20	- 20 → - 12	- 2 → - 8,5	- 500,0	≈ 0,94
APROD85	≈ - 0,6	- 0,5 → 0,5	≈ 0,4	1,9 → 6,0	372,4	≈ 0,91

Tab. 65

(b) VTV-Stepwise-Pool-Ansatz:

	Parameterschätzer					stand. Schätzer 1980-90		part. Best.-maß
	1964-69	1969-71	1971-74	1974-80	1980-86	%	abs.	1980-90
CONSTANT	≈ 10.000	≈ 5.000	≈ -30000	≈ 2.000	≈ 3.000	—	—	≈ 0,50
EP	- 0,4 → - 0,15	≈ 0,2	≈ 1,1	—	—	—	—	—
BSPM85	—	≈ - 4,0	≈ - 21,0	≈ - 9,0	- 3 → - 9	- 0,5 → - 7	- 345,9	≈ 0,75
APROD85	—	—	≈ 0,45	0,1 → - 0,1	—	—	—	—
TOFT85	—	—	≈ 1,0	≈ - 6,0	4 → - 12	0 → -0,1	- 9,7	≈ 0,30
BEUV85	≈ - 6,0	≈ 0,5	0 → 5,0	7 → 3	—	—	—	—
STAUSG85	—	≈ 18	30 → 10	10 → - 20	- 20 → 7	-1 → 0,2	- 103,6	≈ 0,50
ABSCHR85	≈ 8,0	≈ 6,0	≈ 6,0	2 → 70	62 → 75	2 → 7	423,9	≈ 0,93

Tab. 66

Die Größenkonstellation der Parameterschätzwerte des VTV-Referenzmodellansatzes entspricht im Zuordnungszeitraum 1973-1986 der des statischen Regressionsmodells. In den vorhergehenden Zeitpunkten gibt es dagegen gravierende Unterschiede. Dabei kommt es auch zu einem Wechsel des grundsätzlichen Modellaufbaus. Alle Parameter verändern zu Beginn der 70er Jahre ihr Vorzeichen und damit ihre Einflußrichtung. Während in den 70er und 80er Jahren eine Modellstruktur vorliegt, die von einer negativen Konstanten und damit von einer Art Grundbeschäftigung ausgeht, von der aus die Arbeitslosigkeit dann indirekt über den Bedarf an zusätzlicher Beschäftigung, repräsentiert durch die Entwicklung des BSPM85 und über das Angebot an Arbeitskräften, ausgedrückt durch die Erwerbspersonen, erklärt wird, ergibt sich in den 60er Jahren eine von einer positiven Konstanten ausgehende Modellstruktur. Die Vorzeichen der Parameter widersprechen dabei im zuletzt genannten Zeitraum jeglicher volkswirtschaftlicher Arbeitsmarkttheorie.

Als Grund kann vermutet werden, daß es in den 60er Jahren, abgesehen von der relativ kurzen Rezession in den Jahren 1967/68, einen Nachfrageüberschuß auf dem Arbeitsmarkt gegeben hat, während es in den 70er und 80er Jahren zu einem Angebotsüberschuß kam. Die Arbeitslosigkeit in den 60er Jahren resultierte dementsprechend nicht aus ökonomisch bedingten Angebots- und Nachfrageeinflüssen[227], sondern ergab sich im wesentlichen aus Marktunvollkommenheiten und friktioneller Arbeitslosigkeit. Die ins Modell einbezogenen Regressoren drücken jedoch nur angebots- oder nachfrageseitige Einflußfaktoren aus, so daß sie die tatsächlichen Einflußfaktoren nicht repräsentieren können. Damit handelt es sich bei der Regressionsanpassung in diesen Jahren weitgehend um eine rein mathematische Anpassung der Regressoren an die Arbeitslosigkeitskurve ohne kausalen Erklärungswert. Die aufgezeigten Zusammenhänge sind entsprechend als Pseudozusammenhänge zu werten. Die Regressorenstruktur des Referenzmodellansatzes kann damit nur in Situationen eines Angebotsüberschusses auf dem Arbeitsmarkt Verwendung finden, da auftretende Arbeitslosigkeit ausschließlich in solchen Situationen durch angebots- und nachfrageseitige Faktoren gesteuert wird.

Eine Verschiebung des Beginns des Referenzzeitraums auf den Anfang der 70er Jahre wäre in dieser Hinsicht geeigneter gewesen. Andererseits stören die Regressanden- und Regressorenwerte der 60er Jahre die Modellschätzung nicht gravierend, da die Gesamtschätzungen ähnliche Parameterschätzwerte liefern wie die aktuellen und von Beobachtungen aus den 60er Jahren unbeeinflußten verschobenen Teilschätzungen der 70er und 80er Jahre.

Für die verschobenen Stepwise-Pool-Modelle muß berücksichtigt werden, daß auch hier keine sinnvolle Interpretation der Parameterschätzwerte mit Zuordnungszeitpunkten in den 60er Jahren möglich ist. Innerhalb des Regressorenpools sind nämlich keine die friktionelle

---

[227] Anm.: Denn in diesem Fall hätte es keine Arbeitslosigkeit gegeben.

XIV. Interpretation der Arbeitslosigkeitsmodelle 319

Arbeitslosigkeit und Marktunvollkommenheiten repräsentierende Variablen enthalten, so daß auch bei diesen Modellen von Pseudozusammenhängen ausgegangen werden muß.

Ein weiterer Beleg dafür, daß während der 60er Jahre keine vom Produktionsvolumen und von der Produktivitätsentwicklung beeinflußte Arbeitslosigkeit auftritt, ist die Tatsache, daß die mit Abstand wichtigsten Regressoren für die Arbeitslosigkeitserklärung der 70er und 80er Jahre, BSPM85 und APROD85, im VTV-Stepwise-Pool-Modell-Ansatz in den 60er Jahren nicht im Modell vertreten sind. Erst danach werden sie ins Modell aufgenommen und entfalten mit dem zunehmenden Mißverhältnis zwischen Arbeitsangebot und Arbeitsnachfrage ihre starke Wirkung. Die sich aus dem Referenzmodell ergebende Regressorenstruktur entstammt damit der Einflußkonstellation der 70er und 80er Jahre und ist, da sich in den 90er Jahren keine wesentlichen Änderungen auf dem Arbeitsmarkt abzeichnen, prinzipiell auch für diesen Zeitraum zur Erklärung der Arbeitslosigkeit geeignet.

Die Regressorenstruktur des VTV-Stepwise-Pool-Modells weist oberflächlich betrachtet relativ große Differenzen zum entsprechenden Referenzmodellansatz auf. So ist der Regressor APROD85 nicht bis zum Ende des Referenzzeitraums im Modell enthalten, und auch die für das Arbeitsangebot stehende Variable EP verläßt Mitte der 70er Jahre das Modell. Dabei muß allerdings berücksichtigt werden, daß die Grundstruktur des Stepwise-Pool-Modells von der des Referenzmodellansatzes abweicht. Nur im Zeitraum von 1971-1974 basiert das Modell auf einem durch die negative Konstante repräsentierten Grundbeschäftigungslevel, welcher aus dem Referenzmodell bekannt ist. Danach setzt sich ein positiver Parameterwert für die Konstante durch. Dieser drückt eine Art fiktive Basisarbeitslosigkeit aus, die sich bei der jeweils zugrundeliegenden Erwerbspersonenzahl ergibt. Die Konstante kann damit als die Zusammenfassung von Grundbeschäftigungslevel und Arbeitsangebotslevel betrachtet werden. Dabei übersteigt der Arbeitsangebotslevel den Grundbeschäftigungslevel und verursacht die fiktive Basisarbeitslosigkeit. Die tatsächliche Arbeitslosigkeit ergibt sich dann im wesentlichen durch produktionsseitige Einflußfaktoren, die als arbeitsnachfragende Komponenten auf die Arbeitslosigkeitshöhe einwirken. Auf diese Weise kommt auch im vollvariablen Modell die angebots- und nachfrageseitige Steuerung der Arbeitslosigkeit zum Ausdruck, so daß der grundsätzliche Modellaufbau durchaus dem der teilvariablen Modelle ähnlich ist.

Werden die standardisierten Schätzer des vollvariablen Modells betrachtet, so zeigt sich, daß der Regressor ABSCHR85 zusammen mit dem BSPM85 den weitaus größten Einfluß auf die Arbeitslosigkeit ausübt. ABSCHR85 ist damit an die Stelle von APROD85 getreten bzw. hat APROD85 verdrängt, da parallel zur Abnahme des Einflußgewichts von APROD85 der Einfluß von ABSCHR85 ansteigt. Die Abschreibungen stehen in starkem Zusammenhang zu den Investitionen. Die Investitionen verschieben sich jedoch in den 70er und Anfang der 80er Jahre anteilmäßig immer stärker hin zu den Rationalisierungsinvestitionen und weg von den Erweiterungsinvestitionen.[228] Arbeitsproduktivitätssteigerungen resultieren aber im wesentlichen aus Rationalisierungsinvestitionen und dem Einsatz technisch fortgeschrittener Technologien. Die Entwicklung der Abschreibungen drückt damit einen wesentlichen Teil der Arbeitsproduktivitätsentwicklung aus, so daß die Verdrängung von APROD85 durch große Informationsüberschneidungen zu erklären ist.

Werden die standardisierten Schätzer auf Basis tatsächlicher durchschnittlicher Veränderungen bezogen auf die 80er Jahre verglichen, so wird deutlich, worauf der starke Anstieg der Arbeitslosigkeit in dieser Zeit zurückzuführen ist.

Hinsichtlich des teilvariablen Modells bewirkt die auf den Jahreszeitraum bezogene durchschnittliche Veränderung des Bruttosozialprodukts ceteris paribus eine Beschäftigungsausweitung von rd. 500.000 Personen pro Jahr. In die gleiche Richtung zielt die Ausweitung des GELDV, welche jedoch mit rd. 57.500 Personen eine relativ geringe Beschäftigungswirkung aufweist. Zudem ist die Wirkungsrichtung nicht über den gesamten Zeitraum der 80er Jahre hinweg positiv. Eindeutig arbeitslosigkeitserhöhende Wirkungen entfalten dagegen die Regressoren EP und APROD85. Ein Großteil der durch die Ausweitung der volkswirtschaftlichen Leistungserstellung potentiell möglichen Beschäftigungseffekte wird so bereits durch den Anstieg der Arbeitsproduktivität aufgezehrt (rd. 372.400 Personen). Damit ergeben sich aus der volkswirtschaftlichen Leistungserstellung per Saldo aber immer noch arbeitslosigkeitsvermindernde Effekte. Die Arbeitsnachfrageseite führt in den 80er Jahren somit zu einer Entlastung des Arbeitsmarktes um rd. 127.600 Personen pro Jahr.

Belastend wirkt sich jedoch die Entwicklung des Arbeitsangebotes aus. Die starke Erhöhung der Zahl der Erwerbspersonen führt separat betrachtet zu einer durchschnittlichen Steigerung der Arbeitslosigkeit von rd. 203.400 Personen pro Jahr, so daß die entlastende Wirkung der volkswirtschaftlichen Produktionsseite überkompensiert wird.

Im Stepwise-Pool-Modell bestätigt sich dieses Bild. Modellbasis ist der sich aus der Grundbeschäftigung und Erwerbspersonenanzahlentwicklung ergebende fiktive Arbeitslosenlevel von rd. 3 Millionen Menschen. Arbeitslosigkeitsvermindernd wirkt sich wiederum die Entwicklung des BSPM85 mit ceteris paribus rd. 345.900 zusätzlichen potentiellen Arbeitsplätzen pro Jahr aus. Da die Sozialproduktkomponente der STAUSG85 als zusätzlicher Regressor im Modell vertreten ist, müssen die aus dem Staatsausgabensektor resultierenden Beschäftigungseffekte noch zusätzlich berücksichtigt werden (rd. 103.600 Arbeitsplätze). Damit ergibt sich aus dem volkswirtschaftlichen Leistungserstellungsprozeß eine separate

---

[228] Vgl. WEICHSELBERGER, A. - Westdeutsche Industrie: Massiver Investitionsrückschlag, in: IFO-Schnelldienst, 46. Jg. (1993), Nr. 19, S. 6 ff.

Beschäftigungswirkung von rd. 450.000 zusätzlichen Arbeitsplätzen pro Jahr. Dem entgegen wirkt auch hier die Arbeitsproduktivitätsentwicklung, repräsentiert durch den Regressor ABSCHR85, die zu einem Arbeitskräfteeinspareffekt von rd. 423.900 Arbeitsplätzen pro Jahr führt. Die volkswirtschaftliche Leistungserstellung wirkt sich wiederum im Saldo entlastend auf den Arbeitsmarkt aus.

Diese Entlastung kann in der ersten Hälfte der 80er Jahre jedoch nur zu einer Abschwächung des Anstiegs der Arbeitslosigkeit führen, da die zusätzliche Arbeitsnachfrage nicht ausreichend ist, um die neu auf den Markt drängenden Erwerbspersonen sowie die bisherigen Arbeitslosen in den Arbeitsprozeß aufzunehmen. Gegen Ende der 80er Jahre kehrt sich dieses Bild ein wenig um, so daß die Arbeitslosigkeit zwar nicht entscheidend, jedoch zumindest merklich zurückgeführt werden kann. Grund dafür sind die in dieser Zeit besonders starken Wachstumskräfte, die zu einer jährlichen Steigerung der potentiellen Arbeitsnachfrage um rd. 700.000 Personen (Durchschnitt für die Jahre 1988-1990) führen. Eine positivere Arbeitsmarktbilanz wird durch den unvermindert starken Zuwachs der Erwerbspersonen und durch eine Ende der 80er Jahre besonders dynamische Arbeitsproduktivitätsentwicklung verhindert.

Im Stepwise-Pool-Modell sind die Terms-of-Trade und damit die Austauschverhältnisse auf dem Weltmarkt aus Sicht der Bundesrepublik als weiterer Einflußfaktor vertreten. Sie haben sich, über das gesamte Jahrzehnt der 80er Jahre betrachtet, positiv für die Exportchancen der deutschen Wirtschaft entwickelt, so daß von ihnen eine arbeitslosigkeitsvermindernde Wirkung ausgeht. Ihre Wirkungsstärke ist jedoch vernachlässigbar gering. Allerdings darf die Bedeutung des Außenwirtschaftssektors für die Beschäftigungsentwicklung nicht allein an der Wirkungsstärke von TOFT85 beurteilt werden, da der Außenbeitrag zusätzlich als Komponente des Sozialprodukts im Modell vertreten ist.

Anhand der Einflußstärken, aber auch anhand der durch die partiellen Bestimmtheitsmaße ausgedrückten zusätzlichen Erklärungskraft für die Arbeitslosenentwicklung ergibt sich, daß das GELDV im Referenzmodellansatz und die TOFT85 im Stepwise-Pool-Ansatz keine wesentlichen Modellstützen sind.

Zur Analyse der Struktur des Stepwise-Pool-Modells hinsichtlich der einbezogenen Regressoren und der grundsätzlichen Entwicklung der Parameterverläufe sowie zu den ökonomischen Hintergründen wurden in diesem Abschnitt an verschiedenen Stellen bereits einige Ausführungen gemacht. Zusammenfassend ergibt sich dabei folgendes Bild des Stepwise-Pool-Modells: Ab Anfang der 70er Jahre stellt sich auf dem Arbeitsmarkt eine durch ein Überschußangebot an Arbeitskräften bzw. eine ungenügende Nachfrage nach Arbeitskräften zu erklärende Arbeitslosigkeit ein, welche dazu führt, daß sich die Parameterreihen der Regressoren aus ihren Pseudozusammenhangsverläufen hin zu ökonomisch plausiblen Entwicklungen verändern. Zugleich werden wichtige, die volkswirtschaftliche Leistungserstellung und damit auch die Nachfrageseite nach Arbeitskräften repräsentierende Einflußfaktoren ins Modell aufgenommen (BSPM85, APROD85, STAUSG85). Mitte der 70er Jahre kommt es zur Veränderung des Modellgrundaufbaus, indem die Arbeitsangebotsseite des Modells (EP) mit der Konstanten zusammengefaßt wird. Anfang der 80er Jahre deckt der Regressor ABSCHR85 so große Teile der Informationen von APROD85 ab, daß APROD85 seine wichtige Stellung im Modell verliert und das Modell verläßt. Gleichzeitig scheidet auch die Variable BEUV85 aus dem Modell aus. Ihr Beirag zur Arbeitslosigkeitserklärung wird ebenfalls durch die ABSCHR85 übernommen.

Aus dieser Darstellung der sich an den Regressorenwechselpunkten vollziehenden Veränderung der Informationsverteilung wird deutlich, daß nur die Wechselzeitpunkte 1969,3 und 1971,2 auf Veränderungen der ökonomischen Situation auf dem Arbeitsmarkt (Wechsel vom Angebots- zum Nachfragemarkt) zurückzuführen sind. Eventuell kann auch die Grundstrukturveränderung ab 1974,4 noch unter diesen Aspekt gefaßt werden (extreme weitere Verschiebung zum Nachfragemarkt mit großen Diskrepanzen zwischen Angebot und Nachfrage). Allerdings zeigen die Ergebnisse des Referenzmodellansatzes, daß es zu einer solchen Veränderung der Grundstruktur nicht unbedingt hätte kommen müssen.

Insbesondere der Wechselpunkt 1980,3 wird durch eine alleinige Verschiebung der Eignung der Regressoren zur Arbeitslosigkeitserklärung verursacht, ohne daß es zu wesentlichen Veränderungen ökonomischer Einflußfelder kommt. In den 70er und 80er Jahren wird die Arbeitslosigkeit dementsprechend durch die Entwicklung des volkswirtschaftlichen Leistungserstellungsprozesses und der zugrundeliegenden Arbeitsproduktivitäten sowie durch das Arbeitskräfteangebot bestimmt.

3. Die makroökonomischen Theorien im Lichte der ökonometrischen Analyseergebnisse

Sowohl die Modelle des Referenzmodellansatzes als auch die des Stepwise-Pool-Ansatzes reproduzieren das in den meisten makroökonomischen Theorien zugrundegelegte Arbeitsangebots-Arbeitsnachfrageschema als Grundlage für die Arbeitslosigkeitserklärung. Die herausgehobene Stellung der Investitionstätigkeit für die Entwicklung auf dem Arbeitsmarkt, die durch alle makroökonomischen Richtungen mehr oder weniger stark angedeutet wird, wird in den Modellen dieser Arbeit nicht direkt bestätigt. So spielt die Variable der Anlageinvestitionen (AINV85) in keinem Modell eine wesentliche Rolle. Allerdings wirken die Investitionen als Teil der gesamtwirtschaftlichen Nachfrage über das Sozialprodukt auf die Arbeitslosigkeit ein. Allein aufgrund der Wirkung über das Sozialprodukt spricht jedoch noch nichts dafür, die Investitionen in der wirtschaftstheoretischen Diskussion mit höherem Gewicht zu versehen als die anderen Sozialproduktskomponenten Staatsausgaben, privater Konsum und Außenbeitrag.

Werden aber die Interdependenzen zwischen den Investitionen und anderen zentralen Modellregressoren betrachtet, so zeigt sich, daß es neben der Komponentenwirkung über das Sozialprodukt noch weitere indirekte Wirkungen gibt. Der technische Fortschritt ist eine wesentliche Quelle für Arbeitsproduktivitätssteigerungen. Bevor es dazu jedoch kommen kann, muß er sich erst in Form von Rationalisierungsinvestitionen oder in Form von Erweiterungsinvestitionen auf höherem technischen Niveau manifestieren. Damit besteht eine enge Kopplung zwischen der Arbeitsproduktivität, den Investitionen und den Abschreibungen. Die Arbeitsproduktivität bzw. die Abschreibungen sind aber für die einzelnen Modelle in dieser Arbeit von herausragender Bedeutung. Die Investitionstätigkeit beeinflußt auf diese Weise die beiden wichtigsten Einflußfaktoren auf die Arbeitslosigkeitsentwicklung (BSPM85, APROD85 bzw. ABSCHR85).

Zu beachten ist dabei jedoch, daß die hervorgehobene Bedeutung der Investitionen in den makroökonomischen Theorien nur dann gerechtfertigt ist, wenn sie in Kopplung bzw. als Träger des technischen Fortschritts berücksichtigt werden. Da der technische Fortschritt in den meisten makroökonomischen Modellen und Erörterungen jedoch konstant gesetzt wird, die Investitionen also ihre besondere Wirkung auf unverändertem technischen Niveau erzielen, bedarf es in dieser Hinsicht einer Modifikation der makroökonomischen Theorien.[229]

Besonderen Stellenwert haben in der makroökonomischen Diskussion auch die Erörterungen über die Wirksamkeit von fiskal- und/oder geldpolitischen Maßnahmen (nachfrageorientierte Wirtschaftspolitik). Der Repräsentant für geldpolitische Wirkungen ist hier die Variable GELDV, für fiskalpolitische Wirkungen die Variable STAUSG85. Während die Variable STAUSG85 recht selten als Regressor auftaucht, ist das GELDV in den meisten Modellen enthalten. Allerdings hat es in allen Fällen nur recht geringe Bedeutung für die Steuerung der Arbeitslosigkeitsentwicklung, so daß von geldpolitischen Maßnahmen in dieser direkten Form kaum Arbeitsmarkteffekte zu erwarten sind.

Inwieweit jedoch die Wirkung des Geldvolumens aufgrund des Keynes-Effektes über das Zinsniveau und die Investitionen Steuerungen ausübt, kann auf Basis der Ergebnisse der Regressionsmodelle nicht abgeschätzt werden. Durch die internationale Verflechtung der Geldmärkte und die zu großen Teilen bereits von der Geldpolitik der Bundesbank entkop-

---

[229] Anm.: Dieses gilt insbesondere für die Theorien der angebotsorientierten Wirtschaftspolitik.

pelte Kapitalmarktzinsentwicklung dürfte die Wirkung über den Keynes-Effekt wohl auch nur gering sein bzw. erst bei entsprechend hoher Dosierung der geldpolitischen Instrumente eintreten.

Die Staatsausgaben sind zwar weitaus seltener als Regressor in den Modellen vertreten, entfalten dann jedoch größere Wirkungen. Allerdings gehen diese Wirkungen fast ausschließlich zu Lasten des Bruttosozialprodukts, so daß darauf geschlossen werden kann, daß eine eigenständige, über die Komponentenwirkung als Teil des Sozialprodukts hinausgehende Wirkung nicht vorliegt. Gleiches gilt für den privaten Konsum und den Außenbeitrag. Die Regressionsuntersuchungen liefern keine weiteren Anhaltspunkte, welche Komponenten des Sozialprodukts besonders für Maßnahmen zur Steigerung der gesamtwirtschaftlichen Nachfrage und damit zum Arbeitslosenabbau geeignet sind.[230] Damit kann zwar fiskalpolitischen Maßnahmen eine Wirksamkeit bescheinigt werden, ob diese jedoch eine effizientere Mittelverwendung darstellen als andere Maßnahmen bleibt offen.

Die für die Arbeitslosigkeitsentwicklung wichtige Komponente des Arbeitsangebots wird durch die repräsentierende Variable EP und deren Stellung als wesentliche Modellstütze bestätigt. Für praktische Schlußfolgerungen im Hinblick auf arbeitslosigkeitssenkende Strategien sollte der Einflußfaktor der Erwerbspersonen jedoch durch die Verbindung mit der durchschnittlichen Arbeitszeit pro Erwerbstätigem erweitert werden. Dadurch ergibt sich das Arbeitsangebot in Stunden. Dieses wird nicht nur durch die Anzahl der Erwerbspersonen als Produkt aus Bevölkerungsanzahl und Erwerbsquote beeinflußt, sondern auch durch die Arbeitszeit, die Urlaubsregelungen usw. Jegliche Möglichkeiten zur Beeinflussung der angebotenen Arbeitsstunden sind damit interpretationsrelevant.

4. Arbeitslosigkeitssenkende Maßnahmen

Die Ausführungen in den vorhergehenden Abschnitten lassen drei wesentliche Ebenen erkennen, die die Arbeitslosigkeitsentwicklung steuern und damit Ansatzpunkte für arbeitslosigkeitssenkende Maßnahmen darstellen können. Einerseits Ansätze zur Steigerung der Arbeitsnachfrage in Form der Forcierung der gesamtwirtschaftlichen Nachfrage über die im Bruttosozialprodukt enthaltenen Komponenten, andererseits Ansätze zur Senkung des Arbeitsangebots über eine Verminderung der Erwerbspersonen bzw. der Erwerbspersonenstunden. Und schließlich Ansätze zur Abschwächung der Arbeitsproduktivitätsentwicklung durch Beeinflussung des für die Produktivität im wesentlichen verantwortlichen technischen

---

[230] Anm.: Die Regressionsuntersuchungen hatten solch eine Wirkungsstärkentrennung der Sozialproduktskomponenten auch nicht zum Ziel.

Fortschritts bzw. durch gezielte Erhöhung der Arbeitsintensität und Verminderung der Kapitalintensität im Leistungserstellungsprozeß.

Dabei dürften jedoch Maßnahmen zur negativen Beeinflussung der Arbeitsproduktivität nicht nur wenig realistisch sein, sondern letztendlich sogar beschäftigungsvermindernde Effekte haben. Bei Vergegenwärtigung der starken Interdependenzen der Arbeitsproduktivität und des technischen Fortschritts zum Bruttosozialprodukt zeigt sich, daß eine Behinderung des technischen Fortschritts negative Sozialproduktseffekte auslösen würde. Dies sowohl durch nicht zu realisierende Produktionskostenersparnisse und damit verminderte Wettbewerbsfähigkeit auf dem Weltmarkt als auch durch nicht zu erstellende moderne Produktionsanlagen (produktionstechnischer Fortschritt in der Investitionsgüterindustrie) bzw. nicht zu produzierende neue Produkte (gütertechnologischer Fortschritt in der Konsumgüterindustrie).

Die Analyseergebnisse machen zudem deutlich, daß aus der Konstellation Bruttosozialproduktsentwicklung und Arbeitsproduktivitätsentwicklung positive Beschäftigungseffekte resultierten. Auch ist zu bedenken, daß nicht nur Arbeitslosigkeit eine Nichtausnutzung volkswirtschaftlicher Wohlfahrtspotentiale darstellt, sondern auch die Nichtausnutzung technischer Möglichkeiten.[231]

Erfolgversprechende arbeitslosigkeitsvermindernde Maßnahmen sind dementsprechend nur im Arbeitsangebotsbereich und innerhalb der Sozialproduktskomponenten auf der Arbeitsnachfrageseite zu sehen. Aufgrund der großen Einflußstärke des Sozialprodukts auf die Arbeitslosigkeit könnte die Neigung bestehen, eine forcierte Wachstumsstrategie als besonders erfolgreiches Mittel zur Verminderung der Arbeitslosenzahlen zu betrachten. Angesichts der großen Anzahl von Arbeitslosen würde jedoch selbst ein sehr langfristiges und hohes wirtschaftliches Realwachstum kaum genügend Beschäftigung schaffen, um zu einem wesentlichen Abbau der Arbeitslosigkeit zu kommen. Zumal die Basis für hohe Wachstumsraten nicht gegeben ist und gerade in den letzten Jahren wieder eine besonders dynamische Arbeitsproduktivitätsentwicklung stattgefunden hat. Desweiteren stellt sich hinsichtlich Ressourcenverbrauch, Umweltzerstörung und anderer negativer Nebenwirkungen die Frage nach der Verantwortbarkeit eines solchen Weges. Aus diesem Grund sollte eine forcierte Wachstumsstrategie nur als Teil- oder Ergänzungsstrategie verwendet werden und zugleich an das Erfordernis qualitativen Wachstums gekoppelt werden.

Die Hauptstrategien zur Arbeitslosigkeitsverminderung sollten dagegen auf der Arbeitsangebotsseite ansetzen. Diverse Maßnahmen zur Verminderung der Erwerbspersonenanzahl,

---

[231] Anm.: Sofern die technischen Möglichkeiten in gesellschaftlicher Hinsicht wohlfahrtssteigernd ausgestaltet werden und damit die Vorteile ihrer Nutzung deren Nachteile überwiegen.

wie längere Ausbildungszeiten, kürzere Lebensarbeitszeiten und die Verminderung der Erwerbsneigung durch die finanzielle und gesellschaftliche Aufwertung der Nichterwerbsarbeit sowie zur Verminderung der angebotenen Erwerbspersonenstunden pro Erwerbsperson durch die verschiedensten Möglichkeiten zur Arbeitszeitverkürzung dürften dabei weitaus erfolgversprechender sein als forcierte Wachstumsstrategien.

Für die volle Entfaltung der Arbeitsmarktwirkungen ist allerdings Voraussetzung, daß die Verminderung der Arbeitszeit nicht mit einem vollen Lohnausgleich einhergeht. Ansonsten käme es zu einer die volkswirtschaftliche Leistungserstellung verteuernde und die internationale Wettbewerbsfähigkeit verschlechternde Entwicklung mit negativen Rückwirkungen auf die Sozialproduktsgröße.

Arbeitszeitverkürzung mit vollem Lohnausgleich ist volkswirtschaftlich betrachtet ohne negative Rückwirkungen auf die gesamtwirtschaftliche Situation nur dann möglich, wenn ihr ein entsprechender Produktivitätszuwachs gegenübersteht. In diesem Fall ist sie aber auch nicht beschäftigungswirksam. Geht die Arbeitszeitverkürzung und der Lohnausgleich sogar über den Produktivitätsfortschritt hinaus, so kommt es durch die dadurch induzierten Preissteigerungen zu einer Verminderung der Reallöhne und damit zugleich zu einer indirekten Verringerung des Lohnausgleichs.[232] Dementsprechend sind Beschäftigungswirkungen nur in der Bandbreite realisierbar, die durch den Produktivitätsfortschritt und durch die bei geringerer Arbeitslosigkeit eingesparten Arbeitgeberbeiträge zur Arbeitslosenversicherung sowie durch den völligen Verzicht auf Lohnausgleich bei Arbeitszeitverkürzungen abgesteckt wird.

Bei Arbeitszeitverkürzungen ohne bzw. mit nur teilweisem Lohnausgleich und damit der Einkommensumverteilung von den bisherigen Erwerbstätigen auf die neu hinzukommenden Erwerbstätigen muß berücksichtigt werden, daß die eintretende Bruttolohnverminderung nicht voll nettowirksam wird. Der Bruttolohnverzicht würde nämlich im anderen Fall noch durch die steuerlichen- und sozialversicherungsrechtlichen Abzüge vermindert werden. Mittelfristig ist zudem damit zu rechnen, daß durch den Abbau der Arbeitslosigkeit steuerliche (Verminderung des Bundeszuschusses an die Bundesanstalt für Arbeit) und sozialversicherungsrechtliche (Verringerung des Beitrags zur Arbeitslosenversicherung) Entlastungen eintreten, die die tatsächliche nettomäßige Verminderung der Einkommen der bisherigen Erwerbstätigen weiter verringern. Denn es darf nicht vergessen werden, daß insbesondere über die Arbeitslosenversicherung bereits eine Einkommensumverteilung und eine Finanzierung der Kosten der Arbeitslosigkeit stattfindet.

---

[232] Anm.: Gleichzeitig treten die negativen Folgen einer erhöhten Inflationsrate, wie z.B. die Verschlechterung der Exportmöglichkeiten, auf.

XIV. Interpretation der Arbeitslosigkeitsmodelle

Vereinfacht ausgedrückt besteht der Unterschied zwischen beiden Situationen nur darin, daß heute der erwerbstätige Teil der Bevölkerung mehr arbeitet als notwendig, und die Arbeitslosen demgegenüber überhaupt nicht arbeiten. Arbeitszeitverkürzung ohne bzw. mit nur teilweisem Lohnausgleich ist damit eine Methode zur Umverteilung der Arbeit in der Gesellschaft, ohne daß in gleichem Maße Einkommen von den jetzt Erwerbstätigen auf die Arbeitslosen umverteilt werden.

Zur Realisierung dieser gesellschaftlichen Arbeitsumverteilung bedarf es allerdings eines starken politischen Willens zur Zielerreichung und der Entideologisierung dieser Fragestellung bei Politikern, Arbeitgebern und Gewerkschaften. Dabei sollten nicht nur alle Beteiligten stärker das volkswirtschaftliche und gesellschaftliche Wohlergehen im Auge haben und Partikularinteressen auf Kosten anderer gesellschaftlicher Gruppen zurückstellen, sondern auch alte und vertraute, für die Lösung der aktuellen Arbeitslosigkeitsprobleme jedoch nur wenig tauglichen Instrumente aufgeben.

Die Politiker sollten sich von ihrer starken Sozialproduktsfixiertheit bei der Lösung des Arbeitslosigkeitsproblems trennen, egal ob diese unter dem Vorzeichen angebotsorientierter oder nachfrageorientierter Wirtschaftspolitik steht. Die Gewerkschaften sollten sich von dem Glauben befreien, daß das soziale Niveau der deutschen Arbeitnehmer so niedrig ist, daß ihnen Arbeitszeitverkürzungen ohne bzw. mit nur geringem Lohnausgleich nicht zugemutet werden können. Und die Arbeitgeber sollten sich ihrer Flexibilität besinnen und Arbeitszeitmodelle auch weit unterhalb der 40-Stundenwoche, mit über 30 Tagen Urlaub im Jahr usw. zustimmen bzw. diese selbst ausarbeiten.

Flankierend zu den Ansätzen der Verminderung der Zahl der Erwerbspersonen und der Arbeitszeitverkürzung bedarf es Maßnahmen zur Qualifizierung der Arbeitslosen, die ansonsten nicht in den Arbeitsprozeß integriert werden können. Parallel dazu müssen die weiteren Ursachen struktureller Arbeitslosigkeit durch Umschulung, Erhöhung der Arbeitsmobilität usw. abgebaut werden. Auch sollte überlegt werden, ob es gesamtgesellschaftlich sinnvoll ist, die wirtschaftliche Entwicklung immer ungleichmäßiger zugunsten der Ballungsräume vorzunehmen, oder ob nicht die gezielte und aktive Entwicklung strukturschwacher Regionen, wie bereits in den 50er und 60er Jahren praktiziert, gefördert werden sollte. Auf diese Weise könnte der marktwirtschaftlichen Zentralisierungstendenz entgegengewirkt werden. Mit Hilfe dieser Maßnahmen wäre ein Großteil der strukturellen Arbeitslosigkeitsursachen zu beseitigen.

Eine besondere Problemgruppe von Arbeitslosen stellen Personen mit gesundheitlichen Beeinträchtigungen und nicht auf ein notwendiges Mindestmaß qualifizierbare Arbeitslose dar. Arbeitsplätze, auf denen diese Arbeitslosen beschäftigt werden könnten, werden zudem aufgrund der einfachen Verrichtungen und vielfach leichten technischen Ersetzbarkeit immer seltener. Andererseits kann die für die Unternehmen noch wirtschaftliche Entlohnung auf diesen Arbeitsplätzen aufgrund der geringen Produktivität nicht proportional zu den Löhnen anderer Arbeitsplätze wachsen. Die Differenz zwischen den Sozialhilfesätzen und der auf solchen Arbeitsplätzen erzielbaren Entlohnung wird dann in vielen Fällen eine Erwerbstätigkeit auch als nicht mehr lohnend erscheinen lassen.

XV. Zusammenfassende Schlußbetrachtung

Ausgangspunkt für diese Arbeit war ein statisches Arbeitslosigkeitsregressionsmodell mit Referenzzeitraum 1960-1986. Dieses Modell wies eine hohe Anpassungsgüte und qualitativ hochwertige Parameterschätzer auf. Untersuchungen hinsichtlich der Stabilitätseigenschaften im Referenzzeitraum und des Prognoseverhaltens für die Jahre 1987-1990 führten jedoch zu dem Ergebnis, daß von der Annahme konstanter Parameter nicht ausgegangen werden kann. Es ergab sich die Notwendigkeit der Einführung variabler Parameter- und variabler Regressorenstrukturen.

Aufbauend auf Systemen verschobener und erweiterter Teilregressionen wurden Modelle mit ausschließlich variabler Parameterstruktur (teilvariable Modelle) und Modelle mit variabler Parameter- und variabler Regressorenstruktur (vollvariable Modelle) konstruiert und deren Anpassungs- und Prognoseverhalten untersucht. Dabei zeigte sich, daß variable Regressionsmodelle gegenüber statischen Gesamtschätzungsmodellen deutlich bessere Anpassungseigenschaften haben. Die Prognosepotentiale der einzelnen Modellvarianten konnten dagegen nicht ausgeschöpft werden, da neben einer Vielzahl von Fortschreibungswidrigkeiten insbesondere Veränderungen der Verlaufscharakteristik der Parameterreihen im Fortschreibungszeitraum auftraten und bessere Prognosen verhinderten.

Durch die im Problemgegenstand der Arbeitslosigkeit beinhalteten Fortschreibungswidrigkeiten konnte jedoch herausgearbeitet werden, wie die einzelnen Modellansätze auf die Widrigkeiten reagieren und diese verarbeiten. Auf diese Weise ergab sich für jeden Modellansatz ein Stärken-Schwächen-Profil, welches die besonders geeigneten Anwendungsgebiete für die einzelnen Modelle deutlich werden ließ.

Das Belsley-Modell mit simultaner Schätzung und Fortschreibung der einzelnen Parameterreihen stellte sich aufgrund nicht ausreichender Schätzerqualität und der Unmöglichkeit der Parameteridentifikation als ein wenig praktikabler Modellansatz heraus.

Dementsprechend ergab sich das Erfordernis, die Parameterreihen einerseits separat anzupassen und fortzuschreiben und andererseits die Abhängigkeiten zwischen ihnen zu berücksichtigen. Umgesetzt wurde dieses Erfordernis durch die Konstruktion eines pyramidenförmigen Parametergleichungssystems, in welchem die tiefer stehenden Parameter durch die jeweils über ihnen positionierten Parameter erklärt werden. Dadurch wurde nicht nur die Einbeziehung der Abhängigkeiten zwischen den Parametern sichergestellt, sondern auch die Offenlegung der Parameterverläufe im Anpassungs- und Fortschreibungszeitraum erreicht. Gleichzeitig ist die Identifizierbarkeit der Parametergleichungen in jeglicher Problemkonstellation gewährleistet.

Über die verschobenen Teilschätzungen resultierten aktuelle Parameterwerte, mit denen Interpretationen auf Basis zeitnaher Einflußgewichte möglich wurden. Die erweiterten Teilschätzungen lieferten besonders stabile und damit gut für Prognosen geeignete Parameterreihen. Über die vollvariablen Modelle gelang es, eine variable Regressorenstruktur in ein Regressionsmodell zu integrieren und damit die in teilvariablen Ansätzen beim Vorliegen von regressorenverändernden Strukturbrüchen implizit unterstellte Fehlspezifizierung des Modells aufzuheben.

In allen konstruierten Modellen wurde die Arbeitslosigkeit indirekt über die Arbeitsangebots-Arbeitsnachfragekonstellation erklärt. Als wesentlichste, die Arbeitslosigkeitsentwicklung steuernden Einflußfaktoren stellten sich dabei die gesamtwirtschaftliche Nachfrage (Sozialprodukt), die Arbeitsproduktivität und die Erwerbspersonen heraus. Die aus dem volkswirtschaftlichen Leistungserstellungsprozeß resultierenden Wirkungen führten dabei zu einer Entlastung des Arbeitsmarktes, da die beschäftigungsfördernden Einflüsse der Sozialproduktsentwicklung im Referenzzeitraum stärker waren als die arbeitsplatzsparenden Effekte der Produktivitätsentwicklung. Diese positiven Wirkungen wurden jedoch durch den starken Anstieg des Arbeitskräfteangebots in Form der Erwerbspersonen überkompensiert. Eine in dieser Hinsicht günstigere Situation ergab sich erst ab 1986/87.

Als arbeitslosigkeitsvermindernde Maßnahmen wird insbesondere den verschiedenen Möglichkeiten zur Verringerung der Erwerbspersonen bzw. zur Arbeitszeitverkürzung der Vorrang gegeben. Von spürbaren Wirkungen kann allerdings nur dann ausgegangen werden, wenn diese Maßnahmen ohne bzw. mit nur teilweisem Lohnausgleich durchgeführt werden. Da bereits heute eine Einkommensumverteilung von den sozialversicherungspflichtig beschäftigten Arbeitnehmern und den Unternehmen hin zu den Arbeitslosen durch die Beiträge zur Arbeitslosenversicherung stattfindet, würden sich aufgrund sinkender Versicherungsbeiträge und niedrigerer Steuerbelastungen nur geringe Nettolohnverluste für die Arbeitnehmer ergeben. Gleichzeitig würde jedoch eine wesentlich gerechtere Verteilung der Arbeit über die Gesellschaft stattfinden. Flankiert werden sollten diese Maßnahmen durch Qualifizierungsprogramme und andere, die strukturelle Arbeitslosigkeit abbauende, Schritte.

Die Strategie eines forcierten Sozialproduktswachstums wird als Ergänzungsmaßnahme betrachtet, die allerdings nur im Falle eines qualitativen Wachstums befürwortet wird. Behinderungen des technischen Fortschritts werden aufgrund der negativen Rückwirkungen auf die Sozialproduktsentwicklung, im Hinblick auf die internationale Wettbewerbsfähigkeit sowie die Nichtausnutzung des volkswirtschaftlichen Wohlfahrtspotentials abgelehnt.

XVI. Anhang

1. Verzeichnis der Abbildungen

2. Verzeichnis der Tabellen

3. Abkürzungsverzeichnis der Variablen

4. Verzeichnis der sonstigen Abkürzungen

5. Quellenangaben der Variablen und durchgeführte eigene Berechnungen

6. Daten und graphische Darstellungen der Variablen

7. Übersichtsdarstellungen der in den einzelnen Modellen verwendeten Regressoren

XVI. Anhang

1. Verzeichnis der Abbildungen

Abb. 1	: Arbeitslose und offene Stellen 1960-1990	S. 10
Abb. 2	: Aufteilung der Arbeitslosigkeit 1960-1990	S. 16
Abb. 3	: Datenerzeugung von der halbjährlichen auf die vierteljährliche Ebene	S. 44
Abb. 4	: Datenerzeugung von der vierteljährlichen auf die monatliche Ebene	S. 45
Abb. 5	: Problem der Saisonschwankungen bei erzeugten nicht saisonbereinigten Daten am Beispiel von BLGS85	S. 47
Abb. 6	: Saisonbereinigung von erzeugten nicht saisonbereinigten Daten am Beispiel von BLGS85	S. 47
Abb. 7	: Anpassungsdiagramm Arbeitslosigkeit 1960-1986, statisches Jahresdatenmodell mit Niveaugrößen	S. 86
Abb. 8	: Anpassungsdiagramm Arbeitslosigkeit 1961-1986, statisches Jahresdatenmodell mit Differenzgrößen	S. 93
Abb. 9	: Prognoseintervalle Arbeitslosigkeit 1987-1990, statisches Jahresdatenmodell	S. 104
Abb. 10	: Anpassungsdiagramm Arbeitslosigkeit 1960-1986, statisches Vierteljahresdatenmodell mit Niveaugrößen	S. 106
Abb. 11	: Anpassungsdiagramm Arbeitslosigkeit 1960-1986, statisches Vierteljahresdatenmodell mit Differenzgrößen	S. 108
Abb. 12	: Prognoseintervalle Arbeitslosigkeit 1987-1990, statisches Vierteljahresdatenmodell	S. 111
Abb. 13	: Anpassungsdiagramm Arbeitslosigkeit 1960-1986, statisches Monatsdatenmodell mit Niveaugrößen	S. 112
Abb. 14	: Prognoseintervalle Arbeitslosigkeit 1987-1990, statisches Monatsdatenmodell	S. 115
Abb. 15	: Variable Parametermodelle (Überblicksdarstellung)	S. 122
Abb. 16	: Aufbau des regressionsanalytischen Teils (Überblicksdarstellung)	S. 154
Abb. 17	: Parameterpfad und Konfidenzintervalle KONSTANTE, VTV-Teilschätzungen (VTV-TS), Referenzmodellansatz (RMA)	S. 171
Abb. 18	: Parameterpfad und Konfidenzintervalle EP, VTV-TS, RMA	S. 171
Abb. 19	: Parameterpfad und Konfidenzintervalle GELDV, VTV-TS, RMA	S. 171
Abb. 20	: Parameterpfad und Konfidenzintervalle BSPM85, VTV-TS, RMA	S. 171
Abb. 21	: Parameterpfad und Konfidenzintervalle APROD85, VTV-TS, RMA	S. 172

Abb. 22	: Signifikanztest KONSTANTE, VTV-TS, RMA	S. 172
Abb. 23	: Durbin-Watson-Autokorrelationstest, VTV-TS, RMA	S. 172
Abb. 24	: Schätzer Residualstandardabweichung, VTV-TS, RMA	S. 174
Abb. 25	: Goldfeld-Quandt-Test, VTV-TS, RMA	S. 174
Abb. 26	: Niveau- und Differenzdatenparameter EP, VTV-TS, RMA	S. 175
Abb. 27	: Niveau- und Differenzdatenparameter GELDV, VTV-TS, RMA	S. 175
Abb. 28	: Niveau- und Differenzdatenparameter BSPM85, VTV-TS, RMA	S. 175
Abb. 29	: Niveau- und Differenzdatenparameter APROD85, VTV-TS, RMA	S. 175
Abb. 30	: OLS- und AR-Parametervergleich KONSTANTE, VTV-TS, RMA	S. 176
Abb. 31	: OLS- und AR-Parametervergleich EP, VTV-TS, RMA	S. 176
Abb. 32	: OLS- und AR-Parametervergleich GELDV, VTV-TS, RMA	S. 176
Abb. 33	: OLS- und AR-Parametervergleich BSPM85, VTV-TS, RMA	S. 176
Abb. 34	: OLS- und AR-Parametervergleich APROD85, VTV-TS, RMA	S. 176
Abb. 35	: Parameterfortschreibung APROD85, VTV-TS, RMA, Regressionsfortschreibung	S. 189
Abb. 36	: Parameterfortschreibung KONSTANTE, VTV-TS, RMA, Regressionsfortschreibung	S. 189
Abb. 37	: Parameterfortschreibung EP, VTV-TS, RMA, Regressionsfortschreibung	S. 189
Abb. 38	: Parameterfortschreibung BSPM85, VTV-TS, RMA, Regressionsfortschreibung	S. 189
Abb. 39	: Parameterfortschreibung GELDV, VTV-TS, RMA, Regressionsfortschreibung	S. 189
Abb. 40	: Korrelationen der Parameter, VTV-TS, RMA (1. Teil)	S. 190
Abb. 41	: Korrelationen der Parameter, VTV-TS, RMA (2. Teil)	S. 190
Abb. 42	: Prognoseintervalle Arbeitslosigkeit 1987-1990, VTV-TS, RMA, Regressionsfortschreibung	S. 190
Abb. 43	: Anpassungsdiagramm Arbeitslosigkeit 1960-1990, VTV-TS, RMA konstante Parameterfortschreibung	S. 195
Abb. 44	: OLS- und AR-Parametervergleich KONSTANTE, MTV-TS, RMA	S. 199
Abb. 45	: OLS- und AR-Parametervergleich EP, MTV-TS, RMA	S. 199
Abb. 46	: OLS- und AR-Parametervergleich GELDV, MTV-TS, RMA	S. 199
Abb. 47	: OLS- und AR-Parametervergleich BSPM85, MTV-TS, RMA	S. 199
Abb. 48	: OLS- und AR-Parametervergleich APROD85, MTV-TS, RMA	S. 200
Abb. 49	: Prognoseintervalle Arbeitslosigkeit 1987-1990, MTV-TS, RMA, konstante Parameterfortschreibung	S. 203
Abb. 50	: OLS- und AR-Parametervergleich KONSTANTE, VTE-TS, RMA	S. 211
Abb. 51	: OLS- und AR-Parametervergleich EP, VTE-TS, RMA	S. 211

Abb. 52	: OLS- und AR-Parametervergleich GELDV, VTE-TS, RMA	S. 212
Abb. 53	: OLS- und AR-Parametervergleich BSPM85, VTE-TS, RMA	S. 212
Abb. 54	: OLS- und AR-Parametervergleich APROD85, VTE-TS, RMA	S. 212
Abb. 55	: Korrelationen der Parameter, VTE-TS, RMA	S. 215
Abb. 56	: Standardisierte Parameter BSPM85, APROD85, VTE-TS, RMA	S. 215
Abb. 57	: Partielle Bestimmtheitsmaße VTE-TS, RMA (1. Teil)	S. 215
Abb. 58	: Partielle Bestimmtheitsmaße VTE-TS, RMA (2. Teil)	S. 215
Abb. 59	: Prognoseintervalle Arbeitslosigkeit 1987-1990, VTE-TS, RMA, Regressionsfortschreibung	S. 218
Abb. 60	: Prognoseintervalle Arbeitslosigkeit 1987-1990, VTE-TS, RMA, Zeitreihenfortschreibung	S. 219
Abb. 61	: Parameterfortschreibung KONSTANTE, VTE-TS, RMA, Regressionsfortschreibung	S. 220
Abb. 62	: Parameterfortschreibung KONSTANTE, VTE-TS, RMA, Zeitreihenfortschreibung	S. 220
Abb. 63	: Anpassungsdiagramm Arbeitslosigkeit 1960-1990, MTE-TS, RMA, konstante Parameterfortschreibung	S. 227
Abb. 64	: Regressorenauswahl-/-nichtauswahldarstellung, VTV-TS, SPA am Beispiel des BSPM85, Auswahlstufe	S. 237
Abb. 65	: Partielle Bestimmtheitsmaße, VTV-TS, SPA am Beispiel des BSPM85, Auswahlstufe	S. 237
Abb. 66	: Signifikanztest, VTV-TS, SPA am Beispiel des BSPM85, Auswahlstufe	S. 237
Abb. 67	: Regressorenstruktur der VTV-SPA-Modelle	S. 239
Abb. 68	: Parameterpfad KONSTANTE, VTV-TS, SPA, festgelegte TS	S. 242
Abb. 69	: Parameterpfad EP, VTV-TS, SPA, festgelegte TS	S. 242
Abb. 70	: Parameterpfad BSPM85, VTV-TS, SPA, festgelegte TS	S. 242
Abb. 71	: Parameterpfad APROD85, VTV-TS, SPA, festgelegte TS	S. 242
Abb. 72	: Parameterpfad TOFT85, VTV-TS, SPA, festgelegte TS	S. 242
Abb. 73	: Parameterpfad BEUV85, VTV-TS, SPA, festgelegte TS	S. 242
Abb. 74	: Parameterpfad STAUSG85, VTV-TS, SPA, festgelegte TS	S. 243
Abb. 75	: Parameterpfad ABSCHR85, VTV-TS, SPA, festgelegte TS	S. 243
Abb. 76	: Korrelationen der Parameter, VTV-TS, SPA (1. Teil)	S. 252
Abb. 77	: Korrelationen der Parameter, VTV-TS, SPA (2. Teil)	S. 252
Abb. 78	: Parameterfortschreibung KONSTANTE, VTV-TS, SPA, Regressionsfortschreibung	S. 253
Abb. 79	: Parameterfortschreibung STAUSG85, VTV-TS, SPA, Regressionsfortschreibung	S. 253

Abb. 80 :	Parameterfortschreibung TOFT85, VTV-TS, SPA, Regressionsfortschreibung	S. 253
Abb. 81 :	Parameterfortschreibung BSPM85, VTV-TS, SPA, Regressionsfortschreibung	S. 253
Abb. 82 :	Parameterfortschreibung ABSCHR85, VTV-TS, SPA, Regressionsfortschreibung	S. 253
Abb. 83 :	Bestimmtheitsmaß in den Teilregressionen, VTV-TS, SPA	S. 257
Abb. 84 :	Regressorenstruktur der VTE-SPA-Modelle	S. 267
Abb. 85 :	Parameterpfad KONSTANTE, VTE-TS, SPA, festgelegte TS	S. 271
Abb. 86 :	Parameterpfad EP, VTE-TS, SPA, festgelegte TS	S. 271
Abb. 87 :	Parameterpfad GELDV, VTE-TS, SPA, festgelegte TS	S. 271
Abb. 88 :	Parameterpfad BSPM85, VTE-TS, SPA, festgelegte TS	S. 271
Abb. 89 :	Parameterpfad APROD85, VTE-TS, SPA, festgelegte TS	S. 271
Abb. 90 :	Parameterpfad BEUV85, VTE-TS, SPA, festgelegte TS	S. 271
Abb. 91 :	Parameterpfad BLGS85, VTE-TS, SPA, festgelegte TS	S. 272
Abb. 92 :	Parameterpfad ABSCHR85, VTE-TS, SPA, festgelegte TS	S. 272
Abb. 93 :	Prognoseintervalle Arbeitslosigkeit 1987-1990, VTE-TS, SPA, konstante Parameterfortschreibung	S. 273
Abb. 94 :	Regressorenstruktur der MTE-SPA-Modelle	S. 281
Abb. 95 :	Parameterpfad KONSTANTE, MTE-TS, SPA, festgelegte TS	S. 284
Abb. 96 :	Parameterpfad EP, MTE-TS, SPA, festgelegte TS	S. 284
Abb. 97 :	Parameterpfad GELDV, MTE-TS, SPA, festgelegte TS	S. 284
Abb. 98 :	Parameterpfad BSPM85, MTE-TS, SPA, festgelegte TS	S. 284
Abb. 99 :	Parameterpfad APROD85, MTE-TS, SPA, festgelegte TS	S. 284
Abb. 100 :	Parameterpfad AINV85, MTE-TS, SPA, festgelegte TS	S. 284
Abb. 101 :	Parameterpfad BLGS85, MTE-TS, SPA, festgelegte TS	S. 285
Abb. 102 :	Parameterpfad ABSCHR85, MTE-TS, SPA, festgelegte TS	S. 285
Abb. 103 :	Prognosen Arbeitslosigkeit 1987-1990, MTE-TS, SPA, Regressionsfortschreibung	S. 286
Abb. 104 :	Parameterfortschreibung KONSTANTE, MTE-TS, SPA, Regressionsfortschreibung	S. 287
Abb. 105 :	Parameterfortschreibung APROD85, MTE-TS, SPA, Regressionsfortschreibung	S. 287
Abb. 106 :	Registrierte Arbeitslose 1960-1990, Monatsdaten	S. 353
Abb. 107 :	Erwerbspersonen 1960-1990, Monatsdaten	S. 354
Abb. 108 :	Geldvolumen 1960-1990, Monatsdaten	S. 355
Abb. 109 :	Bruttosozialprodukt zu Marktpreisen 1960-1990, Monatsdaten	S. 356
Abb. 110 :	Arbeitsproduktivität 1960-1990, Monatsdaten	S. 357

Abb. 111 :	Bruttoanlageinvestitionen 1960-1990, Monatsdaten	S. 358
Abb. 112 :	Terms-of-Trade 1960-1990, Monatsdaten	S. 359
Abb. 113 :	Bruttoeinkommen aus Unternehmertätigkeit und Vermögen 1960-1990, Monatsdaten	S. 360
Abb. 114 :	Bruttolohn- und -gehaltssumme 1960-1990, Monatsdaten	S. 361
Abb. 115 :	Außenbeitrag 1960-1990, Monatsdaten	S. 362
Abb. 116 :	Wechselkurs 1960-1990, Monatsdaten	S. 363
Abb. 117 :	Staatsausgaben 1960-1990, Monatsdaten	S. 364
Abb. 118 :	Zinssatz 1960-1990, Monatsdaten	S. 365
Abb. 119 :	Abschreibungen 1960-1990, Monatsdaten	S. 366
Abb. 120 :	Regressoren der Referenzmodellansatz-Modelle	S. 369
Abb. 121 :	Regressoren der Stepwise-Pool-Ansatz-Modelle	S. 370

2. Verzeichnis der Tabellen

Tab. 1	: Übersicht über makroökonomische Theorien und ihre Implikationen	S. 31
Tab. 2	: Schätzergebnisse statisches Jahresdatenmodell 1960-1986 mit Niveaugrößen	S. 85
Tab. 3	: Konfidenzintervalle statisches Jahresdatenmodell 1960-1986 mit Niveaugrößen	S. 85
Tab. 4	: Anpassungs- und Residuentabelle 1960-1986, statisches Jahresdatenmodell mit Niveaugrößen	S. 87
Tab. 5	: Residuenplot 1960-1986, statisches Jahresdatenmodell mit Niveaugrößen	S. 88
Tab. 6	: Korrelationsmatrix der Regressoren, Jahresdaten von 1960-1986	S. 89
Tab. 7	: Varianz-Kovarianz-Korrelationsmatrix der Parameter, statisches Jahresdatenmodell 1960-1986 mit Niveaugrößen	S. 90
Tab. 8	: AR-Schätzergebnisse statisches Jahresdatenmodell 1960-1986	S. 91
Tab. 9	: Varianz-Kovarianz-Korrelationsmatrix der Parameter (AR-Schätzung), statisches Jahresdatenmodell 1960-1986	S. 91
Tab. 10	: Korrelationsmatrix der Regressoren, Jahresdifferenzdaten von 1961-1986	S. 92
Tab. 11	: Schätzergebnisse statisches Jahresdatenmodell 1961-1986 mit Differenzgrößen	S. 93
Tab. 12	: Anpassungs- und Residuentabelle 1961-1986, statisches Jahresdatenmodell mit Differenzgrößen	S. 94
Tab. 13	: Varianz-Kovarianz-Korrelationsmatrix der Parameter, statisches Jahresdatenmodell 1961-1986 mit Differenzgrößen	S. 95
Tab. 14	: Residuenplot 1961-1986, statisches Jahresdatenmodell mit Differenzgrößen	S. 95
Tab. 15	: Standardisierte Parameter und partielle Bestimmtheitsmaße, statisches Jahresdatenmodell 1960-1986 mit Niveaugrößen	S. 97
Tab. 16	: Vergleich der Parameterschätzwerte zwischen der Gesamtregression 1960-1986 und den Chow-Regressionen 1960-1972 und 1973-1986, statisches Jahresdatenmodell mit Niveaugrößen	S. 103
Tab. 17	: Prognosen Arbeitslosigkeit 1987-1990, statisches Jahresdatenmodell	S. 104
Tab. 18	: Schätzergebnisse statisches Vierteljahresdatenmodell 1960-1986 mit Niveaugrößen	S. 105

Tab. 19	: Vergleich der Parameterschätzer zwischen dem statischen Jahres- und Vierteljahresdatenmodell 1960-1986, Niveaugrößen	S. 106
Tab. 20	: Modellbeurteilungstabelle statisches Vierteljahresdatenmodell	S. 107
Tab. 21	: Prognosen Arbeitslosigkeit 1987-1990, statisches Vierteljahresdatenmodell	S. 110
Tab. 22	: Schätzergebnisse statisches Monatsdatenmodell 1960-1986 mit Niveaugrößen	S. 111
Tab. 23	: Vergleich der Parameterschätzer zwischen dem statischen Jahres-, Vierteljahres- und Monatsdatenmodell 1960-1986, Niveaugrößen	S. 112
Tab. 24	: Modellbeurteilungstabelle statisches Monatsdatenmodell	S. 113
Tab. 25	: Modellbeurteilungstabelle VTV-Teilschätzungen (VTV-TS), Referenzmodellansatz (RMA)	S. 173
Tab. 26	: Parametergleichungstabelle Belsley-Modell, VTV^{86}, RMA	S. 180
Tab. 27	: Parametergleichungstabelle VTV^{86}, RMA, Regressions- und Zeitreihenfortschreibung	S. 187
Tab. 28	: Anpassungs- und Prognosemaße der VTV^{86}-Modelle (RMA)	S. 193
Tab. 29	: Anpassungsmaße der VTV^{90}-Modelle (RMA)	S. 195
Tab. 30	: Parametergleichungstabelle VTV^{90}, RMA, Regressions- und Zeitreihenfortschreibung	S. 197
Tab. 31	: Modellbeurteilungstabelle MTV-TS, RMA	S. 201
Tab. 32	: Parametergleichungstabelle Belsley-Modell, MTV^{86}, RMA	S. 204
Tab. 33	: Parametergleichungstabelle MTV^{86}, RMA, Regressions- und Zeitreihenfortschreibung	S. 206
Tab. 34	: Anpassungs- und Prognosemaße der MTV^{86}-Modelle (RMA)	S. 208
Tab. 35	: Anpassungsmaße der MTV^{90}-Modelle (RMA)	S. 209
Tab. 36	: Modellbeurteilungstabelle VTE-TS, RMA	S. 213
Tab. 37	: Parametergleichungstabelle VTE^{86}, RMA, Regressions- und Zeitreihenfortschreibung	S. 217
Tab. 38	: Anpassungs- und Prognosemaße der VTE^{86}-Modelle (RMA)	S. 221
Tab. 39	: Anpassungsmaße der VTE^{90}-Modelle (RMA)	S. 222
Tab. 40	: Modellbeurteilungstabelle MTE-TS, RMA	S. 224
Tab. 41	: Anpassungs- und Prognosemaße der MTE^{86}-Modelle (RMA)	S. 226
Tab. 42	: Anpassungsmaße der MTE^{90}-Modelle (RMA)	S. 227
Tab. 43	: Modellbeurteilungstabelle VTV-TS, SPA, Auswahlstufe	S. 234
Tab. 44	: Modellbeurteilungstabelle VTV-TS, SPA, festgelegte Teilregressionen	S. 241
Tab. 45	: Parametergleichungstabelle Belsley-Modell, VTV^{86}, SPA	S. 247

Tab. 46	: Parametergleichungstabelle VTV^{86}, SPA, Regressions- und Zeitreihenfortschreibung	S. 251
Tab. 47	: Anpassungs- und Prognosemaße der VTV^{86}-Modelle (SPA)	S. 255
Tab. 48	: Anpassungsmaße der VTV^{90}-Modelle (SPA)	S. 259
Tab. 49	: Modellbeurteilungstabelle MTV-TS, SPA, Auswahlstufe	S. 261
Tab. 50	: Modellbeurteilungstabelle VTE-TS, SPA, Auswahlstufe	S. 264
Tab. 51	: Modellbeurteilungstabelle VTE-TS, SPA, festgelegte Teilregressionen	S. 269
Tab. 52	: Parametergleichungstabelle VTE^{86}, SPA, Regressions- und Zeitreihenfortschreibung	S. 275
Tab. 53	: Anpassungs- und Prognosemaße der VTE^{86}-Modelle (SPA)	S. 277
Tab. 54	: Anpassungsmaße der VTE^{90}-Modelle (SPA)	S. 278
Tab. 55	: Modellbeurteilungstabelle MTE-TS, SPA, Auswahlstufe	S. 280
Tab. 56	: Modellbeurteilungstabelle MTE-TS, SPA, festgelegte Teilregressionen	S. 283
Tab. 57	: Parametergleichungstabelle MTE^{86}, SPA, Regressions- und Zeitreihenfortschreibung	S. 288
Tab. 58	: Anpassungs- und Prognosemaße der MTE^{86}-Modelle (SPA)	S. 289
Tab. 59	: Anpassungsmaße der MTE^{90}-Modelle (SPA)	S. 290
Tab. 60	: Anpassungsmaße aller Gesamt- und Teilschätzungsmodelle	S. 296
		S. 297
Tab. 61	: Prognosemaße aller Gesamt- und Teilschätzungsmodelle	S. 298
Tab. 62	: Problemfelder der Fortschreibungsansätze (konstanter Fortschreibungsansatz)	S. 299
Tab. 63	: Problemfelder der Fortschreibungsansätze (Belsley-Modell-Ansatz)	S. 300
Tab. 64	: Problemfelder der Fortschreibungsansätze (Regressions- und Zeitreihenansatz)	S. 301
Tab. 65	: Bandbreiten der Interpretationskennziffern, VTV^{90}-TS, RMA	S. 317
Tab. 66	: Bandbreiten der Interpretationskennziffern, VTV^{90}-TS, SPA	S. 317
Tab. 67	: Registrierte Arbeitslose 1960-1990, Jahresdaten	S. 353
Tab. 68	: Registrierte Arbeitslose 1960-1990, Vierteljahresdaten	S. 353
Tab. 69	: Erwerbspersonen 1960-1990, Jahresdaten	S. 354
Tab. 70	: Erwerbspersonen 1960-1990, Vierteljahresdaten	S. 354
Tab. 71	: Geldvolumen 1960-1990, Jahresdaten	S. 355
Tab. 72	: Geldvolumen 1960-1990, Vierteljahresdaten	S. 355
Tab. 73	: Bruttosozialprodukt zu Marktpreisen 1960-1990, Jahresdaten	S. 356
Tab. 74	: Bruttosozialprodukt zu Marktpreisen 1960-1990, Vierteljahresdaten	S. 356

Tab. 75	:	Arbeitsproduktivität 1960-1990, Jahresdaten	S. 357
Tab. 76	:	Arbeitsproduktivität 1960-1990, Vierteljahresdaten	S. 357
Tab. 77	:	Bruttoanlageinvestitionen 1960-1990, Jahresdaten	S. 358
Tab. 78	:	Bruttoanlageinvestitionen 1960-1990, Vierteljahresdaten	S. 358
Tab. 79	:	Terms-of-Trade 1960-1990, Jahresdaten	S. 359
Tab. 80	:	Terms-of-Trade 1960-1990, Vierteljahresdaten	S. 359
Tab. 81	:	Bruttoeinkommen aus Unternehmertätigkeit und Vermögen 1960-1990, Jahresdaten	S. 360
Tab. 82	:	Bruttoeinkommen aus Unternehmertätigkeit und Vermögen 1960-1990, Vierteljahresdaten	S. 360
Tab. 83	:	Bruttolohn- und -gehaltssumme 1960-1990, Jahresdaten	S. 361
Tab. 84	:	Bruttolohn- und -gehaltssumme 1960-1990, Vierteljahresdaten	S. 361
Tab. 85	:	Außenbeitrag 1960-1990, Jahresdaten	S. 362
Tab. 86	:	Außenbeitrag 1960-1990, Vierteljahresdaten	S. 362
Tab. 87	:	Wechselkurs 1960-1990, Jahresdaten	S. 363
Tab. 88	:	Wechselkurs 1960-1990, Vierteljahresdaten	S. 363
Tab. 89	:	Staatsausgaben 1960-1990, Jahresdaten	S. 364
Tab. 90	:	Staatsausgaben 1960-1990, Vierteljahresdaten	S. 364
Tab. 91	:	Zinssatz 1960-1990, Jahresdaten	S. 365
Tab. 92	:	Zinssatz 1960-1990, Vierteljahresdaten	S. 365
Tab. 93	:	Abschreibungen 1960-1990, Jahresdaten	S. 366
Tab. 94	:	Abschreibungen 1960-1990, Vierteljahresdaten	S. 366
Tab. 95	:	Abgabenquote, Arbeitslosenquote, Bruttoinlandsprodukt, Bruttowertschöpfung 1960-1990, Jahresdaten	S. 367
Tab. 96	:	Erwerbstätige, Gewinn-Erlös-Relation, Kosten-Erlös-Relation, Kapitalintensität 1960-1990, Jahresdaten	S. 367
Tab. 97	:	Privater Verbrauch, Kapitalstock, Bereinigte Lohnquote, Nettosozialprodukt zu Marktpreisen 1960-1990, Jahresdaten	S. 368
Tab. 98	:	Offene Stellen, Staatsquote 1960-1990, Jahresdaten	S. 368

3. Abkürzungsverzeichnis der Variablen

ABGQ	:	Abgabenquote
ABSCHR85	:	Abschreibungen
ABSCHR8D	:	Veränderung der Abschreibungen
AINV85	:	Bruttoanlageinvestitionen
AINV85D	:	Veränderung der Bruttoanlageinvestitionen
AL	:	Registrierte Arbeitslose
ALD	:	Veränderung der registrierten Arbeitslosen
ALQ	:	Arbeitslosenquote
APROD85	:	Arbeitsproduktivität
APROD85D	:	Veränderung der Arbeitsproduktivität
AUBEI85	:	Außenbeitrag
AUBEI85D	:	Veränderung des Außenbeitrags
BEUV85	:	Bruttoeinkommen aus Unternehmertätigkeit und Vermögen
BEUV85D	:	Veränderung des Bruttoeinkommens aus Unternehmertätigkeit und Vermögen
BIP85	:	Bruttoinlandsprodukt
BLGS85	:	Bruttolohn- und -gehaltssumme
BLGS85D	:	Veränderung der Bruttolohn- und -gehaltssumme
BSPM85	:	Bruttosozialprodukt zu Marktpreisen
BSPM85D	:	Veränderung des Bruttosozialprodukts zu Marktpreisen
BWS85	:	Bruttowertschöpfung
EP	:	Erwerbspersonen
EPD	:	Veränderung der Erwerbspersonen
ET	:	Erwerbstätige
GELDV	:	Geldvolumen
GELDVD	:	Veränderung des Geldvolumens
GERLR	:	Gewinn-Erlös-Relation
KERLR	:	Kosten-Erlös-Relation
KINT85	:	Kapitalintensität
KONSTANT	:	Konstante (auch: CONSTANT)
KONSUM85	:	Privater Verbrauch
KST85	:	Kapitalstock
LOHNQB	:	Bereinigte Lohnquote
NSPM85	:	Nettosozialprodukt zu Marktpreisen
OFSTEL	:	Gemeldete Anzahl der offenen Stellen
STAUSG85	:	Staatsausgaben

STAUSG8D	:	Veränderung der Staatsausgaben
STQ	:	Staatsquote
TOFT85	:	Terms-of-Trade
TOFT85D	:	Veränderung der Terms-of-Trade
WECHKURS	:	Wechselkurs
WECHKURD	:	Veränderung des Wechselkurses
ZEIT	:	Zeittrend
ZINS	:	Zinssatz
ZINSD	:	Veränderung des Zinssatzes

4. Verzeichnis der sonstigen Abkürzungen

(a) Generell verwendete Abkürzungen

AFG	:	Arbeitsförderungsgesetz
ALK	:	Arbeitslosigkeit
AR	:	Verallgemeinerte Regressionsschätzung unter Modelltransformierung mit dem Autokorrelationskoeffizienten
D	:	Differenzgröße, Differenzgrößenschätzung
DW	:	Durbin-Watson-Prüfgröße
EB	:	Eigene Berechnungen
GLS	:	Generalized-Least-Squares, Verallgemeinerte Methode der kleinsten Quadrate
JD	:	Jahresdaten
JG^{86}, JG^{90}	:	Jahresdatengesamtschätzung auf Basis der Daten von 1960-1986 bzw. von 1960-1990
JNG	:	Jahresniveaugrößen
KI	:	Konfidenzintervall
MAA	:	Mittlere Anpassungsabweichung
MAA_{STA}	:	Mittlere Streuung der MAA
MD	:	Monatsdaten
MG^{86}, MG^{90}	:	Monatsdatengesamtschätzung auf Basis der Daten von 1960-1986 bzw. von 1960-1990
ML	:	Maximum-Likelihood
MPA	:	Mittlere Prognoseabweichung
MPA_{STA}	:	Mittlere Streuung der MPA
MTE	:	Erweiterte Teilschätzungen auf Monatsdatenbasis
MTE^{86}, MTE^{90}	:	MTE-Teilschätzungen auf Basis der Daten von 1960-1986 bzw. 1960-1990
MTV	:	Verschobene Teilschätzungen auf Monatsdatenbasis
MTV^{86}, MTV^{90}	:	MTV-Teilschätzungen auf Basis der Daten von 1960-1986 bzw. 1960-1990
N	:	Niveaugröße, Niveaugrößenschätzung
NV	:	Normalverteilung
OLS	:	Ordinary-Least-Squares, Gewöhnliche Methode der kleinsten Quadrate
PB	:	Partielles Bestimmtheitsmaß
PG	:	Prüfgröße

PI	: Prognoseintervall
P-Wert	: Grenzwahrscheinlichkeitswert, d.h. Wahrscheinlichkeit dafür, daß unter Gültigkeit der Nullhypothese eine Prüfgröße auftritt, die betragsmäßig noch größer ist als die vorliegende Prüfgröße
RCM	: Random Coefficient Model
RHO	: Autokorrelationswert
RMA	: Referenzmodellansatz
SCM	: Systematical Coefficient Model
SEE	: Standard Error of Estimate, Standardfehler der Schätzung
SPA	: Stepwise-Pool-Ansatz
SSR	: Sum of Squared Residuals, Summe der Quadrate der Residuale
TS	: Teilschätzung
VCM	: Variable Coefficient Model
VG^{86}, VG^{90}	: Vierteljahresdatengesamtschätzung auf Basis der Daten von 1960-1986 bzw. 1960-1990
VJD	: Vierteljahresdaten
VORAUS	: Durch das Modell vorausgesagte Regressandenwerte
VTE	: Erweiterte Teilschätzungen auf Vierteljahresdatenbasis
VTE^{86}, VTE^{90}	: VTE-Teilschätzungen auf Basis der Daten von 1960-1986 bzw. 1960-1990
VTV	: Verschobene Teilschätzungen auf Vierteljahresdatenbasis
VTV^{86}, VTV^{90}	: VTV-Teilschätzungen auf Basis der Daten von 1960-1986 bzw. 1960-1990

(b) **In der volkswirtschaftlichen Theorie verwendete Abkürzungen**

A	: Außenbeitrag
C^r	: Realer privater Konsum
G^r	: Reale Staatsausgaben
i	: Zinssatz
I^r	: Reale private Investitionen
J^r	: Reale Importmenge aus dem Ausland
M	: Nominale Geldmenge
N	: Beschäftigung des Faktors Arbeit
N^a	: Angebot des Faktors Arbeit
N^n	: Nachfrage nach dem Faktor Arbeit
p	: Preisniveau des Sozialprodukts

p^a : Preisniveau des Imports (in Devisen)
p^i : Preisniveau des Exports (in DM)
w : Nominallohnsatz, Geldlohnsatz
(w/p) : Reallohnsatz
we : Wechselkurs (DM pro Devise)
X^r : Reale Exportmenge
Y^r : Reales Sozialprodukt
$\uparrow, \downarrow, \approx$: Zunahme, Abnahme, keine Veränderung

(c) **In der statistischen Theorie und Modellschätzung verwendete wichtige Abkürzungen**

BD_{gt} : Parametergleichungs-Dummy-Variable g zum Zeitpunkt t, $t = 1,\ldots,T$; $g = 1,\ldots,G$
D_{jt} : Arbeitslosigkeitsmodell-Dummy-Variable j zum Zeitpunkt t, $t = 1,\ldots,T$; $j = 1,\ldots,J$
$E(\ldots)$: Erwartungswert von $(\ldots)$
h_j^J : Halbjahreswerte, $j = 1,2$, bezogen auf das Jahr J, $J = I, II, \ldots$
H_0, H_1 : Nullhypothese, Alternativhypothese
$\underline{I}_T$: Einheitsmatrix vom Rang T
$Korr(\ldots)$: Korrelation von $(\ldots)$
$Kov(\ldots)$: Kovarianz von $(\ldots)$
$L(\ldots)$: Likelihood-Funktion
m_l^J : Monatswerte, $l = 1,\ldots,12$, bezogen auf das Jahr J, $J = I, II, \ldots$
N_T : Beobachtungsanzahl pro verschobener Teilschätzung
$R^2, \overline{R}^2$: Bestimmtheitsmaß, korrigiertes Bestimmtheitsmaß
t : Zeitindex, $t = 1,\ldots,T$
u_t : Störvariable zum Zeitpunkt t, $t = 1,\ldots,T$ (Matrixdarstellung: $\underline{u}$)
v_{kt} : Störvariable der k-ten Parametergleichung zum Zeitpunkt t, $t = 1,\ldots,T$; $k = 1,\ldots,K$ (Matrixschreibweise: $\underline{v}_k$ bzw. $\underline{v}$)
v_i^J : Vierteljahreswerte, $i = 1,\ldots,4$, bezogen auf das Jahr J, $J = I, II, \ldots$
$var(\ldots)$: Varianz von $(\ldots)$
x_{kt} : Beobachtung des k-ten Regressors zum Zeitpunkt t, $t = 1,\ldots,T$; $k = 1,\ldots,K$ (Matrixdarstellung: $\underline{x}_k$ bzw. $\underline{x}$)
y_t : Regressand zum Zeitpunkt t, $t = 1,\ldots,T$ (Matrixdarstellung: $\underline{y}$)

$Z_{kl_k t}$	:	Erklärende Variablen der Parametergleichung für den k-ten Parameter zum Zeitpunkt t, $k=1,\ldots,K$; $l_k=1,\ldots,L_k$; $t=1,\ldots,T$ (Matrixschreibweise: $\underline{Z}_{kt}$ bzw. $\underline{Z}_k$ bzw. $\underline{Z}$)
β_0	:	Parameter der Konstanten der Regressionsgleichung (Schätzerdarstellung: $\hat{\beta}_0$)
β_k	:	Parameter k der Regressionsgleichung, $k=1,\ldots,K$ (Matrixdarstellung: $\underline{\beta}$, Schätzerdarstellung: $\hat{\beta}_k$ bzw. $\underline{\hat{\beta}}$)
β_{0t}	:	Parameterwert des variablen Parameters der Konstanten zum Zeitpunkt t, $t=1,\ldots,T$
β_{kt}	:	Parameterwert des variablen Parameters k zum Zeitpunkt t, $t=1,\ldots,T$; $k=1,\ldots,K$ (Matrixschreibweise: $\underline{\beta}_t$)
γ_{kl_k}	:	Koeffizienten der Parametergleichung für den k-ten Parameter, $k=1,\ldots,K$; $l_k=1,\ldots,L_k$ (Matrixschreibweise: $\underline{\gamma}_k$ bzw. $\underline{\gamma}$)
ρ	:	Autokorrelationswert
σ^2	:	Störvariablenvarianz
$\underline{\Sigma}_{\beta\beta}$, $\underline{\Omega}$	:	Varianz-Kovarianz-Matrix des Parametervektors $\underline{\beta}$

5. Quellenangaben der Variablen und durchgeführte eigene Berechnungen

ABGQ : **Jahresdaten (JD)**: DEUTSCHER BUNDESTAG (Hrsg) - Jahresgutachten des Sachverständigenrats zur Begutachtung der gesamtwirtschaftlichen Entwicklung 1991/92, Drucksache 12/1618, Bonn 1991, S. 331 (im folgenden: Sachverständigengutachten 1991/92)

ABSCHR85 : JD: STATISTISCHES BUNDESAMT (Hrsg.) - Volkswirtschaftliche Gesamtrechnungen, Fachserie 18, Reihe S.14: Erste Ergebnisse der Revision 1960-1990, Wiesbaden 1991, S. 32 (im folgenden: StatBA, FS 18)
Eigene Berechnungen (EB): Deflationierung mit dem Preisindex der Anlageinvestitionen aus ebenda, S. 23

Vierteljahresdaten (VJD) 1960-1967: Sachverständigengutachten 1970, Drucksache VI/1470, Bonn 1970, S. 136
EB: Erzeugung von vierteljährlichen aus halbjährlichen Daten (Erzeugung 1/4 aus 1/2) analog Umrechnungsschema (Kapitel V, Abschnitt 2) und Deflationierung
VJD 1968-1990: StatBA, FS 18, a.a.O., S. 132 f.
EB: Deflationierung mit dem Preisindex der Anlageinvestitionen aus ebenda, S. 93 ff.
EB 1960-1990: Saisonbereinigung mit KLASZEIT (Zeitreihenanalyseprogramm aus dem Statistikprogrammpaket GSTAT2) und Transformation in Jahresniveaugrößen (JNG)

Monatsdaten (MD):
EB: Erzeugung von monatlichen aus vierteljährlichen Daten (Erzeugung 1/12 aus 1/4) analog Umrechnungsschema, Saisonbereinigung mit KLASZEIT und Transformation in JNG

AINV85 : JD: StatBA FS 18, a.a.O. S. 21

VJD 1960-1967: Sachverständigengutachten 1970, a.a.O. S. 140
EB: Erzeugung 1/4 aus 1/2, Deflationierung und Transformation in JNG
VJD 1968-1990: StatBA, FS 18, a.a.O., S. 85 ff.
EB: Transformation in JNG
Saisonbereinigte Daten 1960-1990: DEUTSCHE BUNDESBANK - ZEWI-Datenbank, Stand: 13.06.1991 (im folgenden: DBB, ZEWI)

EB: Addition der Bau- und Ausrüstungsinvestitionen und Transformierung in JNG

MD EB: Erzeugung 1/12 aus 1/4, Saisonbereinigung mit KLASZEIT und Transformation in JNG

AL : JD: StatBA, FS 18, a.a.O., S. 9

VJD 1960-1967: BUNDESMINISTER FÜR ARBEIT UND SOZIALORDNUNG (Hrsg.) - Arbeits- und Sozialstatistik, Hauptergebnisse 1983, Bonn 1983, S. 68 (im folgenden: BuMArbSoz)
EB: Durchschnittsberechnung über je drei Monate
VJD 1968-1990: StatBA, FS 18, a.a.O., S. 40 f.
Saisonbereinigte Daten 1960-1990: DEUTSCHE BUNDESBANK (Hrsg.) - Statistische Beihefte zu den Monatsberichten der Deutschen Bundesbank, Reihe 4 (saisonbereinigte Wirtschaftszahlen), Nr. 5 (1991), S. 14 (im folgenden: DBB, Reihe 4)

MD: BuMArbSoz, Hauptergebnisse 1983, a.a.O., S. 68 und Hauptergebnisse 1990, Bonn 1990, S. 76 und DEUTSCHE BUNDESBANK (Hrsg.) - Monatsberichte der Deutschen Bundesbank, Nr. 2 (1991), S. 69 (im folgenden: DBB, Monatsb.)
Saisonbereinigte Daten: DBB, Reihe 4, Nr. 5 (1991), S. 14 und weitere vorhergehende Ausgaben

ALQ : JD: Sachverständigengutachten 1991/92, a.a.O., S. 308

APROD85 : JD: StatBA, FS 18, a.a.O., S. 13 (BIP85) und S. 16 (ET)
EB: Quotientenbildung BIP85/ET

VJD 1960-1967: Sachverständigengutachten 1968, Drucksache V/3550, Bonn 1968, S. 118 und Sachverständigengutachten 1970, a.a.O., S. 132, 136
EB: Erzeugung 1/4 aus 1/2 und Deflationierung (BIP85) und Erzeugung 1/4 aus 1/2 (ET) sowie Quotientenbildung und Transformation in JNG
VJD 1968-1990: StatBA, FS 18, a.a.O., S. 44 f.
EB: Transformation in JNG
EB 1960-1990: Saisonbereinigung mit KLASZEIT

MD EB: Erzeugung 1/12 aus 1/4, Saisonbereinigung mit KLASZEIT und Transformation in JNG

AUBEI85	: **JD**: StatBA, FS 18, a.a.O., S. 21

VJD 1960-1967: Sachverständigengutachten 1970, a.a.O., S. 140
EB: Erzeugung 1/4 aus 1/2, Deflationierung und Transformation in JNG
VJD 1968-1990: StatBA, FS 18, a.a.O., S. 85 ff.
EB: Transformation in JNG
EB 1960-1990: Saisonbereinigung mit KLASZEIT

MD EB: Erzeugung 1/12 aus 1/4, Saisonbereinigung mit KLASZEIT und Transformation in JNG

BEUV85	: **JD**: StatBA, FS 18, a.a.O., S. 8

EB: Deflationierung mit dem Bruttosozialproduktspreisindex aus ebenda, S. 22

VJD 1960-1967: Sachverständigengutachten 1970, a.a.O., S. 138, 179
EB: Erzeugung 1/4 aus 1/2, Deflationierung und Transformation in JNG
VJD 1968-1990: StatBA, FS 18, a.a.O., S. 36 f.
EB: Deflationierung mit dem Bruttosozialproduktspreisindex aus ebenda, S. 92 ff. und Transformation in JNG
EB 1960-1990: Saisonbereinigung mit KLASZEIT

MD EB: Erzeugung 1/12 aus 1/4, Saisonbereinigung mit KLASZEIT und Transformation in JNG

BIP85	: **JD**: StatBA, FS 18, a.a.O., S. 13
BLGS85	: **JD**: StatBA, FS 18, a.a.O., S. 11

EB: Deflationierung mit dem Preisindex für die Lebenshaltung aller privaten Haushalte aus DBB, ZEWI, a.a.O., Stand: 15.01.1992

VJD 1960-1990: Sachverständigengutachten 1970, a.a.O., S. 139
EB: Erzeugung 1/4 aus 1/2 und Deflationierung
VJD 1968-1990: StatBA, FS 18, a.a.O., S. 48 f.
EB: Deflationierung mit dem Preisindex für die Lebenshaltung aller privaten Haushalte aus DBB, ZEWI, a.a.O., Stand: 10.03.1992
EB 1960-1990: Saisonbereinigung mit KLASZEIT

MD EB: Erzeugung 1/12 aus 1/4 und Saisonbereinigung mit KLASZEIT

BSPM85	: **JD**: StatBA, FS 18, a.a.O., S. 8

VJD 1960-1967: Sachverständigengutachten 1970, a.a.O., S. 136
EB: Erzeugung 1/4 aus 1/2, Deflationierung und Transformation in JNG
VJD 1968-1990: StatBA, FS 18, a.a.O., S. 36 f.
EB: Transformation in JNG
EB 1960-1990: Saisonbereinigung mit KLASZEIT

MD EB: Erzeugung 1/12 aus 1/4, Saisonbereinigung mit KLASZEIT und Transformation in JNG

BWS85	: **JD**: StatBA, FS 18, a.a.O., S. 13
EP	: **JD**: StatBA, FS 18, a.a.O., S. 9

VJD 1960-1967: Sachverständigengutachten 1968, a.a.O., S. 118 und Sachverständigengutachten 1970, a.a.O., S. 132
EB: Erzeugung 1/4 aus 1/2
VJD 1968-1990: StatBA, FS 18, a.a.O., S. 40 f.
EB 1960-1990: Saisonbereinigung mit KLASZEIT

MD EB 1960-1980: Erzeugung 1/12 aus 1/4 und Saisonbereinigung mit KLASZEIT
MD 1981-1990: DBB, ZEWI, a.a.O., Stand: 06.06.1991 für ET
EB: Addition ET und AL
Saisonbereinigte Daten aus ebenda, Stand: 06.06.1991 für ET
EB: Addition der saisonbereinigten ET und AL

ET	: **JD**: StatBA, FS 18, a.a.O., S. 16
GELDV	: **JD**: DBB, ZEWI, a.a.O., Stand: 29.05.1991 (Dezember-Spalte) und DBB, Monatsb., a.a.O., Nr. 2 (1991), S. 4*

VJD: DBB, ZEWI, a.a.O., Stand: 29.05.1991 und DBB, Monatsb., a.a.O., Nr. 2 (1991), S. 4*
EB: Durchschnittsberechnung der Monatsendwerte für je drei Monate
und Saisonbereinigung mit KLASZEIT

MD: DBB, ZEWI, a.a.O., Stand: 29.05.1991 und DBB, Monatsb., a.a.O., Nr. 2 (1991), S. 4*

Saisonbereinigte Daten:
EB 1960-1968: Saisonbereinigung mit KLASZEIT
1969-1990: DBB, ZEWI, a.a.O., Stand: 13.06.1991

GERLR : JD: Sachverständigengutachten 1991/92, S. 94

KERLR : JD: Sachverständigengutachten 1991/92, S. 94

KINT85 : JD: STATISTISCHES BUNDESAMT (Hrsg.) - Fachserie 18: Volkswirtschaftliche Gesamtrechnungen, Reihe S 17: Vermögensrechnung 1950-1991, Wiesbaden 1991, S. 311 ff.

KONSUM85 : JD: StatBA, FS 18, a.a.O., S. 20

KST85 : JD: STATISTISCHES BUNDESAMT (Hrsg.) - Fachserie 18, Reihe S 17, a.a.O., S. 281 ff.

LOHNQB : JD 1960-1969: Sachverständigengutachten 1987/88, Drucksache 11/1317, Bonn 1987, S. 110
JD 1970-1990: Sachverständigengutachten 1991/92, a.a.O., S. 92
EB: LOHNQB = Arbeitseinkommensquote/1,2957 (vgl. ebenda, S. 270)

NSPM85 : JD: Sachverständigengutachten 1991/92, a.a.O., S. 315

OFSTEL : JD: BuMArbSoz - Hauptergebnisse 1972, Bonn 1972, S. 8 und Hauptergebnisse 1980, Bonn 1980, S. 7 und Hauptergebnisse 1987, Bonn 1987, S. 10 und Hauptergebnisse 1991, Bonn 1991, S. 10

STAUSG85 : JD: StatBA, FS 18, a.a.O., S. 20

VJD 1960-1967: Sachverständigengutachten 1970, a.a.O., S. 140
EB: Erzeugung 1/4 aus 1/2, Deflationierung und Transformation in JNG
VJD 1968-1990: DBB, ZEWI, a.a.O., Stand: 13.03.1992
EB: Transformation in JNG
EB 1960-1990: Saisonbereinigung mit KLASZEIT
MD EB: Erzeugung 1/12 aus 1/4, Saisonbereinigung mit KLASZEIT und Transformation in JNG

STQ : JD: Sachverständigengutachten 1991/92, a.a.O., S. 331

| TOFT85 | : | **JD**: DBB, ZEWI, a.a.O., Stand: 26.02.1992
EB: Durchschnittsbildung von je 12 Monatswerten |

VJD: DBB, ZEWI, a.a.O., Stand: 26.02.1992
EB: Durchschnittsbildung von je drei Monatswerten und Saisonbereinigung mit KLASZEIT

MD: DBB, ZEWI, a.a.O., Stand: 26.02.1992
EB: Saisonbereinigung mit KLASZEIT

WECHKURS : **JD**: DBB, ZEWI, a.a.O., Stand: 28.02.1992
EB: Durchschnittsbildung von je 12 Monatswerten

VJD: DBB, ZEWI, a.a.O., Stand: 28.02.1992
EB: Durchschnittsbildung von je drei Monatswerten und Saisonbereinigung mit KLASZEIT

MD: DBB, ZEWI, a.a.O., Stand: 28.02.1992
EB: Saisonbereinigung mit KLASZEIT

ZINS : **JD**: DBB, ZEWI, a.a.O., Stand: 02.03.1992
EB: Durchschnittsbildung von je 12 Monatswerten

VJD: DBB, ZEWI, a.a.O., Stand: 02.03.1992
EB: Durchschnittsbildung von je drei Monatswerten und Saisonbereinigung mit KLASZEIT

MD: DBB, ZEWI, a.a.O., Stand: 02.03.1992
EB: Saisonbereinigung mit KLASZEIT

6. Daten und graphische Darstellungen der Variablen

Jahr	Wert
1960	271
1961	181
1962	155
1963	186
1964	169
1965	147
1966	161
1967	459
1968	323
1969	179
1970	149
1971	185
1972	246
1973	273
1974	582
1975	1.074
1976	1.060
1977	1.030
1978	993
1979	876
1980	889
1981	1.272
1982	1.833
1983	2.258
1984	2.266
1985	2.304
1986	2.228
1987	2.229
1988	2.242
1989	2.038
1990	1.883

Tab. 67

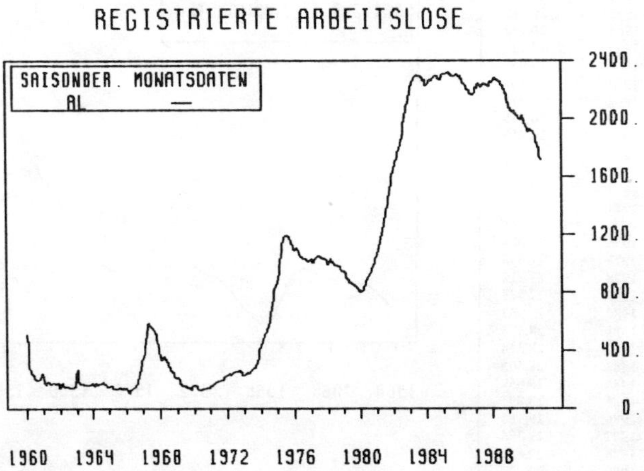

REGISTRIERTE ARBEITSLOSE

SAISONBER. MONATSDATEN
AL —

Abb. 106

Einheit: Anzahl in 1000 (saisonbereinigte Durchschnittswerte)

	1. Quartal	2. Quartal	3. Quartal	4. Quartal
1960	419	246	202	218
1961	188	184	176	175
1962	132	166	160	162
1963	235	171	167	170
1964	170	171	176	163
1965	156	139	143	143
1966	133	131	163	248
1967	358	539	564	488
1968	362	350	293	239
1969	209	170	154	147
1970	159	139	139	146
1971	157	183	197	216
1972	233	246	259	253
1973	236	251	276	334
1974	448	525	616	775
1975	900	1.105	1.190	1.150
1976	1.101	1.064	1.033	1.018
1977	1.015	1.033	1.045	1.029
1978	1.010	1.010	985	964
1979	932	879	858	828
1980	810	851	917	987
1981	1.075	1.193	1.337	1.501
1982	1.658	1.754	1.876	2.062
1983	2.193	2.279	2.295	2.274
1984	2.239	2.263	2.287	2.280
1985	2.302	2.315	2.300	2.300
1986	2.291	2.244	2.198	2.170
1987	2.210	2.228	2.237	2.232
1988	2.259	2.271	2.244	2.182
1989	2.084	2.047	2.012	2.000
1990	1.948	1.919	1.884	1.770

Tab. 68

Abb. 107

Einheit: Anzahl in 1000 (saisonbereinigte Durchschnittswerte)

Jahr	Wert
1960	26.518
1961	26.772
1962	26.845
1963	26.930
1964	26.922
1965	27.034
1966	26.962
1967	26.409
1968	26.291
1969	26.535
1970	26.817
1971	26.957
1972	27.121
1973	27.433
1974	27.411
1975	27.184
1976	27.034
1977	27.038
1978	27.212
1979	27.528
1980	27.948
1981	28.305
1982	28.558
1983	28.605
1984	28.659
1985	28.897
1986	29.188
1987	29.386
1988	29.611
1989	29.779
1990	30.325

Tab. 69

	1. Quartal	2. Quartal	3. Quartal	4. Quartal
1960	26.372	26.526	26.559	26.633
1961	26.694	26.748	26.790	26.819
1962	26.835	26.842	26.855	26.878
1963	26.903	26.923	26.926	26.917
1964	26.911	26.917	26.936	26.965
1965	26.996	27.022	27.041	27.048
1966	27.034	26.991	26.904	26.774
1967	26.626	26.479	26.365	26.292
1968	26.261	26.275	26.315	26.371
1969	26.438	26.504	26.561	26.628
1970	26.711	26.785	26.848	26.902
1971	26.937	26.952	26.974	27.011
1972	27.049	27.094	27.155	27.228
1973	27.308	27.391	27.462	27.489
1974	27.470	27.431	27.382	27.325
1975	27.269	27.212	27.155	27.097
1976	27.052	27.035	27.028	27.015
1977	27.012	27.027	27.057	27.098
1978	27.141	27.188	27.243	27.309
1979	27.384	27.476	27.580	27.687
1980	27.796	27.899	27.994	28.086
1981	28.177	28.264	28.339	28.409
1982	28.475	28.532	28.569	28.585
1983	28.596	28.604	28.607	28.614
1984	28.623	28.643	28.685	28.741
1985	28.802	28.865	28.936	29.014
1986	29.090	29.157	29.212	29.263
1987	29.317	29.364	29.417	29.478
1988	29.535	29.587	29.630	29.666
1989	29.701	29.750	29.841	29.974
1990	30.122	30.262	30.393	30.525

Tab. 70

XVI. Anhang

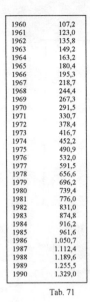

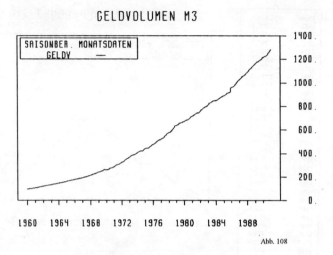

Einheit: Mrd. DM (saisonbereinigte Werte)

Abb. 108

Tab. 71

	1. Quartal	2. Quartal	3. Quartal	4. Quartal
1960	97,5	99,5	102,0	104,7
1961	107,7	111,0	114,6	118,4
1962	122,1	125,6	128,9	131,7
1963	134,7	137,9	141,3	144,8
1964	148,3	151,8	155,4	159,5
1965	163,7	168,0	172,1	175,8
1966	179,6	183,4	187,2	191,1
1967	195,1	199,7	205,0	210,8
1968	216,9	223,5	229,9	236,2
1969	242,8	249,0	254,4	259,2
1970	263,9	268,9	275,0	283,1
1971	291,6	300,4	309,7	318,7
1972	328,5	339,5	351,0	362,6
1973	372,9	382,1	391,3	400,2
1974	408,6	416,6	424,5	431,4
1975	438,4	447,2	456,9	467,5
1976	479,4	491,3	502,8	513,6
1977	524,7	537,2	550,6	564,2
1978	578,1	593,4	609,3	625,0
1979	639,4	650,5	659,7	668,1
1980	675,7	684,6	695,1	706,6
1981	721,6	729,5	739,7	750,9
1982	762,8	775,5	789,2	802,8
1983	815,7	828,2	838,0	845,7
1984	853,4	861,5	871,2	881,9
1985	892,3	903,7	918,8	936,2
1986	954,9	975,0	995,0	1.013,5
1987	1.031,4	1.047,8	1.063,4	1.079,4
1988	1.096,0	1.113,5	1.131,9	1.148,8
1989	1.164,1	1.178,6	1.191,8	1.204,3
1990	1.217,2	1.232,3	1.246,4	1.260,6

Tab. 72

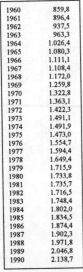

1960	859,8
1961	896,4
1962	937,5
1963	963,3
1964	1.026,4
1965	1.080,3
1966	1.111,1
1967	1.108,4
1968	1.172,0
1969	1.259,8
1970	1.322,8
1971	1.363,1
1972	1.422,3
1973	1.491,1
1974	1.491,9
1975	1.473,0
1976	1.554,7
1977	1.594,4
1978	1.649,4
1979	1.715,9
1980	1.733,8
1981	1.735,7
1982	1.716,5
1983	1.748,4
1984	1.802,0
1985	1.834,5
1986	1.874,4
1987	1.902,3
1988	1.971,8
1989	2.046,8
1990	2.138,7

Tab. 73

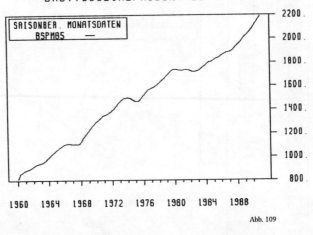

Abb. 109

Einheit: Mrd. DM in Preisen von 1985 (saisonbereinigte Jahresniveaugrößen)

	1. Quartal	2. Quartal	3. Quartal	4. Quartal
1960	841,9	855,2	868,5	881,8
1961	889,3	894,3	901,7	912,1
1962	922,8	932,9	939,2	942,8
1963	948,6	957,9	971,1	987,0
1964	1.002,9	1.018,5	1.033,6	1.047,9
1965	1.061,7	1.074,2	1.086,5	1.097,9
1966	1.106,4	1.110,4	1.110,4	1.107,9
1967	1.105,5	1.106,7	1.105,1	1.108,9
1968	1.129,5	1.157,5	1.181,9	1.203,0
1969	1.225,8	1.248,6	1.267,5	1.285,5
1970	1.302,2	1.315,7	1.332,6	1.346,2
1971	1.354,0	1.360,5	1.370,5	1.384,1
1972	1.396,6	1.412,6	1.433,4	1.453,5
1973	1.470,8	1.485,1	1.493,8	1.497,6
1974	1.498,0	1.494,7	1.486,2	1.476,5
1975	1.470,0	1.470,3	1.483,5	1.505,7
1976	1.525,2	1.543,8	1.562,0	1.572,9
1977	1.579,8	1.588,8	1.599,6	1.612,4
1978	1.627,9	1.642,6	1.656,0	1.672,1
1979	1.690,8	1.707,9	1.725,1	1.735,6
1980	1.737,2	1.735,7	1.732,0	1.729,7
1981	1.730,8	1.734,1	1.734,1	1.731,7
1982	1.727,3	1.720,0	1.718,1	1.722,5
1983	1.729,2	1.740,7	1.756,6	1.767,9
1984	1.769,4	1.794,8	1.801,7	1.807,9
1985	1.820,9	1.830,9	1.837,4	1.847,2
1986	1.858,7	1.868,8	1.878,3	1.883,7
1987	1.888,8	1.897,3	1.913,2	1.931,8
1988	1.947,7	1.963,9	1.982,4	2.004,4
1989	2.023,4	2.038,9	2.057,3	2.076,1
1990	2.098,5	2.125,6	2.149,3	2.173,0

Tab. 74

Jahr	Wert
1960	32.862
1961	33.875
1962	35.307
1963	36.200
1964	38.578
1965	40.420
1966	41.689
1967	42.968
1968	45.303
1969	47.929
1970	49.752
1971	51.041
1972	53.004
1973	54.984
1974	55.804
1975	56.542
1976	59.879
1977	61.496
1978	62.826
1979	64.332
1980	64.029
1981	64.210
1982	64.369
1983	66.317
1984	68.054
1985	68.828
1986	69.399
1987	69.881
1988	71.868
1989	73.196
1990	74.572

Tab. 75

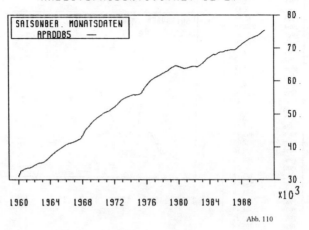

Abb. 110

Einheit: DM in Preisen von 1985 (saisonbereinigte Jahresniveaugrößen)

	1. Quartal	2. Quartal	3. Quartal	4. Quartal
1960	31.483	32.635	32.920	33.303
1961	33.498	33.615	33.816	34.134
1962	34.474	34.806	35.015	35.127
1963	35.308	35.616	36.079	36.655
1964	37.219	37.761	38.278	38.766
1965	39.225	39.640	40.049	40.444
1966	40.781	41.026	41.214	41.391
1967	41.605	41.925	42.168	42.601
1968	43.557	44.707	45.576	46.201
1969	46.858	47.548	48.147	48.700
1970	49.187	49.546	50.020	50.407
1971	50.649	50.914	51.306	51.789
1972	52.203	52.699	53.353	53.977
1973	54.460	54.827	55.095	55.328
1974	55.572	55.756	55.768	55.790
1975	55.927	56.273	57.048	58.013
1976	58.763	59.459	60.142	60.592
1977	60.951	61.310	61.616	61.949
1978	62.318	62.648	62.963	63.380
1979	63.866	64.201	64.539	64.628
1980	64.407	64.173	63.908	63.798
1981	63.897	64.097	64.295	64.456
1982	64.458	64.377	64.540	64.925
1983	65.378	65.964	66.621	67.021
1984	67.382	67.850	67.992	68.130
1985	68.489	68.734	68.810	68.978
1986	69.177	69.294	69.424	69.449
1987	69.509	69.724	70.223	70.779
1988	71.204	71.645	72.043	72.491
1989	72.862	73.079	73.374	73.643
1990	73.962	74.379	74.739	75.099

Tab. 76

Jahr	Wert
1960	218,84
1961	233,30
1962	242,39
1963	245,39
1964	272,94
1965	285,96
1966	289,29
1967	269,27
1968	278,33
1969	305,78
1970	334,04
1971	354,14
1972	363,46
1973	362,46
1974	327,24
1975	310,34
1976	321,73
1977	333,92
1978	348,26
1979	372,16
1980	380,79
1981	362,21
1982	343,13
1983	354,59
1984	355,70
1985	355,81
1986	368,49
1987	376,22
1988	393,68
1989	422,07
1990	459,06

Tab. 77

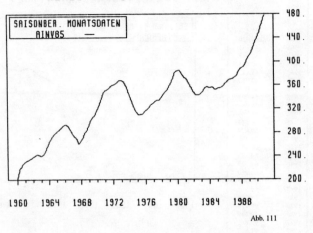

Abb. 111

Einheit: Mrd. DM in Preisen von 1985 (saisonbereinigte Jahresniveaugrößen)

	1. Quartal	2. Quartal	3. Quartal	4. Quartal
1960	214,8	215,6	221,2	224,4
1961	240,0	230,0	230,0	232,8
1962	243,2	239,2	244,4	242,8
1963	240,4	255,2	263,2	262,4
1964	258,4	274,0	276,8	282,4
1965	272,8	288,4	291,2	291,6
1966	296,4	291,2	285,6	284,4
1967	271,2	258,8	261,2	286,0
1968	261,6	270,8	281,6	298,8
1969	282,4	304,8	318,8	316,8
1970	297,6	338,0	348,8	351,6
1971	345,6	357,6	353,2	356,8
1972	368,0	361,2	356,8	367,2
1973	383,2	365,6	352,8	348,8
1974	351,2	324,8	318,0	316,4
1975	314,4	302,8	305,6	320,0
1976	314,4	323,6	315,6	330,4
1977	337,2	329,2	329,6	338,4
1978	340,4	340,8	353,6	354,8
1979	349,6	377,6	380,4	380,0
1980	398,0	384,0	376,4	365,2
1981	371,6	376,0	374,0	340,4
1982	344,0	346,8	340,8	340,4
1983	342,0	356,4	356,8	362,0
1984	353,6	343,6	364,0	358,8
1985	343,2	358,8	363,2	363,6
1986	361,2	367,2	372,0	376,0
1987	356,4	382,8	385,6	383,2
1988	389,6	391,2	396,0	397,6
1989	432,8	409,6	419,2	424,0
1990	476,4	450,8	456,4	459,2

Tab. 78

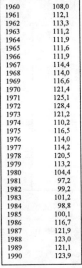

Jahr	Wert
1960	108,0
1961	112,1
1962	113,3
1963	111,2
1964	111,9
1965	111,6
1966	111,9
1967	114,4
1968	114,0
1969	116,6
1970	121,4
1971	125,1
1972	128,4
1973	121,2
1974	110,2
1975	116,5
1976	114,0
1977	114,2
1978	120,5
1979	113,2
1980	104,4
1981	97,2
1982	99,2
1983	101,2
1984	98,8
1985	100,1
1986	116,7
1987	121,9
1988	123,0
1989	121,1
1990	123,9

Tab. 79

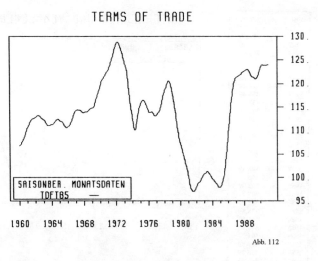

TERMS OF TRADE

Einheit: Index 1985 = 100 (saisonbereinigte Durchschnittswerte)

Abb. 112

	1. Quartal	2. Quartal	3. Quartal	4. Quartal
1960	106,1	107,3	108,5	109,6
1961	110,8	111,7	112,3	112,6
1962	112,9	113,2	112,9	112,5
1963	112,1	111,5	111,2	111,2
1964	111,4	111,7	112,1	112,3
1965	112,1	111,7	111,2	110,8
1966	110,9	111,5	112,5	113,6
1967	114,2	114,4	114,1	113,8
1968	113,8	114,0	114,3	114,7
1969	114,9	115,8	117,2	118,5
1970	120,0	121,0	121,7	122,4
1971	123,2	124,4	125,8	127,3
1972	128,4	128,6	127,6	126,0
1973	124,4	122,4	119,0	115,4
1974	112,5	110,6	111,5	114,0
1975	115,6	116,3	116,1	115,1
1976	114,1	113,8	113,7	113,3
1977	113,4	113,9	115,0	116,8
1978	118,5	119,8	120,3	119,4
1979	117,3	114,6	111,5	108,8
1980	106,9	105,2	103,5	101,8
1981	99,6	97,8	97,1	97,4
1982	98,3	99,0	99,6	100,3
1983	100,8	101,1	100,9	100,2
1984	99,5	99,0	98,4	98,0
1985	98,2	99,3	101,6	105,4
1986	110,0	114,5	118,2	120,5
1987	121,4	121,7	122,0	122,4
1988	122,7	122,9	122,7	121,9
1989	121,3	121,1	121,4	122,5
1990	123,6	124,0	124,5	125,1

Tab. 80

Jahr	Wert
1960	271,93
1961	264,70
1962	264,88
1963	263,60
1964	283,81
1965	293,21
1966	290,93
1967	289,66
1968	324,64
1969	334,46
1970	332,21
1971	322,14
1972	329,29
1973	334,25
1974	305,19
1975	296,53
1976	328,76
1977	327,53
1978	348,59
1979	356,43
1980	323,59
1981	308,71
1982	302,65
1983	338,89
1984	366,50
1985	380,36
1986	404,70
1987	403,89
1988	436,29
1989	467,42
1990	491,29

Tab. 81

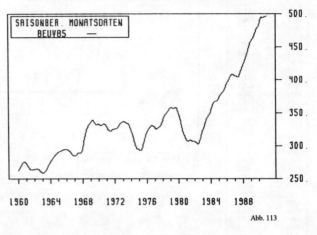

UNTERNEHMER-UND VERMOEGENSEINK.
SAISONBER. MONATSDATEN BEUV85

Abb. 113

Einheit: Mrd. DM in Preisen von 1985 (saisonbereinigte Jahresniveaugrößen)

	1. Quartal	2. Quartal	3. Quartal	4. Quartal
1960	272,20	273,03	273,86	274,69
1961	271,29	266,72	264,20	264,13
1962	264,65	264,82	262,98	260,03
1963	259,31	261,68	266,52	272,57
1964	277,79	281,74	285,36	288,69
1965	291,08	292,55	293,78	294,65
1966	294,27	292,38	288,91	285,35
1967	284,56	287,24	288,42	290,04
1968	302,29	318,08	327,85	333,23
1969	337,80	337,72	333,06	332,77
1970	332,15	331,29	333,35	331,90
1971	326,86	323,23	324,02	325,80
1972	325,97	327,77	331,96	335,63
1973	336,97	335,72	334,38	329,80
1974	321,67	311,89	300,92	295,86
1975	294,14	294,83	303,21	315,13
1976	323,00	327,25	330,11	330,04
1977	326,55	325,97	328,26	332,17
1978	340,84	347,50	351,02	356,02
1979	358,35	357,22	358,30	355,20
1980	345,98	332,97	320,51	312,50
1981	307,07	307,49	307,92	306,97
1982	306,69	304,47	306,48	316,25
1983	325,18	333,57	342,09	346,92
1984	354,92	364,00	367,12	368,60
1985	373,75	379,14	382,21	388,70
1986	395,87	401,57	407,50	408,16
1987	406,37	405,36	408,69	416,84
1988	424,61	432,62	441,34	452,13
1989	460,32	465,13	472,59	477,67
1990	484,45	491,38	498,07	504,75

Tab. 82

1960	1.309,5
1961	1.412,5
1962	1.498,8
1963	1.542,5
1964	1.646,7
1965	1.740,5
1966	1.803,5
1967	1.830,1
1968	1.916,3
1969	2.049,2
1970	2.287,7
1971	2.418,1
1972	2.498,2
1973	2.592,7
1974	2.684,9
1975	2.692,2
1976	2.758,5
1977	2.841,9
1978	2.912,5
1979	2.956,7
1980	2.987,9
1981	2.946,6
1982	2.910,4
1983	2.905,9
1984	2.923,5
1985	2.949,0
1986	3.058,1
1987	3.147,9
1988	3.200,2
1989	3.208,3
1990	3.271,0

Tab. 83

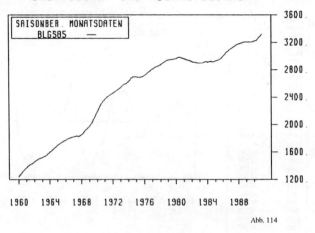

BRUTTOLOHN- UND -GEHALTSSUMME

SAISONBER. MONATSDATEN
BLGS85 —

Abb. 114

Einheit: DM in Preisen von 1985 (saisonbereinigte Jahresniveaugrößen)

	1. Quartal	2. Quartal	3. Quartal	4. Quartal
1960	1.261,1	1.291,9	1.322,8	1.353,5
1961	1.379,4	1.401,8	1.421,2	1.439,7
1962	1.461,2	1.483,9	1.500,5	1.511,1
1963	1.523,4	1.538,0	1.556,8	1.581,7
1964	1.606,8	1.631,8	1.658,2	1.682,7
1965	1.705,3	1.726,6	1.745,4	1.761,6
1966	1.777,4	1.792,6	1.804,4	1.813,6
1967	1.820,2	1.827,3	1.824,9	1.832,6
1968	1.855,7	1.888,6	1.924,7	1.950,3
1969	1.979,7	2.021,9	2.077,1	2.137,8
1970	2.199,2	2.256,6	2.309,0	2.347,2
1971	2.377,3	2.405,1	2.427,7	2.448,7
1972	2.465,7	2.484,3	2.507,0	2.526,3
1973	2.544,9	2.571,3	2.589,6	2.604,4
1974	2.631,5	2.664,8	2.690,4	2.696,7
1975	2.693,9	2.691,1	2.692,4	2.702,3
1976	2.720,5	2.743,2	2.766,8	2.789,1
1977	2.809,3	2.828,9	2.845,5	2.857,4
1978	2.874,5	2.897,6	2.918,9	2.933,7
1979	2.943,2	2.948,9	2.953,1	2.958,3
1980	2.967,7	2.979,5	2.980,3	2.971,6
1981	2.962,8	2.950,4	2.941,9	2.933,5
1982	2.921,1	2.911,8	2.904,6	2.898,6
1983	2.896,7	2.901,1	2.914,5	2.919,1
1984	2.913,6	2.918,0	2.916,4	2.919,2
1985	2.932,4	2.941,6	2.955,1	2.977,9
1986	3.007,2	3.040,3	3.068,0	3.090,4
1987	3.111,9	3.132,7	3.155,6	3.171,3
1988	3.181,8	3.192,6	3.201,9	3.205,7
1989	3.205,6	3.205,6	3.209,2	3.223,9
1990	3.240,6	3.256,8	3.271,2	3.285,6

Tab. 84

XVI. Anhang

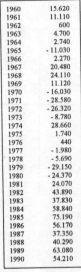

1960	15.620
1961	11.110
1962	600
1963	4.700
1964	2.740
1965	-11.030
1966	2.270
1967	20.480
1968	24.110
1969	11.120
1970	-16.030
1971	-28.580
1972	-26.320
1973	-8.780
1974	28.660
1975	1.740
1976	440
1977	-1.980
1978	-5.690
1979	-29.150
1980	-24.370
1981	24.070
1982	43.890
1983	37.830
1984	58.840
1985	75.190
1986	56.170
1987	37.350
1988	40.290
1989	63.080
1990	54.210

Tab. 85

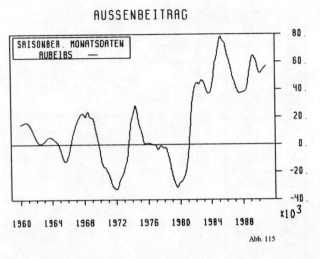

AUSSENBEITRAG

SAISONBER. MONATSDATEN
AUBEIBS —

Abb. 115

Einheit: Mio. DM in Preisen von 1985 (saisonbereinigte Jahresniveaugrößen)

	1. Quartal	2. Quartal	3. Quartal	4. Quartal
1960	15.880	15.882	15.885	15.886
1961	14.719	12.463	9.337	5.978
1962	3.211	1.315	711	1.264
1963	2.443	3.941	5.016	5.266
1964	4.686	3.455	2.118	219
1965	-3.653	-8.639	-11.690	-11.278
1966	-7.425	-1.186	5.143	10.515
1967	15.245	18.978	21.439	21.974
1968	19.906	21.186	21.595	18.990
1969	18.970	15.080	8.060	1.345
1970	-7.035	-13.895	-16.135	-17.765
1971	-20.740	-25.385	-29.760	-31.540
1972	-32.490	-29.580	-24.710	-21.355
1973	-16.150	-10.735	-1.060	12.245
1974	19.210	24.535	25.240	17.465
1975	10.960	5.275	760	400
1976	1.405	1.115	-130	110
1977	-2.190	-3.640	-1.435	-2.335
1978	-2.060	-3.015	-8.115	-14.715
1979	-21.840	-26.970	-30.305	-29.380
1980	-27.155	-25.690	-22.840	-17.250
1981	-5.920	12.710	29.870	39.075
1982	43.575	44.280	45.885	47.310
1983	45.290	40.835	37.310	37.695
1984	42.050	52.170	60.885	67.925
1985	76.200	77.335	75.205	70.810
1986	64.065	58.950	52.225	46.705
1987	42.600	38.710	37.620	38.175
1988	38.845	39.760	44.835	53.995
1989	62.180	64.415	61.870	56.920
1990	52.460	52.975	51.630	50.285

Tab. 86

XVI. Anhang

1960	79,4
1961	82,3
1962	82,6
1963	83,0
1964	83,3
1965	82,9
1966	82,9
1967	83,4
1968	85,2
1969	87,5
1970	94,7
1971	97,5
1972	99,7
1973	110,7
1974	117,0
1975	119,2
1976	126,4
1977	136,2
1978	143,3
1979	150,6
1980	151,5
1981	143,1
1982	150,4
1983	155,9
1984	143,8
1985	154,0
1986	168,2
1987	178,9
1988	177,4
1989	175,7
1990	185,5

Tab. 87

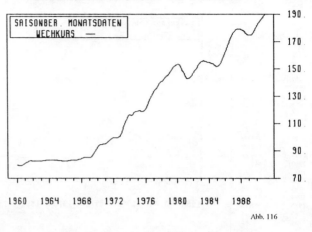

Abb. 116

Einheit: Index 1972 = 100 (saisonbereinigte Durchschnittswerte)

	1. Quartal	2. Quartal	3. Quartal	4. Quartal
1960	78,4	79,0	79,6	80,2
1961	81,1	81,9	82,6	82,8
1962	82,7	82,6	82,6	82,7
1963	82,8	82,9	83,1	83,2
1964	83,3	83,3	83,3	83,2
1965	83,1	82,9	82,8	82,6
1966	82,6	82,8	83,0	83,2
1967	83,3	83,3	83,6	84,0
1968	84,6	85,1	85,2	85,2
1969	85,3	86,4	88,6	90,9
1970	93,2	94,5	94,8	95,0
1971	95,7	96,8	98,1	99,1
1972	99,6	99,7	100,0	101,3
1973	104,6	108,8	112,2	115,2
1974	116,4	116,5	117,9	119,0
1975	119,3	119,3	119,0	119,5
1976	121,3	124,4	128,0	130,8
1977	133,3	135,4	137,4	139,6
1978	141,0	142,4	144,0	145,4
1979	147,3	149,5	151,4	152,6
1980	153,4	152,5	150,0	147,1
1981	144,4	143,0	143,6	145,1
1982	147,4	149,6	151,7	154,0
1983	155,3	155,8	155,7	155,1
1984	154,7	154,2	153,3	152,2
1985	152,0	153,1	155,7	159,1
1986	162,5	166,3	170,2	173,8
1987	176,4	178,2	179,1	179,2
1988	178,8	178,0	176,7	175,4
1989	174,8	175,2	177,0	179,8
1990	182,5	184,7	186,9	189,1

Tab. 88

1960	159,19
1961	169,05
1962	185,27
1963	196,74
1964	200,17
1965	209,96
1966	216,50
1967	224,41
1968	225,40
1969	235,32
1970	245,51
1971	258,07
1972	268,77
1973	282,21
1974	293,44
1975	304,74
1976	309,47
1977	313,69
1978	325,89
1979	336,92
1980	345,66
1981	351,96
1982	348,79
1983	349,54
1984	358,31
1985	365,72
1986	375,04
1987	380,85
1988	389,09
1989	382,72
1990	393,88

Tab. 89

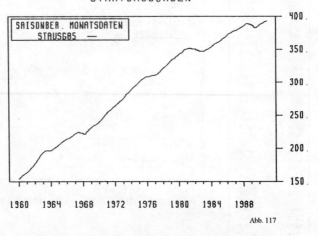

Abb. 117

Einheit: Mrd. DM in Preisen von 1985 (saisonbereinigte Jahresniveaugrößen)

	1. Quartal	2. Quartal	3. Quartal	4. Quartal
1960	156,5	158,4	160,3	162,2
1961	164,4	167,5	170,8	174,2
1962	178,2	182,9	187,5	191,5
1963	194,4	196,2	196,6	196,4
1964	197,1	199,0	201,3	203,6
1965	206,0	208,7	211,1	213,0
1966	214,6	215,8	217,6	220,0
1967	222,2	223,8	223,8	222,9
1968	221,4	222,7	226,7	229,5
1969	232,4	234,5	236,1	238,3
1970	241,0	243,9	247,7	251,7
1971	255,0	257,3	259,9	262,8
1972	265,2	267,6	270,3	273,0
1973	275,8	279,9	283,2	285,5
1974	288,8	292,1	294,7	297,3
1975	300,5	303,5	306,0	307,9
1976	308,5	309,0	310,0	310,6
1977	311,1	312,6	315,2	318,5
1978	321,6	324,5	327,4	330,7
1979	334,0	336,2	338,2	340,7
1980	343,4	345,3	348,0	350,5
1981	351,0	351,6	351,4	351,0
1982	350,4	349,3	348,0	347,1
1983	347,2	348,6	350,1	351,7
1984	353,9	356,7	359,0	360,2
1985	362,1	364,6	366,8	369,2
1986	372,2	374,4	376,2	377,8
1987	378,7	380,0	381,8	383,7
1988	385,6	387,8	388,9	388,3
1989	387,2	384,6	383,4	385,7
1990	388,3	390,3	392,0	393,7

Tab. 90

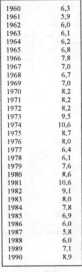

Jahr	Wert
1960	6,3
1961	5,9
1962	6,0
1963	6,1
1964	6,2
1965	6,8
1966	7,8
1967	7,0
1968	6,7
1969	7,0
1970	8,2
1971	8,2
1972	8,2
1973	9,5
1974	10,6
1975	8,7
1976	8,0
1977	6,4
1978	6,1
1979	7,6
1980	8,6
1981	10,6
1982	9,1
1983	8,0
1984	7,8
1985	6,9
1986	6,0
1987	5,8
1988	6,0
1989	7,1
1990	8,9

Tab. 91

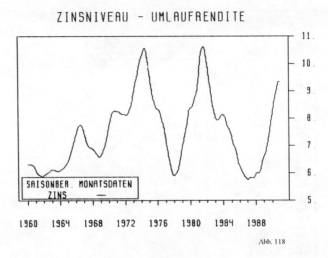

Einheit: Prozent (saisonbereinigte Durchschnittswerte)

Abb. 118

	1. Quartal	2. Quartal	3. Quartal	4. Quartal
1960	6,4	6,4	6,3	6,2
1961	6,1	6,0	5,9	5,9
1962	6,0	6,0	6,0	6,1
1963	6,1	6,1	6,1	6,1
1964	6,1	6,2	6,3	6,4
1965	6,5	6,7	7,0	7,2
1966	7,5	7,7	7,7	7,6
1967	7,4	7,1	7,0	6,9
1968	6,9	6,8	6,7	6,6
1969	6,7	6,8	7,1	7,4
1970	7,8	8,1	8,3	8,3
1971	8,3	8,2	8,2	8,2
1972	8,2	8,2	8,3	8,6
1973	9,0	9,3	9,7	10,0
1974	10,3	10,5	10,5	10,1
1975	9,5	9,0	8,6	8,4
1976	8,3	8,2	7,9	7,6
1977	7,1	6,6	6,3	6,0
1978	5,9	6,0	6,3	6,6
1979	7,0	7,4	7,8	8,2
1980	8,4	8,6	8,8	9,2
1981	9,8	10,4	10,5	10,3
1982	9,8	9,4	8,8	8,4
1983	8,1	8,0	8,0	8,1
1984	8,1	7,9	7,7	7,5
1985	7,2	7,0	6,8	6,5
1986	6,2	6,1	5,9	5,8
1987	5,8	5,8	5,8	5,9
1988	6,0	6,0	6,2	6,5
1989	6,7	7,0	7,4	7,8
1990	8,3	8,8	9,1	9,2

Tab. 92

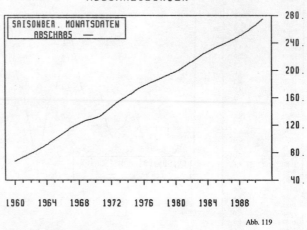

ABSCHREIBUNGEN

SAISONBER. MONATSDATEN
ABSCHR85 —

Abb. 119

Einheit: Mrd. DM in Preisen von 1985 (saisonbereinigte Jahresniveaugrößen)

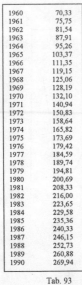

1960	70,33
1961	75,75
1962	81,54
1963	87,91
1964	95,26
1965	103,37
1966	111,35
1967	119,15
1968	125,06
1969	128,19
1970	132,10
1971	140,94
1972	150,83
1973	158,64
1974	165,82
1975	173,69
1976	179,42
1977	184,59
1978	189,74
1979	194,81
1980	200,69
1981	208,33
1982	216,00
1983	223,65
1984	229,58
1985	235,36
1986	240,33
1987	246,15
1988	252,73
1989	260,88
1990	269,94

Tab. 93

	1. Quartal	2. Quartal	3. Quartal	4. Quartal
1960	68,33	69,71	71,08	72,44
1961	73,72	75,06	76,48	77,94
1962	79,38	80,81	82,35	83,99
1963	85,59	87,13	88,77	90,48
1964	92,24	94,21	96,25	98,31
1965	100,42	102,41	104,38	106,39
1966	108,38	110,35	112,42	114,54
1967	116,54	118,32	119,83	121,19
1968	122,71	124,30	125,61	126,71
1969	127,58	128,17	128,93	129,81
1970	130,66	131,78	133,46	135,46
1971	137,56	139,92	142,32	144,70
1972	147,16	149,60	151,89	153,97
1973	155,94	157,87	159,68	161,43
1974	163,23	164,99	166,82	168,85
1975	170,93	172,88	174,60	176,16
1976	177,60	178,90	180,22	181,57
1977	182,84	184,11	185,39	186,70
1978	188,02	189,38	190,83	192,16
1979	193,32	194,61	195,89	197,12
1980	198,52	200,08	201,82	203,73
1981	205,71	207,71	209,62	211,47
1982	213,34	215,22	217,14	219,14
1983	221,12	222,95	224,57	226,09
1984	227,56	229,02	230,48	231,99
1985	233,48	234,84	236,12	237,38
1986	238,58	239,86	241,26	242,64
1987	244,02	245,49	246,99	248,53
1988	250,15	251,90	253,77	255,73
1989	257,78	259,92	262,12	264,26
1990	266,38	268,71	270,94	273,17

Tab. 94

	ABGQ (in v.H.)	ALQ (in v.H.)	BIP85 (Mrd. DM real)	BWS85 (Mrd. DM real)
1960	33,3	1,3	856,48	795,06
1961	34,5	0,9	895,19	830,10
1962	35,0	0,7	936,28	866,46
1963	35,2	0,9	962,24	890,26
1964	34,7	0,8	1.026,34	948,32
1965	34,1	0,7	1.081,45	998,20
1966	34,6	0,7	1.111,96	1.027,02
1967	35,2	2,1	1.108,75	1.024,47
1968	36,0	1,5	1.169,99	1.082,75
1969	37,4	0,8	1.257,09	1.162,64
1970	36,5	0,7	1.321,40	1.219,45
1971	37,6	0,8	1.361,16	1.253,25
1972	38,0	1,1	1.419,12	1.305,56
1973	40,3	1,2	1.488,19	1.373,03
1974	41,0	2,5	1.492,08	1.380,73
1975	41,0	4,6	1.471,22	1.356,14
1976	42,2	4,5	1.549,80	1.428,83
1977	43,3	4,3	1.593,91	1.469,04
1978	42,5	4,1	1.641,64	1.512,11
1979	42,2	3,6	1.709,17	1.576,54
1980	42,6	3,6	1.727,51	1.591,78
1981	42,5	5,1	1.730,52	1.596,83
1982	42,7	7,2	1.714,14	1.583,67
1983	42,1	8,8	1.740,90	1.606,68
1984	42,2	8,8	1.789,35	1.653,75
1985	42,5	8,9	1.823,18	1.690,08
1986	41,9	8,5	1.863,77	1.728,67
1987	42,0	8,5	1.890,28	1.746,09
1988	41,7	8,4	1.959,41	1.811,09
1989	42,0	7,6	2.022,78	1.870,83
1990	40,6	6,9	2.118,75	1.956,51

Tab. 95

	ET (Anzahl in 1000)	GERLR (in v.H.)	KERLR (in v.H.)	KINT85 (1000 DM real)
1960	26.063	13,97	86,03	116
1961	26.426	12,34	87,66	122
1962	26.518	11,11	88,89	129
1963	26.581	9,98	90,02	137
1964	26.604	10,84	89,16	145
1965	26.755	10,25	89,75	153
1966	26.673	8,74	91,26	163
1967	25.804	8,09	91,91	177
1968	25.826	9,00	91,00	185
1969	26.228	8,52	91,48	192
1970	26.560	7,80	92,20	199
1971	26.668	6,59	93,41	209
1972	26.774	5,67	94,33	219
1973	27.066	4,52	95,48	227
1974	26.738	2,17	97,83	240
1975	26.020	1,01	98,99	255
1976	25.882	2,50	97,50	266
1977	25.919	2,86	97,14	274
1978	26.130	4,03	95,97	281
1979	26.568	4,18	95,82	286
1980	26.980	1,79	98,21	292
1981	26.951	0,06	99,94	302
1982	26.630	- 0,83	100,83	314
1983	26.251	1,02	98,98	327
1984	26.293	1,52	98,48	335
1985	26.489	2,17	97,83	341
1986	26.856	3,75	96,25	344
1987	27.050	4,03	95,97	350
1988	27.264	5,05	94,95	356
1989	27.635	4,75	95,25	361
1990	28.412	4,49	95,51	360

Tab. 96

	KONSUM85 (Mrd. DM real)	KST85 (Mrd. DM real)	LOHNQB (in v.H.)	NSPM85 (Mrd. DM real)
1960	444,86	3.030,9	60,1	794,48
1961	471,87	3.224,1	61,8	824,86
1962	498,48	3.427,7	62,5	859,31
1963	512,33	3.635,5	63,0	878,42
1964	539,69	3.856,4	62,0	934,67
1965	576,70	4.094,8	62,3	981,36
1966	594,58	4.338,0	63,1	1.005,04
1967	601,41	4.569,0	62,9	996,10
1968	630,06	4.790,5	61,2	1.054,02
1969	680,29	5.026,0	61,4	1.135,37
1970	731,92	5.285,1	62,9	1.190,54
1971	772,71	5.564,0	63,8	1.222,11
1972	808,64	5.853,3	63,8	1.272,52
1973	833,04	6.142,6	64,4	1.332,91
1974	837,60	6.409,4	66,4	1.326,64
1975	863,82	6.645,2	66,5	1.302,08
1976	897,32	6.873,3	65,0	1.378,30
1977	937,80	7.107,7	65,2	1.412,14
1978	971,48	7.349,8	64,3	1.460,70
1979	1.003,06	7.605,7	64,2	1.519,90
1980	1.015,57	7.873,1	66,2	1.529,90
1981	1.007,92	8.130,2	67,0	1.524,39
1982	992,55	8.362,9	67,1	1.499,01
1983	1.005,92	8.586,5	65,1	1.524,18
1984	1.021,68	8.809,5	64,0	1.571,82
1985	1.036,53	9.027,1	63,6	1.599,14
1986	1.072,01	9.247,7	62,7	1.633,64
1987	1.106,88	9.474,7	63,0	1.655,57
1988	1.137,36	9.710,0	62,0	1.718,31
1989	1.154,26	9.963,0	60,9	1.785,02
1990	1.204,16	10.243,7	60,5	1.866,94

Tab. 97

	OFSTEL (Anzahl in 1000)	STQ (in v.H.)
1960	465	33,0
1961	552	34,0
1962	574	35,3
1963	555	35,4
1964	609	35,7
1965	649	36,6
1966	540	36,1
1967	302	36,7
1968	488	38,0
1969	747	38,9
1970	795	39,1
1971	648	39,9
1972	545	40,7
1973	572	41,9
1974	315	43,9
1975	236	46,4
1976	235	47,0
1977	231	47,3
1978	246	47,1
1979	304	47,8
1980	308	47,9
1981	208	47,9
1982	105	46,9
1983	76	45,7
1984	88	45,7
1985	110	45,5
1986	154	44,9
1987	171	45,0
1988	189	45,2
1989	251	44,3
1990	314	45,5

Tab. 98

XVI. Anhang 369

7. Übersichtsdarstellung der in den einzelnen Modellen verwendeten Regressoren

(a) Referenzmodellansatz

Abb. 120

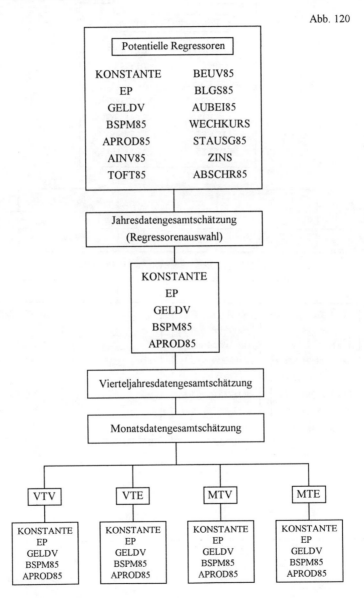

(b) Stepwise-Pool-Ansatz

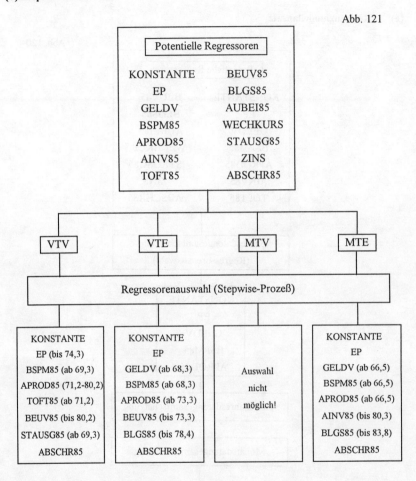

Abb. 121

XVII. Literaturverzeichnis

1. Datenquellen

2. Sonstige Literatur

XVII. Literaturverzeichnis

1. Datenquellen

BUNDESMINISTER FÜR ARBEIT UND SOZIALORDNUNG (Hrsg.) - Arbeits- und Sozialstatistik, Hauptergebnisse 1991, Bonn 1991 (und diverse weitere Ausgaben aus Vorjahren)

DEUTSCHE BUNDESBANK (Hrsg.) - ZEWI-Datenbank, Frankfurt/a.M.

DEUTSCHE BUNDESBANK (Hrsg.) - Monatsberichte der Deutschen Bundesbank, Nr. 2 (1991), Frankfurt/a.M. 1991 (und diverse weitere Ausgaben aus Vorjahren)

DEUTSCHE BUNDESBANK (Hrsg.) - Statistische Beihefte zu den Monatsberichten der Deutschen Bundesbank, Reihe 4 (saisonbereinigte Wirtschaftszahlen), Nr. 5 (1991), Frankfurt/a.M. 1991 (und diverse weitere Ausgaben aus Vorjahren)

DEUTSCHER BUNDESTAG (Hrsg.) - Jahresgutachten des Sachverständigenrats zur Begutachtung der gesamtwirtschaftlichen Entwicklung 1968, Drucksache V/3550, Bonn 1968

DEUTSCHER BUNDESTAG (Hrsg.) - Jahresgutachten des Sachverständigenrats zur Begutachtung der gesamtwirtschaftlichen Entwicklung 1970, Drucksache VI/1470, Bonn 1970

DEUTSCHER BUNDESTAG (Hrsg.) - Jahresgutachten des Sachverständigenrats zur Begutachtung der gesamtwirtschaftlichen Entwicklung 1987/88, Drucksache 11/1317, Bonn 1987

DEUTSCHER BUNDESTAG (Hrsg.) - Jahresgutachten des Sachverständigenrats zur Begutachtung der gesamtwirtschaftlichen Entwicklung 1991/92, Drucksache 12/1618, Bonn 1991

STATISTISCHES BUNDESAMT (Hrsg.) - Volkswirtschaftliche Gesamtrechnungen, Fachserie 18, Reihe S 14: Erste Ergebnisse der Revision 1960-1990, Wiesbaden 1991

STATISTISCHES BUNDESAMT (Hrsg.) - Volkswirtschaftliche Gesamtrechnungen, Fachserie 18, Reihe S 17: Vermögensrechnung 1950-1991, Wiesbaden 1991

2. Sonstige Literatur[233]

ADAM, H. - Instrumente der Arbeitsmarktpolitik, in: Aus Politik und Zeitgeschichte, Beilage zur Wochenzeitung "Das Parlament", Nr. 2 (1981), S. 3-19

ANDREWS, M./NICKELL, S.* - Unemployment in the United Kingdom Since the War, in: The Review of Economic Studies, Vol. 49, No. 159 (1982), S. 731-759

BALL, R. J./BURNS, T.* - An Econometric Approach to Short-Run Analysis of the U.K.-Economy, 1955-1966, in: Operational Research Quarterly, Vol. 19 (1968), S. 225-256

BARTEN, A. P./D' ALCANTARA, G./CARRIN, G. J.* - COMET, A Medium-Term Macroeconomic Model for the European Economic Community, in: European Economic Review, Vol. 7 (1976), S. 63-115

BEACH, C.M./MAC KINNON, J.G. - A Maximum Likelihood Procedure for Regression with Autocorrelated Errors, in: Econometrica, Vol. 46 (1978), S. 51-58

BELSLEY, D. A. - On the Determination of Systematic Parameter Variation in the Linear Regression Model, in: Annals of Economic and Social Measurement, 2/4 (1973), S. 487-494

BJERKHOLT, O./ROSTED, J. (Hrsg.)* - Macroeconomic Medium-Term Models in the Nordic Countries, Amsterdam u.a. 1987

BLACK, S. W./KELEJIAN, H. H.* - A Macro Model of the US-Labor-Market, in: Econometrica, Vol. 38 (1970), S. 712-741

BLAZEJCZAK, J. - Simulationen mit dem DIW-Langfristmodell, in: LANGER, H. G. u.a. (Hrsg.) - Simulationsexperimente mit ökonometrischen Makromodellen, München, Wien 1984, S. 229-268

BLAZEJCZAK, J.* - Simulation gesamtwirtschaftlicher Perspektiven mit einem ökonometrischen Modell für die Bundesrepublik Deutschland, in: Deutsches Institut für Wirtschaftsforschung, Beiträge zur Strukturforschung, Heft 100, Berlin 1987

BÖKER, F. - Mehr Statistik lernen am PC. Programmbeschreibungen, Übungen und Lernziele zum Statistikprogrammpaket GSTAT2, Göttingen 1991

BOLLE, M. (Hrsg.) - Arbeitsmarkttheorie und Arbeitsmarktpolitik, Opladen 1976

BOX, G.E.P./JENKINS, G.M. - Time Series Analysis, Forecasting and Control, San Francisco 1970

---

[233] Anm.: Die mit einem "*" versehenen Literaturtitel enthalten Beschreibungen von makroökonometrischen Modellen. Sie wurden für die Ausführungen in Kapitel IV, Abschnitt 4. ausgewertet.

CHOW, G.C. - Tests of Equality Between Sets of Coefficients in Two Linear Regressions, in: Econometrica, Vol. 28 (1960), S. 591-605

COOLEY, T. F./PRESCOTT, E. C. - Systematic (Non-Random) Variation Models, Varying Parameter Regression. A Theory and Some Applications, in: Annals of Economic and Social Measurement, 2/4 (1973), S. 463-473

COOLEY, T. F./PRESCOTT, E.C. - Estimation in the Presence of Stochastic Parameter Variation, in: Econometrica, Vol. 44 (1976), S. 167-184

CRAMER, U.* - Die Behandlung des Arbeitsmarktes in ökonometrischen Modellen, Teil 1: Globalmodelle, in: Mitteilungen aus der Arbeitsmarkt- und Berufsforschung, 9. Jg. Heft 3 (1976), S. 363-386 (MittAB 3/76)

CZAYKA, L. - Konsumbelebung oder Arbeitszeitverkürzung, in: Mitteilungen aus der Arbeitsmarkt- und Berufsforschung, 11. Jg. Heft 3 (1978), S. 278-280 (MittAB 3/78)

DEUTSCHE BUNDESBANK (Hrsg.) - Saisonbereinigung mit dem Census-Verfahren, in: Monatsberichte der Deutschen Bundesbank, 22. Jg. Nr. 3 (1970), S. 38-43

DEUTSCHE BUNDESBANK (Hrsg.) - Die Saisonbereinigung als Hilfsmittel der Wirtschaftsbeobachtung, in: Monatsberichte der Deutschen Bundesbank, 39. Jg. Nr. 10 (1987), S. 30-40

DEUTSCHE BUNDESBANK (Hrsg.)* - Gesamtwirtschaftliches ökonometrisches Modell der Deutschen Bundesbank, Frankfurt/a.M. 1988

DEUTSCHE BUNDESBANK (Hrsg.) - Saison- und kalenderbereinigte Angaben für die Verwendungskomponenten des Sozialprodukts, in: Monatsberichte der Deutschen Bundesbank, 43. Jg. Nr. 4 (1991), S. 37-42

DEUTSCHER BUNDESTAG (Hrsg.) - Jahresgutachten des Sachverständigenrats zur Begutachtung der gesamtwirtschaftlichen Entwicklung 1987/88, Drucksache 11/1317, Bonn 1987

DOAN, T. A./LITTERMAN, R. B. - User's Manual RATS, Version 2.10, Evanston 1987

DUESENBERRY, J. S./FROMM, G./KLEIN, L. R./KUH, E. (Hrsg.)* - The Brookings Quarterly Econometric Model of the United States, Chikago, Amsterdam 1965

ECKSTEIN, O.* - The DRI-Model of the US-Economy, New York u.a. 1983

EHLERS, R.* - Ein ökonometrisches Jahresmodell für die Bundesrepublik Deutschland, Frankfurt/a.M. 1978

ENKE, H.* - Ein aggregiertes ökonometrisches Modell für den Arbeitsmarkt der Bundesrepublik Deutschland, Tübingen 1974

EVANS, M. K.* - An Econometric Model of the French Economy, OECD Economic Studies Series, Paris 1969

EVANS, M. K./KLEIN, L. R.* - The Wharton Econometric Forecasting Model, Philadelphia 1967

FARLEY, J. U./HINICH, M. J. - A Test for a Shifting Slope Coefficient in a Linear Model, in: Journal of the American Statistical Association, Vol. 65 (1970), S. 1320-1329

FASSING, W. - Nachfrage- oder Angebotspolitik? Kritische Anmerkungen zu einigen Argumenten der Angebotstheoretiker, in: Konjunkturpolitik, Zeitschrift für angewandte Wirtschaftsforschung, 28. Jg. Heft 6 (1982), S. 243-364

FELDERER, B./HOMBURG, S. - Makroökonomik und Neue Makroökonomik, 5. Aufl. Berlin u.a. 1991

FISCHER, C./HEIER, D. - Entwicklungen der Arbeitsmarkttheorie, Frankfurt/a.M. 1983

FOMBY, T. B./HILL, R. C./JOHNSON, ST. R. - Advanced Econometric Methods, New York u.a. 1984

FRANZ, W.* - Ein makroökonomisches Vierteljahresmodell des Arbeitsmarktes der Bundesrepublik Deutschland 1960-1971, Dissertation, Mannheim 1974

FRANZ, W./KÖNIG, H. - Nature and Causes of Unemployment in the FRG since the Seventies: An Empirical Investigation, Mannheim 1985 (unveröffentlichtes Manuskript)

FREIBURGHAUS, D. - Zentrale Kontroverse der neuen Arbeitsmarkttheorie, in: BOLLE, M. (Hrsg.) - Arbeitsmarkttheorie und Arbeitsmarktpolitik, Opladen 1976

FRIEDRICH, D./FRONIA, J. u.a.* - Simulationsexperimente mit dem F-et-T-Modell, in: LANGER, H. G. u.a. (Hrsg.) - Simulationsexperimente mit ökonometrischen Makromodellen, München, Wien 1984, S. 295-320

FRIEDRICH, H. - Strategien gegen Arbeitslosigkeit, in: Gegenwartskunde, Zeitschrift für Gesellschaft, Wirtschaft, Politik und Bildung, 28. Jg. (1979), S. 231-265

FRIEDRICH, H./BRAUER, U. - Arbeitslosigkeit. Dimensionen, Ursachen, Bewältigungsstrategien, Opladen 1985

FROEHLICH, B. R. - Some Estimators for a Random Coefficient Regression Model, in: Journal of the American Statistical Association, Vol. 68 (1973), S. 329-335

FROHN, J. (Hrsg.)* - Makroökonometrische Modelle für die Bundesrepublik Deutschland, Göttingen 1978

FROHN, J. - Grundausbildung in Ökonometrie, Berlin, New York 1980

GNOSS, R. - Das Problem der Arbeitslosigkeit in der Bundesrepublik Deutschland. Eine quantitative und qualitative Globalanalyse auf der Basis aggregierter Daten, Frankfurt/a.M. 1983

GOLDFELD, ST. M./QUANDT, R.E. - The Estimation of Structural Shifts by Switching Regressions, in: Annals of Economic and Social Measurement, 2/4 (1973), S. 475-485

GRIFFITHS, W. E. - Estimation of Actual Response Coefficients in the Hildreth-Houck-Random-Coefficient Model, in: Journal of the American Statistical Association, Vol. 67 (1972), S. 633-635

HAAS, P. - Zustands- und Parameterschätzung in ökonometrischen Modellen mit Hilfe von linearen Filtermethoden, Königstein/Ts. 1983

HACKL, P. - Testing the Constancy of Regression Models Over Time, Göttingen 1980

HANSEN, G./WESTPHAL, U. (Hrsg.)[*] - SYSIFO, ein ökonometrisches Konjunkturmodell für die Bundesrepublik Deutschland, Frankfurt/a.M. 1983

HANSEN, G./WESTPHAL, U.[*] - Konzeption des SYSIFO-Modells, in: HANSEN, G./ WESTPHAL, U. (Hrsg.) - SYSIFO, ein ökonometrisches Konjunkturmodell für die Bundesrepublik Deutschland, Frankfurt/a.M. 1983, S. 1-75

HARVEY, A. C. - Time Series Models, Oxford 1981

HARVEY, A. C./PHILLIPS, G. D. A. - The Estimation of Regression Models With Time-Varying Parameters, in: DEISTLER, M. u.a. (Hrsg.) - Games, Economic Dynamics and Time Series Analysis, Wien, Würzburg 1982, S. 306-321

HEILEMANN, U. - Zur Prognoseleistung ökonometrischer Konjunkturmodelle für die Bundesrepublik Deutschland, Berlin 1981

HEILEMANN, U. - Zur Prognosepraxis ökonometrischer Modelle, in: Zeitschrift für Wirtschafts- und Sozialwissenschaften, Jg. 105, Heft 6 (1985), S. 683-708

HEILEMANN, U./MÜNCH, H. J.[*] - Einige Bemerkungen zum RWI-Konjunkturmodell, in: LANGER, H. G. u.a. (Hrsg.) - Simulationsexperimente mit ökonometrischen Makromodellen, München, Wien 1984, S. 355-386

HICKMAN, B. G. (Hrsg.)[*] - Econometric Models of Cyclical Behavior, New York, London, Vol. I 1972

HILD, C. - Schätzen und Testen in einem Regressionsmodell mit stochastischen Koeffizienten, Meisenheim/Glan 1977

HILDRETH, C./HOUCK, J. P. - Some Estimators for a Linear Model With Random Coefficients, in: Journal of the American Statistical Association, Vol. 63 (1968), S. 584-595

HÜBL, L./SCHEPERS, W. - Arbeitslosigkeit, Hannover 1981

HÜTTEBRÄUKER, H.-A.* - Stand und Bewegung der registrierten Arbeitslosigkeit. Eine ökonometrische Analyse im Rahmen des RWI-Konjunkturmodells, in: Mitteilungen des Rheinisch-Westfälischen Instituts für Wirtschaftsforschung, Jg. 33, Heft 3 (1982), S. 199-222

HUJER, R. - Ökonometrische "Switch"-Modelle: Methodische Ansätze und empirische Analysen, in: Jahrbücher für Nationalökonomie und Statistik, Bd. 201/3 (1986), S. 229-256

HUJER, R./CREMER, R./KNEPEL, H. - Feinabstimmung ökonomischer Prognosemodelle, in: Jahrbücher für Nationalökonomie und Statistik, Bd. 194 (1979), S. 41-70

HUJER, R./BAUER, G./KNEPEL, H.* - Structure and Performance of an Annual Macroeconometric Model for the FRG, in: Vierteljahreshefte zur Wirtschaftsforschung des Deutschen Instituts für Wirtschaftsforschung, Heft 3 (1982), S. 294-319

HUJER, R./HANSEN, H.-J./KLEIN, E. - Zeitvariable Parameter in ökonometrischen Modellen, in: WISU, Nr. 7 (1989), S. 423-428, 432

JACOBSSON, L.* - An Econometric Model of Sweden, Stockholm 1972

JARCHOW, H.-J. - Theorie und Politik des Geldes, Bd. I.: Geldtheorie, 8. Aufl. Göttingen 1990

JARCHOW, H.-J./RÜHMANN, P. - Monetäre Außenwirtschaft, Bd. I: Monetäre Außenwirtschaftstheorie, 3. Aufl. Göttingen 1991

JAZWINSKI, A. H. - Stochastic Processes and Filtering Theory, New York, London 1970

JUDGE, G. G./GRIFFITHS, W. E./HILL, R. C./LÜTKEPOHL, H./LEE, T.-C. - The Theory and Practice of Econometrics, 2nd. ed. New York u.a. 1985

JUDGE, G. G./HILL, R. C./GRIFFITHS, W. E./LÜTKEPOHL, H./LEE, T.-C. - Introduction to the Theory and Practice of Econometrics, 2nd. ed. New York u.a. 1988

JUNANKAR, P. N.* - An Econometric Analysis of Unemployment in Great Britain 1952-1975, in: Oxford Economic Papers, Vol. 33, No. 3 (1981), S. 387-401

KALMAN, R. E. - A New Approach to Linear Filtering and Prediction Problems, in: Journal of Basic Engeneering, Vol. 82 (1960), S. 35-45

KATZENBEISSER, W. - Test auf Gleichheit von Regressionskoeffizienten. Einige Erweiterungen, in: Statistische Hefte, Jg. 22 (1981), S. 25-39

KENDALL, M.G./STUART, A. - The Advanced Theory of Statistics, Vol. 2: Inference and Relationship, London 1958

KIRCHEN, A. - Schätzung zeitveränderlicher Strukturparameter in ökonometrischen Prognosemodellen, Frankfurt/a.M. 1988

KLEIN, L. R./SU, V.* - Direct Estimates of Unemployment Rate and Capacity Utilization in Macroeconomic Models, in: International Economic Review, Vol. 20, No. 3 (1979), S. 725-740

KMENTA, J. - Elements of Econometrics, 2nd. ed. New York, London 1986

KNAPPE, E. - Arbeitslosigkeit als Folge zu hoher Rationalisierungsinvestitionen? Der Zusammenhang von Produktivität, Lohn und Arbeitsmarkt, in: WILLKE, G. u.a. - Arbeitslosigkeit, Stuttgart u.a. 1984, S. 91-108

KOCKLÄUNER, G. - Regressionsmodelle mit trendbehafteten stochastischen Koeffizienten, Hannover 1981 (erschienen in der Reihe: Diskussionspapiere des Fachbereichs Wirtschaftswissenschaften der Universität Hannover, Serie B: Ökonometrie und Statistik, Nr. 9)

KÖNIG, H. - Arbeitslosigkeit. Fakten, Artefakte, Theorien, Mannheim 1985

KÖNIG, H.* - Makroökonometrische Modelle. Ansätze, Ziele, Probleme, in: Schweizerische Zeitschrift für Volkswirtschaft und Statistik, Jg. 107 (1971), S. 546-571

KÖNIG, H./ZIMMERMANN, K. F. - Determinants of Employment Policy of German Manufacturing Firms. A Survey-Based-Evaluation, Mannheim 1985 (unveröffentlichtes Manuskript)

KRÄMER, W. - Modellspezifikationstests in der Ökonometrie, in: RWI-Mitteilungen, Jg. 42 (1991), S. 285-302

KRÄMER, W./SONNBERGER, H. - The Linear Regression Model Under Test, Heidelberg, Wien 1986

KRELLE, W. u.a.* - Ein Prognosesystem für die wirtschaftliche Entwicklung der Bundesrepublik Deutschland, Meisenheim/Glan 1969

KRELLE, W.* - Ökonometrische Prognosemodelle. Erfahrungen und mögliche Weiterentwicklungen, in: RWI-Mitteilungen, Jg. 42 (1991), S. 1-29

KRESS, U. - Literaturdokumentation zur Arbeitsmarkt- und Berufsforschung, Sonderheft 14: Arbeitslosigkeit, Nürnberg 1986 (LitDokAB S 14)

KRESS, U. - Literaturdokumentation zur Arbeitsmarkt- und Berufsforschung, Sonderheft 14 (1. Ergänzung 1987/88): Arbeitslosigkeit, Nürnberg 1988 (LitDokAB S 14, 1. Erg.)

KRESS, U. - Literaturdokumentation zur Arbeitsmarkt- und Berufsforschung, Sonderheft 14 (2. Ergänzung 1989/90): Arbeitslosigkeit, Nürnberg 1990 (LitDokAB S 14, 2. Erg.)

KRICKE, M. - Statistische Methoden der Ökonometrie, Vorlesungsskript an der Universität Göttingen zum Wintersemester 1987/88, Göttingen 1987

KRÖGER, J./SANDER, U./WESTPHAL, U.* - Simulationsexperimente mit dem SYSIFO-Modell, in: LANGER, H. G. u.a. (Hrsg.) - Simulationsexperimente mit ökonometrischen Makromodellen, München, Wien 1984, S. 387-438

KÜLP, B. - Zu wenig Nachfrage oder zu hohe Reallöhne? Keynesianer und "Klassiker" in Auseinandersetzung über die Ursachen der Arbeitslosigkeit, in: WILLKE, G. u.a. - Arbeitslosigkeit, Stuttgart u.a. 1984, S. 29-41

LANGER, H. G./MATIENSEN, J./QUINKE, H. (Hrsg.)* - Simulationsexperimente mit ökonometrischen Makromodellen, München, Wien 1984

LEHNER, H./MÖLLER, J. - Eine Stabilitätsuntersuchung kurzfristiger Beschäftigungsfunktionen mit Hilfe von Switching Regressions, in: Mitteilungen aus der Arbeitsmarkt- und Berufsforschung, Nr. 1 (1981), S. 39-50 (MittAB 1/81)

LINHART, H. - Zeitreihenanalyse, Vorlesungsskript an der Universität Göttingen zum Sommersemester 1989, Göttingen 1989

LINHART, H./ZUCCHINI, W. - Statistik Zwei, Basel, Boston, Stuttgart 1982

LUCAS, R.E./RAPPING, L. A.* - Real Wages, Employment and Inflation, in: PHELPS, E. S. - Microeconomic Foundations of Employment and Inflation Theory, New York 1970, S. 257-305

LÜDEKE, D.* - Ein ökonometrisches Vierteljahresmodell für die Bundesrepublik Deutschland, Tübingen 1969

LÜDEKE, D. u.a.* - F-et-T-Modell: Freiburger und Tübinger ökonometrisches Vierteljahresmodell, Version 81, Tübingen 1983

MADDALA, G. S. - Econometrics, Tokyo u.a. 1977

MAKI, D./SPINDLER, Z. A.* - The Effect of Unemployment Compensation on the Rate of Unemployment in Great Britain, in: Oxford Economic Papers, Vol. 27, No. 3 (1975)

MARTIENSEN, J.* - Simulationsexperimente mit makroökonometrischen Modellen für die Bundesrepublik Deutschland, in: LANGER, H. G. u.a. (Hrsg.) - Simulationsexperimente mit ökonometrischen Makromodellen, München, Wien 1984, S. 9-76

MARTIENSEN, J./MUTH, W.* - Simulationsexperimente mit dem IBM-Konjunkturmodell, in: LANGER, H. G. u.a. (Hrsg.) - Simulationsexperimente mit ökonometrischen Makromodellen, München, Wien 1984, S. 321-354

MC CARTHY, M.D.* - The Wharton Quarterly Econometric Forecasting Model, Mark III, Philadelphia 1972

MC GEE, V. E./CARLETON, W. T. - Piecewise-Regression, in: Journal of the American Statistical Association, Vol. 65 (1970), S. 1109-1124

MÖLLER, J./WAIS, B. - Kalman-Verfahren in der Ökonometrie. Schätzung einer Geldangebotsgleichung mit zeitvariablen Koeffizienten unter Verwendung optimaler Filtereingangsinformationen, in: Allgemeines Statistisches Archiv, Bd. 71 (1987), S. 267-282

MÜCKL, W. J. - Alternative der Beschäftigungspolitik, Konzepte und ihre Erfolgschancen, in: WILLKE, G. u.a. - Arbeitslosigkeit, Stuttgart u.a. 1984, S. 147-173

MÜLLER, S./NAKAMURA, S.* - Das Bonner Vierteljahresmodell. Charakteristika und Simulationsergebnisse der Version 3/83, in: LANGER, H. G. u.a. (Hrsg) - Simulationsexperimente mit ökonometrischen Makromodellen, München, Wien 1984, S. 111-138

MÜLLER-HEINE, K. - Strukturelle Arbeitslosigkeit. Abgrenzung und Faktoren, in: Konjunkturpolitik, Zeitschrift für angewandte Wirtschaftsforschung, 25. Jg. Heft 1 (1979), S. 20-46

NECK, R.* - Keynesian and Monetarist Models of Unemployment and Inflation: A Simulation Study for Austria, in: Empirica, Austrian Economic Papers, Zeitschrift des österreichischen Instituts für Wirtschaftsforschung und der nationalökonomischen Gesellschaft, Vol. 11, No. 1 (1984)

NECK, R.* - On the Effects of Disinflationary Policies on Unemployment and Inflation: A Simulation Study with Keynesian and Monetarist Models for Austria, in: Zeitschrift für Wirtschafts- und Sozialwissenschaften, Jg. 105, Heft 2/3 (1985), S. 357-386

PAULY, P.* - Theorie und Empirie des Arbeitsmarktes. Eine ökonometrische Analyse für die Bundesrepublik Deutschland 1960-1974, Dissertation Hamburg 1976, Frankfurt/a.M. 1978

POIRIER, D. J. - Piecewise Regression Using Cubic Splines, in: Journal of the American Statistical Association, Vol. 68 (1973), S. 515-524

PRIEWE, J. - Zur Kritik konkurrierender Arbeitsmarkt- und Beschäftigungstheorien und ihre politischen Implikationen, Frankfurt/a.M. u.a. 1984

QUANDT, R. E. - The Estimation of the Parameters of a Linear Regression Systems Obeying Two Separate Regimes, in: Journal of the American Statistical Association, Vol. 53 (1958), S. 873-880

QUANDT, R. E. - Econometric Disequilibrium Models, in: Econometric Reviews, Vol. 1 (1982), S. 1-63

RAJ, B./ULLAH, A. - Econometrics. A Varying Coefficients Approach, London 1981

REINSEL, G. - A Note on the Adaptive Regression Model, in: International Economic Review, Vol. 20 (1979), S. 193-202

RIESE, M. - Die Messung der Arbeitslosigkeit, Berlin 1986

RÖHLING, W. - Ökonometrische Systeme mit variablen Strukturen. Die Konstruktion adaptiver lernfähiger Systeme als Möglichkeit zur Weiterentwicklung der ökonometrischen Modellbildung, Freiburg i.Brsg. 1983

ROPPEL, U. - Arbeitslosigkeit als Folge demographischer Entwicklungen? Welche Folgen hat der Anstieg der Erwerbspersonen bei gleichzeitigem Rückgang der Gesamtbevölkerung?, in: WILLKE, G. u.a. - Arbeitslosigkeit, Stuttgart u.a. 1984, S. 42-73

ROSENBERG, B. - Random Coefficients Models. The Analysis of a Cross Section of Time Series by Stochastically Convergent Parameter Regression, in: Annals of Economic and Social Measurement, 2/4 (1973), S. 399-428

ROSENBERG, B. - A Survey of Stochastic Parameter Regression, in: Annals of Economic and Social Measurement, 2/4 (1973), S. 382-398

ROST, E. - Regressionsmodelle mit stochastischen Koeffizienten im Kontext der Kalman-Filter-Theorie, Frankfurt/a.M. 1987

SARRAZIN, H.* - Simulationsexperimente mit dem Bonner Modell 11, in: LANGER, H. G. u.a. (Hrsg.) - Simulationsexperimente mit ökonometrischen Makromodellen, München, Wien 1984, S. 79-110

SCHAPS, J. - Zur Verwendung des Kalman-Ansatzes für eine Verbesserung der Prognosegüte ökonometrischer Modelle, Frankfurt/a.M. 1983

SCHLOENBACH, K.* - Ökonometrische Analyse der Lohn- und Arbeitsmarktentwicklung in der Bundesrepublik Deutschland 1957-1968, Meisenheim/Glan 1972

SCHNEEWEISS, H. - Ökonometrie, 4. Aufl. Heidelberg 1990

SCHNEIDER, W. - Der Kalmanfilter als Instrument zur Diagnose und Schätzung variabler Parameter in ökonometrischen Modellen, Heidelberg, Wien 1986

SCHUCHARD-FICHER, CHR./BACKHAUS, K./HUMME, U./LOHRBERG, W./ PLINKE, W./SCHREINER, W. - Multivariate Analysemethoden. Eine anwendungsorientierte Einführung, 3. Aufl. Berlin, Heidelberg u.a. 1985

SEITZ, H. - Ökonometrische Modelle mit zeitvariablen Parametern, Mannheim 1986 (erschienen in der Reihe: Beiträge zur angewandten Wirtschaftsforschung, Institut für Volkswirtschaftslehre und Statistik der Universität Mannheim, Discussion-Paper No. 329-86)

SINGH, B./NAGAR, A. L./CHOUDHRY, N. K./RAJ, B. - On the Estimation of Structural Change: A Generalization of the Random Coefficients Regression Model, in: International Economic Review, Vol. 17 (1976), S. 340-361

SWAMY, P. A. V. B. - Efficient Inference in a Random Coefficient Regression Model, in: Econometrica, Vol. 38 (1970), S. 311-323

TSCHENTSCHER, H. - Eine ökonometrische Analyse der Entwicklung der Arbeitslosigkeit in der Bundesrepublik Deutschland, Göttingen 1988 (unveröffentlichte Diplomarbeit)

UEBE, G.* - Survey of Macro-Econometric-Models in Chronological Order, Hamburg 1980

UEBE, G. u.a.* - Macro-Econometric-Models. An International Bibliography, Aldershot, diverse Jahrgänge

US-DEPARTMENT OF COMMERCE, BUREAU OF THE CENSUS (Hrsg.) - The X-11 Variant of the CENSUS Method II, Seasonal Adjustment Programm, Technical-Paper No. 15, US-Government Printing Office, Washington DC, 1967

WALLIS, K. F. u.a. (Hrsg.) - Models of the UK-Economy. A Review by the ESRC Macroeconomic-Modelling-Bureau, Oxford 1984 (A Second Review, Oxford 1985; A Third Review, Oxford 1986)

WATSON. M. W./ENGLE, R. F. - Alternative Algorithms for the Estimation of Dynamic Factor, MIMIC and Varying Coefficient Regression Models, in: Journal of Econometrics, Vol. 23 (1983), S. 385-400

WEBERSINKE, H. - Einsatz der Kalman-Filter-Technik zur Verbesserung der Prognosequalität bei revisionsanfälligen Daten der Wirtschaftsstatistik, Gießen 1989

WEGMANN, U. - Die zeitliche Stabilität ökonometrischer Schätzungen, Münster 1978

WEICHSELBERGER, A. - Westdeutsche Industrie: Massiver Investitionsrückschlag, in: IFO-Schnelldienst, 46. Jg. (1993), Nr. 19, S. 3-10

WERF VAN DER, D.* - Die Wirtschaft der Bundesrepublik Deutschland in fünfzehn Gleichungen, Tübingen 1972

WILLKE, G. u.a. - Arbeitslosigkeit, Stuttgart u.a. 1984

WILLKE, G. - Arbeitslosigkeit. Diagnosen und Therapien (Hrsg.: Niedersächsische Landeszentrale für politische Bildung), Hannover 1990

ZELLNER, A. - An Efficient Method of Estimating Seemingly Unrelated Regressions and Tests for Aggregation Bias, in: Journal of the American Statistical Association, Vol. 57 (1962), S. 348-362

ZULEGER, T. - Hat die Arbeitsgesellschaft noch eine Chance?, Bonn 1985

ZWIENER, R.* - Weiterentwicklung des kurzfristigen ökonometrischen Modells der Wirtschaftsforschungsinstitute, in: Vierteljahreshefte zur Wirtschaftsforschung des Deutschen Instituts für Wirtschaftsforschung, Heft 3/4 (1980), S. 281-296

ZWIENER, R./GOEPEL, H.* - Simulationen mit der DIW-Version des ökonometrischen Konjunkturmodells der Wirtschaftsforschungsinstitute, in: LANGER, H. G. u.a. (Hrsg.) - Simulationsexperimente mit ökonometrischen Makromodellen, München, Wien 1984, S. 199-278